全国高级技工学校数控类专业教材

数控机床电气装调与维修

人力资源和社会保障部教材办公室组织编写

中国劳动社会保障出版社

简介

本书主要内容包括：数控机床电气维修基础、数控机床强电部分的故障与维修、FANUC 系统数控机床 PMC 的装调与维修、FANUC 系统数控机床伺服系统的装调与维修、FANUC 系统数控机床自动换刀装置与辅助装置的装调与维修、FANUC 数控系统的装调与维修、SIEMENS 系统数控机床的装调与维修等。

本书由韩鸿鸾、陶建海主编，商景凤、林光、董海萍任副主编，郑学军、丛志鹏、倪建光、马述秀、崔海军参编，丁景江审稿。

图书在版编目(CIP)数据

数控机床电气装调与维修/人力资源和社会保障部教材办公室组织编写. —北京：中国劳动社会保障出版社，2012

全国高级技工学校数控类专业教材

ISBN 978 - 7 - 5045 - 9607 - 9

Ⅰ.①数… Ⅱ.①人… Ⅲ.①数控机床-电气设备-设备安装-技工学校-教材②数控机术-电气设备-调试方法-技工学校-教材③数控机床-电气设备-维修-技工学校-教材 Ⅳ.①TG659

中国版本图书馆 CIP 数据核字(2012)第 095120 号

中国劳动社会保障出版社出版发行

（北京市惠新东街 1 号　邮政编码：100029）

出 版 人：张梦欣

*

北京市科星印刷有限责任公司印刷装订　　新华书店经销

787 毫米 ×1092 毫米　16 开本　23.25 印张　523 千字

2012 年 5 月第 1 版　　2025 年 1 月第 7 次印刷

定价：43.00 元

营销中心电话：400-606-6496

出版社网址：http://www.class.com.cn

http://jg.class.com.cn

前言

为了更好地适应高级技工学校数控类专业的教学要求，全面提升教学质量，人力资源和社会保障部教材办公室组织有关学校的骨干教师和行业、企业专家，充分调研企业生产和学校教学情况，吸收和借鉴各地高级技工学校教学改革的成功经验，在原有同类教材的基础上，重新组织编写了高级技工学校数控类专业教材。

本次教材编写工作的重点主要体现在以下几个方面：

第一，完善教材体系，定位科学合理。

针对初中生源和高中生源培养高级工的教学实际情况，调整和完善了教材体系，能较好地满足数控加工（数控车工、数控铣工、加工中心操作工方向）、数控机床装配与维修、数控编程、数控电加工等专业的教学需求。同时，根据数控类专业高级工在相关岗位工作的实际需要，合理确定学生应具备的能力和知识结构，避免教材内容偏难、偏深，进一步增加了实践性教学内容。

第二，反映技术发展，涵盖职业标准。

根据相关工种及专业领域的最新发展，在教材中充实新知识、新技术、新材料、新工艺等方面的内容，体现教材的先进性。教材编写以国家职业标准为依据，内容涵盖数控车工、数控铣工、加工中心操作工、数控机床装调维修工、数控程序员、电切削工等国家职业技能标准（中、高级）的知识和技能要求，并在配套的习题册中增加了相关职业技能鉴定考题。

第三，精心设计形式，激发学习兴趣。

在教材内容的呈现形式上，较多地利用图片、实物照片和表格等将知识点生动地展示出来，力求让学生更直观地理解和掌握所学内容。针对不同的知识点，设计了许多贴近实际的互动栏目，以激发学生的学习兴趣，使教材“易教易学，易懂易用”。

第四，开发辅助产品，提供教学服务。

本套教材中《CAD/CAM 应用技术（Mastercam）》《CAD/CAM 应用技术（CAXA）》《CAD/CAM 应用技术（UG）》《CAD/CAM 应用技术（Pro/E）》配有教学素材光盘，其余教材配有多媒体教学课件和习题册，多媒体教学课件可以通过中国劳动社会保障出版社网站（http：//www. class. com. cn）免费下载。

本次教材编写工作得到了河北、辽宁、江苏、山东、河南等省人力资源和社会保障厅及有关学校的大力支持，在此我们表示诚挚的谢意。

人力资源和社会保障部教材办公室

2012 年 1 月

目录

第一章

数控机床电气维修基础

第一节　数控机床电气系统概述

数控机床电气系统包括交流主电路、机床辅助功能控制电路和电子控制电路，一般将前者称为强电部分，后者称为弱电部分。强电电路是24 V以上供电，以电气元件、电力电子功率器件为主组成的电路；弱电电路是24 V以下供电，以半导体器件、集成电路为主组成的控制系统电路。数控机床的故障主要是电气系统的故障，电气系统故障又以机床本体上的低压电器故障为主。

一、数控机床电气系统的组成

数控机床是集机（械）、电（气）、液（压气动）、光（学器件）及微电子为一体的自动化设备。其组成框图如图1—1所示。其电气系统组成如图1—2所示。

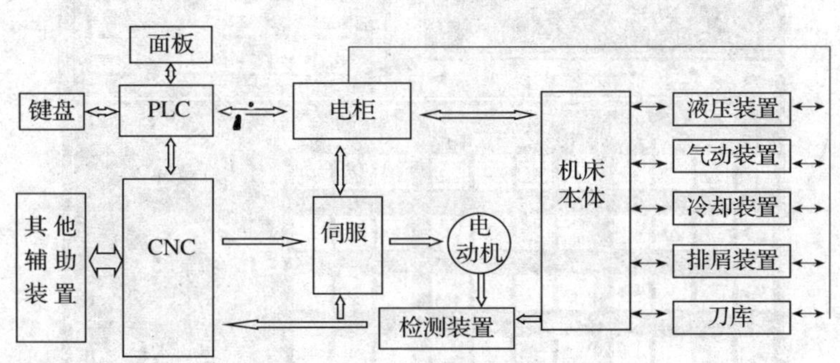

图1—1　数控机床的组成

1．操作装置

操作装置是操作人员与数控机床（系统）进行交互的工具，一方面，操作人员可以通过它对数控机床（系统）进行操作、编程、调试或对机床参数进行设定和修改，另一方面，操作人员也可以通过它了解或查询数控机床（系统）的运行状态，它是数控机床特有的一个输入输出部件。操作装置主要由显示装置、NC键盘（功能类似于计算机键盘的按键阵列）、机床控制面板、状态灯、手持单元等部分组成。如图1—3为FANUC系统的操作装置，其他数控系统的操作装置布局与之大同小异。

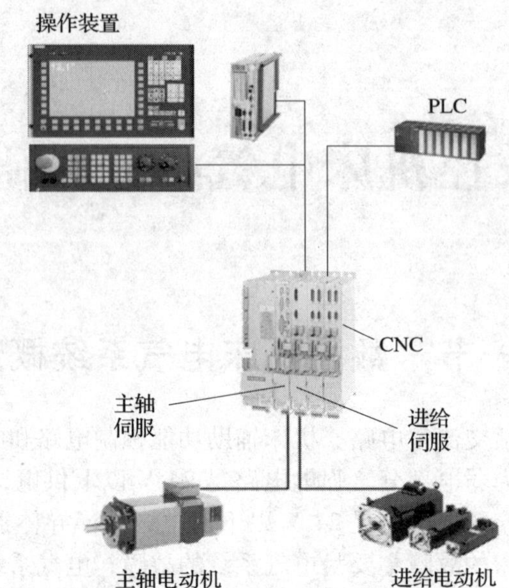

图 1—2　数控机床电气系统的组成

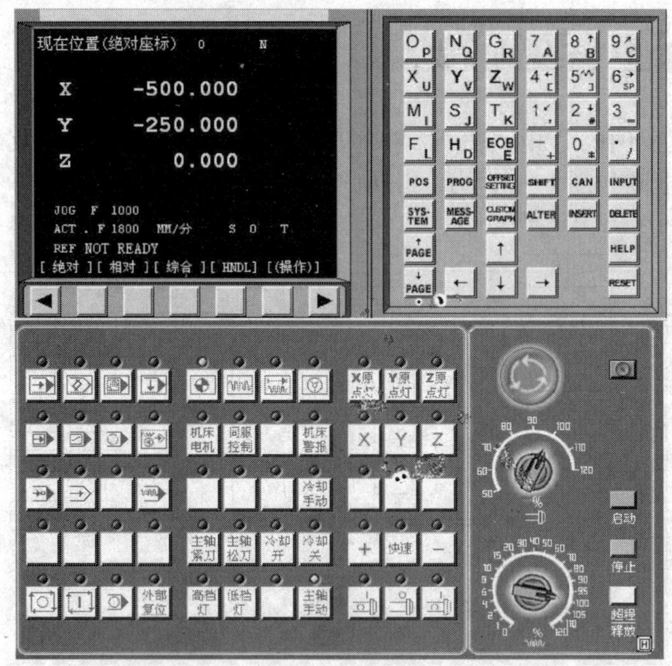

图 1—3　FANUC 系统操作装置

2. 计算机数控装置（CNC 装置或 CNC 单元）

计算机数控（CNC）装置是计算机数控系统的核心（见图 1—4）。其主要作用是根据输入的零件程序和操作指令进行相应的处理（如运动轨迹处理、机床输入输出处理等），然后输出控制命令到相应的执行部件（伺服单元、驱动装置和 PLC 等），控制其动作，加工出需要的零件。

3．伺服机构

伺服机构是数控机床的执行机构，由驱动和执行两大部分组成，如图1—5所示。它接受数控装置的指令信息，并按指令信息的要求控制执行部件的进给速度、方向和位移。指令信息是以脉冲信息体现的，每一脉冲使机床移动部件产生的位移量称为脉冲当量。常用的脉冲当量为0.001～0.01 mm/P。

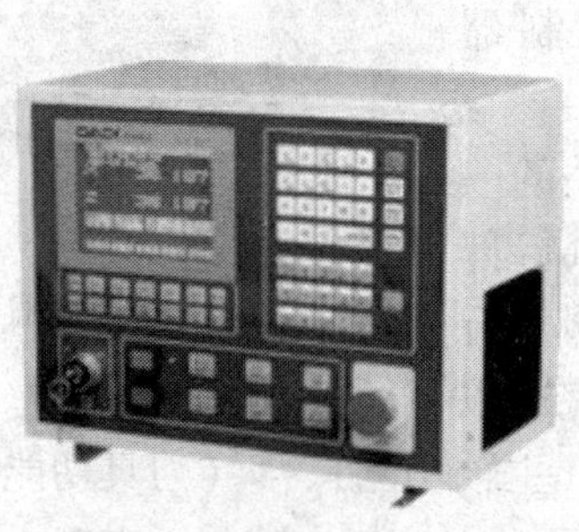

图1—4　计算机数控装置

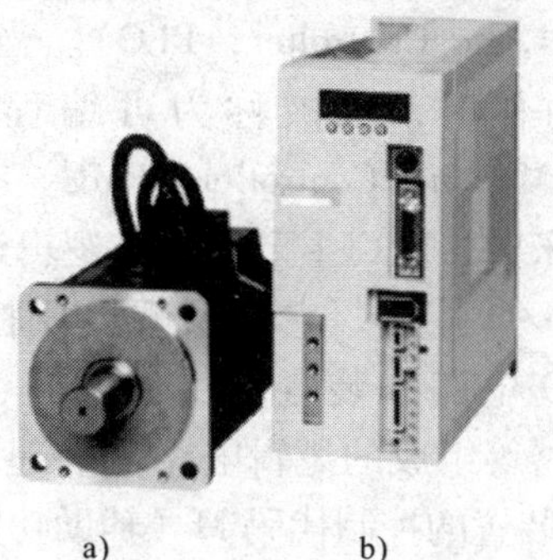

a)　b)

图1—5　伺服机构

a）伺服电动机　b）驱动装置

目前数控机床的伺服机构中，常用的位移执行机构有功率步进电动机、直流伺服电动机、交流伺服电动机和直线电动机。

4．检测装置

检测装置（也称反馈装置）的作用是检测数控机床运动部件的位置及速度，通常安装在机床的工作台、丝杠或驱动电动机转轴上，相当于普通机床的刻度盘和人的眼睛，它把机床工作台的实际位移或速度转变成电信号反馈给CNC装置或伺服驱动系统，与指令信号进行比较，以实现位置或速度的闭环控制。

按有无检测装置，CNC机床可分为开环（无检测装置）与闭环（有检测装置）数控机床。开环数控机床的控制精度取决于步进电动机和丝杠的精度，闭环数控机床的精度取决于检测装置的精度。因此，检测装置是高性能数控机床的重要组成部分。

数控机床上常用的检测装置有光栅、编码器（光电式或接触式）、感应同步器、旋转变压器、磁栅、磁尺、双频激光干涉仪等（见图1—6）。

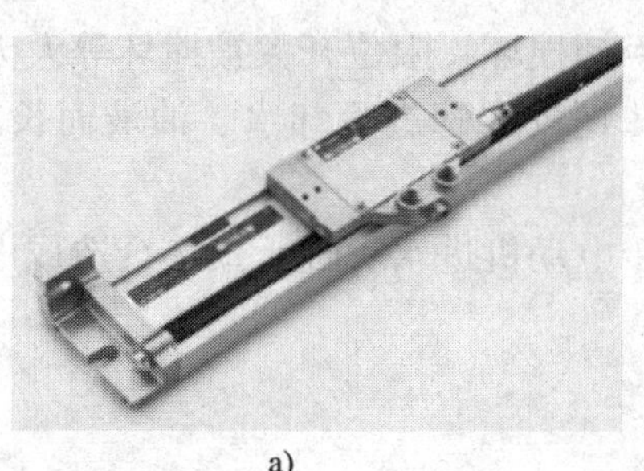

a)

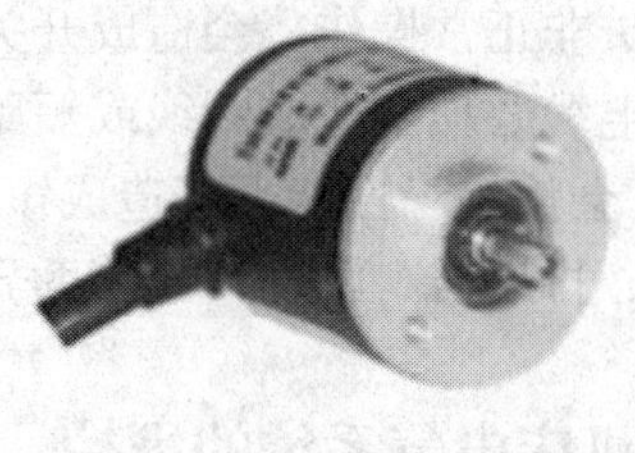

b)

图1—6　检测装置

a）光栅　b）光电编码器

5. 可编程控制器

可编程控制器（Programmable Controller，PC）是一种以微处理器为基础的通用型自动控制装置（见图 1—7），专为在工业环境下应用而设计。由于最初研制这种装置的目的是为了解决生产设备的逻辑及开关量控制，故被称为可编程逻辑控制器（Programmable Logic Controller，PLC）。当 PLC 用于控制机床顺序动作时，也被称为可编程机床控制器（Programmable Machine Controller，PMC）。

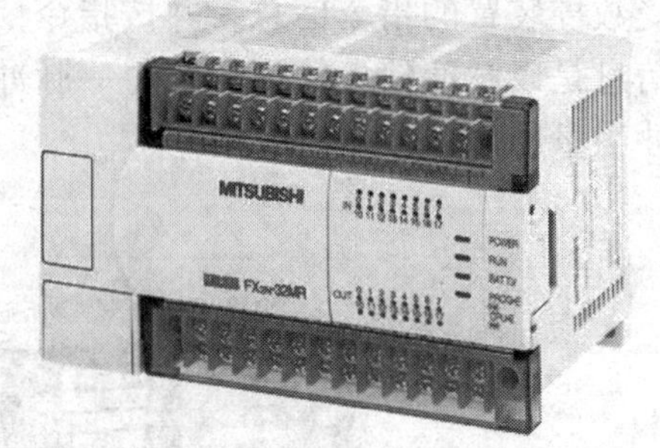

图 1—7　可编程控制器

在数控机床中，PLC 主要完成与逻辑运算有关的一些顺序动作的 I/O 控制，它和实现 I/O 控制的执行部件——机床 I/O 电路和装置（由继电器、电磁阀、行程开关、接触器等组成的逻辑电路）一起，共同完成以下任务：

接受 CNC 装置的控制代码 M（辅助功能）、S（主轴功能）、T（刀具功能）等顺序动作信息，对其进行译码，转换成对应的控制信号，一方面，它控制主轴单元实现主轴转速控制；另一方面，它控制辅助装置完成机床相应的开关动作，如卡盘夹紧松开（工件的装夹）、刀具的自动更换、切削液（冷却液）的开关、机械手取送刀、主轴正反转和停止、准停等动作。

接受机床控制面板（循环启动、进给保持、手动进给等）和机床侧（行程开关、压力开关、温控开关等）的 I/O 信号，一部分信号直接控制机床的动作，另一部分信号送往 CNC 装置，经其处理后，输出指令控制 CNC 系统的工作状态和机床的动作。

用于数控机床的 PLC 一般分为两类：内装型（集成型）PLC 和通用型（独立型）PLC。

二、数控机床电气系统的故障特点

1. 电气系统故障的维修特点是故障原因明了，诊断也比较容易，但是故障率相对比较高。

2. 电气元件有使用寿命限制，如长期工作在非正常情况下，其寿命会大大降低，如开关触头经常过电流使用会使器件出现烧损、粘连，提前造成开关损坏。

3. 电气系统容易受外界影响而发生故障，如环境温度过热，电柜温升过高致使某些电器损坏。鼠害也会造成许多电气故障。

4. 操作人员非正常操作，会造成开关手柄损坏、限位开关被撞坏等人为故障。

5. 电线、电缆磨损会造成断线或短路，蛇皮线管进冷却水、油液而长期浸泡，橡胶电线膨胀、黏化，会使绝缘性能下降造成短路。

6. 冷却泵、排屑器、电动刀架等的异步电动机进水、轴承损坏会造成电动机故障。

三、数控机床电气系统的维护

1. 数控系统的维护

数控系统经过一段较长时间的使用，元器件都会发生老化甚至损坏。为了尽量延长元器件的使用寿命和零部件的磨损周期，防止各种故障，特别是恶性事故的发生，必须对数控系统进行日常维护。具体的日常维护保养要求，在数控系统的使用、维修说明书中有明确的规定。概括起来，要注意以下几个方面。

（1）严格遵守操作规程和日常维护制度

数控系统的编程、操作和维修人员必须经过专门的技术培训，熟悉所用数控机床的数控系统的使用环境、条件等，能按机床和系统的使用说明书的要求正确、合理地使用，应尽量避免因操作不当引起的故障。应根据操作规程要求，针对数控系统各个部件的特点确定各自保养条例，完成日常维护工作。

（2）清洁机床电气箱热交换器过滤网

每周清洁机床电气箱热交换器过滤网，车间环境较差时需要 2～3 天清洁一次，如图 1—8 所示。

图 1—8　清洁过滤网

（3）防止灰尘进入数控装置内

机械加工车间内空气中飘浮的灰尘和金属粉末落在印制电路板和电器插件上，容易引起元器件间绝缘电阻下降，从而出现故障甚至损坏元器件。因此，除非进行调整和维修，否则不允许随意开启数控柜门，更不允许在使用时敞开柜门。已经受外部尘埃、油雾污染的电路板、接插件等，可采用专用电子清洁剂喷洗。

（4）定时清扫数控柜的散热通风系统及电动机

为防止数控装置过热，应经常检查数控柜、数控装置上各冷却风扇工作是否正常。应根据车间环境状况，按照数控机床使用说明书的规定，每半年或一个季度清扫检查一次。如果环境温度过高，造成数控柜内的温度超过 60℃时，应及时加装空调装置，并定期清洁数控机床上的各种电动机，如图 1—9 所示。

（5）经常监视数控系统的电网电压

通常，数控系统允许的电网电压波动范围为额定值的 85%～110%，如果超出此范围，轻则使数控系统不能稳定工作，重则会造成重要电子部件的损坏。因此，要经常注意电网电压的波动，对于电网质量比较差的地区，应配置交流稳压装置。

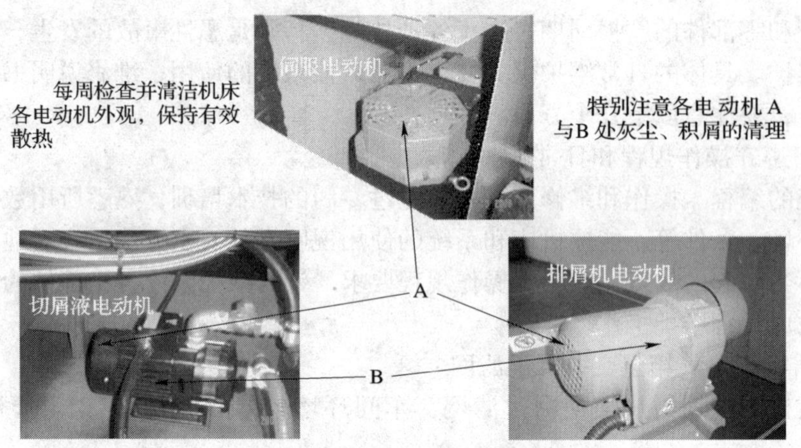

图 1—9　定期清洁数控机床上的各种电动机

（6）定期更换存储器用电池

数控系统中部分 CMOS 存储器中的存储内容在关机时靠电池供电保持（见图 1—10），一般采用锂电池或可充电的镍镉电池，电池电压降到一定值就会造成参数丢失。因此，要定期检查电池电压，当电池电压降到限定值时，机床就会报警提示操作人员及时更换电池。更换电池操作一定要在数控系统通电状态下进行，这样才不会造成存储参数丢失。此外，为了防止参数丢失，可将数控系统中的参数事先备份，一旦参数丢失，在更换新电池后，可将参数重新输入。

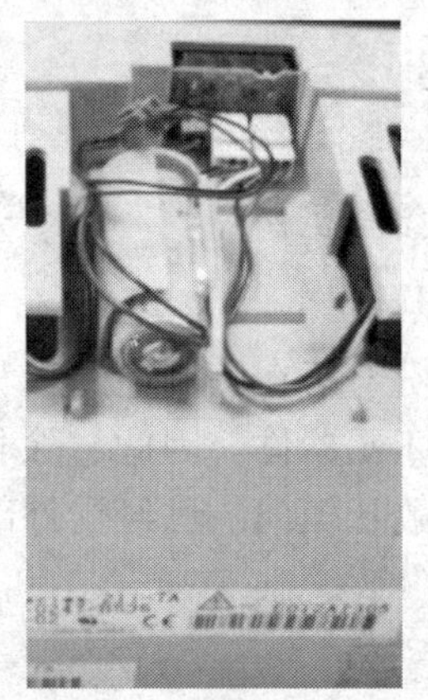

图 1—10　数控机床用电池

（7）数控系统长期不用时的维护

数控机床应尽量避免长期不用。数控机床长期不用时，为了避免数控系统的损坏，应对数控系统进行定期维护保养。应经常给数控系统通电或让数控机床运行温机程序，在空气湿度大的雨季，应该 2～3 天开机一次，运行 1～2 h，利用电气元件本身发热驱走数控柜内的潮气，以保证电子元件的性能稳定可靠。而且，温机程序可使油膜均匀地覆盖在丝杠、导轨等部件上，达到保护的目的。

(8) 备用电路板的维护

印制电路板长期不用也容易出现故障，因此，数控机床中的备用电路板（见图1—11）应定期装到数控系统中通电运行一段时间，以防损坏。

2. 电气部分的维护

电气部分包括动力电源输入线路、继电器、接触器、控制电路等，其维护保养主要包括以下几点：

(1) 检查三相电源的电压值是否正常，有无偏相，如果输入的电压超出允许范围则进行相应调整。

(2) 检查所有电气连接是否良好。

(3) 检查各类开关是否有效，可借助于数控系统屏幕显示的诊断画面及可编程机床控制器（PMC）、输入/输出模块上的LED指示灯检查确认，若工作状态不良应更换。

(4) 检查各继电器、接触器是否工作正常，触点是否完好，可利用功能试验程序，通过运行该程序确认各控制器件是否完好、有效。

(5) 检验热继电器、电弧抑制器等保护器件是否有效。

以上电气保养每年检查、调整一次。

图1—11 备用电路板

3. 数控系统维护中应特别关注的器件

数控系统维护中要特别关注并定期检查那些会因失修或维护不当而引发故障的元器件，这样的元件有以下几种类型。

(1) 易污染件

常见的有：传感器（光栅/光电头/电动机整流子/编码器）、接触器的铁心截面、过滤器、风道、低压控制电器。

(2) 易击穿件

常见的有：电容器、大功率管（晶闸管）。

(3) 易老化与有寿命问题的元件

常见的有：存储器电池及其电路、光电池、光电阅读器的读带、继电器以及高频接触器等。

(4) 易氧化与腐蚀件

常见的有：电动/电磁开关、继电器与接触器触头、接插件接头、熔断器熔丝卡座、接地点等。

(5) 易磨损件

常见的有：测速发电机的电刷、电动机的电刷、离合器的摩擦片、轴承、齿轮副、高频动作的接触器。

(6) 易疲劳失效件

常见的有：含有弹簧元器件（多见于低压电器中）中会失去弹性的弹簧、经常被拖动和弯曲的电缆断线等。

（7）易松动移位件

常见的有：机械手的传感器、定位机构、位置开关、编码器、测速发电机等。

（8）易造成卡死件

常见的有：因润滑不良等而造成无法到位的接触器、热继电器、位置开关、电磁开关、电磁阀等。

（9）易升温件

常见的有：伺服放大回路中的大功率元器件，如稳压器与稳压电源、变压器、继电器、接触器、电动机等具有线圈的元器件。

（10）易泄漏件

冷却液、润滑油、液压回路等的泄漏不仅会使回路本身发生故障，还会流入电器引发电器故障。

第二节　数控机床电气维修常用仪器仪表

一、数控机床电气维修常用仪表（见表 1—1）

表 1—1　　数控机床电气维修常用仪表

名称	图	说明
电压表		1. 有交流电压表与直流电压表两种 2. 交流电压表用于测量交流电源电压，测量误差应在 ±2% 以内 3. 直流电压表用来测量直流电源电压，常见直流电压表有磁电式电压表、数字式直流电压表和多量程数字直流电压表
相序表	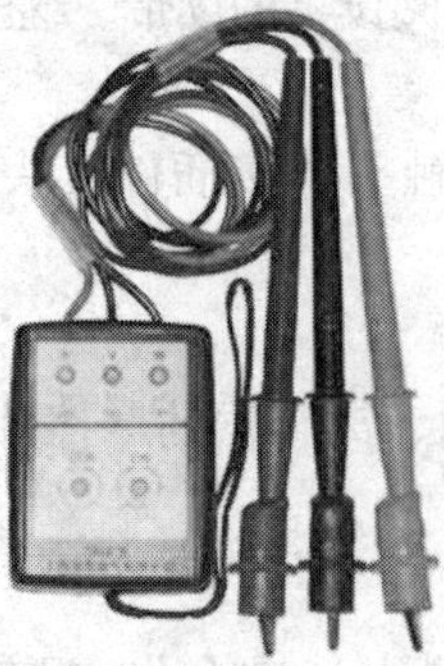	在维修晶闸管直流驱动装置时，用于检查电源的输入相序

续表

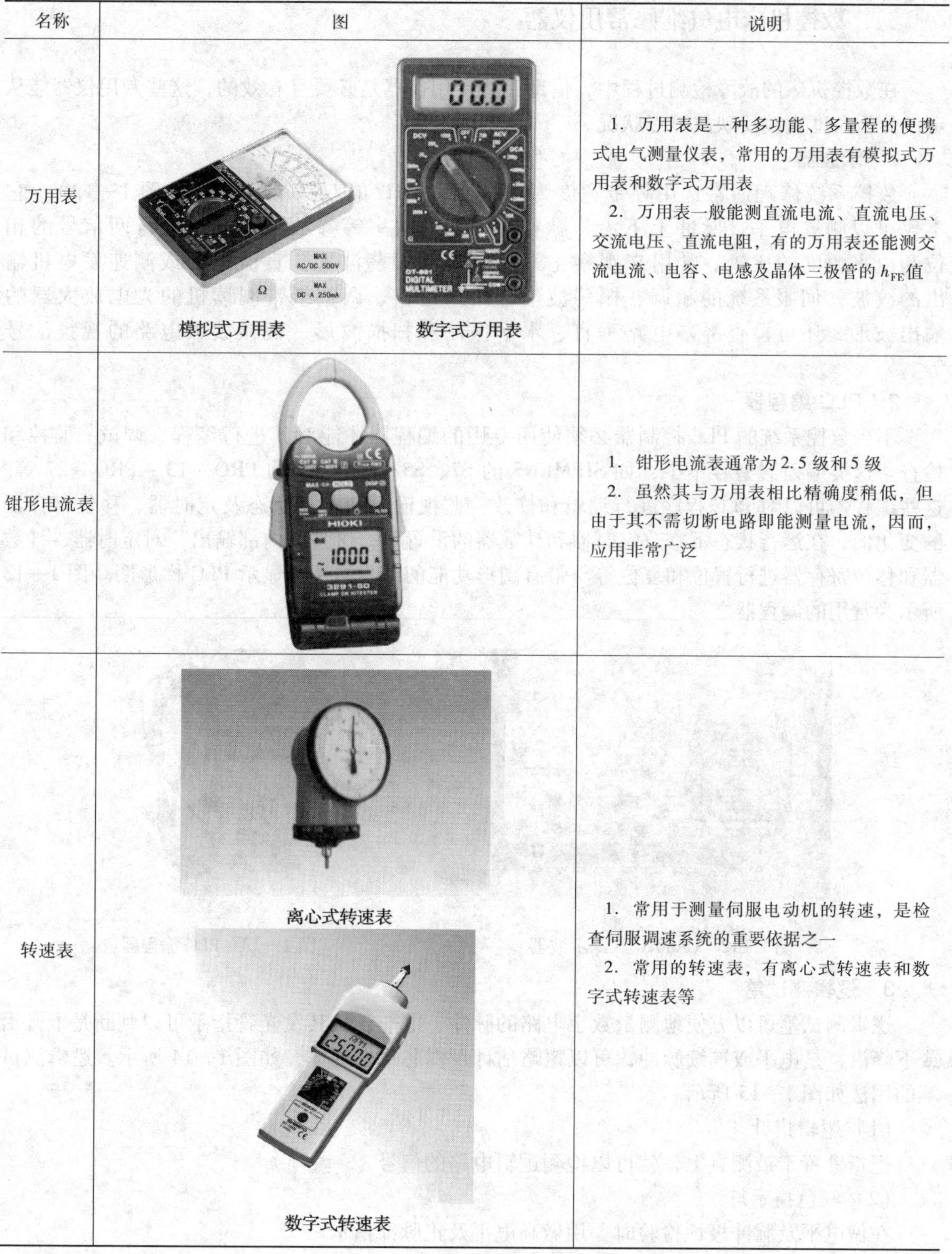

名称	图	说明
万用表	模拟式万用表　数字式万用表	1．万用表是一种多功能、多量程的便携式电气测量仪表，常用的万用表有模拟式万用表和数字式万用表 2．万用表一般能测直流电流、直流电压、交流电压、直流电阻，有的万用表还能测交流电流、电容、电感及晶体三极管的 h_{FE} 值
钳形电流表		1．钳形电流表通常为2.5级和5级 2．虽然其与万用表相比精确度稍低，但由于其不需切断电路即能测量电流，因而，应用非常广泛
转速表	离心式转速表 数字式转速表	1．常用于测量伺服电动机的转速，是检查伺服调速系统的重要依据之一 2．常用的转速表，有离心式转速表和数字式转速表等

二、数控机床电气维修常用仪器

在数控机床的故障检测过程中，借助一些专用仪器是必要且有效的，这些专用仪器能从定量分析角度直接反映故障点状况。

1．示波器

数控系统修理通常选用频带宽度为 10 ~ 100 MHz 的双踪示波器（见图 1—12）。它不仅可以测量电平、脉冲上下沿、脉宽、周期、频率等参数，还可以进行两信号的相位和电平幅度的比较。常用来观察主开关电源的振荡波形，直流电源或测速发电机输出的纹波，伺服系统的超调、振荡波形，用来检查、调整纸带阅读机的光电放大器的输出波形，还可检查屏幕电路垂直、水平振荡和扫描波形、视频放大电路的视频信号等。

2．PLC 编程器

不少数控系统的 PLC 控制器必须使用专用的编程器才能对其进行编程、调试、监控和检查。这类编程器型号不少，如 SIEMENS 的 S7、S5，OMRON 的 PRO－13 ~ PRO－27 等。这些编程器可以对 PLC 程序进行编辑和修改，监视输入和输出状态及定时器、移位寄存器的变化值，在运行状态下修改定时器和计数器的设置值，可强制内部输出，对定时器、计数器和移位寄存器进行置位和复位等。带有图形功能的编程器还可显示 PLC 梯形图。图 1—13 所示为常用的编程器之一。

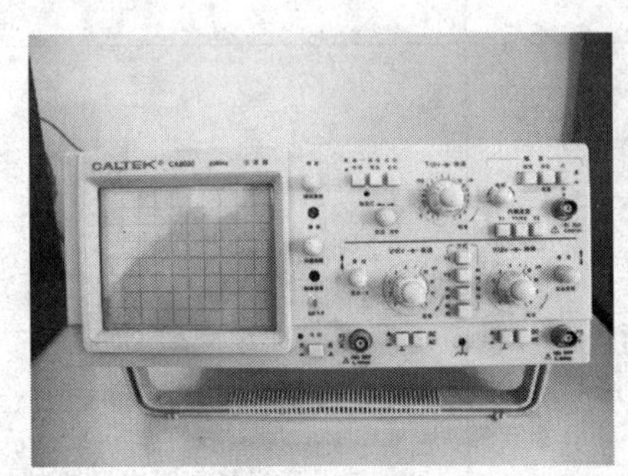

图 1—12　CA8020 双踪示波器

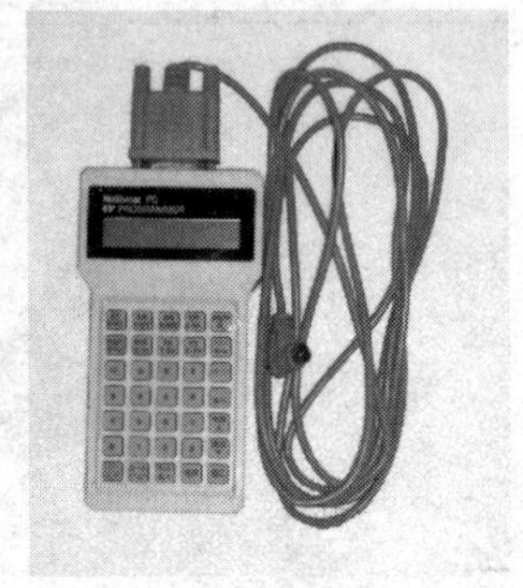

图 1—13　PLC 编程器

3．逻辑测试笔

逻辑测试笔可以方便地测量数字电路的脉冲、电平，从其发光管指示可以判断是上升沿或下降沿，是电平或连续脉冲，可以粗略估计逻辑芯片的好坏，如图 1—14 所示。逻辑测试笔的用法如图 1—15 所示。

（1）逻辑指针

把指针置于被测点上，就可以检测逻辑电路的信号。

（2）红色指示灯

在做电平及脉冲极性检验时，用做高电平及正脉冲指示。

红灯 绿灯 校验按钮 复位按钮 拨动开关

红色夹子（接正极）
黑色夹子（接负极）

图 1—14　逻辑测试笔

图 1—15　逻辑测试笔的用法

（3）绿色指示灯

在做电平及脉冲极性检验时，作为低电平及正脉冲指示。

（4）检验按钮

用于测试被测点是处于高电平、低电平还是假高电平。

（5）复位按钮

按下该按钮时，不论拨动开关是处于电平位置还是脉冲位置，红、绿指示灯均熄灭；在拨动开关置于电平位置时，记忆电路复位。

（6）拨动开关

该开关处于电平位置时，检测电平，此时被测点的电平直接控制指示灯而不经过记忆电路；该开关处于脉冲位置时，检测脉冲，此时被测点是用记忆电路输出控制指示的。只要有一个脉冲通过，红灯或绿灯之一就亮（除非记忆电路复位）。

4．IC 测试仪

数控机床集成电路测试仪分为离线测试仪和在线测试仪两种。其中离线测试仪又分为专用测试仪和通用测试仪（见图 1—16）。在线 IC 测试仪按功能分为普及型和高档型两种。如图 1—17a 所示为 GT2100A 数字集成电路多参数筛选测试仪，如图 1—17b 所示为 LPICT－7A 线性 IC 测试仪。

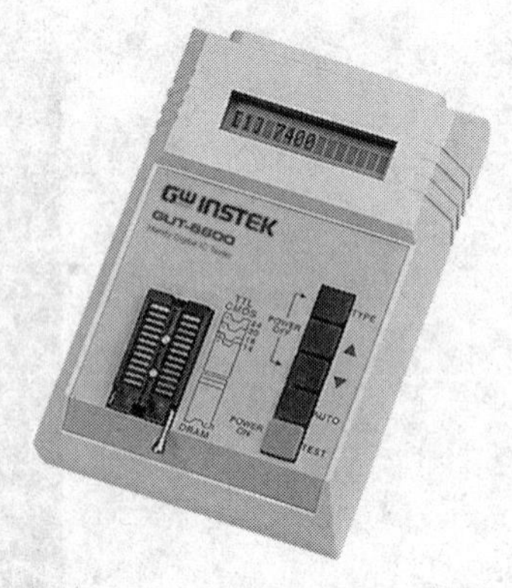

图 1—16　手持式 IC 测试仪

下面以在线测试为例，具体说明 IC 测试仪的使用方法。在线测试主要包括以下 3 项测试。

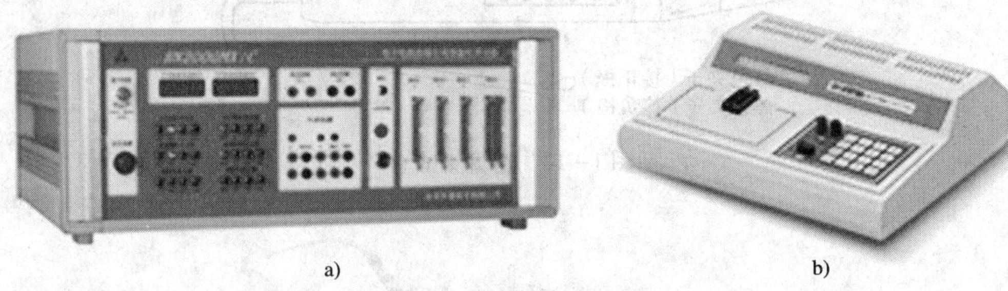

a)　　b)

图 1—17　IC 在线测试仪

（1）快速测试

快速测试时，先用取样夹子夹住 IC，再输入被测 IC 电路的名称，如 74LS00。这时，显示器将显示图 1—18 所示的图形。该图中，右边为被测 IC 电路在该板上的状态，左边为测试结论。若显示结论为“Device Passes”，则表明被测 IC 是正常的；若显示结论为“Fault”，则表明被测 IC 可能失效，需要记录下来。用此项测试可以很快地将被测线路板上所有的几十片 IC 筛选一遍，并对记录下来的可能失效的 IC 再进行诊断测试。

（2）诊断测试

对快速测试筛选下来的可能失效的 IC 进行重点诊断测试，这时，显示器上将显示如图 1—19 所示的测试状态。图中，左边 4、5 引脚为仪器供给的输入逻辑电平波形，标准输出逻辑 EQ 为根据真值表计算出来的标准逻辑电平。引脚 6 为仪器实测的输出逻辑电平（虚方块表示电平不高不低）的波形。引脚 6 的波形与标准输出逻辑 EQ 的波形不符，则判断这组逻辑输出失效，即该片 IC 可能损坏。

用以上两项测试方法可以找出 85% 以上的失效 IC 芯片。用以上测试方法判断后，可以再选择第三项测试——连线测试来判断 IC 的正常与否。

（3）连线测试

对难以用以上两项测试法判断的 IC 故障，即指在线路板上无法测试并排除的故障，如其他元器件的状态及连线对被测 IC 的影响而造成的“假象”失效故障，要采用连线测试。

Threshold
TTL Tight
Device Passes
Device
74LS00
L1 1 14 VCC
L2 2 13
3 12
F 4 11
5 10 L2
6 9 L2
GND 7 8
Test status
Chip status

图 1—18　快速测试图

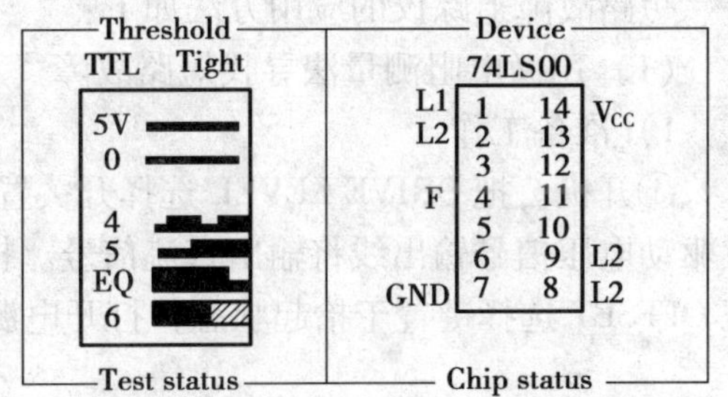

图 1—19　诊断测试图

测试时，IC 测试仪先对一块无故障的线路板上的 IC 进行学习，并建立相应的文件。这时 IC 测试仪自动分析被“学习”的每片 IC 各引脚的连线状态，并把它们一一显示出来。同时把“学习”取得的 IC 输出逻辑电平波形与储存的标准波形进行比较。若两者完全一致，则证明被测 IC 是正常的，否则被认为该 IC 失效。用这种测试可以找出以上两种测试难以判断的故障，以及开路、短路故障，其准确率达 95% 以上。

5. 短路追踪仪

短路是电气维修中经常碰到的故障现象，而且使用万用表寻找短路点往往比较困难。如遇到电路中某个元器件击穿短路，由于在两条连线之间可能并接有多个元器件，用万用表测量出哪一个元器件短路比较困难。再如对于变压器绕组局部轻微短路的故障，且一般万用表测量也无能为力，而采用短路故障追踪仪可以快速地找出印制电路板上的任何短路点，如焊锡短路、总线短路、电源短路、多层线路板短路、芯片及电解电容内部短路、非完全短路等。

创能 CB－2000 型是比较常见的一种短路追踪仪，它采用微电阻测量、微电压测量和电流流向追踪三种方式寻找短路点。三种方式可单独使用，也可以互相验证，共同确定一个短路点。创能 CB—200 短路故障追踪仪如图 1—20 所示。

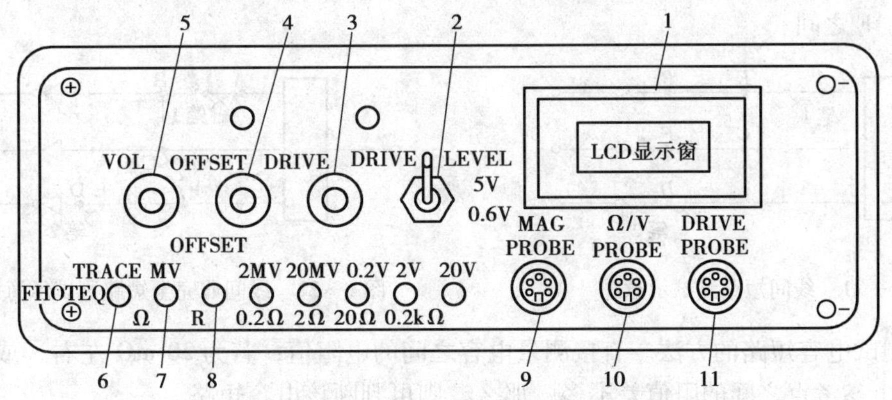

图 1—20　创能 CB—200 短路故障追踪仪

1—LCD 显示窗　2—DRIVE LEVEL 5 V/0.6 V 按钮
3—DRIVE 按钮　4—OFFSET 旋钮　5—VOL 按钮　6—TRACE 键　7—V/Ω 键
8—OFFSET 键　9—MAG PROBE 插口　10—Ω/V PROBE 插口　11—DRIVE PROBE 插口

短路故障追踪仪的应用方法如下：

（1）用微电阻测量法寻找短路故障

1）准备工作

①开机。把 DRIVE LEVEL 选择开关置于 0.6 V 挡，把 TRACE 选择键置于抬起状态。这时驱动电压信号输出线将输出直流信号。把 MV 键置于抬起状态，即使仪器放在 Ω 测试挡，把 OFFSET 选择键置于抬起状态，打开电源开关，LCD 窗口有显示数据，即说明仪器可以工作。

②调整。把测量范围键 0.2 Ω 按下，将 Ω/V PROBE 的两测试笔直接短路，这时仪器发出高蜂鸣声。此蜂鸣声越高，则 LCD 显示的阻值越小，并且阻值的大小与两测试笔间的接触压力大小有关（压力大，接触电阻小，蜂鸣器的频率就越高）。手压大时，最小接触电阻可低到 55 mΩ。手压大小可在开始使用时，自己找标准值。

③确定参考值。先把被测试板上所有电源断开。线路板由于长度、宽度不一，其阻值不同，因此在使用微电阻测量时，自己要先把被测板的印制电路从头到尾的电阻值测试出来，供实际测量时参考。

2）查找线间短路的方法。图 1—21 是线间短路测试示意图。把测试笔 2 放在 D 点不动，然后移动测试笔 1，分别去接触 A、E、B 点，E 点的阻值最低；再测试 E、F、C 点，C 点的阻值最低。因此，判断 C 点是短路点，同时可由声音的频率不同而得到证实。

3）测试线间非完全短路的方法。如图 1—22 所示，把测试笔 1 放在 A 点，测试笔 2 放在 D 点，测得 A、D 间阻值为50.7 Ω。接着按下 OFFSET 键，调整 OFFSET 旋钮到“零”，即以 A 点为参考点，并将测试范围缩小到 20 Ω 挡，测试笔 2 逐渐移动到 D、E、F、C 点，测得 A 点到上述各点的电阻，可以发现 C 点阻值最小。这时，再将测试笔 1 移动到 C 点，测得 C、D、F 间的阻值，发现 F 点阻值最小。再把测试笔 1、2 放在 C、F 间，更换量程，即按下 0.2 kΩ 挡并抬起 OFFSET 键，测得 C、F 间的阻值为 50.6 Ω。因此判断非完全短路发生在 C、F 之间。

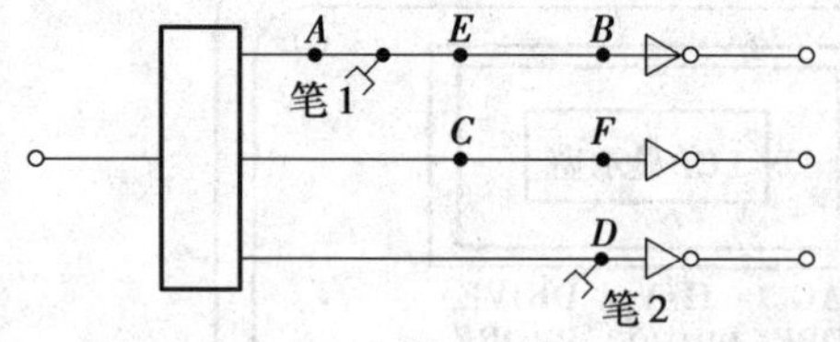

图 1—21　线间短路测试示意图

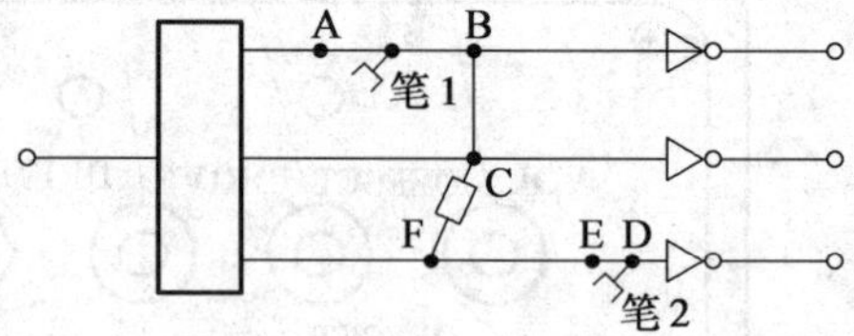

图 1—22　线间非完全短路测试示意图

4）测试电容短路的方法。直接测量电容之间的电阻值，若为 20 mΩ 左右，或该电容两端与同一个参考点之间的阻值差不多，那么，则可判断该电容短路。

5）判断变压器绕组局部短路的方法。直接测量两个变压器相同绕组间的阻值，电阻相差较大者为局部短路。

印制线路板上凡是应该接地的点，与地线间应有一个阻值。测试短路故障之前，首先测量并记录这个数值，假设为 x（mΩ）。若测试本不应该接地但由于短路故障而接地的点，其电阻值均应大于 x（mΩ,）。当测试时发现某处对地阻值大于 x（mΩ,），并且电阻值又很小时，则可以断定该点与地短路。

（2）用电流流向追踪法测试短路故障

当印制线路板上有线间短路，而且该短路故障在板上的某一个或某几个区域内时，可以用电流流向追踪法测试该故障。

1）准备工作

①开机。把 DRIVE LEVEL 选择开关置于 0.6 V 挡，把 TRACE 选择按钮置于按下状态。把 DRIVE PROBE 输出线的两个钩子分别钩在两条短路线路的起点，如果该线间有短路情况，则 DRIVE 黄灯应该亮，否则不亮。再把 Ω/V PROBE 测试棒拔下，以免干扰。

②调整。调 DRIVE 旋钮，直到黄灯发亮，把 MAG PROBE 磁棒分别垂直放在 DRIVE PROBE 输出端红、黑两个线钩上，这时它们在 LCD 上的显示数值和蜂鸣声应该相对应，否则就要调整 DRIVE 旋钮，直到它们相近为止。

2）测试方法。按以上方法调好仪器后，将磁棒沿着短路线移动，LCD 显示值及 VOL 声音频率很高，LCD 显示值为 300 ~ 600，且声音频率最高的点就是短路点。要得到最佳短路点，磁棒必须与短路线垂直。

6. 逻辑分析仪

逻辑分析仪是专门用于测量和显示多路数字信号的测试仪器，通常分 8、16、64 个通道，即可同时显示 8 个、16 个或 64 个逻辑方波信号。与显示连续波形的通用示波器不同，逻辑分析仪显示各被测点的逻辑电平，二进制编码或存储器的内容。通过仿真头，逻辑分析仪可仿真多种常用的如 INTEL80 系列 CPU 系统，进行数据、地址、状态值的预置或跟踪检查。逻辑分析仪一般有异步测试和同步测试两种使用方式。

（1）异步测试

异步测试采样选通信号是由逻辑分析仪内设置的时钟发生器产生的，它和待测的通信信号在时间上没有关系，为了得到正确的待测波形，采样频率要比待测波形频率高几倍，而且应可调。为了发现窄脉冲的影响，还设定采样和锁定两种模式。锁定模式能及时发现窄脉冲的存在。

（2）同步测试

采样选通信号是由外部输入的时钟信号形成的。因此，只要外部时钟选得好，就可用很少的内存容量记录下所需的测试信息。例如采样由 Intel 8086 CPU、Intel 80286 CPU 构成的系统，如用 CLK、Φ 和 SYNC 等信号作为外部时钟信号，就可以观察不同步长下的有关微机系统运行的信号。为了可靠地采集到稳定的数据，采样延迟信号相对于采样信号应该有足够的数据设置时间和数据保持时间。

现代逻辑分析仪不仅可以测试运算控制器等部件的逻辑电路的好坏，而且可以测试以微处理器为基础的微型计算机系统。图 1—23 所示为北京飞腾电子股份有限公司生产 L－100 型逻辑分析仪。

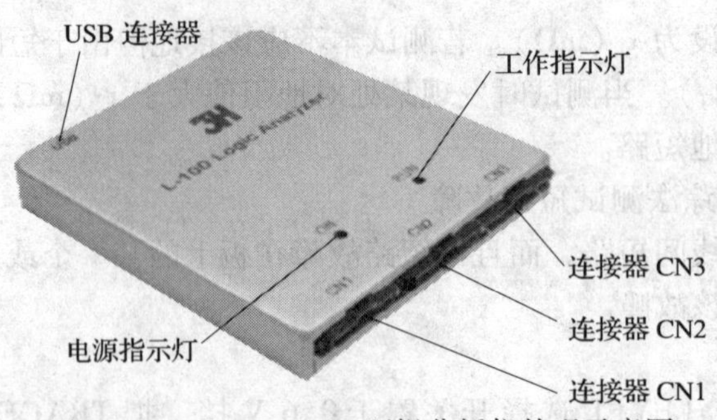

图 1—23　Flyto L－100 逻辑分析仪外观示意图

L－100 型逻辑分析仪是 24 通道的逻辑分析仪，分为三个信号组 CN1、CN2 和 CN3，每组 8 个输入信号。输入信号电缆组件的设备端是一个带锁定机构的 10 心高品质连接器，与 L 系列逻辑分析仪连接。输入信号电缆组件的测试端是 9 个独立的连接器，左起 8 个端子是信号端子，最右边的第 10 个端子是地线端子，地线的电缆为黑色。

L 系列逻辑分析仪可以选配 R－8T－25 输入信号电缆组件和型号为 R－C6 的 0.6 mm 间距精密测试夹及型号为 R－P75 的防颤测试探针。R－8T－25 输入信号电缆组件的测试端带有 0.64 mm 通用型连接插孔，可以与各种带 0.64 mm 引脚的测试夹连接。

连接时先用测试夹夹住测试点，然后再将测试插孔与测试夹的引脚相连接。R－8T－25 型既可以连接精密测试夹，也可以连接普通的低成本测试夹，具有良好的通用性。

连接测试信号到 L－100 逻辑分析仪，然后将 L－100 逻辑分析仪设备与计算机连接，并启动 Flyto ICEview L－100 软件，如图 1—24 所示。这时，逻辑分析仪的工作参数使用的是默认设置（100 MHz 采样，立即启动和不自动停止）或保留设置。可根据需要改变设置，然后单击工具栏上的启动按钮，即可对信号进行采样。在采样过程中，跟踪计数器窗口会动态显示变化，直到最后溢出为止（显示为红色）。逻辑分析仪停止跟踪后，在波形窗口中将会看到数据，此时可以使用游标点和测试点对波形进行测量和分析。

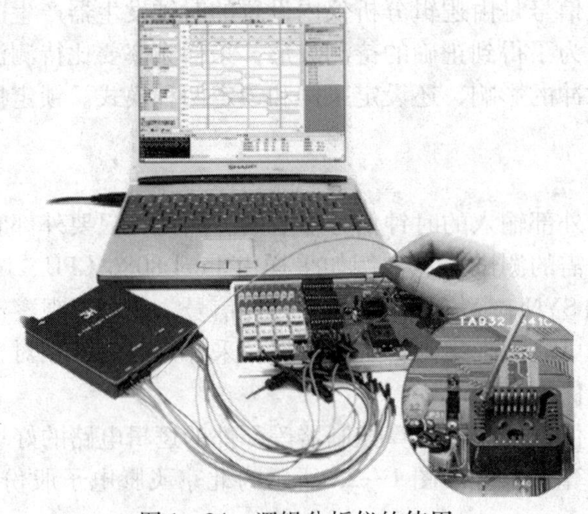

图 1—24　逻辑分析仪的使用

7. 特征代码分析仪

为了识别一个电路是否有故障，可以经常把电路各节点的正常响应记录下来。在做故障检测时，再把实测的响应与正常电路的响应做比较。如果实测电路各节点的响应都与正常响应一致，则认为电路没有故障；如果实测电路各节点的响应中至少有一个节点与正常电路不同，则可以断定这个电路有故障。然后，可以根据不正常响应的地点以及不正常响应的情况来分析故障的位置和种类。

特征代码分析仪采用数据压缩技术，通过对电路节点的串行状态流的检测来诊断数字设备的故障。正像用示波器逐点检测信号波形，用电压表逐点测量电压一样，特征代码分析仪把电路各节点的串行数据流压缩成四位十六进制的特征码加以显示，然后与标在电路中的正确特征码进行比较，逐点追踪即可找出有故障的元器件。

图 1—25 是特征代码分析仪的结构框图。这种仪器的典型代表有 AV3621、HPS004A、HP5006A 等。

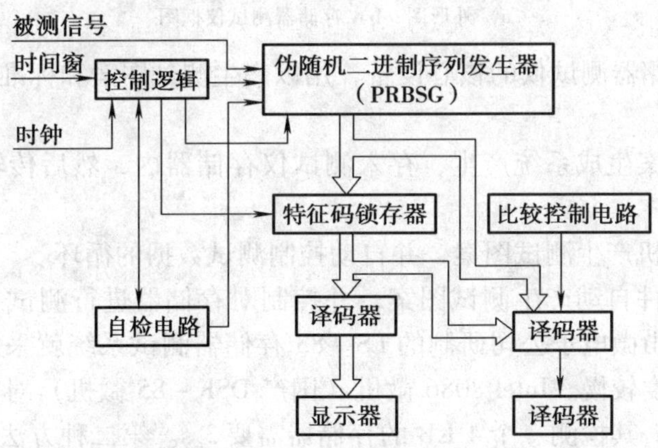

图 1—25　特征代码分析仪的结构框图

用特征代码分析仪进行故障检测及诊断时，要事先把待测的微机系统的电路节点的正常特征码算好，建立特征码字典和故障诊断树并把它们存储起来。测试时，再通过比较控制逻辑电路将正常特征码与实际生成的特征码进行比较。若待测系统电路节点特征码与其正常值不同，即可判定该电路有故障；这时，再根据预先存储的特征码字典和建立的故障诊断树追踪、定位具体故障。

特征码分析仪的具体用法如下：

（1）把一个已知测试码加入到欲测试的正常微机系统，记录生成的特征码并建立故障诊断树。

（2）将特征代码分析仪接到被测微机系统的有关电路节点上进行检测。

（3）当测试中发现特征码与其正常值不一致时，不稳定灯亮，再利用存储的特征码字典和故障诊断树具体追踪、定位故障。这时，用特征码分析仪的探针在微机电路上迅速检测，直到找出故障特征码，即可确定故障部位。

8. **存储器测试仪**

存储器测试仪基本上采用功能测试原理制成。为了实现功能测试，它由产生测试图案的专用计算机（微型机或小型机）加上接口电路、定时装置、I/O 装置及电源等组成，如图 1—26 所示。

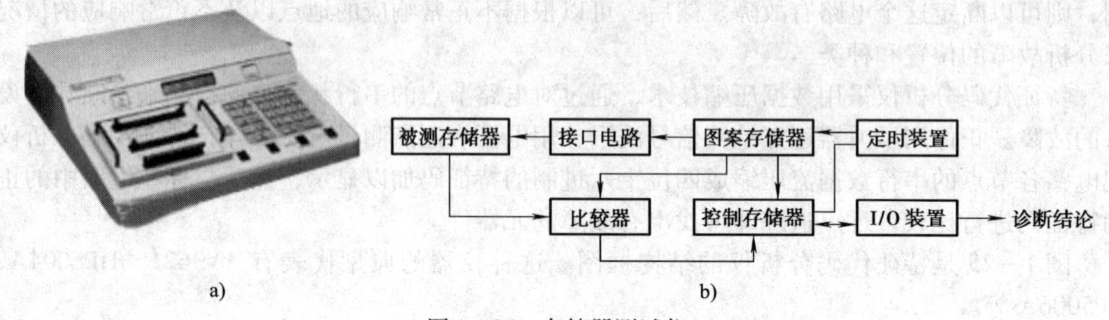

图 1—26　存储器测试仪
a）外形图　b）存储器测试仪框图

图案存储器是存储器测试仪的核心设备，用以产生测试图案和标准信息。目前，产生测试图案的方法主要有：

（1）由专门的图案生成系统产生，存入测试仪存储器内，然后传输给被测存储器作为测试码。

（2）由测试仪随机产生测试图案，并自动控制测试数据的循环。

（3）由测试仪软件自动产生测试图案，并控制对存储器进行测试。第一种方法比较简单，应用较广，如骊山微电子公司研制的 LS－83 存储器测试系统就采用这种方法。第三种方法费用低廉，但速度较慢。Intel 8086 微机（国产 DSK－85 微机）对存储器的测试图案就是用软件自动产生的，其检测一个 4 KB 的存储器需要 3 s。第二种方法有一定的优越性，但比较复杂，目前应用不够广泛。

图 1—27 是 LS－83 存储器测试系统组成框图。其核心是一台 Heuriken MLZ－91 微机和测试仪，而测试仪是一个字长为 32 位，容量为 1 KB 的随机存储器。该存储器部分作控制存储器用，用 Sightics8 ×02A 控制电路控制程序的执行。测试系统对存储器的测试是通过测试仪内控制存储器中的程序进行的。测试系统中的微机在测试软件的支持下对测试仪发出命令，以启动、停止或继续执行测试程序。使用时，测试软件按照操作人员的选择，从测试仪程序文件中将测试程序调入微机内存，然后把测试仪的控制存储器作为微机的外置存储器。

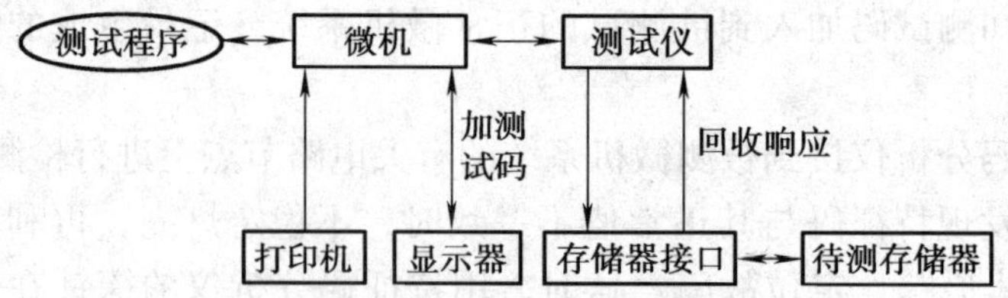

图 1—27　LS－83 存储器测试系统

第二章

数控机床强电部分的故障与维修

第一节 概 述

一、数控机床的强电部分

1. 数控机床强电电路

数控机床的强电部分与普通机床的强电部分类似，图 2—1 为数控机床的强电电路图（部分），图 2—2 是数控机床电气连接的实物图，图 2—3 是强电连接的部分实物图。

2. 数控机床用强电元件

数控机床常用的电器主要是低压电器。低压电器通常是指工作在交流电压 1 000 V、直流电压 1 200 V 及以下的电器。低压电器按其用途又可分为低压配电电器和低压控制电器。

配电电器包括熔断器、断路器、接触器（见图 2—4）与继电器（过流继电器与热继电器）以及各类低压开关等，主要用于低压配电电路（低压电网）或动力装置中，对电路和设备起保护、通断、转换电源或转换负载的作用。

控制电器包括控制电路中用做发布命令或控制程序的开关电器（电气传动控制器、电动机启/停/正反转兼作过载保护的启动器）、电阻器与变阻器（不断开电路的情况下可以分级或平滑地改变电阻值）、操作电磁铁、中间继电器（速度继电器与时间继电器）等。在接近开关中，光电式接近开关与霍尔式接近开关在数控机床中应用得比较多。

光电式接近开关有遮断型和反射型，当被测物从发射器与接收器之间通过时，红外光束被遮断，接收器接收不到红外线，从而产生一个电脉冲信号，由整形放大器转换成开关量信号。在数控机床中，光电式接近开关常用于刀架的刀位检测和柔性制造系统中物料传送位置的检测等。

霍尔式接近开关是将霍尔元件、稳压电路、放大器、施密特触发器和集电极开路（OC）门等电路做在同一个芯片上的集成电路，典型的霍尔集成电路有 UGN 3020 等。霍尔集成电路受到磁场作用时，集电极开路门由高电阻态变为导通状态，输出低电平信号；当霍尔集成电路离开磁场作用时，集电极开路门重新变为高阻态，输出高电平信号。

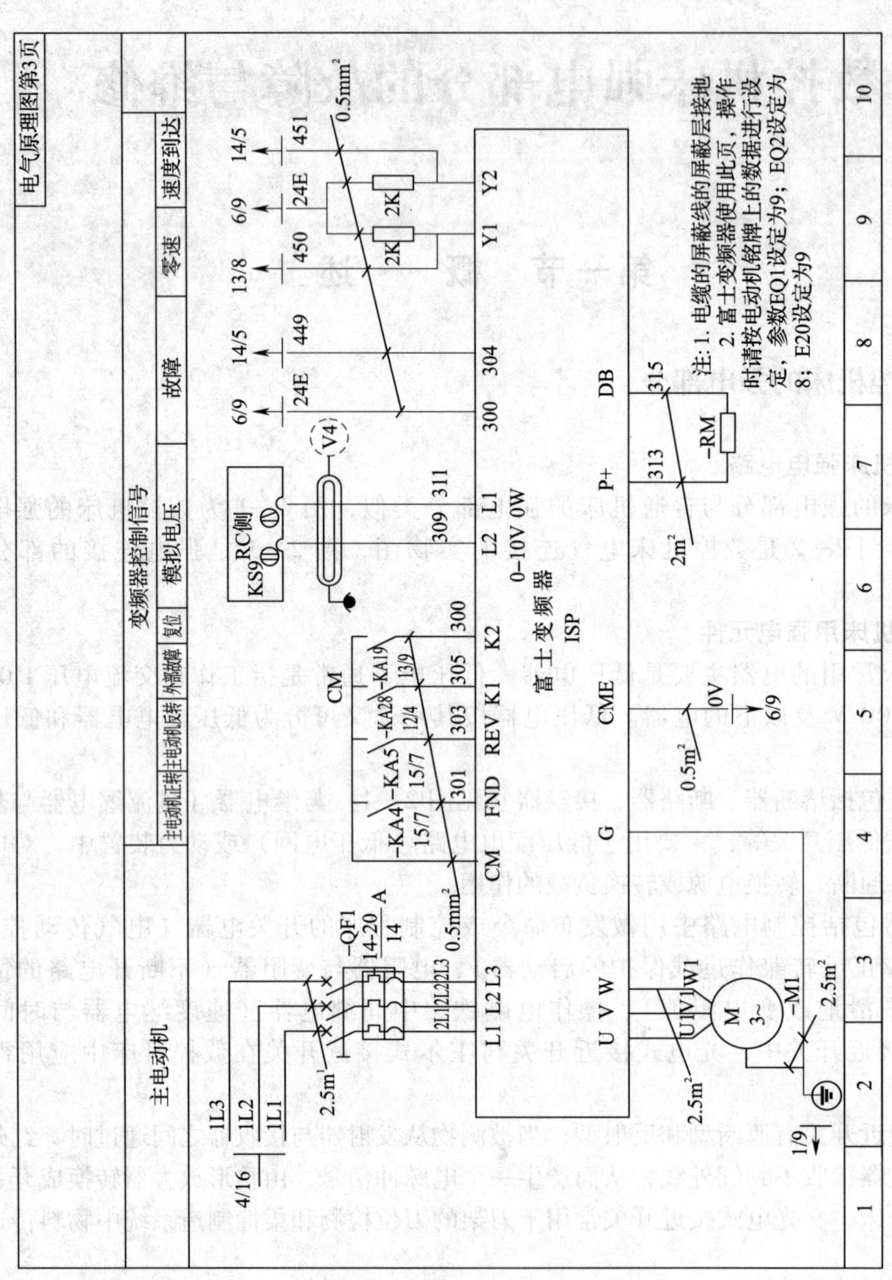

图2—1 数控机床的强电电路图（部分）

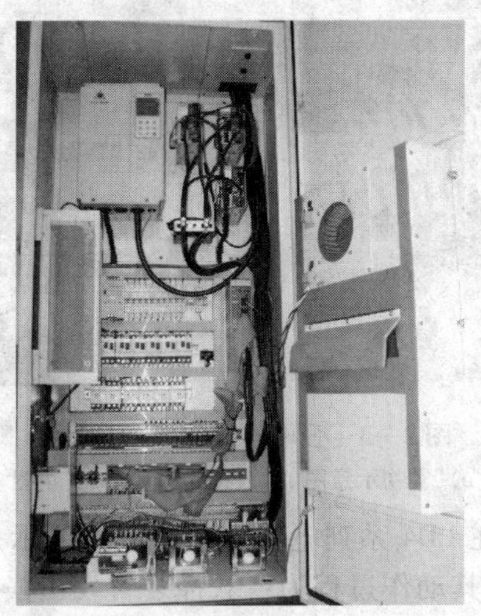

图 2—2 数控机床电气连接的实物图

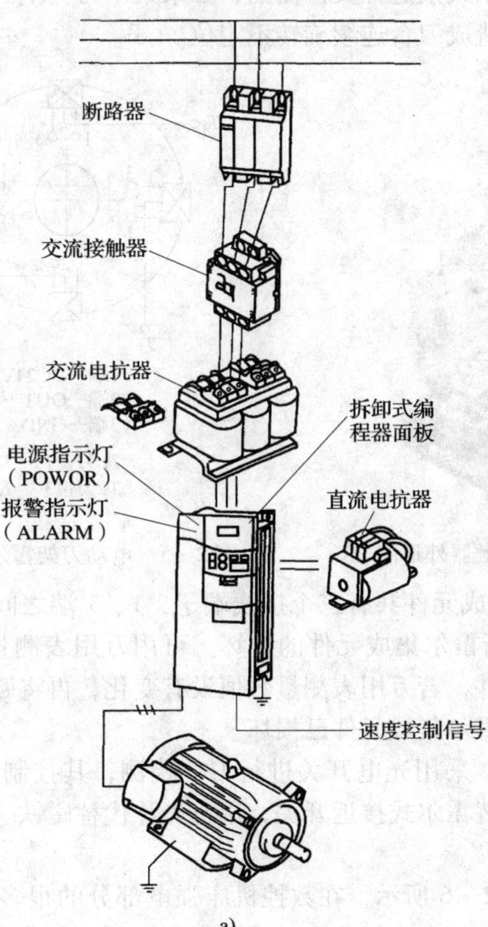

a)

b)

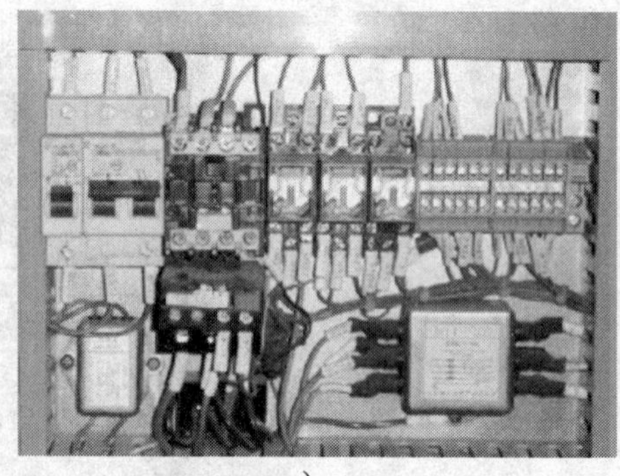

c)

图 2—3　强电连接的部分实物图

a）实物示意图　b）接线图　c）实物图

图 2—5 为霍尔集成电路在 LD4 系列电动刀架中应用的示意图。LD4 系列刀架在经济型数控车床中得到广泛的应用，其动作过程为：数控装置发出换刀信号→刀架电动机正转使锁紧装置松开且刀架旋转→检测刀位信号→刀架电动机反转定位并夹紧→延时→换刀动作结束。其中刀位信号是由霍尔式接近开关检测的，如果某个刀位上的霍尔式元件损坏，数控装置检测不到刀位信号，会造成刀台连续旋转不定位。

图 2—4　交流接触器外形图

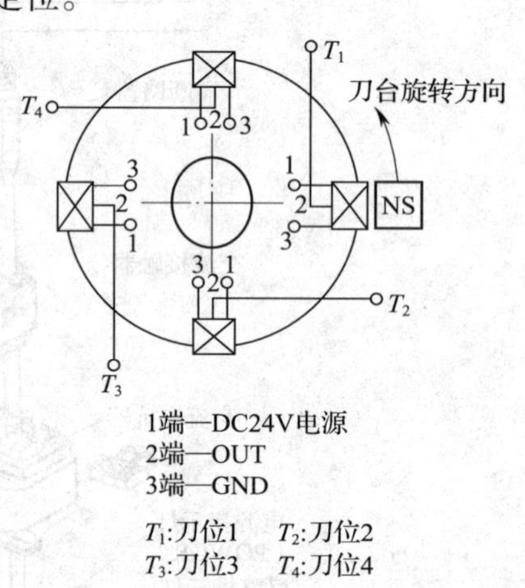

图 2—5　电动刀架霍尔元件安装示意图

在图 2—5 中，霍尔集成元件共有三个接线端子，1、3 端之间是 +24 V 直流电源电压；2 端子是输出信号端，判断霍尔集成元件的好坏。可用万用表测量 2、3 端的直流电压，人为将磁铁接近霍尔集成元件，若万用表测量数值没有变化，再将磁铁极性调换；若万用表测量数值还没有变化，说明霍尔集成元件已损坏。

有些型号的电动刀架，采用光电开关进行刀位检测，其控制方式类似于霍尔式接近开关，用光电式接近开关代替霍尔式接近开关，用遮光片代替磁铁。有些型号的电动刀架采用光电编码器检测刀位信号。

值得注意的是，如图 2—6 所示，在数控机床强电部分的很多故障都是因为接线端子压不紧而使其接触不良造成的，在进行装调时要注意观察以避免发生此类故障。

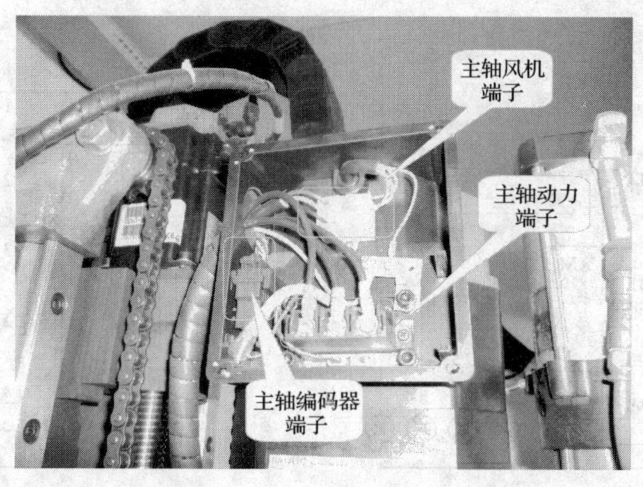

图 2—6　数控机床接线端子图

二、数控机床强电部分的检测方法

1. 通电检查法

通电检查法是指机床和机械设备发生电气故障后，根据故障的性质，在条件允许的情况下，通电检查故障发生的部位和原因。

在检查故障时，经外观检查未发现故障点，可根据故障现象，结合电路图分析可能出现故障的部位，在不扩大故障范围、不损伤电器和机床设备的前提下，进行直接通电试验，以分清故障是在电气部分还是在机械等其他部分，是在电动机上还是在控制设备上，是在主电路还是在控制电路上。一般情况下先检查控制电路，待排除控制电路的故障使其恢复正常后，再接通主电路，检查控制电路对主电路的控制效果，观察主电路的工作情况是否正常等。

在通电检查时，必须注意人身和设备的安全。要遵守安全操作规程，不得随意触动带电部分，要尽可能切断主电路电源，只在控制电路带电的情况下进行检查；如需电动机运转，则应使电动机与机械传动部分脱开，使电动机在空载下运行，这样既减小了试验电流，也可避免机械设备的运动部分发生误动作和碰撞，以免故障扩大。在检修时应预先充分估计到局部线路动作后可能发生的不良后果。

（1）校验灯法

用校验灯检查故障的方法有两种，一种是 380 V 的控制电路，另一种是经过变压器降压的控制电路。对于不同的控制电路所使用的校验灯应有所区别，具体判别方法如图 2—7 和图 2—8 所示。首先将校验灯的一端接在低电位处，再用另外一端分别碰触需要判断的各点。如果灯亮，则说明电路正常；如果灯不亮，则说明电路有故障。对于 380 V 的控制电路可用 220 V 的白炽灯，低电位端应接在中性线上，测试情况见表 2—1。

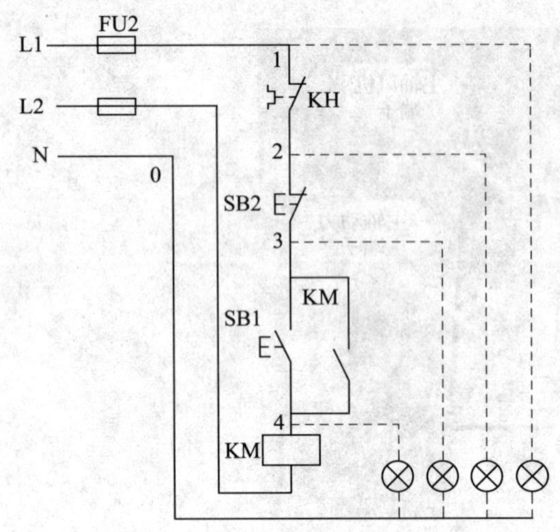

图 2—7　380 V 校验灯

图 2—8　降压后校验灯法

表 2—1　　　　校验灯法查找故障点

故障现象	测试状态	0－2	0－3	0－4	故障点
按下 SB1 时，KM 不吸合	未按下 SB1	不亮	不亮	亮	KH 常闭触点接触不良
		亮	不亮	亮	SB2 常闭触点接触不良
		亮	亮	不亮	KM 线圈断路
	断开 KM 线圈，按下 SB1	亮	亮	不亮	SB1 接触不良

（2）验电笔法

用验电笔检查电路故障的优点是安全、灵活、方便，缺点是受电压限制，并受具体电路结构的影响（如变压器输出端是否接地等）。因此，测试结果不是很准确。另外，有时电气元件触点烧断，但是因有爬弧，用验电笔测试，仍然发光，而且亮度还较强，这样也会造成判断错误。用验电笔检查电路故障的方法如图 2—9 所示。

在图2—9 中，如果按下 SB1 或 SB3 后，接触器 KM 不吸合，遇到这种情况可以用验电笔从 A 点开始依次检测 B、C、D、E 和 F 点，观察验电笔是否发光，且亮度是否相同。如果在检查过程中发现某点发光变暗，则说明被测点以前的元件或导线有问题。停电后仔细检查，直到查出问题消除故障为止。但是，在检查过程中有时还会发现各点都亮，而且亮度都一样，接触器也没问题，就是不吸合，原因可能是启动按钮 SB1 本身触点有问题不能导通，也可能是 SB2 或 KH 常闭触点断路，电弧将两个静触点或因绝缘部分被击穿使两触

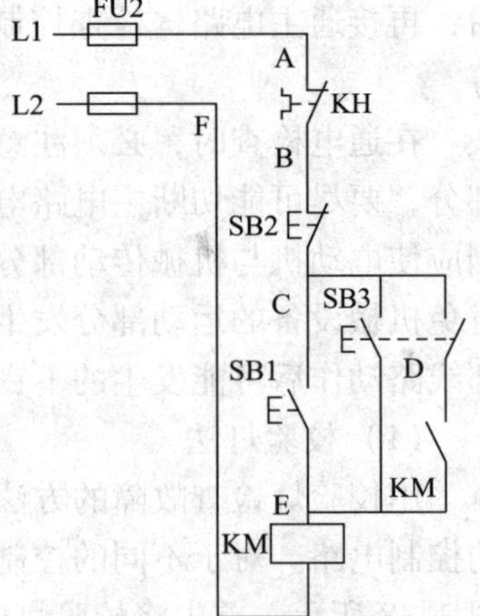

图 2—9　380 V 电路验电笔判断法

点导通，遇到这类情况就必须用电压表进行检查。

2. 断电检查法

断电检查法是将被检修的数控机床与外部电源切断后进行检修的方法。采取断电检查法检修设备故障是一种比较安全的常用检修方法。这种方法主要是针对有明显的外表特征，容易被发现的电气故障，或者为避免故障未排除前通电试车，造成短路、漏电，再一次损坏电气元件，扩大故障、损坏机床设备等后果采用的一种检修方法。如图 2—10 所示。

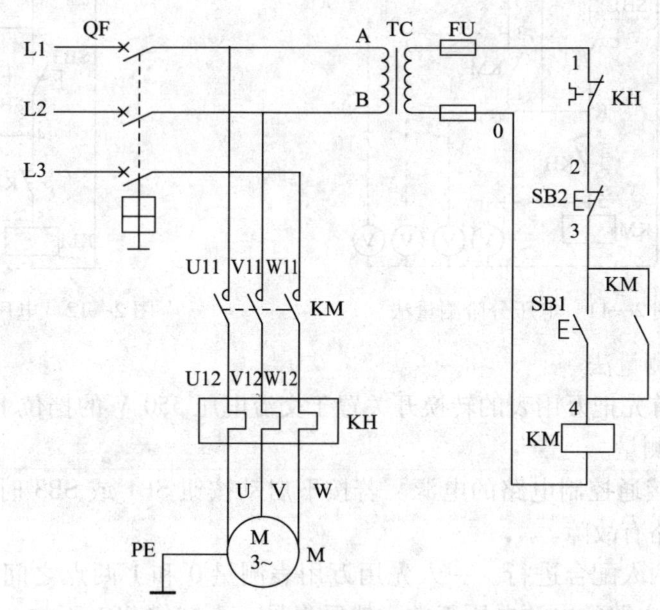

图 2—10 单向启动自锁控制线路图

（1）数控机床设备发生短路故障

故障发生后，除了询问操作者短路故障的部位和现象外，主要还应自己去仔细观察。如果未发现故障部位，就需要用兆欧表分步检查（不能用万用表，因为万用表中干电池的电压只有几伏或几十伏），在检查主电路接触器 KM 上口部分的导线和开关是否短路时，应将图 2—10 中 A 或 B 点断开，否则会因变压器一次线圈的导通而造成误判断。在检查主电路接触器 KM 下口部分的导线和开关是否短路时，也应在端子板处将电动机的三根电源线拆下，以免影响测量结果。

（2）按下启动按钮 SB1 后电动机不转

对于电动机不转的故障应从两方面进行检查分析，一方面是当按下启动按钮 SB1 后接触器 KM 是否吸合，如果不吸合应当首先检查电源和控制电路部分，如果按下启动按钮 SB1 后接触器 KM 吸合而电动机不转，则应检查电源和主电路部分。

3. 电压检查法

电压检查法是利用电压表或万用表的交流电压挡对线路进行带电测量，是查找故障点的有效方法。电压检查法有电压分阶测量法（见图 2—11）和电压分段测量法（见图 2—12）。

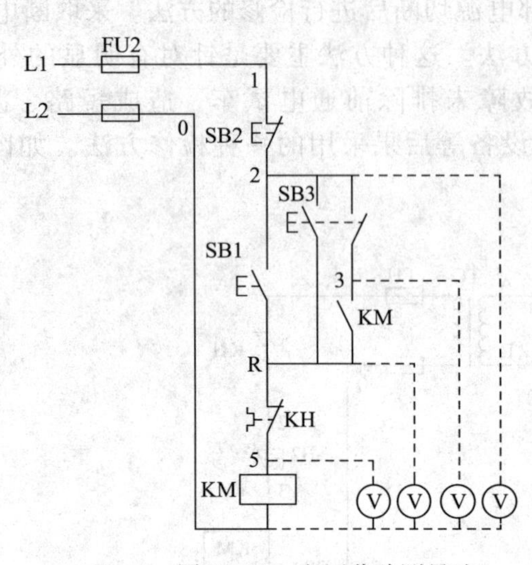

图 2—11　电压分阶测量法

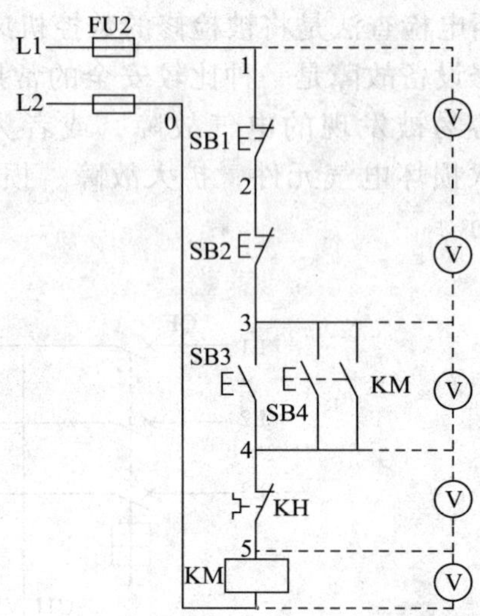

图 2—12　电压分段测量法

（1）电压分阶测量法

测量检查时，首先把万用表的转换开关置于交流电压 550 V 的挡位上，然后按如图 2—11 所示的方法进行测量。

断开主电路，接通控制电路的电源。若按下启动按钮 SB1 或 SB3 时，接触器 KM 不吸合，则说明控制电路有故障。

检测时，需要两人配合进行。一人先用万用表测量 0 和 1 两点之间的电压。若电压为 380 V，则说明控制电路的电源电压正常。然后由另一人按住 SB1 不放，一人用黑表笔接到 0 点上，用红表笔依次接到 2、3、4、5 各点上，分别测量出 0 – 2、0 – 3、0 – 4、0 – 5 两点间的电压，根据测量结果即可找出故障点，见表 2—2。

表 2—2　　电压分阶测量法查找故障点

故障现象	测试状态	0 – 2	0 – 3	0 – 4	0 – 5	故障点
按下 SB1 或 SB3 时，KM 不吸合	按下 SB1 不放	0	0	0	0	SB2 常闭触点接触不良
		380 V	0	380 V 或 0	380 V 或 0	SB3 常闭触点接触不良
		380 V	380 V	0	0	SB1 常闭触点接触不良
		380 V	380 V	380 V	0	KH 常闭触点接触不良
		380 V	380 V	380 V	380 V	KM 线圈断路

（2）电压分段测量法

测量检查时，把万用表的转换开关置于交流电压 500 V 的挡位上，按如图 2—12 所示的方法进行测量。首先用万用表测量 0 和 1 两点之间的电压，若电压为 380 V，则说明控制电路的电源电压正常。然后，一人按下启动按钮 SB3 或 SB4，若接触器 KM 不吸合，则说明控制电路有故障。这时另一人可用万用表的红、黑两表笔逐段测量相邻两点 1－2、2－3、3－4、4－5、5－0 的电压，根据其测量结果即可找出故障点，见表 2—3。

表 2—3　　电压分段测量法所测电压值及故障点

故障现象	测试状态	1－2	2－3	3－4	4－5	5－0	故障点
按下 SB3 或 SB4 时，KM 不吸合	按下 SB3 或 SB4 不放	380 V	0	0	0	0	SB1 常闭触点接触不良
		0	380 V	0	0	0	SB2 常闭触点接触不良
		0	0	380 V	0	0	SB3 或 SB4 常开触点接触不良
		0	0	0	380 V	0	KH 常闭触点接触不良
		0	0	0	0	380 V	KM 线圈断路

4. 电阻检查法

电阻检查法是利用万用表的电阻挡，对线路进行断电测量，是一种安全、有效的方法。电阻检查法可分为电阻分阶测量法（见图 2—13）和电阻分段测量法（见图 2—14）。

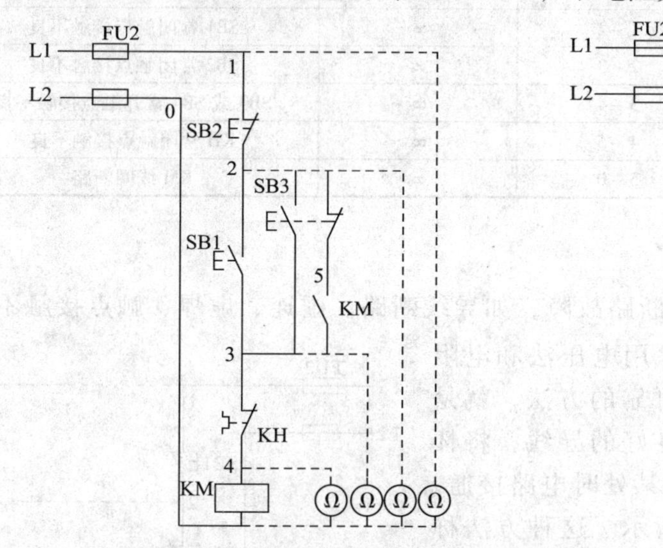

图 2—13　电阻分阶测量法

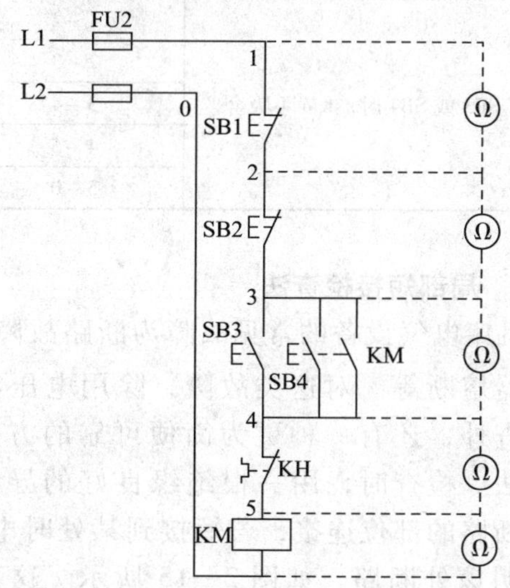

图 2—14　电阻分段测量法

（1）电阻分阶测量法

测量检查时，首先把万用表的转换开关置于倍率适当的电阻挡，然后按图 2—13 所示方法测量。

测量前先断开主电路电源，接通控制电路电源。若按下启动按钮 SB1 或 SB3 时，接触器 KM 不吸合，则说明控制电路有故障。

检测时应切断控制电路电源（这一点与电压分阶测量法不同），然后一人按下 SB1 不放，另一人用万用表依次测量。0－1、0－2、0－3、0－4 各两点间电阻值，根据测量结果可找出故障点，见表 2—4。

表 2—4　　电阻分阶测量法查找故障点

故障现象	测试状态	0－1	0－2	0－3	0－4	故障点
按下 SB3 或 SB4 时，KM 不吸合	按下 SB1 不放	∞	R	R	R	SB2 常闭触点接触不良
		∞	∞	R	R	SB1 或 SB3 常开触点接触不良
		∞	∞	∞	R	KH 常闭触点接触不良
		∞	∞	∞	∞	KM 线圈断路

注：R 为 KM 线圈电阻值。

（2）电阻分段测量法

按图 2—14 所示方法测量时，首先切断电源，然后一人按下 SB3 或 SB4 不放，另一人把万用表的转换开关置于倍率适当的电阻挡，用万用表的红、黑两根表笔逐段测量各相邻两点 1－2、2－3、3－4、4－5、5－0 的电阻，如果测得某点间电阻值很大（∞），则说明该两点间接触不良或导线断路，见表 2—5。

表 2—5　　分段测量法所测电阻值及故障点

故障现象	测量点	电阻值	故障点
按下 SB3 或 SB4 时，KM 不吸合	1－2	∞	SB1 常闭触点接触不良
	2－3	∞	SB2 常闭触点接触不良
	3－4	∞	SB3 或 SB4 常开触点接触不良
	4－5	∞	KH 常闭触点接触不良
	5－0	∞	KM 线圈断路

5．局部短接检查法

机床电气设备的常见故障为断路故障，如导线断路、虚连、虚焊、触点接触不良、熔断器熔断等。对这类故障，除用电压法和电阻法检查外，还有一种更为简便可靠的方法，就是短接法。检查时，用一根绝缘良好的导线，将怀疑有断路的部位连接，若短接到某处时电路接通，则说明该处断路。如图 2—15 所示。这种方法称为局部短接法。

用短接法检查前，先用万用表测量图 2—15 所示 1－0 两点间电压，若电压正常，可一人按下启动按钮 SB3 或 SB4 不放，然后另一人用一根绝缘良好的导线，分别短接标号相邻的两点 1－2、2－3、3－4、4－5（注意千万不要短接 5－0 两点，否则会造成短路），当短接到某两点时，接触器 KM 吸合，则说明断路故障就在该两点之间，见表 2—6。

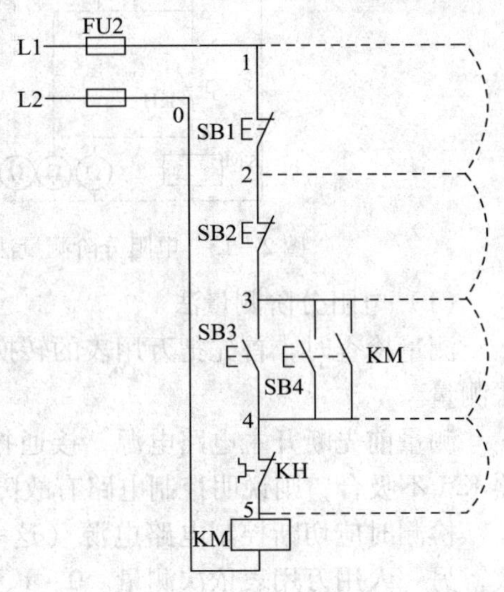

图 2—15　局部短接法

表 2—6　　短接检查法查找故障点

故障现象	测量点	电阻值	故障点
按下 SB3 或 SB4 时，KM 不吸合	1－2	KM 吸合	SB1 常闭触点接触不良
	2－3	KM 吸合	SB2 常闭触点接触不良
	3－4	KM 吸合	SB3 或 SB4 常开触点接触不良
	4－5	KM 吸合	KH 常闭触点接触不良

6. 长短接检查法

长短接检查法是指一次短接两个或多个触点来检查故障的方法。

如图 2—16 所示，当 KH 的常闭触点和 SB1 的常闭触点同时接触不良时，若用局部短接法短接，图 2—16 中的 1－2 两点，按下 SB2，KM1 仍不能吸合，则可能造成判断错误；而用长短接法将 1－6 两点短接，如果 KM1 吸合，则说明 1－6 这段电路上有断路故障；然后再用局部短接法逐段找出故障点。

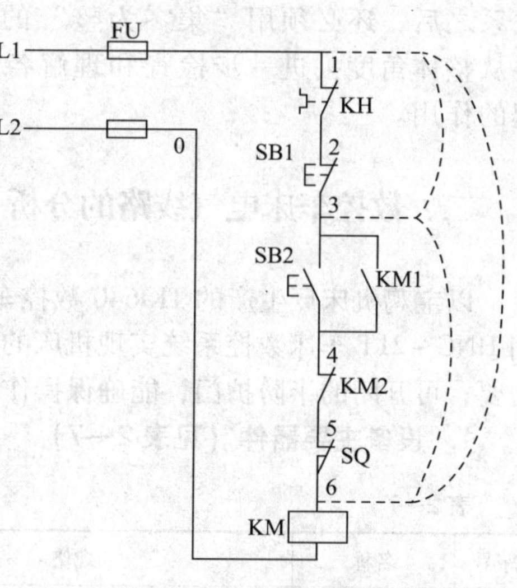

图 2—16　长短接法

长短接检查法的另一个作用是可把故障点缩小到一个较小的范围。例如，第一次先短接 3－6 两点，KM1 不吸合，再短接 1－3 两点，KM1 吸合，说明故障在 1－3 范围内。可见，如果长短接检查法和局部短接检查法能结合使用，很快就可找出故障点。

第二节　典型数控机床的强电电路分析与故障维修

一、电气原理图分析的方法与步骤

电气控制电路一般由主回路、控制电路和辅助电路等部分组成。首先要了解电气控制系统的总体结构、电动机和电气元件的分布状况及控制要求等内容，然后阅读并分析电气原理图。

1. 分析主回路

从主回路入手，根据伺服电动机、辅助机构电动机和电磁阀等执行电器的控制要求，分析它们的控制内容，包括启动、方向控制、调速和制动等。

2. 分析控制电路

根据主回路中各伺服电动机、辅助机构电动机和电磁阀等执行电器的控制要求，逐一找出控制电路中的控制环节，按功能不同划分成若干个局部控制线路来进行分析。

3．分析辅助电路

辅助电路包括电源显示、工作状态显示、照明和故障报警等部分，它们大多是由控制电路中的元件来控制的，在分析时，还要回头来对照控制电路进行分析。

4．分析联锁与保护环节

机床对于安全性和可靠性有很高的要求，实现这些要求，除了合理地选择元器件和控制方案以外，在控制线路中还设置了一系列电气保护和必要的电气联锁。

5．总体检查

经过“化整为零”，逐步分析了每一个局部电路的工作原理以及各部分之间的控制关系之后，还必须用“集零为整”的方法，检查整个控制线路，看是否有遗漏。特别要从整体角度去进一步检查和理解各控制环节之间的联系，理解电路中每个元器件所起的作用。

二、数控车床电气线路的分析

以宝鸡机床厂生产的TKl640数控车床为例，其主轴采用变频调速，三挡无级变速，采用HNC－21T车床数控系统实现机床的两轴联动。机床配有四工位刀架，可满足不同的加工需要；可开闭的半防护门，能确保操作人员的安全。

1．设备主要器件（见表2—7）

表2—7 设备主要器件

序号	名称	规格	主要用途	备注
1	数控装置	HNC－21TD	控制系统	HCNC
2	软驱单元	HFD－2001	数据交换	HCNC
3	控制变压器	AC380/220 V 300 kV·A	伺服控制电源、开关电源供电	HCNC
		AC380/110 V 250 kV·A	交流接触器电源	
		AC380/24 V 100 kV·A	照明灯电源	
4	伺服变压器	3P AC380/220 V 2.5 kV·A	为伺服供电	HCNC
5	开关电源	AC220/DC24 V 145 W	HNC－21TD、PLC及中间继电器	明玮
6	伺服驱动器	HSV－16D030	*X*轴、*Z*轴电动机伺服驱动器	HCNC
7	伺服电动机	GK6062—6AC31－FE（7.5 N·M）	*X*轴进给电动机	HCNC
8	伺服电动机	GK6063—6AC31－FE（11 N·M）	*Z*轴进给电动机	HCNC

2．主回路分析

图2—17所示是380 V强电回路。图中QF1为电源总开关。QF3、QF2、QF4、QF5分别为主轴强电、伺服强电、冷却电动机、刀架电动机的低压断路器，作用是接通电源

及短路、过流时起保护作用；其中 QF4、QF5 带辅助触头，该触点信号输入 PLC，作为报警信号，并且该低压断路器的保护电流为可调的，可根据电动机的额定电流来调节低压断路器的设定值，起过流保护作用。KM3、KM1、KM6 分别为主轴电动机、伺服电动机、冷却电动机的交流接触器，由它们的主触点控制相应电动机；KM4、KM5 为刀架正反转交流接触器，用于控制刀架的正反转。TC1 为三相伺服变压器，将交流 380 V 变为交流 200 V 供给伺服电源模块；RC1、RC3、RC4 为阻容吸收电路，当相应的电路断开后，吸收伺服电源模块、冷却电动机、刀架电动机中的能量，避免产生过电压而损坏器件。

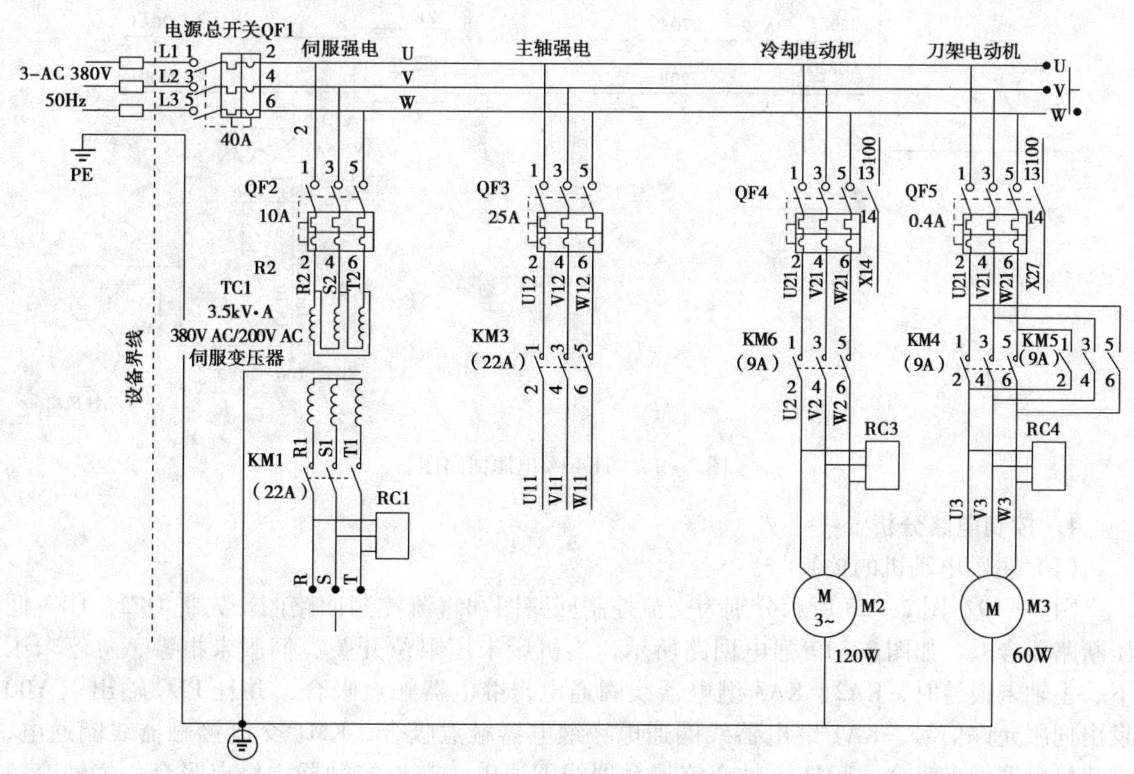

图 2—17 TK40A 强电回路

3. 电源电路分析

图 2—18 所示为电源回路图。图中 TC2 为控制变压器，一次侧为 AC 380 V，二次侧为 AC 110 V、AC 220 V、AC 24 V，其中 AC 110 V 给交流接触器线圈和强电柜风扇提供电源，AC 24 V 给电柜门指示灯、工作灯提供电源，AC 220 V 通过低通滤波器滤波给伺服模块、电源模块、24 V 电源提供电源，VC1 为 24 V 电源，将 AC 220 V 转换为 DC 24 V 电源，给世纪星数控系统、PLC 输入/输出、24 V 继电器线圈、伺服模块、电源模块、吊挂风扇提供电源，QF6、QF7、QF8、QF9、QF10 低压断路器为电路的短路保护。

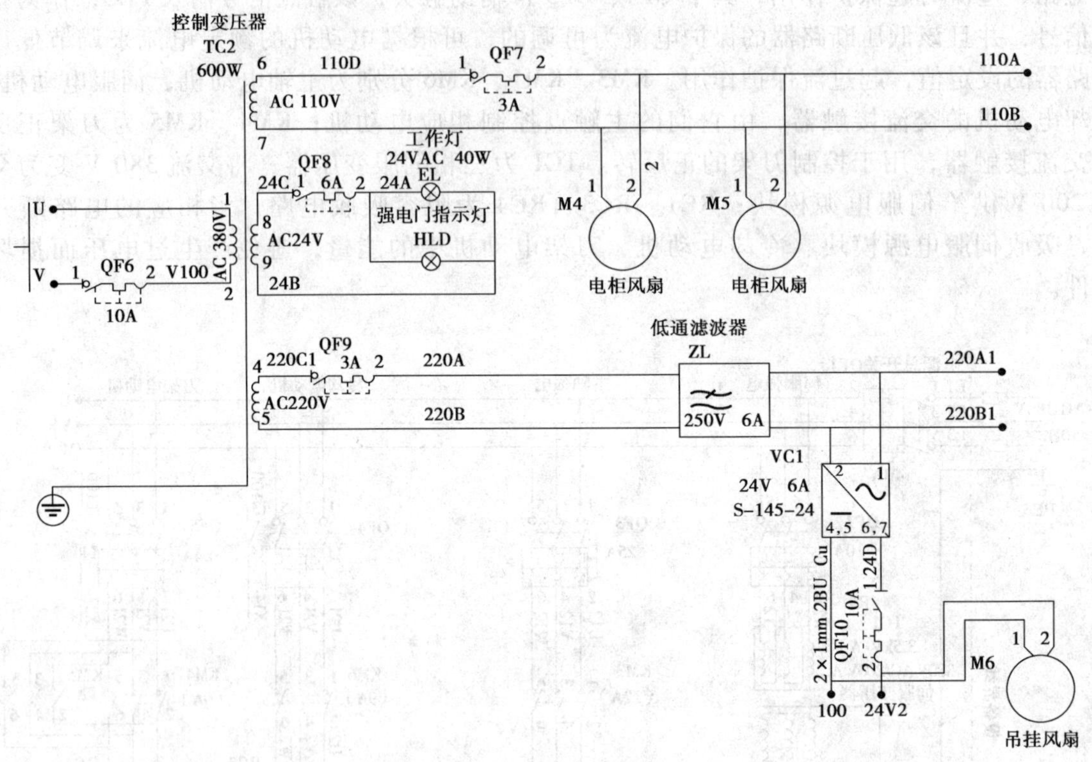

图 2—18　TK40A 电源回路图

4．控制电路分析

（1）主轴电动机的控制

图 2—19、图 2—20 所示分别为交流控制回路图和直流控制回路图。先将 QF2、QF3 低压断路器合上，如图 2—17 强电回路所示，当机床未压限位开关、伺服未报警、急停未压下、主轴未报警时，KA2、KA3 继电器线圈通电，继电器触点吸合，并且 PLC 输出点 Y00 发出伺服允许信号，KA1 继电器线圈通电，继电器触点吸合，KM1 交流接触器线圈通电，交流接触器触点吸合，KM3 主轴交流接触器线圈通电，交流接触器主触点吸合，主轴变频器加上 AC 380 V 电压，若有主轴正转或主轴反转及主轴转速指令时（手动或自动），PLC 输出主轴正转 Y10 或主轴反转 Y11 有效，主轴 AD 输出对应于主轴转速的直流电压值（0 ~ 10 V），主轴按指令值的转速正转或反转；当主轴速度到达指令值时，主轴变频器输出主轴速度到达信号给 PLC 输入 X31（未标出），主轴转动指令完成。主轴的启动时间、制动时间由主轴变频器内部参数设定。

（2）刀架电动机的控制

当有手动换刀或自动换刀指令时，经过系统处理转变为刀位信号，这时是 PLC 输出 Y06 有效，KA6 继电器线圈通电，继电器触点闭合，KM4 交流接触器线圈通电，交流接触器主触点吸合，刀架电动机正转，当 PLC 输入点检测到指令刀具所对应的刀位信号时，PLC 输出

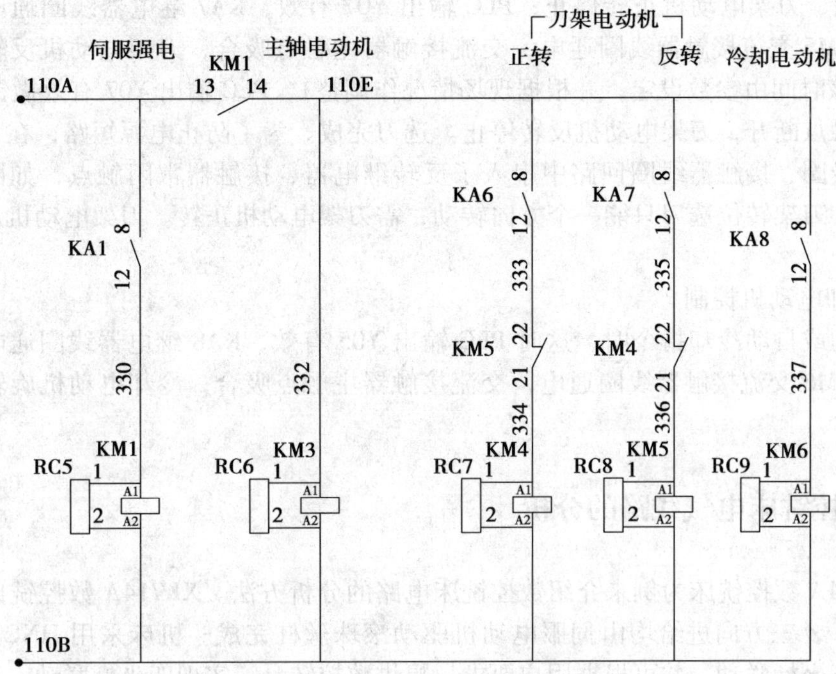

图 2—19 TK40A 交流控制回路图

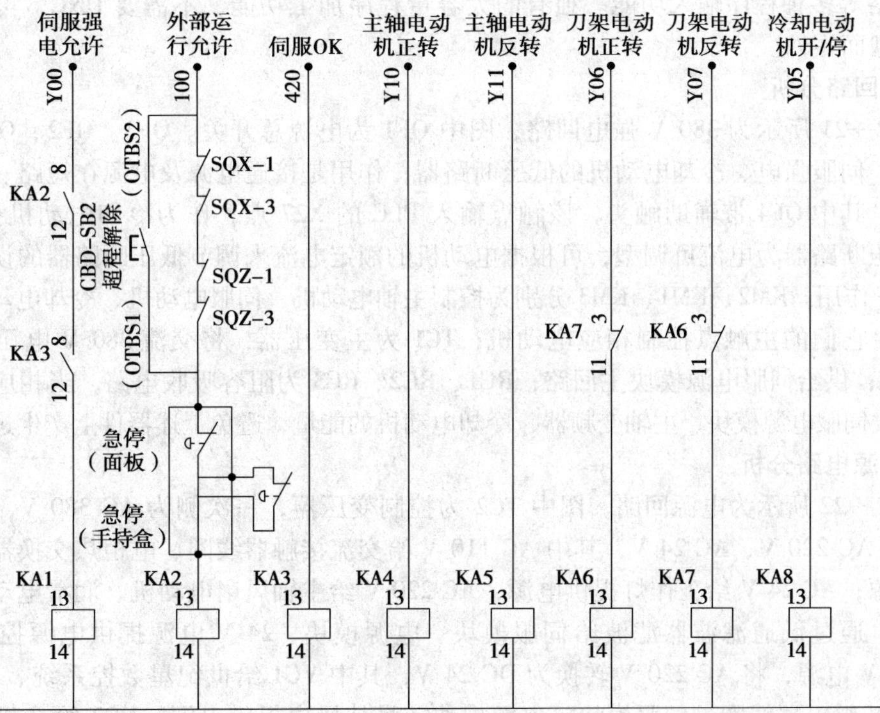

图 2—20 TK40A 直流控制回路图

Y06 有效撤销、刀架电动机正转停止；PLC 输出 Y07 有效，KA7 继电器线圈通电，继电器触点闭合，KM5 交流接触器线圈通电，交流接触器主触点吸合，刀架电动机反转，延时一定时间后（该时间由参数设定，并根据现场情况作调整），PLC 输出 Y07 有效撤销，KM5 交流接触器主触点断开，刀架电动机反转停止。选刀完成。为了防止电源短路，在刀架电动机正转继电器线圈、接触器线圈回路中串入了反转继电器、接触器常闭触点，如图 2—19 所示。应注意，刀架转位选刀只能一个方向转动，需刀架电动机正转。刀架电动机反转只为刀架定位。

（3）冷却电动机控制

当有手动或自动冷却指令时，这时 PLC 输出 Y05 有效，KA8 继电器线圈通电，继电器触点闭合，KM6 交流接触器线圈通电，交流接触器主触点吸合，冷却电动机旋转，带动冷却泵工作。

三、数控铣床电气线路的分析

以 XK714A 数控铣床为例来介绍数控铣床电路的分析方法。XK714A 数控铣床采用变频主轴，X、Y、Z 三方向进给均由伺服电动机驱动滚珠丝杠完成。机床采用 HNC－21M 数控系统，实现三坐标联动，并可根据用户要求，提供数控转台，实现四坐标联动。系统具有汉字显示、三维图形动态仿真、双向式螺距补偿、小线段高速插补功能和软、硬盘、RS－232C、网络等多种程序输入功能。独有的大容量程序加工功能，不需要 DNC，可直接加工大型复杂型面零件。

1．主回路分析

如图 2—21 所示为 380 V 强电回路，图中 QF1 为电源总开关。QF3、QF2、QF4 分别为主轴强电、伺服强电、冷却电动机的低压断路器；作用是接通电源及电源在短路、过流时起保护作用；其中 QF4 带辅助触头，该触点输入 PLC 的 X27 点，作为冷却电动机报警信号，并且该低压断路器为电流可调型，可根据电动机的额定电流来调节低压断路器的设定值，起到过流保护作用。KM2、KM1、KM3 分别为控制主轴电动机、伺服电动机、冷却电动机的交流接触器，由它们的主触点控制相应电动机；TC1 为主变压器，将交流 380 V 电压变为交流 200 V 电压；供给伺服电源模块主回路；RC1、RC2、RC3 为阻容吸收电路，当相应的电路断开后，吸收伺服电源模块、主轴变频器、冷却电动机的能量，避免上述器件上产生过电压。

2．电源电路分析

如图 2—22 所示为电源回路，图中 TC2 为控制变压器，一次侧为 AC 380 V，二次侧为 AC110 V、AC 220 V、AC 24 V，其中 AC 110 V 给交流接触器线圈、电柜热交换器风扇电动机提供电源；AC 24 V 给工作灯提供电源；AC 220 V 给主轴风扇电动机、润滑电动机和24 V 电源供电，通过低通滤波器滤波给伺服模块、电源模块、24 V 电源提供电源控制；VC1、VC2 为 24 V 电源，将 AC 220 V 转换为 DC 24 V，其中 VC1 给世纪星数控系统、PLC 输入/输出、24 V 继电器线圈、伺服模块、电源模块、吊挂风扇提供电源，VC2 给 Z 轴电动机提供直流 24 V，将 Z 轴抱闸打开；QF7、QF10、QF11 低压断路器为电路的短路保护。

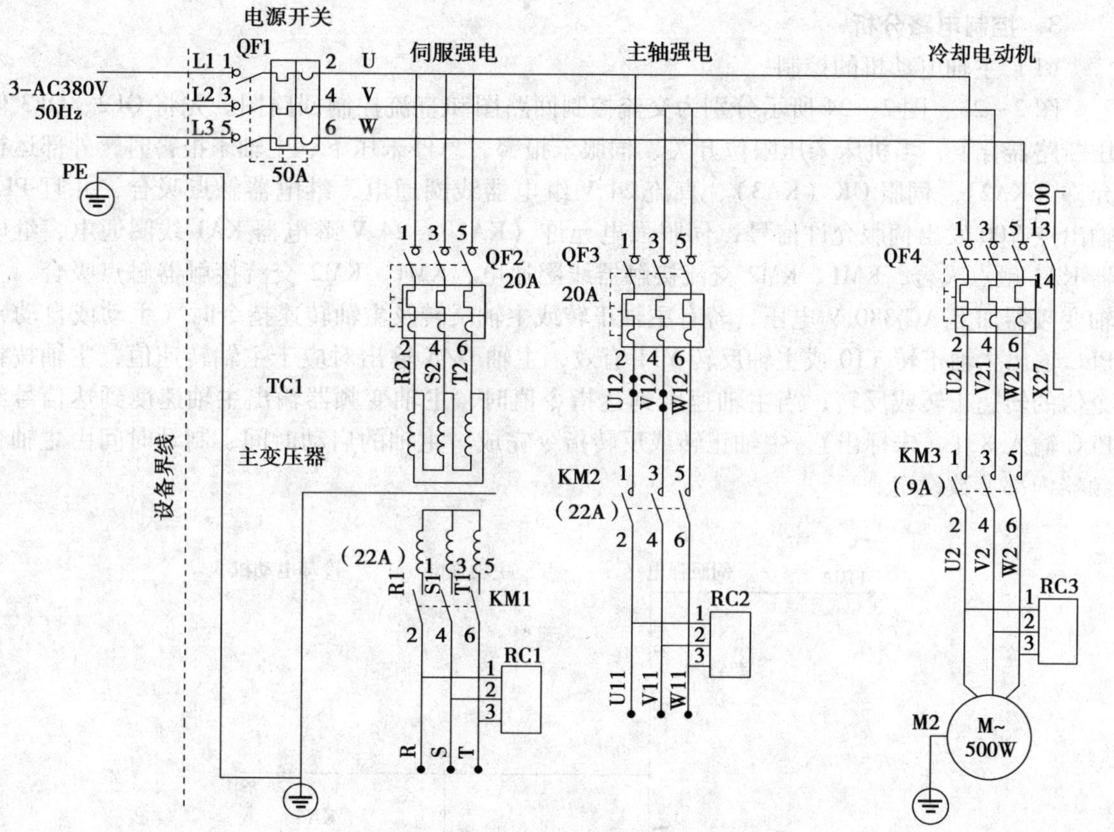

图 2—21　XK714A 强电回路图

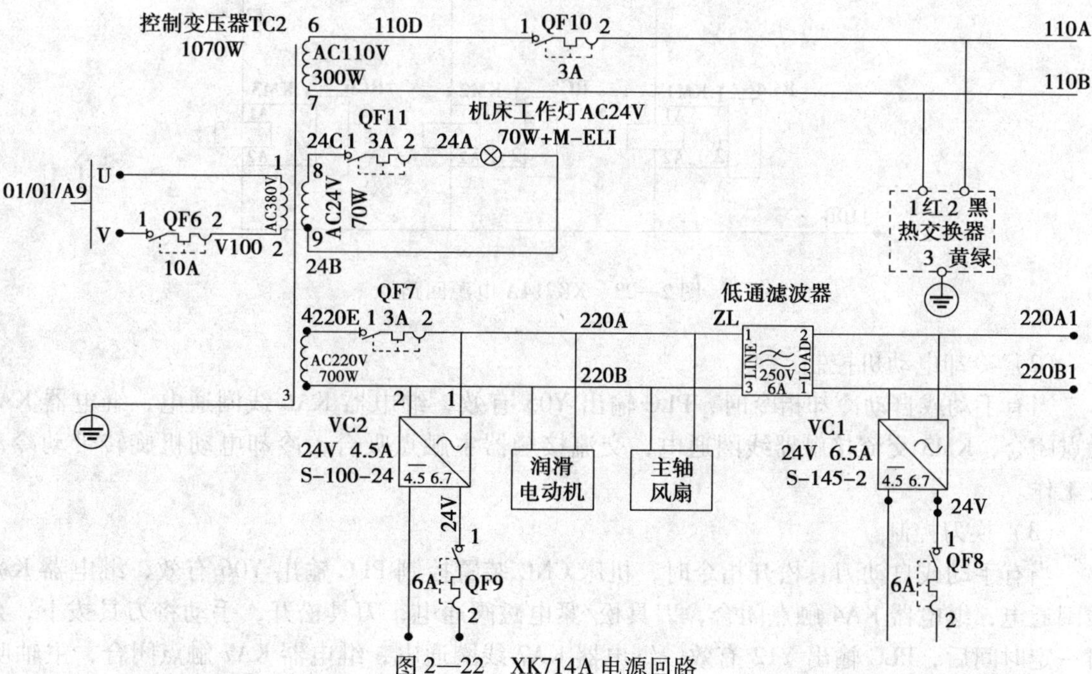

图 2—22　XK714A 电源回路

3. 控制电路分析

(1) 主轴电动机的控制

图 2—23、图 2—24 所示分别为交流控制回路图和直流控制回路图。先将 QF2、QF3 低压断路器合上，当机床未压限位开关、伺服未报警、急停未压下、主轴未报警时，外部运行允许（KA2）、伺服 OK（KA3）、直流 24 V 继电器线圈通电，继电器触点吸合，并且 PLC 输出点 Y00 发出伺服允许信号，伺服强电允许（KA1），24 V 继电器 KA1 线圈通电，继电器 KA1 触点吸合，KM1、KM2 交流接触器线圈通电，KM1、KM2 交流接触器触点吸合，主轴变频器加上 AC 380 V 电压，若有主轴正转或主轴反转及主轴转速指令时（手动或自动），PLC 输出主轴正转 Y10 或主轴反转 Y11 有效，主轴 D/A 输出对应于主轴转速值，主轴按指令值的转速正转或反转；当主轴速度到达指令值时，主轴变频器输出主轴速度到达信号给 PLC 输入 X31（未标出），主轴正转或反转指令完成。主轴的启动时间、制动时间由主轴变频器内部参数设定。

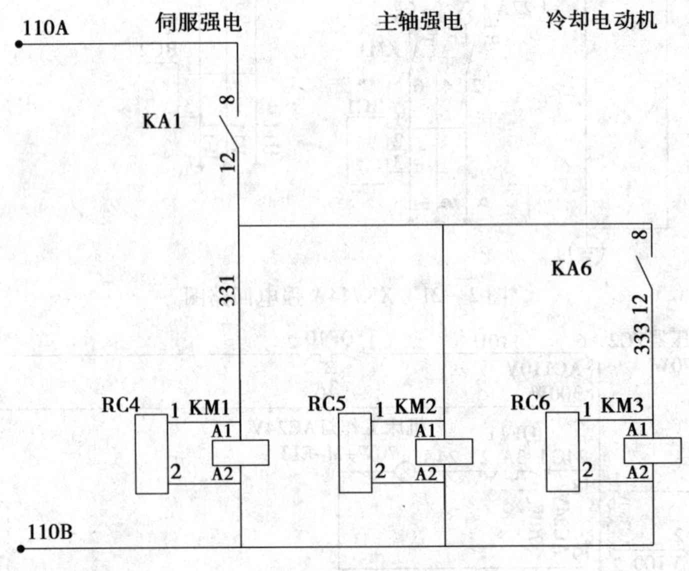

图 2—23　XK714A 电源回路

(2) 冷却电动机控制

当有手动或自动冷却指令时，PLC 输出 Y05 有效，继电器 KA6 线圈通电，继电器 KA6 触点闭合，KM3 交流接触器线圈通电，交流接触器主触点吸合，冷却电动机旋转带动冷却泵工作。

(3) 换刀控制

当有手动或自动刀具松开指令时，机床 CNC 装置控制 PLC 输出 Y06 有效，继电器 KA4 线圈通电，继电器 KA4 触点闭合，刀具松/紧电磁阀通电，刀具松开，手动将刀具拔下，延时一定时间后，PLC 输出 Y12 有效，继电器 KA7 线圈通电，继电器 KA7 触点闭合，主轴吹

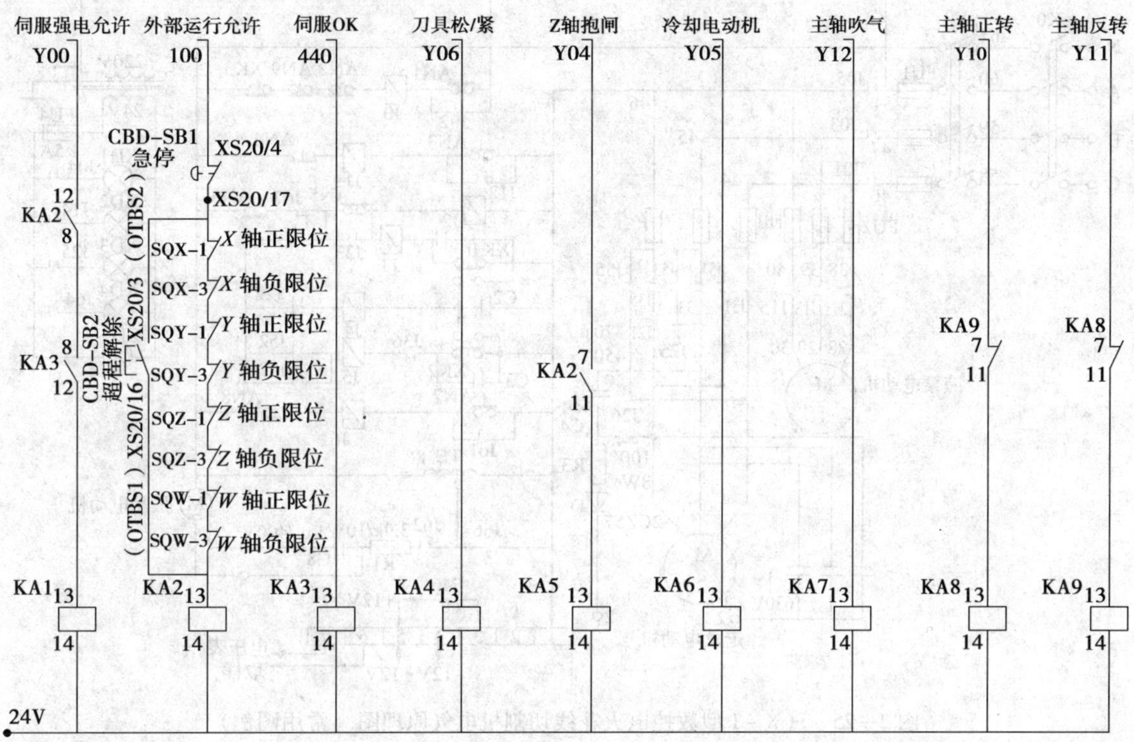

图 2—24 XK714A 直流控制回路

气电磁阀通电，清除主轴灰尘，延时一定时间后，PLC 输出 Y12 有效撤销，主轴吹气电磁阀断电；将加工所需刀具放入主轴后，机床 CNC 装置控制 PLC 输出 Y06 有效撤销，刀具松/紧电磁阀断电，刀具夹紧，换刀结束。

四、数控电加工机床电气线路的分析

1. 电气控制系统

图 2—25 是 SCX－Ⅰ型数控电火花线切割机床电气控制原理图。它由进线电源 A、B、C、N 三相四线制电源供电，主电源经由 K0 和 K1 刀开关，再由交流接触器 J0 供给运丝电动机。液泵电动机和张紧电动机主电源由熔断器 FU1 为总熔断器，FU2 和 FU3 分别为液泵电动机和运丝电动机熔断器。张紧电动机靠调压器调整电压来控制的单相电动机。控制电路基本同上所述，液压泵电动机采用具有自锁控制的控制电路，运丝电动机采用自动往复循环控制电路。靠行程开关 XK1 和 XK2 来控制运丝电动机正转或反转。张紧电动机控制电路采用自锁控制电路方式，张力松紧可由调压器 TB 来调整电压幅值。变压器 T 将 220 V 变为 24 V 来作为信号指示灯的电源，以显示机床运行中的各种状态。

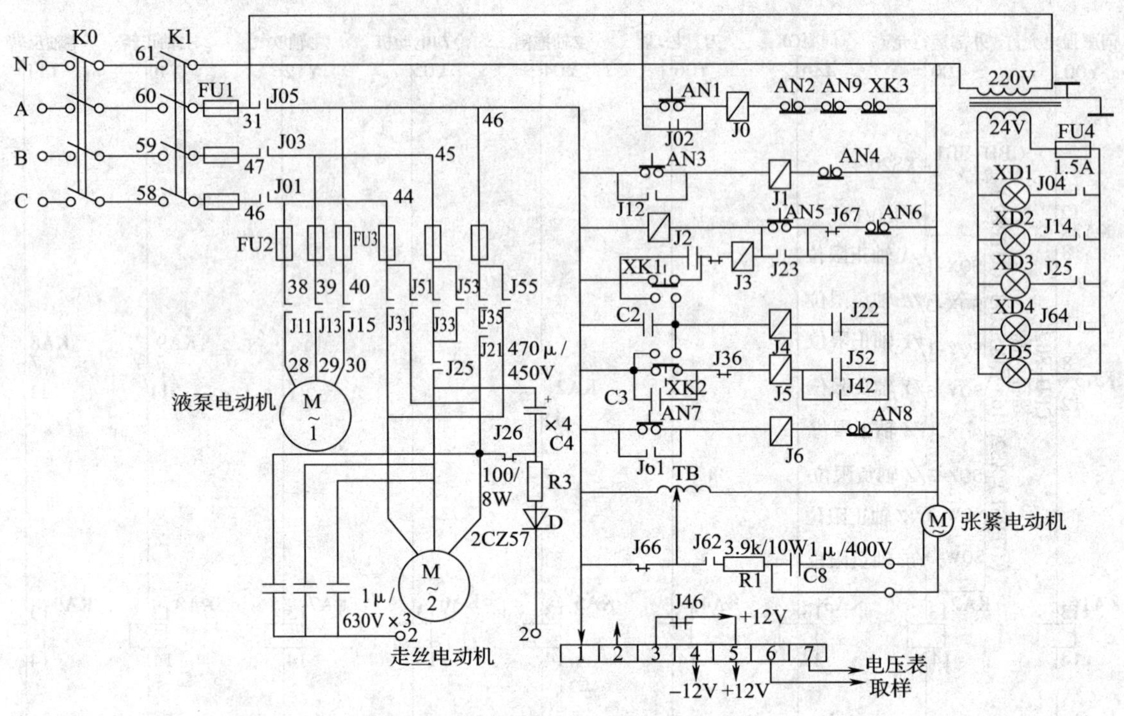

图 2—25　SCX－I 型数控电火花线切割机电气原理图（常用图例）

2. 线切割机床高频电源

图 2—26 是 SCX－I 型线切割机晶体管脉冲电源原理图。电路由主振电路、整形放大电路、前置放大电路、激励电路、功放电路及取样电路等组成。主振电路由三极管 VT1、VT2 组成多谐振荡器，其振荡频率由电容器 C2 和 C3 以及转换开关 A3 和 A4 选择并联电容器共同来决定：$T = 1.4R_bC_b$，该公式可以用来粗略计算振荡频率。三极管 VT3 构成放大电路，对输出的高频电压信号进行整形放大。三极管 VT4 构成的放大电路是对整形放大电压信号进行前置放大。三极管 VT5 构成激励电路，它由继电器 JZ1 的常开触点的开关闭合来控制激励电路。激励电路的输出脉冲电压驱动功率管 VT6～VT8，使输出电流在电极丝和工件之间产生火花放电，进行线电极电火花加工。SCX－I 型线切割机高频脉冲电源的功放输出管是 3 管，输出电压 0～70 V，加工电流 0～3 A。

五、数控机床强电部分的故障诊断与维修

1. 元件故障诊断

数控机床常用的强电元件有了故障后，一般没有对其进行维修的，而是直接更换，现仅介绍两种元件的故障原因以供参考。

（1）低压断路器常见故障原因及诊断

表 2—8 为低压断路器常见故障现象及故障原因。

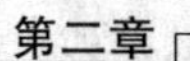

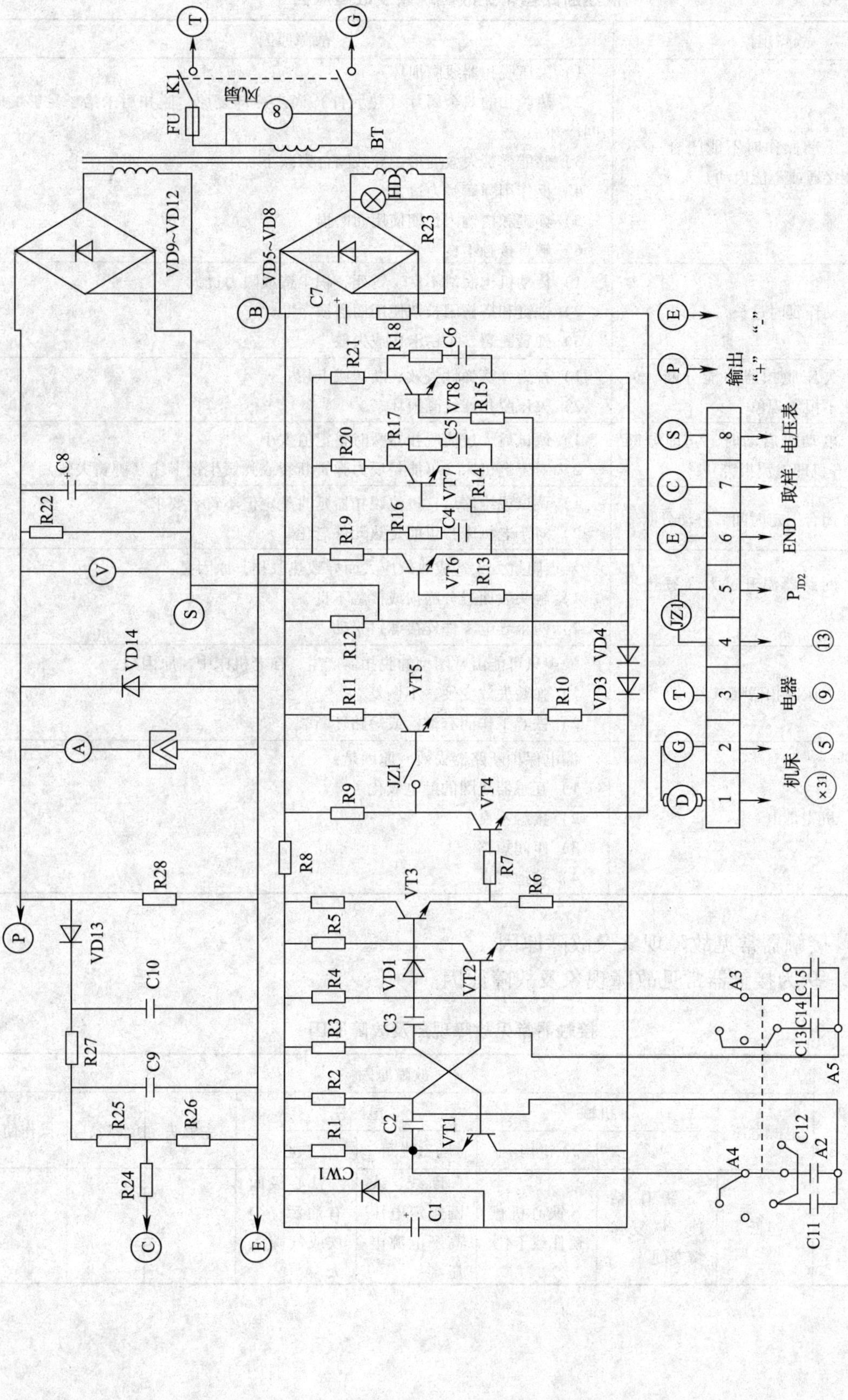

图 2—26　SCX－Ⅰ型线切割机晶体管脉冲电源原理图

表 2—8　低压断路器常见故障现象及故障原因

<table>
<tr><th colspan="2">故障现象</th><th>故障原因</th></tr>
<tr><td rowspan="3">不动作</td><td>手动操作时不能闭合（不能接通或不能启动）</td><td>1）欠压脱扣器线圈损坏
2）热脱扣的双金属片（热元件）尚未冷却复原，脱扣后未给予足够的时间冷却
3）储能弹簧失效变形，导致闭合力减小
4）反作用弹簧弹力过大
5）锁键和搭钩因长期使用而磨损
6）触点接触不良</td></tr>
<tr><td>动作延时过长</td><td>1）传动机构润滑不良、锈死、积尘造成阻力过大
2）锁键和搭钩因长期使用而磨损
3）弹簧断裂、生锈卡住或失效</td></tr>
<tr><td>欠压脱扣器不能分断、欠压不报警现象</td><td>1）拉力弹簧弹性失效、断裂或卡住
2）欠压脱扣器线圈损坏</td></tr>
<tr><td rowspan="5">误动作</td><td>电动机启动时，立即分断（开机即过流报警）</td><td>1）调试后，过流脱扣器瞬时整定值太小
2）对于老机床，可能是反力弹簧断裂或弹簧生锈卡住（弹簧失效）</td></tr>
<tr><td>闭合一定时间后自动分断</td><td>1）调试或维修后，过流脱扣器延时整定值不符合要求
2）对于老机床，可能是热元件老化</td></tr>
<tr><td>断路器温升过大（过热报警）</td><td>触点阻抗太大造成热效应大而导致热脱扣，原因是：
1）触头表面过分磨损或接触不良
2）两个导电零件连接螺钉松动</td></tr>
<tr><td>欠压脱扣器噪声大</td><td>噪声只可能由常闭型的脱扣器产生，在老机床中，原因是：
1）弹簧失效变硬，不恢复
2）铁心工作面有油污或短路环断裂</td></tr>
<tr><td>机壳带电</td><td>漏电保护断路器失效，原因是：
1）互感器线圈的触电氧化
2）接触不良
3）匝间短路
4）接地不良</td></tr>
</table>

（2）接触器常见故障现象及故障原因

表 2—9 为接触器常见故障现象及故障原因。

表 2—9　接触器常见故障现象及故障原因

<table>
<tr><th rowspan="3">故障现象</th><th colspan="8">故障原因</th></tr>
<tr><th rowspan="2">电源电压</th><th colspan="2">机械</th><th colspan="2">电磁铁</th><th rowspan="2">主触头</th><th rowspan="2">负载效应</th><th rowspan="2">操作使用</th></tr>
<tr><th>弹簧</th><th>机构</th><th>励磁线圈</th><th>铁心</th></tr>
<tr><td>主触点不闭合</td><td>过低</td><td>锈住粘连、恢复弹簧变硬</td><td>铁心机械锈住或卡住</td><td>断线、线圈额定电压高于电源电压</td><td>铁心极面有油污、尘埃或气隙太大</td><td></td><td></td><td></td></tr>
</table>

续表

故障现象	故障原因							
	电源电压	机械		电磁铁		主触头	负载效应	操作使用
		弹簧	机构	励磁线圈	铁心			
线圈断电而铁心不释放		恢复弹簧损坏失效	机构松动、脱落或移位		工作气隙减小导致剩磁增大			使用超过寿命
主触头不释放	回路电压过低	触头弹簧压力过小				熔焊、烧结、金属颗粒凸起	负载侧短路	频率过高或长期过载
电磁铁噪声大	过低	触头弹簧压力过大	铁心机械锈住或卡住	接线点接触不良	铁心短路环断裂	电磨损、接触不良		
线圈过热或烧毁	过高或过低			匝间短路				操作频率过高

注：①直流接触器，分断电路时拉弧大，易造成主触头电磨损。

②交流接触器的线圈易烧毁，并出现断电后由于剩磁而不释放，辅助触头不可靠；电磁铁的分磁环易断裂。

③操作频率，是指每小时允许的操作次数，目前有 300 次/h、600 次/h 和 200 次/h 等的接触器。接触器的机械寿命很高，一般可达 1×10^7 次以上。而其电气寿命，与负载大小和操作频率有关，触头闭合频率高，就会缩短使用寿命，并使线圈与铁心温度升高。

2. 线路故障诊断

表 2—10 是线路的常见故障及处理方法。

表 2—10　　线路的常见故障及处理方法

故障现象	可能原因	处理方法
熔断器熔断	操作电路中有一相接地	检查绝缘并消除接地现象
接触器不能接通	1）线路无电压 2）刀开关未合或未合紧 3）紧急开关未合或未合紧 4）过电流保护元件的联锁触点未闭合 5）控制电路的熔断器烧断 6）线路主接触器的吸引线圈烧断或断路	1）检查有无电压 2）检查各电气元件 3）检查熔断器 4）更换线圈 5）找出断线并消除故障
主接触器接通时，过电流继电器动作	控制器的电路接地	找出接地故障点，并消除故障
主接触器接通时，熔断器熔断	该相接地	将该相电源切断并查找故障点

续表

故障现象	可能原因	处理方法
控制器合上时，过电流继电器动作	1）过电流继电器的整定值不符 2）定子线路中有接地 3）机械部分有故障	1）调整继电器的电流 2）找出接地点 3）检查机械部分
当控制器合上后，电动机只能往一个方向转动	1）配线发生故障 2）限位开关发生故障	1）找出故障点 2）检查限位开关
限位开关动作时电动机不断电	1）限位开关出现短路 2）接至接触器控制器的导线次序错乱	1）检查限位开关 2）检查接触器

3．故障维修实例

【例 2—1】 故障现象：一台配套 SIEMENS 系统的数控机床，有时会在自动加工过程中系统突然断电。

分析及处理：测量其 24 V 直流供电电源发现只有 22 V 左右，电网电压向下波动时，引起这个电压降低，导致 NC 系统采取保护措施，自动断电。经确认为整流变压器匝间短路，造成容量不够。更换新的整流变压器后，故障排除。

【例 2—2】 故障现象：一台配套 SIEMENS 系统的数控机床，当系统加上电源后，系统开始自检，当自检完毕进入基本画面时，系统断电。

分析及处理：经检查，故障原因是 *X* 轴抱闸线圈对地短路。系统自检后，伺服条件准备好，抱闸通电释放。抱闸线圈采用 24 V 电源供电，由于线圈对地短路，致使 24 V 电压瞬间下降。

【例 2—3】 故障现象：一台 FANUC－0T 数控车床，开机后 CRT 无画面，电源模块报警指示灯亮。

分析及处理：根据维修说明书所述，发现 CRT 和 I/O 接口公用的 24 VDC 电源正端与直流地之间仅有 1～2 Ω 电阻，而同类设备应有 155 Ω 电阻，这类故障一般在主板，而本例故障较特殊。先拔掉 M18 电缆插头，故障仍在，后拔掉公用的 24 VDC 电源插头后，电阻值恢复正常，顺线查出插头上有短路现象。排除后，机床恢复正常。

【例 2—4】 故障现象：TH6350 卧式加工中心在工作中多次发生断电故障，有时甚至无法启动。

分析及处理：经检查发现故障在 NC 柜电源单元上。如图 2—27 所示，按电源启动按钮 ON，交流接触器 KM 吸合后，并联在 ON 上的常开触点 KA1、KA2 闭合自保，使整机启动供电。继电器 KA1、KA2 吸合的条件是：电源盘上的继电器 RY31 吸合，其并接在输出端子 XP2、XP3 上的常开触点闭合后，才能使主接触器 KM 吸合自保，从图 2—27 中可看出，开关电源进电端 XQ1、XQ2 是通过主接触器 KM 常开触点闭合后，接到交流 200 V 电源上的。继电器 RY31 受电压状态监控器 M32 控制，当电源板上输出直流电压 ±15 V，±5 V 及 +24 V 均正常时，RY31 继电器也吸合正常，一旦有任何一项电压不正常时，RY31 继电器即释放，使主接触器失电释放。拆下电源板单板试验，在 XQ1、XQ2 及 XQ1、XP1 端子上直接接入

200 V交流电压，在输出端测得 +15 V（A15S端）和 -15 V（X）均正常，而 -X的15 V和 +24 V及 +5 V端电压均为0。从图2—27上往前检查。在电容器C32两端的电压约310 V，说明供电电源部分正常；用示波器检查M21提供的20kC触发脉冲，在触发器D27输入端及推动变压器T21一次侧CP3上均能测到波形，但开关管VT25，VT26不工作：若用旋具触碰T21二次侧V1端时，能够激励工作一段时间，可见故障原因是开关电路不工作。拆下VT25，VT26检查发现两只管子的h_{FE}大小不一致（一只是30，一只是40），由于在市场上未买到原型号2SC2245A管，故改用特性相似的2SC3306代替。因外形不一样故在安装时做了一些改动。至此故障排除，电源板没再发生此类故障。

【例2—5】　故障现象：一台数控机床，某天开机，主轴报警，显示器显示“Saxis not ready”（主轴没准备好）。

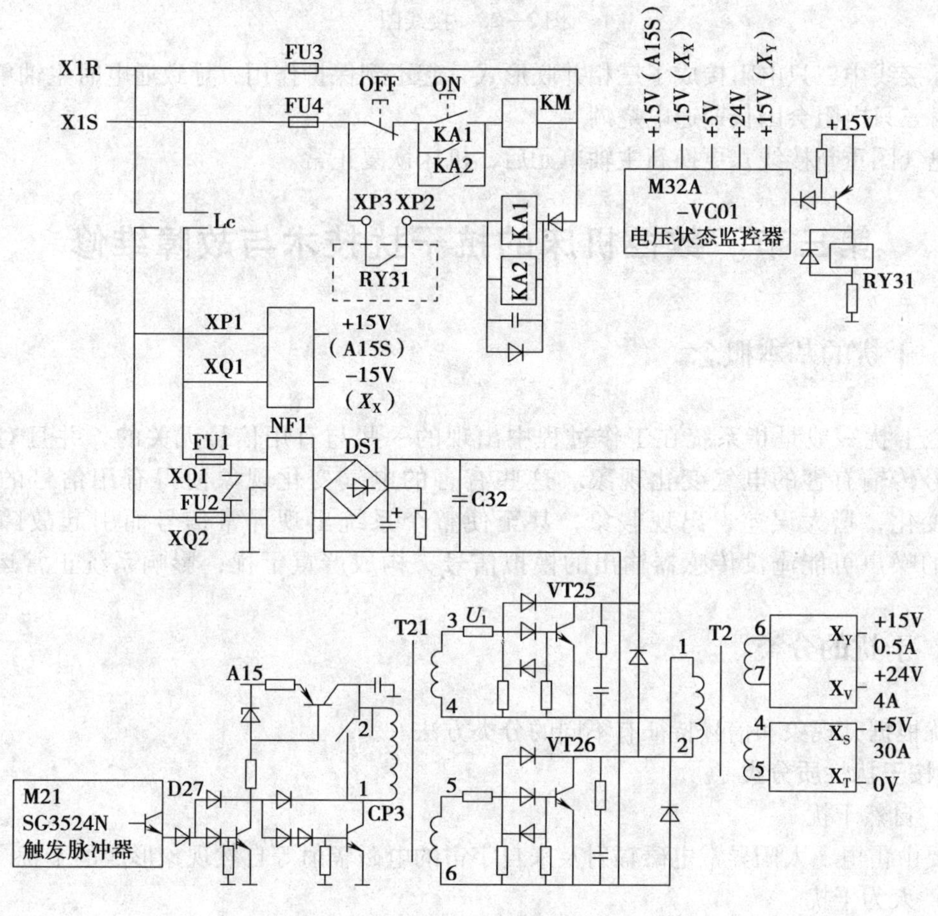

图2—27　电源原理图

分析及处理：打开主轴伺服单元电箱，发现伺服单元无任何显示。用万用表测主轴伺服驱动BKH电源进线供电正常，而伺服单元数码管无显示，说明该单元损坏。检查该单元供电线路，发现供电线路实际接线与电气图不符，如图2—28所示。该单元通电启动时，KM5

先闭合，2 ~ 3 s后，KM6闭合，将电阻R短接。电阻与扼流圈L的作用是在启动时防止浪涌电流对主轴单元的冲击。

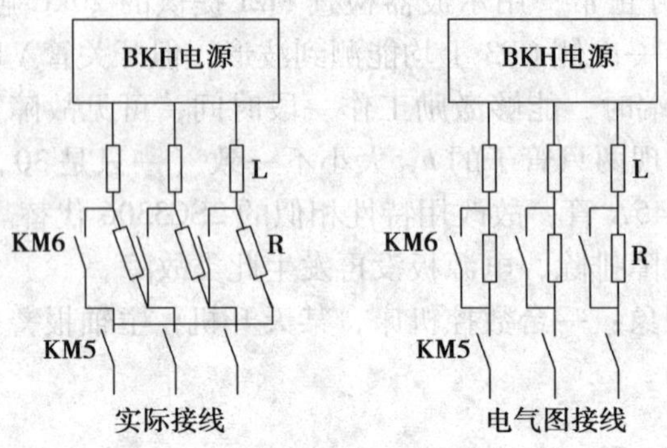

图2—28 接线图

实际接线中三只电阻接成了三相并联形式，起不到保护作用，导致通电时主轴单元被损坏，同时三只电阻会因长期通电烧煳。

按电气图重新接线，更换新主轴单元后，机床恢复正常。

第三节 数控机床的抗干扰技术与故障维修

一、干扰的基本概念

电磁干扰一般是指系统在工作过程中出现的一些与有用信号无关的，并且对系统性能或信号传输有害的电气变化现象。这些有害的电气变化现象使得有用信号的数据发生瞬态变化，增大误差，出现假象，甚至使整个系统出现异常信号而引起故障。例如几毫伏的噪声可能淹没传感器输出的模拟信号，构成严重干扰，影响系统正常运行。

二、干扰的分类

干扰根据其现象和信号特征有不同的分类方法。

1. 按干扰性质分类

（1）自然干扰

主要由雷电、太阳异常电磁辐射及来自宇宙的电磁辐射等自然现象形成的干扰。

（2）人为干扰

分有意干扰和无意干扰。有意干扰指由人有意制造的电磁干扰信号。人为无意干扰很多，如工业用电、高频及微波设备等引起的干扰。

（3）固有干扰

主要是电子元件固有噪声引起的干扰，包括信号线之间的相互串扰，长线传输时由于阻抗不匹配而引起的反射噪声、负载突变而引起的瞬变噪声以及馈电系统的浪涌噪声干扰等。

2．按干扰的耦合模式分类

（1）电场耦合干扰

电场通过电容耦合的干扰，包括电路周围物件上聚积的电荷直接对电路的泄放，大载流导体产生的电场通过寄生电容对受扰装置产生的耦合干扰等。

（2）磁场耦合干扰

大电流周围磁场对装置回路耦合形成的干扰。动力线、电动机、发电机、电源变压器和继电器等都会产生这种磁场。

（3）漏电耦合干扰

绝缘电阻降低而由漏电流引起的干扰。多发生于工作条件比较恶劣的环境或器件性能退化、器件本身老化的情况下。

（4）共阻抗感应干扰

电路各部分公共导线阻抗、地阻抗和电源内阻压降相互耦合形成的干扰。这是机电一体化系统普遍存在的一种干扰。

（5）电磁辐射干扰

由各种大功率高频、中频发生装置、各种电火花以及电台、电视台等产生的高频电磁波，向周围空间辐射，形成电磁辐射干扰。

三、数控机床的抗干扰措施

1．信号的分组

机床所使用的电缆分类见表 2—11，每组电缆应按表中所述处理方法处理，并按分组走线，电缆走线方法如图 2—29 所示。

表 2—11　　信号线的分组

组别	信号线	处理方法
A	一次侧交流电源线	B、C 组的电缆必须与其他组电缆分开走线[①]或进行电磁屏蔽[②]
	二次侧交流电源线	
	交/直流动力线（包括伺服电动机、主轴电动机动力线）	
	交/直流线圈	
	交/直流继电器	
B	直流线圈（DC24 V）	在直流线圈和继电器上连接二极管，A 组电缆要与其他组电缆分开走线或进行电磁屏蔽；尽量使 C 组远离其他组；最好进行屏蔽处理
	直流继电器（DC24 V）	
	CNC—强电柜之间的 DI/DO 电缆	
	CNC—机床之间的 DI/DO 电缆	

续表

<table>
<tr><th>组别</th><th>信号线</th><th>处理方法</th></tr>
<tr><td rowspan="9">C</td><td>CNC—伺服放大器之间的电缆</td><td rowspan="9">A 组电缆要和其他组电缆分开走线，要进行电磁屏蔽；B 组电缆尽量与其他组电缆分开；必须实施屏蔽处理</td></tr>
<tr><td>位置反馈、速度反馈用的电缆</td></tr>
<tr><td>CNC—主轴放大器之间的电缆</td></tr>
<tr><td>位置编码器电缆</td></tr>
<tr><td>手摇脉冲发生器电缆</td></tr>
<tr><td>CRT（LCD）MDI 用的电缆</td></tr>
<tr><td>RS－232C，RS－422 用的电缆</td></tr>
<tr><td>电池电缆</td></tr>
<tr><td>其他需要屏蔽用的电缆</td></tr>
</table>

注：①分开走线指每组间的电缆间隔要在 10 cm 以上。

②电磁屏蔽指各组间用接地的钢板屏蔽。

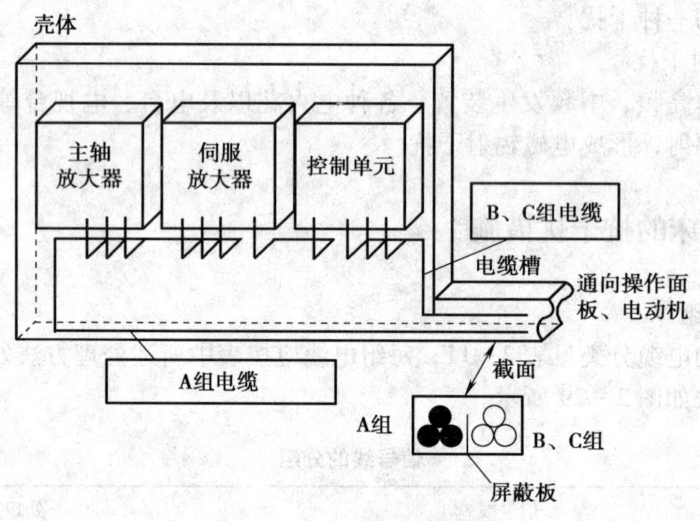

图 2—29　信号线分组与走线

2. 屏蔽

屏蔽是利用导电或导磁材料制成的盒状或壳状屏蔽体将干扰源或干扰对象包围起来，从而割断或削弱干扰场的空间耦合通道，阻止其电磁能量的传输。按需要屏蔽的干扰场性质的不同，可分为电场屏蔽、磁场屏蔽和电磁场屏蔽。

电场屏蔽是为了消除或抑制由于电场耦合引起的干扰。通常用铜和铝等导电性能良好的金属材料作屏蔽体。屏蔽体结构应尽量完整严密并保持良好的接地。

磁场屏蔽是为了消除或抑制由于磁场耦合引起的干扰。对静磁场及低频交变磁场，可用高磁导率的材料作屏蔽体，并保证磁路畅通。对高频交变磁场，由于主要靠屏蔽体壳体上感应生成的涡流所产生的反磁场起到排斥原磁场的作用，因此，应选用导电性好的导体材料，如铜、铝等作屏蔽体。

一般情况下，单纯的电场或磁场是很少见的，通常是电磁场同时存在的，因此应将电磁场同时屏蔽。例如，在电子仪器内部，最大的工频磁场来自电源变压器，对变压器进行屏蔽是抑制其干扰的有效措施，通常是在变压器绕组线包的外面包一层铜皮作为漏磁短路环。当漏磁通穿过短路环时，在铜环中感应生成涡流，因此会产生反磁通以抵消部分漏磁通，使变压器外的磁通减弱。对变压器或扼流圈的侧面也须屏蔽，一般采用包一层铁皮来做屏蔽盒。包的层数越多，短路环越厚，屏蔽效果越好。

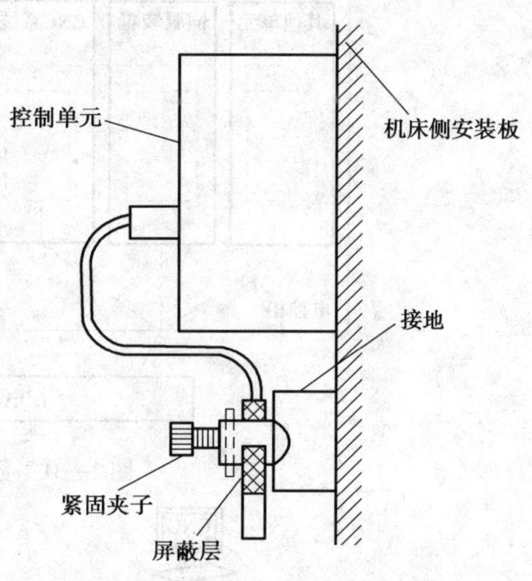

图 2—30　电缆的装夹与屏蔽处理

与 CNC 连接的电缆，均需经过屏蔽处理，应按图 2—30 所示方法紧固。装夹屏蔽线时除夹住电缆外，还兼屏蔽处理作用，这对系统的稳定性极为重要，因此，必须实施。如图 2—30 所示，剥开部分电缆皮使屏蔽层露出，将其用紧固夹子拧到机床厂家制作的地线板上。紧固夹子附在 CNC 上。屏蔽线的屏蔽地只允许接在系统侧，而不能接在机床侧，否则会引起干扰。

3. 接地

数控机床安装中的“接地”有严格要求，如果数控装置、电气柜等设备不能按照使用手册要求接地，一些干扰会通过“接地”这条途径对机床起作用。数控机床的地线系统有三种：

（1）信号地

用来提供电信号的基准电位（0 V）。

（2）框架地

框架地是以防止外来噪声和内部噪声为目的的地线系统，它是设备的面板、单元的外壳、操作盘及各装置间连接的屏蔽线。

（3）系统地

是将框架地和大地相连接的接地。

图 2—31 是数控机床的地线系统示意图，图 2—32 为数控机床实际接地的方法。图 2—32a 是将所有金属部件连在一点上的接地方法，图 2—32b 的接地方法是设置两个接地点，把主接地点和第二接地点用截面积足够大的电缆连接起来。

4. 电源部分抗干扰措施

如图 2—33 所示为一种数控机床电源的抗干扰措施。为抑制来自电源的干扰，在交流电源进线处采用了滤波器和有静电屏蔽的隔离变压器，并设有变阻二极管用来吸收瞬变干扰和尖脉冲干扰。

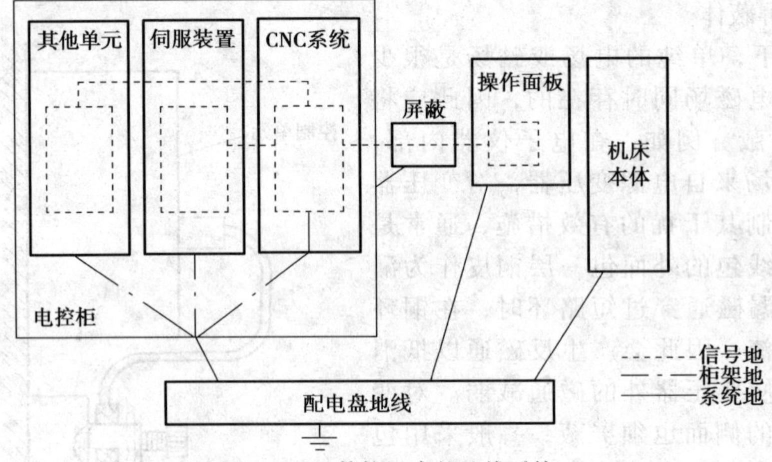

图 2—31　数控机床的地线系统

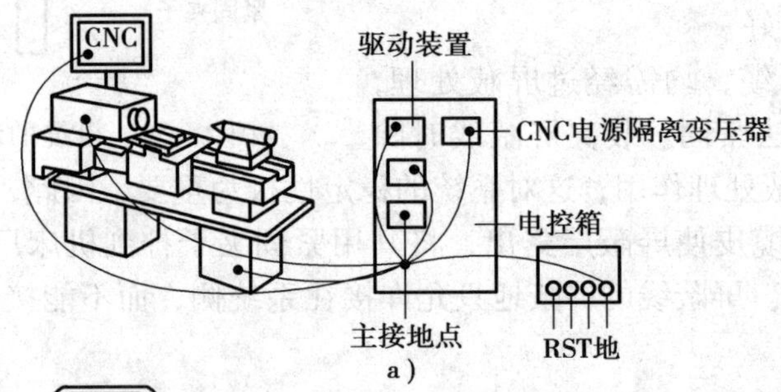

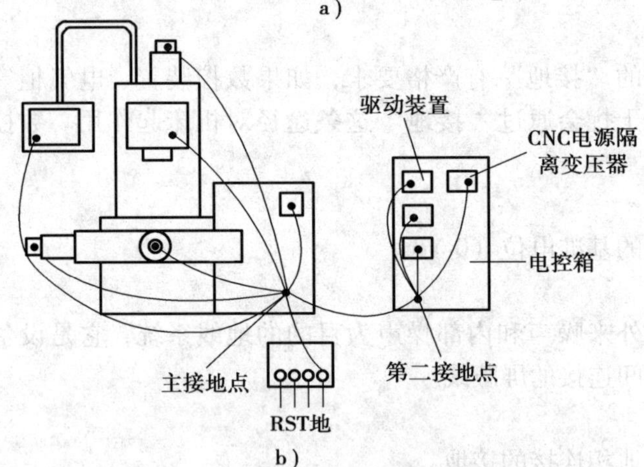

图 2—32　数控机床接地系统示意图

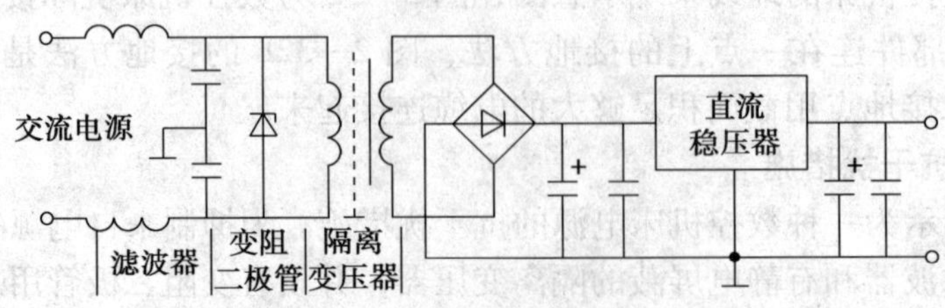

图 2—33　电源的抗干扰措施

5. 在传输线中采用的抗干扰措施

为防止在信号传输过程中受到电磁干扰，数控机床常用抗干扰的传输线，如多股双绞线、屏蔽电缆、同轴电缆、光纤电缆等。如图2—34所示的同轴电缆中，电流产生的磁场被局限在外层导线和芯线之间的空间中，无法影响同轴电缆外层导线以外的空间，因而不能干扰其他电路。同样，其他电路产生的磁场在同轴电缆的芯线和外层导线中产生的干扰电势方向相同，使电流一个增大、一个减小而相互抵消，总的电流增量为零。

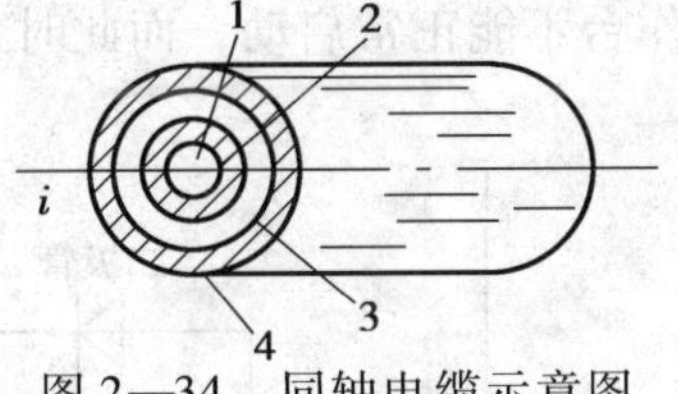

图2—34　同轴电缆示意图
1—芯线　2—绝缘体
3—外层导线　4—绝缘外皮

6. 抗强电干扰

数控机床强电柜中的接触器、继电器等电磁部件都是CNC系统的干扰源。交流接触器，交流电动机频繁启动、停止时，其电磁感应现象会使CNC系统控制电路中产生尖峰、浪涌等噪声，线圈电感将产生很高能量的脉冲电压。这个脉冲电压会通过电缆干扰电子线路。因此，一定要对这些电磁干扰采取措施，予以消除。为减小这个电压，在交流设备中使用灭弧器，在直流设备中使用续流二极管，具体的措施如下。

（1）在交流回路中

在交流接触器线圈的两端或交流电动机的三相输入端并联RC网络，称为CR形灭弧器。如图2—35所示。灭弧器的CR值标准，根据线圈的静态电流和直流电阻确定。

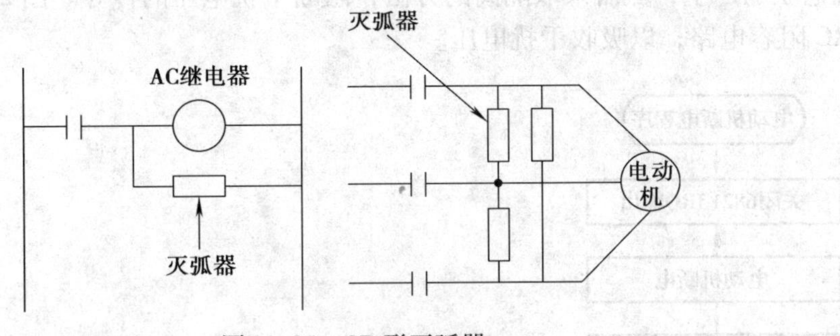

图2—35　CR形灭弧器

（2）在直流电路中

对于直流接触器或直流电磁阀的线圈，在它们的两端反相并入一个续流二极管，称为二极管形灭弧器，如图2—36所示。二极管的耐压值约为额定电压的2倍，电流也约为2倍。

以上方法均可抑制电器产生的干扰。但要注意的一点是，这些吸收网络的连线不应大于20 cm，否则，效果不会太好。另外，在CNC系统的控制电路的输入电源部分，也要采取措施。一般是在三相电源线间并联浪涌吸收器，从而有效地吸收电网中的尖峰电压，起到一定的保护作用。

7. 软件抗干扰措施

为防止工作台移动到非正常位置而遭到破坏，数控机床上常采用光电传感器来进行检测。一旦工作台到达非正常位置，传感器即通过图2—37所示的电路向控制器I/O接口

6821 发出中断请求（IRQ）信号，使工作台停止运动。但是每当机床主电动机断电时，传感器的输出线上就会感应到干扰信号，干扰信号使 6821 的 CA1 口闭锁，产生 IRQ 信号，使工作台不能正常启动，而此时工作台并非移到了非正常位置。

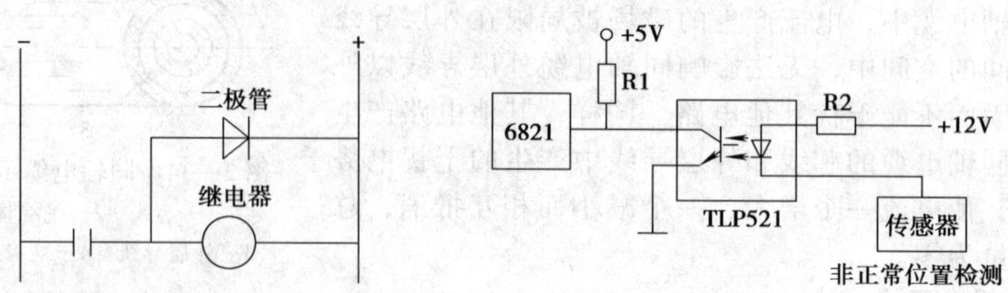

图 2—36　二极管形灭弧器　　　　图 2—37　非正常位置检测电路

上述干扰可通过软件滤波来消除。即在主电动机断电而可能产生干扰的时间带内，不读取 IRQ 信号，如图 2—38 所示。由于 6821 的中断标志是利用数据寄存器的读数信号清零，故框图中采用了“空读数”框。主电动机断电时，工作台一般不运动，因此这时不读取工作台非正常位置检测信号也没有关系。

8．其他抗干扰措施

数控机床内容易产生浪涌的器件有继电器、接触器、电流开关、晶闸管等。这些元件在工作中要释放线圈中的能量，触点有火花，易产生强电干扰。对此，可以采取吸收的方法，抑制干扰电压的产生，然后采取隔离的方法，阻断干扰电压的传导。图 2—39 所示为在线圈上并联 RC 阻容电路，以吸收干扰电压。

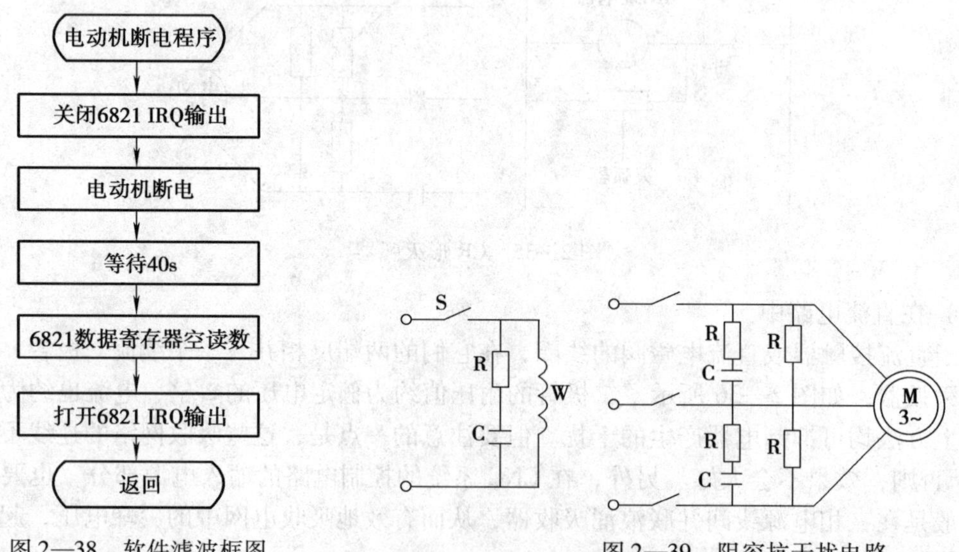

图 2—38　软件滤波框图　　　　图 2—39　阻容抗干扰电路

为防止驱动接口中的强电干扰及其他干扰进入控制器，可采用图 2—40 所示的光电隔离方法。其中 VLC 为光耦合器，信号在其中单向传输，干扰信号很难从输出端反馈到输入端，从而起到隔离的作用。

在如图 2—41 所示的晶闸管电路中，利用隔离变压器来连接触发电路。因为晶闸管的触发电路往往是低电平控制的，而阳极电压往往很高，采用隔离变压器后，不仅可以防止高电压工作时对低电平电路的影响，而且通过变比的选择，可使晶闸管的控制极得到强触发，输入阻抗得到匹配。

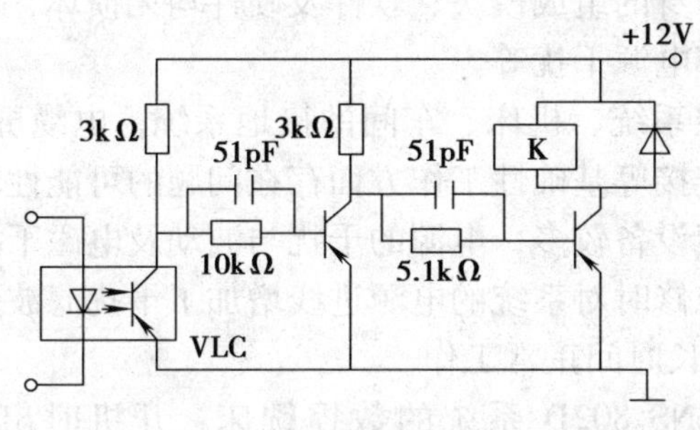

图 2—40　驱动接口的隔离措施

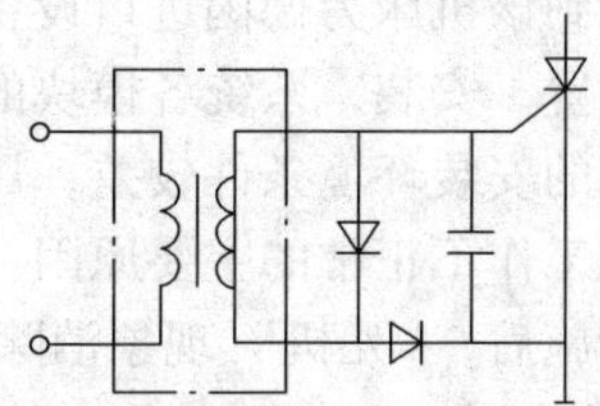
图 2—41　隔离变压器方式

四、维修实例

【例 2—6】　TH7640 加工中心，采用 SIEMENS 802D 系统，在加工过程中出现无规律“3000 急停”报警。关机后重新开机，能继续工作，但上述现象会反复。

急停后再开机床能够工作，说明 CNC 系统及驱动系统正常。此现象可能是电源波动引起的。检查控制电源 +24 V 直流电压及 220 V 交流电压，监控故障出现前后其是否出现波动。

查直流电源 +24 V 正常。查交流电源 220 V，发现开机正常，为 218 V 左右。机床工作一段时间后突然降至 180 V。过了一段时间，机床出现急停报警。这说明该机床急停是由于控制电源 220 V 波动造成的。逐个排查各种工作状态，发现只有在开液压泵的情况下出现急停。但液压泵电动机绕组及绝缘正常，更换水泵后故障排除。

【例 2—7】　CNC—B4H250—600 数控 4 轴单面卧式枪钻机床，采用 SIEMENS 802S 系统。该机床正常状态为开机出现自检页面，自检通过后进入加工页面。故障状态是，开机出现自检页面，但自检过程不能顺利完成，而是反复不停地从头开始自检，无法进入加工页面，但无报警。

出现这一现象的一种可能是系统有问题，无法完成自检。另一种可能是外部干扰自检过程。考虑到系统无报警，故先从外部入手。CNC 系统由开关电源 +24 V 供电。查 +24 V 电源，开始正常，自检过程中突然降至 5 V，然后自动变为 24 V，使 CNC 系统自检中断，又重新开始启动自检。怀疑可能是开关电源有问题。将用开关电源接一模拟负载，+24 V 稳定，基本上可以排除开关电源故障的可能。该电源除了给 CNC 系统供电外，还同时给 PLC 供电。查 PLC 有关部件，发现有一开关上的电源线接地，至使 CNC 系统自检，自检到 PLC 后，由于该开关接地而使开关电源输出电压突降，引起 CNC 系统自检中断。排除故障，自动退出 PLC 后，电源又恢复 +24 V，重新开始启动自检。将开关处理好后，开机自检通过，机床正常工作。

【例2—8】　故障现象：某配套SIEMENS 3M数控系统的加工中心，在使用过程中经常无规律地出现“死机”、系统无法正常启动等故障。机床故障后，进行重新开机，其又可以恢复正常工作。

分析及处理：可以初步判断数控系统本身的组成模块、软件及硬件均无损坏，发生故障的原因主要来自系统外部的电磁干扰或外部电源干扰等。

考虑到该机床为德国进口设备，在数控系统、机床、车间的接地系统，电缆屏蔽连接，电缆的布置、安装，系统各模块的安装、连接等基础性工作方面存在问题的可能性较小。

机床的安装环境条件较差，厂房内大型设备较多，电源的干扰与波动及电磁干扰可能是引起系统工作不正常的主要原因。为此，维修时对系统的电源进线增加了干扰滤波环节。采取以上措施后，“死机”现象消除，机床可长时间正常工作。

【例2—9】　故障现象：配套SIEMENS 802D系统的数控铣床，开机时出现报警：ALM380500，驱动器显示报警号ALM504。

分析与处理：驱动器ALM504报警的含义是：编码器的电压太低，编码器反馈监控失效。

经检查，开机时伺服驱动器可以显示“RUN”，表明伺服驱动系统可以通过自诊断，驱动器的硬件应无故障。经观察发现，每次报警都是在伺服驱动系统“使能”信号加入的瞬间出现，由此可以初步判定，报警是由于伺服电动机加入电枢电压瞬间的干扰引起的。

重新连接伺服驱动的电动机编码器反馈线，进行正确的接地连接后，故障清除，机床恢复正常。

【例2—10】　故障现象：某配套国产KND100M数控系统的数控落地镗床，在使用过程中经常无规律地出现系统报警“WATCH DOG”、系统无法正常启动等故障。机床出现故障后，一般只要进行一次重新开机，就可以恢复正常工作；但有时需要开、关机多次或对系统的连接插头进行几次插、拔操作，系统报警才能消除。

经过检查确认：数控系统、机床、车间的接地系统，系统的电缆屏蔽连接，电缆的布置、安装，系统各模块的安装、连接、固定均符合要求，排除了以上基础工作缺陷造成“软故障”的可能性。

进一步检查发现：在机床正常工作时，系统电源模块的输出电压DC5 V电压值为4.9 V左右，其值偏低，这可能是导致系统工作不正常的主要原因。维修时对系统电源模块的输出电压进行了调整，考虑到该机床的各类连接电缆均较长（长度为20 m左右），为了保证编码器侧的DC5 V达到规定的电压值，实际调整电源模块的输出DC5 V电压为5.1 V左右。调整后经长时间的运行证明，系统报警“WATCH DOG”不再出现，机床故障被排除。

第三章

FANUC 系统数控机床 PMC 的装调与维修

第一节　概　述

数控机床用 PLC 可分为两类。一类是专为实现数控机床顺序控制而设计制造的“内装型”（Built—in Type）PLC。另一类是输入/输出信号接口技术规范、输入/输出点数、程序存储容量以及运算和控制功能等均能满足数控机床控制要求的“独立型”（Stand—alone Type）PLC。

一、“内装型”PLC

“内装型”PLC（或称“内含型”PLC、“集成式”PLC）从属于 CNC 装置，PLC 与 NC 间的信号传送在 CNC 装置内部即可实现。PLC 与 MT 间则通过 CNC 输入/输出接口电路实现信号传送（见图 3—1）。内装型 PLC 有如下特点。

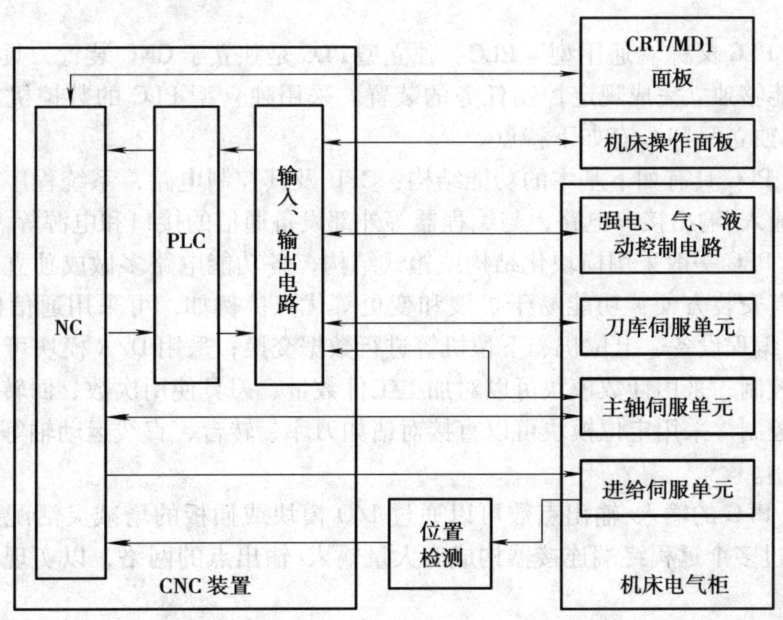

图 3—1　具有内装型 PLC 的 CNC 机床系统框图

1. 内装型 PLC 实际上是 CNC 装置带有的 PLC 功能，一般是作为一种基本的或可选择的功能提供给用户。

2. 内装型 PLC 的性能指标（如：输入/输出点数、程序最大步数、每步执行时间、程序扫描周期、功能指令数目等）是根据所从属的 CNC 系统的规格、性能、适用机床的类型等确定的。其硬件和软件部分都作为 CNC 系统的基本功能或附加功能与 CNC 系统其他功能一起统一设计、制造。因此，系统硬件和软件整体结构十分紧凑，且 PLC 所具有的功能针对性强，技术指标也较合理、实用，尤其适用于单机数控设备的应用场合。

3. 在系统的具体结构上，内装型 PLC 可与 CNC 共用 CPU，也可以单独使用一个 CPU；硬件控制电路可与 CNC 其他电路制作在同一块印制电路板上，也可以单独制成一块附加板，当 CNC 装置需要附加 PLC 功能时，再将此附加板插装到 CNC 装置上，内装型 PLC 一般不单独配置输入/输出接口电路，而是使用 CNC 系统本身的输入/输出电路；PLC 控制电路及部分输入/输出电路（一般为输入电路）所用电源由 CNC 装置提供，不需另备电源。

4. 采用内装型 PLC 结构，CNC 系统可以具有某些高级的控制功能。如：梯形图编辑和传送功能，在 CNC 内部直接处理 NC 窗口的大量信息等。

国内常用的带有内装型 PLC 的系统有：FANUC 公司的 FS－0（PMC—L/M）、FS－0 Mate（PMC－L/M）、FS－3（PLC—D）、FS－6（PLC—A、PLC—B）、FS－10/11（PMC－1）、FS—15（PMC－N）；Siemens 公司的 SINUMERIK802、SINUMERIK810、SINUMERIK820、SINUMERIK840；A—B 公司的 8200、8400、8600 等。

二、“独立型”PLC

“独立型”PLC 又称“通用型”PLC。独立型 PLC 是独立于 CNC 装置，具有完备的硬件和软件功能，能够独立完成规定控制任务的装置。采用独立型 PLC 的数控机床系统框图如图 3—2 所示。独立型 PLC 有如下特点。

1. 独立型 PLC 具有如下基本的功能结构：CPU 及其控制电路，系统程序存储器，用户程序存储器，输入/输出接口电路，与编程器等外部设备通信的接口和电源等。

2. 独立型 PLC 一般采用模块化结构或箱式结构，各功能电路多做成独立的模块或印制电路插板，具有安装方便，功能易于扩展和变更等优点。例如，可采用通信模块与外部输入/输出设备、编程设备、上位机、下位机等进行数据交换；采用 D/A 模块可以对外部伺服装置直接进行控制；采用计数模块可以对加工工件数量、刀具使用次数、回转体回转分度数等进行检测和控制，采用定位模块可以直接对诸如刀库、转台、直线运动轴等机械运动部件或装置进行控制。

3. 独立型 PLC 的输入/输出点数可以通过 I/O 模块或插板的增减灵活配置。有的独立型 PLC 还可通过多个远程终端连接器构成有大量输入/输出点的网络，以实现大范围的集中控制。

国内数控机床常用的独立型 PLC 有：SIEMENS 公司的 SIMATI C S5、SIMATI C S7 系列产品；A—B 公司的 PLC 系列产品；FANUC 公司的 PMC—J 等产品。

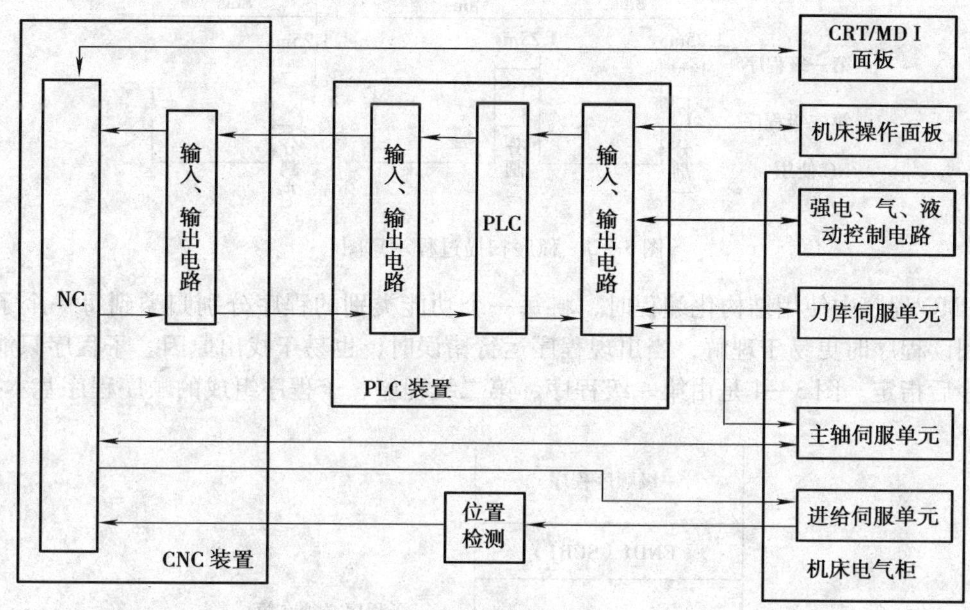

图 3—2　具有独立型 PLC 的 CNC 机床系统框图

第二节　PMC 在 FANUC 系统数控机床上的应用

一、PMC 指令系统

FANUC 公司将其主要用于机床控制的可编程逻辑控制器（PLC）称为可编程机床逻辑控制器（Programmable Machine Controller），PMC。

1．PMC 的程序组成与指令执行过程

FANUC 0i 数控系统的 PMC 规格有多种。现以常用的 SA3 为例来介绍 PMC 的指令系统。在 PMC 程序中，使用的编程语言是梯形图（LADDER）。PMC 程序由第一级程序和第二级程序两部分组成。在 PMC 程序执行时，首先执行位于梯形图开头的第一级程序，然后执行第二级程序。第一级程序每 8 ms 执行一次，每 8 ms 中的 1. 25 ms 用来执行一、二级 PMC 程序，剩下的时间用于执行 NC 程序（见图 3—3）。第二级程序会自动分割为 n 份，每 8 ms 中的 1. 25 ms 执行完第一级程序，剩下的时间执行一份二级程序，因此二级程序每 8 × n（份）ms 才能执行一次。在第一级程序中，程序越长，二级程序被分割的份数越多，则整个程序的执行时间（包括第二级程序在内）就会被延长，信号的响应就越慢。因此，第一级程序应编得尽可能的短，仅处理短脉冲信号，如急停、各轴超程、返回参考点减速、外部减速、跳步、到达测量位置和进给暂停信号等需要实时响应快的信号。

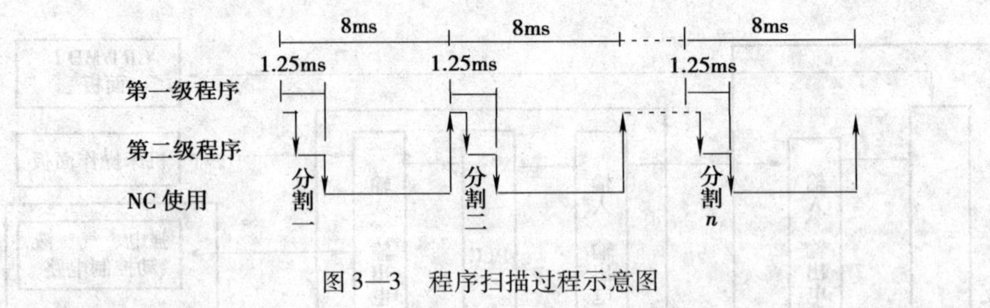

图 3—3　程序扫描过程示意图

在 PMC 程序中使用结构化编程时，将每一个功能类别的程序分别归类到每一个子程序里，使阅读程序时更易于理解，当出现程序运行错误时，也易于找出原因。子程序只能在第二级程序后指定。图 3—4 是由第一级程序、第二级程序、子程序组成的顺序程序基本架构。

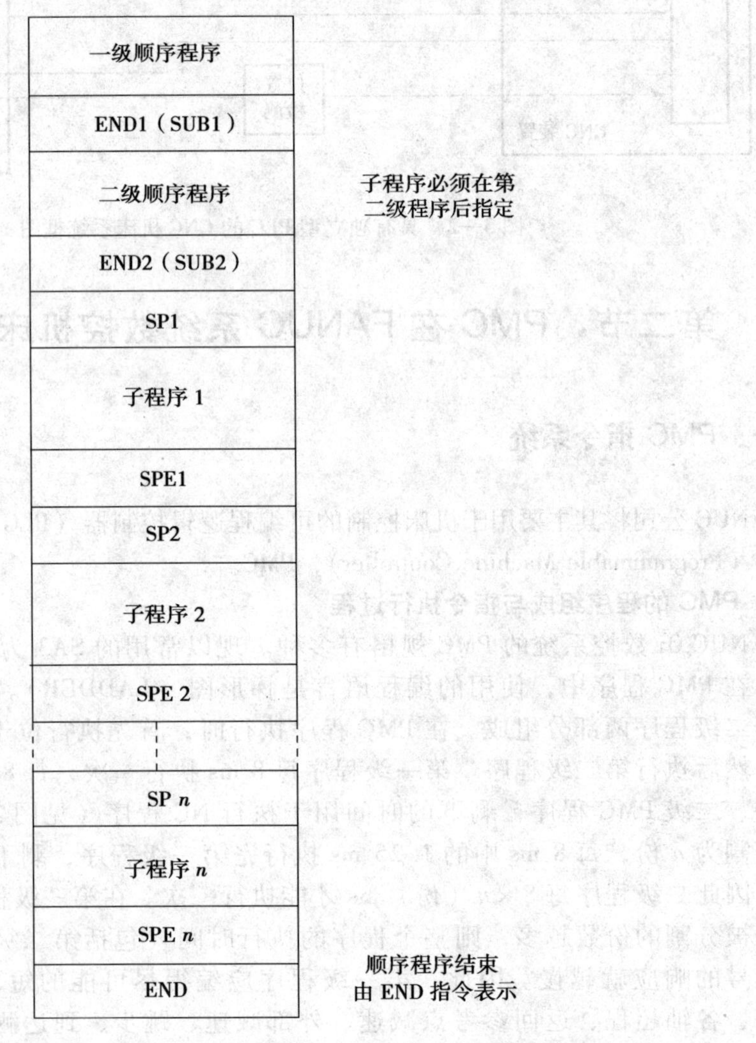

图 3—4　顺序程序基本架构

在 FANUC 数控系统系列的 PMC 中，规格型号不同，只是指令的条数有所不同，例如 PMC - SA1 有 12 条基本指令，功能指令有 48 条；而 PMC - SA3 有 14 条基本指令，见表 3—1，功能指令有 66 条。在基本指令和功能指令的执行中，用一个堆栈寄存器暂存逻辑操作的中间结果，堆栈寄存器共有 9 位（见图 3—5），按先进后出、后进先出的原理工作。当前操作结果压入时，堆栈各原状态全部左移一位；相反地如果取出操作结果时堆栈全部右移一位，最后压入的信号首先恢复读出。

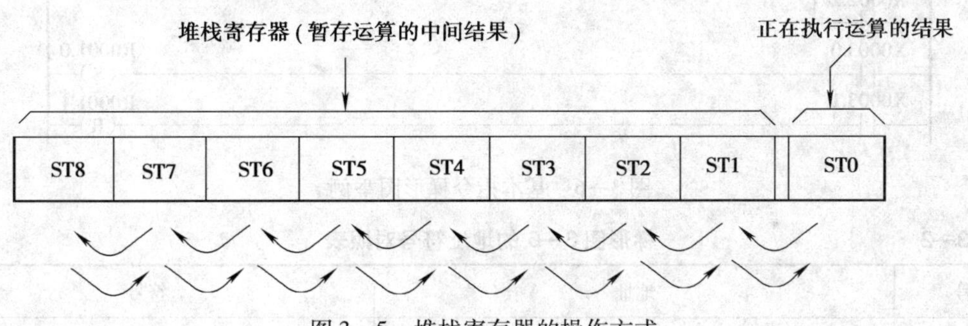

图 3—5 堆栈寄存器的操作方式

2. 基本指令

基本指令的助记符表达形式及使用方法见表 3—1。应用基本指令的例子如图 3—6 所示。图 3—6 是梯形图的例子，表 3—2 是梯形图 3—6 的地址符号对照表，表 3—3 是针对图 3—6 的梯形图的程序编码表。

表 3—1 基本指令和处理内容

NO	指令	处理内容
1	RD	读指令信号的状态，并写入 ST0 中。在一个阶梯开始的“是（或真）”常开节点时使用
2	RD. NOT	将信号的“非”状态读出，送入 ST0 中。一个阶梯开始的“是”常闭节点时使用
3	WRT	输出运算结果（ST0 的状态）到指定地址
4	WRT. NOT	输出运算结果（STO 的状态）的“非”状态到指定地址
5	AND	将 ST0 的状态与指定地址的信号状态相“与”后，再置于 ST0 中
6	AND. NOT	将 ST0 的状态与指定地址的“非”状态相“与”后，再置于 ST0 中
7	OR	将指定地址的状态与 ST0 相“或”后，再置于 ST0
8	OR. NOT	将指定地址的“非”状态相“或”后，再置于 ST0
9	RD. STK	堆栈寄存器左移一位，并把指定地址的状态置于 ST0
10	RD. NOT. STK	堆栈寄存器左移一位，并把指定地址的状态取“非”后再置于 ST0
11	AND. STK	将 ST0 和 ST1 的内容执行逻辑“与”，结果存于 ST0，堆栈寄存器右移一位
12	OR. STK	将 ST0 和 ST1 的内容执行逻辑“或”，结果存于 ST0，堆栈寄存器右移一位
13	SET	将 ST0 的数据与指定地址的数据相“或”后，将结果返回到指定地址中
14	RST	将 ST0 的数据取反后与指定地址的数据相“与”后，将结果返回到指定地址中

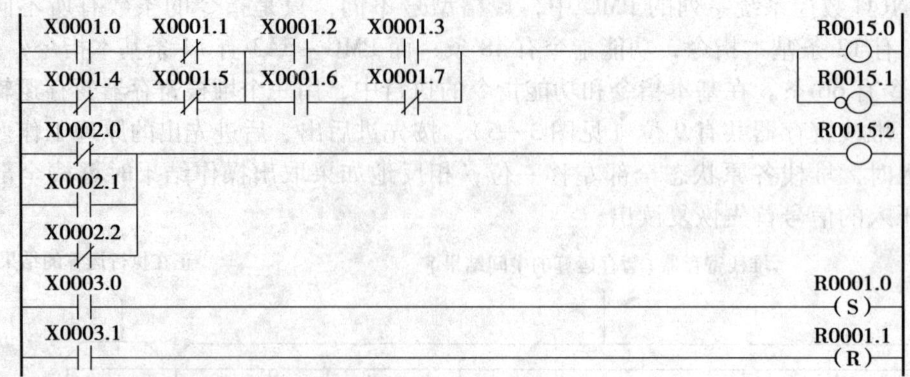

图 3—6 基本指令梯形图举例

表 3—2 梯形图 3—6 的地址符号对照表

序号	地址	符号
1	X0001. 0	A
2	X0001. 1	B
3	X0001. 2	E
4	X0001. 3	F
5	X0001. 4	C
6	X0001. 5	D
7	X0001. 6	G
8	X0001. 7	H
9	X0002. 0	I
10	X0002. 1	J
11	X0002. 2	K
12	X0003. 0	M
13	X0003. 1	N
14	R0001. 0	R4
15	R0001. 1	R5
16	R0015. 0	R1
17	R0015. 1	R2
18	R0015. 2	R3

表 3—3　　梯形图 3—6 的编码表和运算结果状态

序号	指令	地址号位址	备注	运算结果状态		
				ST2	ST1	ST0
1	RD	X0001. 0	A			A
2	AND. NOT	X0001. 1	B			$A \cdot \overline{B}$
3	RD. NOT. STK	X0001. 4	C		$A \cdot \overline{B}$	$\overline{C}$
4	AND. NOT	X0001. 5	D		$A \cdot \overline{B}$	$\overline{C} \cdot \overline{D}$
5	OR. STK					$A \cdot \overline{B} + \overline{C} \cdot \overline{D}$
6	RD. STK	X0001. 2	E		$A \cdot \overline{B} + \overline{C} \cdot \overline{D}$	E
7	AND	X0001. 3	F		$A \cdot \overline{B} + \overline{C} \cdot \overline{D}$	$E \cdot F$
8	RD. STK	X0001. 6	G	$A \cdot \overline{B} + \overline{C} \cdot \overline{D}$	$E \cdot F$	G
9	AND. NOT	X0001. 7	H	$A \cdot \overline{B} + \overline{C} \cdot \overline{D}$	$E \cdot F$	$G \cdot \overline{H}$
10	0R. STK				$A \cdot \overline{B} + \overline{C} \cdot \overline{D}$	$E \cdot F + G \cdot \overline{H}$
11	AND. STK					$(A \cdot \overline{B} + \overline{C} \cdot \overline{D}) \cdot (E \cdot F + G \cdot \overline{H})$
12	WRT	R0015. 0	R1			$(A \cdot \overline{B} + \overline{C} \cdot \overline{D}) \cdot (E \cdot F + G \cdot \overline{H})$
13	WRT. NOT	R0015. 1	R2			$\overline{(A \cdot \overline{B} + \overline{C} \cdot \overline{D}) \cdot (E \cdot F + G \cdot \overline{H})}$
14	RD. NOT	X0002. 0	I			$\overline{I}$
15	OR	X0002. 1	J			$\overline{I} + J$
16	OR. NOT	X0002. 2	K			$\overline{I} + J + \overline{K}$
17	WRT	R0015. 2	R3			$\overline{I} + J + \overline{K}$
18	RD	X0003. 0	M			M
19	SET	R0001. 0	R4			$M + R4$
20	RD	X0003. 1	N			N
21	RST	R0001. 1	R5			N

3. 功能指令

(1) 功能指令的应用

数控机床所用PLC的指令必须满足数控机床信息处理和动作控制的特殊要求。例如由NC输出的M、S、T二进制代码信号的译码（DEC），机械运动状态或液压系统动作状态的延时（TMR）确认，加工零件的计数（CTR），刀库、分度工作台沿最短路径旋转和现在位置至目标位置步数的计算（ROT），换刀时数据检索（DSCH）等。对于上述的译码、定时、计数、最短路径选择，以及比较、检索、转移、代码转换、四则运算、信息显示等控制功能，仅用一位操作的基本指令编程，实现起来将会十分困难。因此要增加一些具有专门控制功能的指令，这些专门指令就是功能指令。功能指令都是一些子程序，应用功能指令就是调用了相应的子程序。

(2) 功能指令的格式

功能指令不能使用继电器的符号，必须使用图3—7所示的格式符号。这种格式包括控制条件、指令、参数和输出几个部分。图3—7的地址符号对照表见表3—4，编码表与运算结果见表3—5。

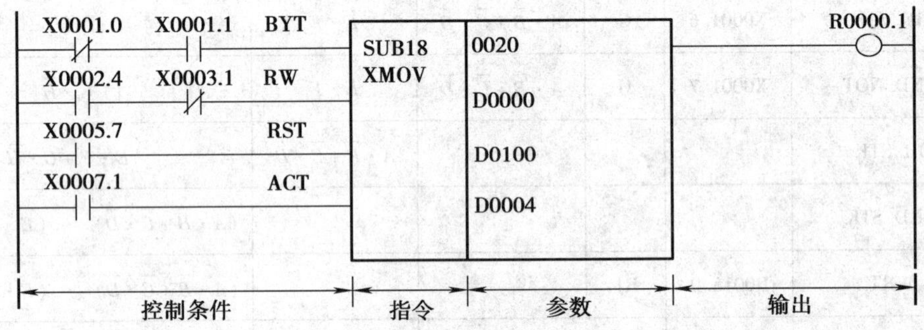

图3—7 功能指令梯形图举例

表3—4 图3—7梯形图的地址符号对照表

序号	地址	符号
1	X0001. 0	A
2	X0001. 1	B
3	X0002. 4	C
4	X0003. 1	D
5	X0005. 7	RST
6	X0007. 1	ACT

表 3—5　　图 3—7 的编码表和运算结果状态

序号	指令	地址号位址	备注	运算结果状态			
				ST3	ST2	ST1	ST0
1	RD. NOT	X0001. 0	A				$\overline{A}$
2	AND	X0001. 1	B				$\overline{A}\cdot B$
3	RD. STK	X0002. 4	C			$\overline{A}\cdot B$	C
4	AND. NOT	X0003. 1	D			$\overline{A}\cdot B$	$C\cdot\overline{D}$
5	RD. STK	X0005. 7	RST		$\overline{A}\cdot B$	$C\cdot\overline{D}$	RST
6	RD. STK	X0007. 1	ACT	$\overline{A}\cdot B$	$C\cdot\overline{D}$	RST	ACT
7	SUB		指令	$\overline{A}\cdot B$	$C\cdot\overline{D}$	RST	ACT
8	(PRM)		参数 1	$\overline{A}\cdot B$	$C\cdot\overline{D}$	RST	ACT
9	(PRM)		参数 2	$\overline{A}\cdot B$	$C\cdot\overline{D}$	RST	ACT
10	(PRM)		参数 3	$\overline{A}\cdot B$	$C\cdot\overline{D}$	RST	ACT
11	(PRM)		参数 4	$\overline{A}\cdot B$	$C\cdot\overline{D}$	RST	ACT
12	WRT	R0000. 1	输出	$\overline{A}\cdot B$	$C\cdot\overline{D}$	RST	$R0.1$

指令格式中各部分内容说明：

1）控制条件。控制条件的数量和意义随功能指令的不同而变化。控制条件存入堆栈寄存器中，其顺序是固定不变的。

2）指令。功能指令有三种格式，格式 1 用于梯形图；格式 2 用于纸带穿孔和程序显示；格式 3 是用编程器输入程序时的简化指令。对 TMR 和 DEC 指令在编程器上有其专用指令键，其他功能指令则用 SUB 键和其后的数字键输入。

3）参数。功能指令不同于基本指令，可以处理各种数据，也就是说数据或存有数据的地址可作为功能指令的参数，参数的数目和含义随指令的不同而不同。

4）输出。功能指令的执行情况可用一位“1”和“0”表示时，把它输出到 R 继电器，R 继电器的地址可随意确定。但有些功能指令不能把结果输出到继电器，如 MOVE、COM、JMP 等。

5）需要处理的数据。由功能指令管理的数据通常是 BCD 码或二进制数。如 4 位数的 BCD 码数据是按一定顺序放在两个连续地址的存储单元中，分低两位和高两位存放。例如 BCD 码 1234 被存放在地址 200 和 201 中，则 200 中存低两位（34），201 中存高两位（12）。在功能指令中只用参数指定低字节的 200 地址。二进制代码数据可以由 1 字节、2 字节、4 字节数据组成，同样是低字节存在最小地址，在功能指令中也是用参数指定最小地址。

二、PMC 在 FANUC 系统数控机床中的应用举例

1. M 功能的译码

M 功能用来控制机床的辅助操作，通常被编写在零件加工程序之中。CNC 系统执行含有 M 功能指令的零件加工程序段时，在 CNC 装置传送给可编程控制器，数据区地址为 F151 的字节中产生相应的 M 代码值。可编程控制器通过执行相应的译码程序，从中识别相应的代码类型，进行相应的辅助功能控制。如图 3—8 中为主轴控制用的一些 M 功能代码的译码程序，其中 M03 为主轴正转，M04 为主轴反转，M05 为主轴停止，M19 为主轴准停。

当 F151 的内容为 2 位 BCD 码数 03 时，中间继电器 R729. 2 为 1；当 F151 的内容为 2 位 BCD 码数 04 时，中间继电器 R729. 3 为 1。PLC 可以用这两个接点信号来控制主轴的正转和反转，同理，当 F151 的内容为 2 位 BCD 码数 05 时，中间继电器 R729. 4 为 1，PLC 利用这个节点信号控制主轴的停止；当 F151 的内容为 2 位 BCD 码数 19 时，中间继电器 R731. 2 为 1，PLC 利用这个节点信号来控制主轴的准停运动。

在图 3—8 中，接点 MF 为 M 功能的代码读信号，它是在 CNC 发出 M 功能代码之后发出的 CNC 传送到 PLC 的信号。

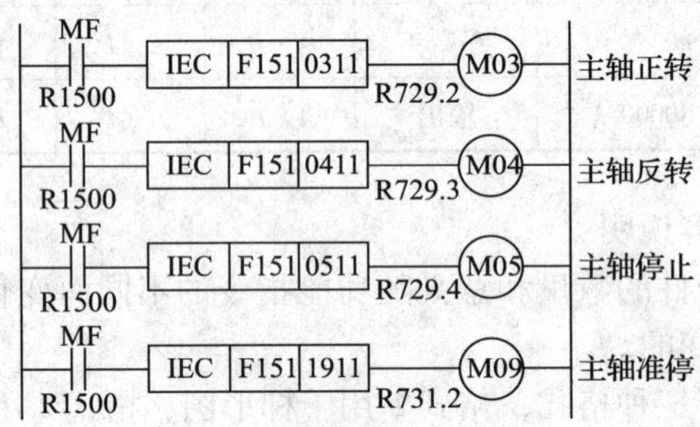

图 3—8　M 功能译码梯形图

2. PMC 完成 M 功能信号的处理

CNC 系统发出辅助功能指令 M，主轴转速指令 S 和刀具选择指令都是编写在零件加工程序段中的，只有在这些指令完成以后，加工程序才能进入下一个程序段。为了简单起见，下面以 M 功能为例说明其完成信号的处理方法。

从图 3—9 中可以看出，主轴正转且冷却接通命令 M13 的完成条件为冷却泵接通（KA2 = 1），主轴正转命令信号发出（SFR = 1）以及主轴速度到信号（SAR = 1），而主轴正转命令 M03 的完成条件为 SFR = 1 以及 SAR1 = 1。

主轴反转且冷却接通命令 M14 的完成条件为冷却泵接通（KA2 = 1），主轴反转命令发出（SRV = 1）以及主轴速度到达（SAR1 = 1），而主轴反转 M04 的完成条件为 SRV = 1 和 SAR1 = 1。

主轴停止命令 M05 的完成条件为进给运动停止（DEN = 1）以及主轴正转、反转命令均取消（SFR = 0，SRV = 0）或者主轴速度为“0”（SST1 = 1）。

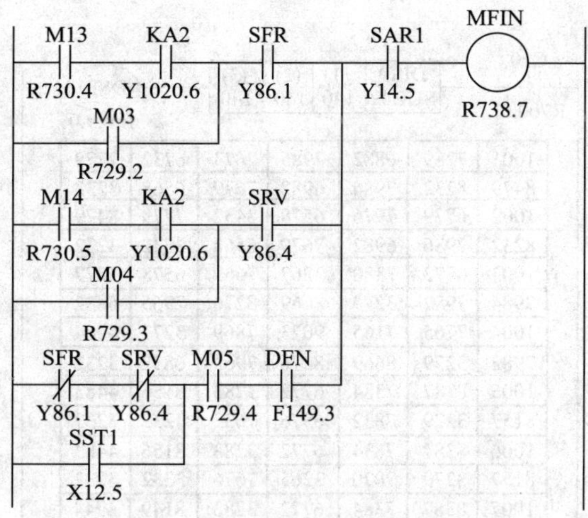

图 3—9　M 功能信号处理梯形图

3. 故障检测显示

图 3—10 为（AL1 ~ AL10）10 个故障的检测梯形图，图 3—11 是与图 3—10 相应的故障显示梯形图。

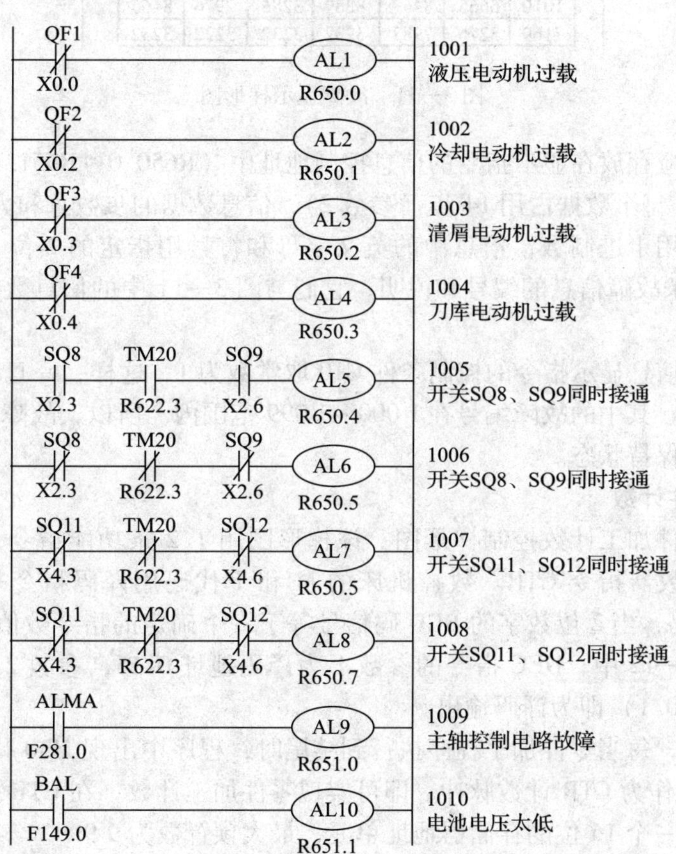

图 3—10　故障检测梯形图

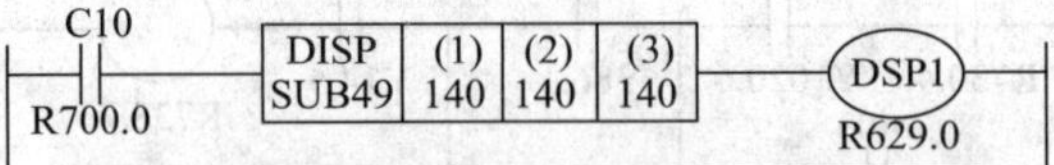

C10 R700.0 DISP SUB49 (1) 140 (2) 140 (3) 140 DSP1 R629.0

1001	7289	6882	7985	7673	6732	7779
8479	8232	7986	6982	7679	6568	3232
1002	6779	7976	6578	8432	7779	8479
8232	7986	6982	7679	6568	3232	3232
1003	6772	7380	3267	7669	6578	3277
7984	7982	3279	8669	8276	7965	6832
1004	7765	7165	9073	7869	3277	6984
7982	3279	8669	8276	7965	6832	3232
1005	8387	7384	6772	3283	8156	4483
8157	3279	7832	6576	7632	3232	3232
1006	8387	7834	6772	3283	8156	4483
8157	3279	7070	3265	7676	3232	3232
1007	8387	7384	6772	3283	8149	4944
3283	8149	5032	7978	3265	7676	3232
1008	8387	7384	6772	3283	8149	4944
3283	8149	5032	7970	7032	6576	7632
1009	8380	7378	6876	6932	6779	7884
8279	7632	6576	6582	7732	3232	3232
1010	6665	8469	8289	3286	7976	8465
7169	3276	7987	3232	3232	3232	3232

图 3—11　故障显示梯形图

故障检测结果应存放在显示指令的信息控制地址中（R650. 0 ~ R651. 1）。该显示指令共有 10 个信息数据，每个数据占用 14 步（参数 2），信息数据的步数总和为 140。

信息的编号采用十进制数，信息中的英文字母和符号用指定的 2 位十进制数编写。图 3—10 的右侧为每条故障信息的编号和说明，它们与图 3—11 中的信息数据编码是一一对应的。

图 3—11 中，信息显示指令的控制条件 C10 取常数为 1，这样，一旦有故障出现，就会无条件地显示出来，其中的故障编号在 1 000 ~ 1 099 范围内。所以，故障出现时将产生 CNC 报警，使系统进入保持状态。

4．对加工零件计数

图 3—12 为零件加工计数控制梯形图。该梯形图用了 2 条功能指令，一条是译码指令 DEC，另一条是计数器指令 CTR。数控机床的 M 和 T 代码用译码指令来识别，译码指令 DEC 译 2 位 BCD 码，当 2 位数字的 BCD 码信号等于一个确定的指令数值时，输出为“1”，否则为“0”。图 3—12 中，DEC 指令的参数 1 为译码地址 0115，参数 2 为译码指令 3011，软继电器 M30（150. 1）即为译码输出。

在数控加工中，每当零件加工程序执行到结尾时，程序中出现 M30 代码，经译码输出，M30 为“1”，以此作为 CTR 计数脉冲，即可实现零件加工计数。在 CTR 功能指令中参数为计数器号，也就是一个 16 位的存储器地址单元，最大预置数为 9 999。零件加工件数的预期值可通过手动数据输入（MDI）面板设置。控制条件 200. 1 为常闭触点表示计数器初始值为

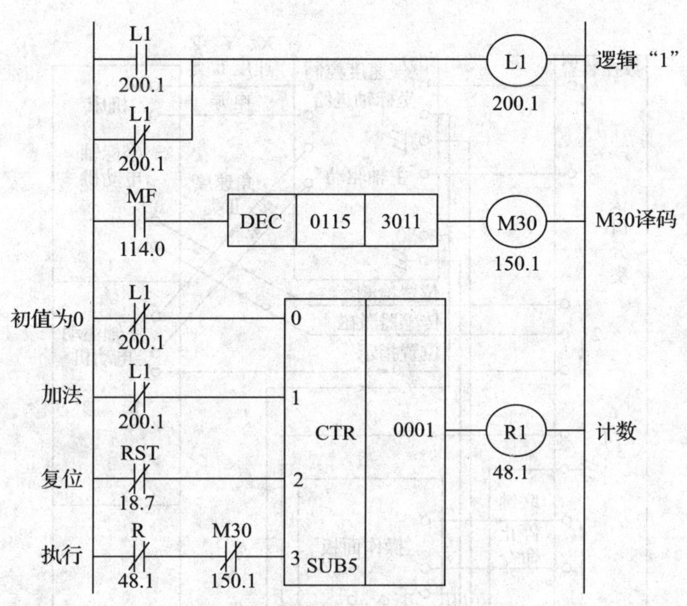

图 3—12　零件加工计数控制梯形图

0 及计数器作加法计数，为满足这一控制条件，在梯形图顶部首先设置了 L1 作为逻辑“1”电路。同时，M30 常开触点作为 CTR 的计数脉冲，当计数到预置值时，R1 输出“1”，图 3—12 中 R1 常闭触点与 M30 常开触点串联，一旦计数到位，即可断开计数操作。

三、数控机床接口

1．接口定义及功能分类

数控机床“接口”是指数控装置与机床及机床电气设备之间的电气连接部分。接口分为四种类型，如图 3—13 所示。第 1 类是与驱动命令有关的连接电路；第 2 类是与测量系统和测量装置的连接电路；第 3 类是电源及保护电路；第 4 类是开关量信号和代码信号连接电路。第 1、第 2 类连接电路传送的是控制信息，属于数字控制、伺服控制及检测信号处理系统，和 PLC 无关。

3 类电源及保护电路由数控机床强电线路中的电源控制电路构成。强电线路由电源变压器、控制变压器、各种继电器、保护开关、接触器、功率继电器等连接而成，以便为辅助交流电动机、电磁铁、电磁离合器、电磁阀等供电。强电线路不能与弱电线路直接连接，必须经中间继电器转换。

第 4 类开关量和代码信号是数控装置与外部传送的输入、输出控制信号。数控机床不带 PLC 时，这些信号直接在 NC 侧和 MT 侧之间传送。当数控机床带有 PLC 时，这些信号除少数高速信号外，均需通过 PLC。

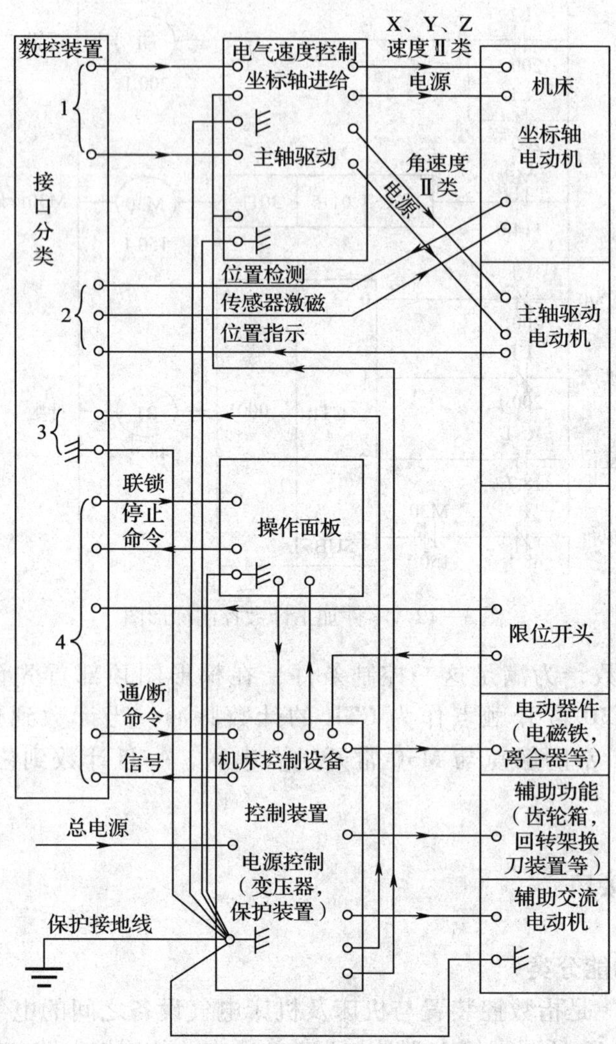

图 3—13　数控机床接口框图

2．数控机床第 4 类接口信号分类

第 4 类信号根据其功能的必要性分为两类：

（1）必须信号

这类信号用于保护人身安全和设备安全，或进行操作控制。如“急停”“进给保持”“循环启动”“NC‘准备好’”等。

（2）任选信号

指并非任何数控机床都必须有，而是在特定的数控装置和机床配置条件下才需要的信号。如“行程极限”“NC 报警”“程序停止”“复位”“M、S、T 信号”等。

四、PMC 接口地址的分配

1. PMC 接口信号

PMC 接口的地址表达形式如图 3—14 所示，第一位字母表示地址类型，包括机床侧的输入（X）、输出线圈（Y）信号，NC 系统部分的输入（F）、输出线圈（G）信号，内部继电器（R），信息显示请求信号（A），计数器（C），保持型继电器（K），数据表（D），定时器（T），标号（L），子程序号（P）。小数点前的数字表示该地址类型的字节地址，小数点后一位数字表示该字节中具体某一位的位地址，范围为（0～7）。在功能指令中指定字节单元的地址时，不必给出位号。

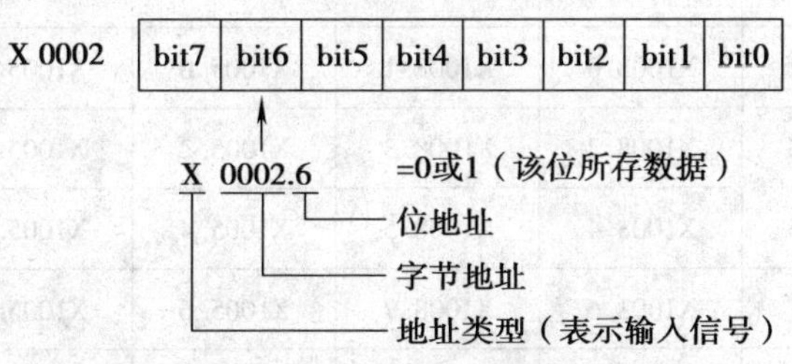

图 3—14　PMC 接口的地址表达形式

PMC 与 CNC 系统部分，以及与机床侧辅助电气部分的接口关系，如图 3—15 所示。从图中能够看到，X 是来自机床侧的输入信号（如接近开关、极限开关、压力开关、操作按钮、对刀仪等检测元件），内装 I/O 的地址是从 X1000 开始的，共有 96 个输入点，不同的 FANUC 系统其地址分配是不同的，表 3—6 为 FANUC0i 系统数控车床的地址分配，其他系统可参阅相关说明书。而 I/O LINK 的地址是从 X0（实际为 X0000，因为前三个都是 0 省略不写，其他存储地址的表达形式类同）开始的，共 128 个字节。PMC 接收从机床侧各检测装置反馈回来的输入信号，在控制程序中进行逻辑运算，作为机床动作的条件及对外围设备进行自诊断的依据。另外从机床侧输入的部分信号是存储在指定地址上的（见表 3—7），NC 在运行时直接引用这些地址信号，如果同时引用 I/O LINK 和内装 I/O 卡，则以内装 I/O 卡指定的地址有效。

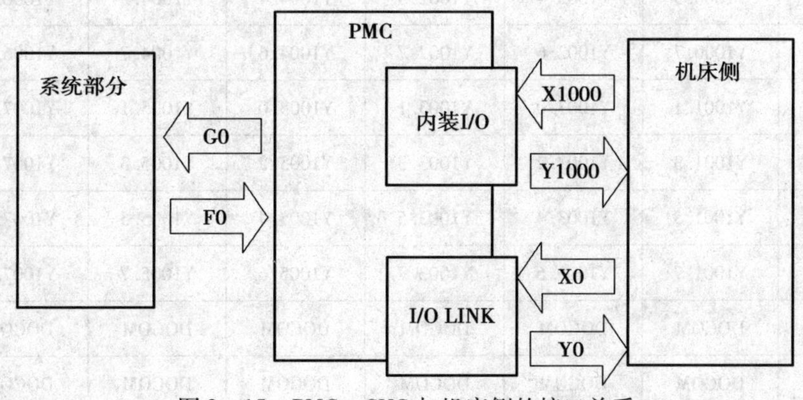

图 3—15　PMC、CNC 与机床侧的接口关系

表 3—6　　控制单元 I/O 板内装 I/O 卡的地址分配

	DI/DO－1（CB104）		DI/DO－2（CB105）		DI/DO－3（CB106）		DI/DO－4（CB107）	
	A	B	A	B	A	B	A	B
01	0 V	+24 V	0 V	+24 V	0 V	+24 V	0 V	+24 V
02	X1000. 0	X1000. 1	X1003. 0	X1003. 1	X1004. 0	X1004. 1	X1007. 0	X1007. 1
03	X1000. 2	X1000. 3	X1003. 2	X1003. 3	X1004. 2	X1004. 3	X1007. 2	X1007. 3
04	X1000. 4	X1000. 5	X1003. 4	X1003. 5	X1004. 4	X1004. 5	X1007. 4	X1007. 5
05	X1000. 6	X1000. 7	X1003. 6	X1003. 7	X1004. 6	X1004. 7	X1007. 6	X1007. 7
06	X1001. 0	X1001. 1	X1008. 0	X1008. 1	X1005. 0	X1005. 1	X1010. 0	X1010. 1
07	X1001. 2	X1001. 3	X1008. 2	X1008. 3	X1005. 2	X1005. 3	X1010. 2	X1010. 3
08	X1001. 4	X1001. 5	X1008. 4	X1008. 5	X1005. 4	X1005. 5	X1010. 4	X1010. 5
09	X1001. 6	X1001. 7	X1008. 6	X1008. 7	X1005. 6	X1005. 7	X1010. 6	X1010. 7
10	X1002. 0	X1002. 1	X1009. 0	X1009. 1	X1006. 0	X1006. 1	X1011. 0	X1011. 1
11	X1002. 2	X1002. 3	X1009. 2	X1009. 3	X1006. 2	X1006. 3	X1011. 2	X1011. 3
12	X1002. 4	X1002. 5	X1009. 4	X1009. 5	X1006. 4	X1006. 5	X1011. 4	X1011. 5
13	X1002. 6	X1002. 7	X1009. 6	X1009. 7	X1006. 6	X1006. 7	X1011. 6	X1011. 7
14					COM4			
15					HDI0			
16	Y1000. 0	Y1000. 1	Y1002. 0	Y1002. 1	Y1004. 0	Y1004. 1	Y1006. 0	Y1006. 1
17	Y1000. 2	Y1000. 3	Y1002. 2	Y1002. 3	Y1004. 2	Y1004. 3	Y1006. 2	Y1006. 3
18	Y1000. 4	Y1000. 5	Y1002. 4	Y1002. 5	Y1004. 4	Y1004. 5	Y1006. 4	Y1006. 5
19	Y1000. 6	Y1000. 7	Y1002. 6	Y1002. 7	Y1004. 6	Y1004. 7	Y1006. 6	Y1006. 7
20	Y1001. 0	Y1001. 1	Y1003. 0	Y1003. 1	Y1005. 0	Y1005. 1	Y1007. 0	Y1007. 1
21	Y1001. 2	Y1001. 3	Y1003. 2	Y1003. 3	Y1005. 2	Y1005. 3	Y1007. 2	Y1007. 3
22	Y1001. 4	Y1001. 5	Y1003. 4	Y1003. 5	Y1005. 4	Y1005. 5	Y1007. 4	Y1007. 5
23	Y1001. 6	Y1001. 7	Y1003. 6	Y1003. 7	Y1005. 6	Y1005. 7	Y1007. 6	Y1007. 7
24	DOCOM	DOCOM	DOCOM	DOCOM	DOCOM	DOCOM	DOCOM	DOCOM
25	DOCOM	DOCOM	DOCOM	DOCOM	DOCOM	DOCOM	DOCOM	DOCOM

表 3—7　　　　　　存储在指定地址上的信号

地址固定的输入信号

	信号	符号	地址	
			当使用 I/O Link 时	当使用内装 I/O 卡时
车床系统	*X* 轴测量位置到达信号	XAE	X4.0	X1004.0
	Z 轴测量位置到达信号	ZAE	X4.1	X1004.1
	刀具补偿测量值直接输入功能 B +X 方向信号	+MIT1	X4.2	X1004.2
	刀具补偿测量值直接输入功能 B −X 方向信号	−MIT1	X4.3	X1004.3
	刀具补偿测量值直接输入功能 B +Z 方向信号	+MIT2	X4.4	X1004.4
	刀具补偿测量值直接输入功能 B −Z 方向信号	−MIT2	X4.5	X1004.5
加工中心系统	*X* 轴测量位置到达信号	XAE	X4.0	X1004.0
	Y 轴测量位置到达信号	YAE	X4.1	X1004.1
	Z 轴测量位置到达信号	ZAE	X4.2	X1004.2
公共	跳转（SKIP）信号	SKIP	X4.7	X1004.7
	急停信号	*ESP	X8.4	X1008.4
	第 1 轴参考点返回减速信号	*DEC1	X9.0	X1009.0
	第 2 轴参考点返回减速信号	*DEC2	X9.1	X1009.1
	第 3 轴参考点返回减速信号	*DEC3	X9.2	X1009.2
	第 4 轴参考点返回减速信号	*DEC4	X9.3	X1009.3
	第 5 轴参考点返回减速信号	*DEC5	X9.4	X1009.4
	第 6 轴参考点返回减速信号	*DEC6	X9.5	X1009.5
	第 7 轴参考点返回减速信号	*DEC7	X9.6	X1009.6
	第 8 轴参考点返回减速信号	*DEC8	X9.7	X1009.7

Y 是由 PMC 输出到机床侧的信号。在 PMC 控制程序中，根据自动控制的要求，输出信号控制机床侧的电磁阀、接触器、信号指示灯动作，满足机床运行的需要。内装 I/O 的地址是从 Y1000 开始的，共有 64 个输出点（见表 3—6）。而 I/O LINK 的地址是从 Y0 开始的，共 128 个字节。

I/O LINK 实际上是一个串型接口，可以将单元控制器、分布式 I/O 等设备连接起来，并在各设备之间高速传送 I/O 信号，输入或输出最多可以有 1 024 个点。FANUC I/O LINK

会将一个设备作为主单元，例如把 FANUC 的控制主板为主单元，通过 JD1A 进行连接的设备为子单元。一个 I/O LINK 最多可以连接 16 组子单元。用于 I/O LINK 连接的两个接口分别叫做 JD1A 和 JD1B。对于 I/O LINK 中所有单元来说，JD1A 和 JD1B 的连接电缆插脚都是通用的。连接电缆总是从一个单元的 JD1A 连接到下一个单元的 JD1B。连接到最后一个单元时，其 JD1A 是不需要连接的。

FANUC 数控系统的输入接口的电路形式如图 3—16 所示。连接到输入点的触点电气参数额定值要求电压大于等于 30 V，电流大于等于 16 mA，断路时的触点泄漏电流小于 1 mA，接通时的触点之间的电压降（包括电缆上的压降）小于 2 V。

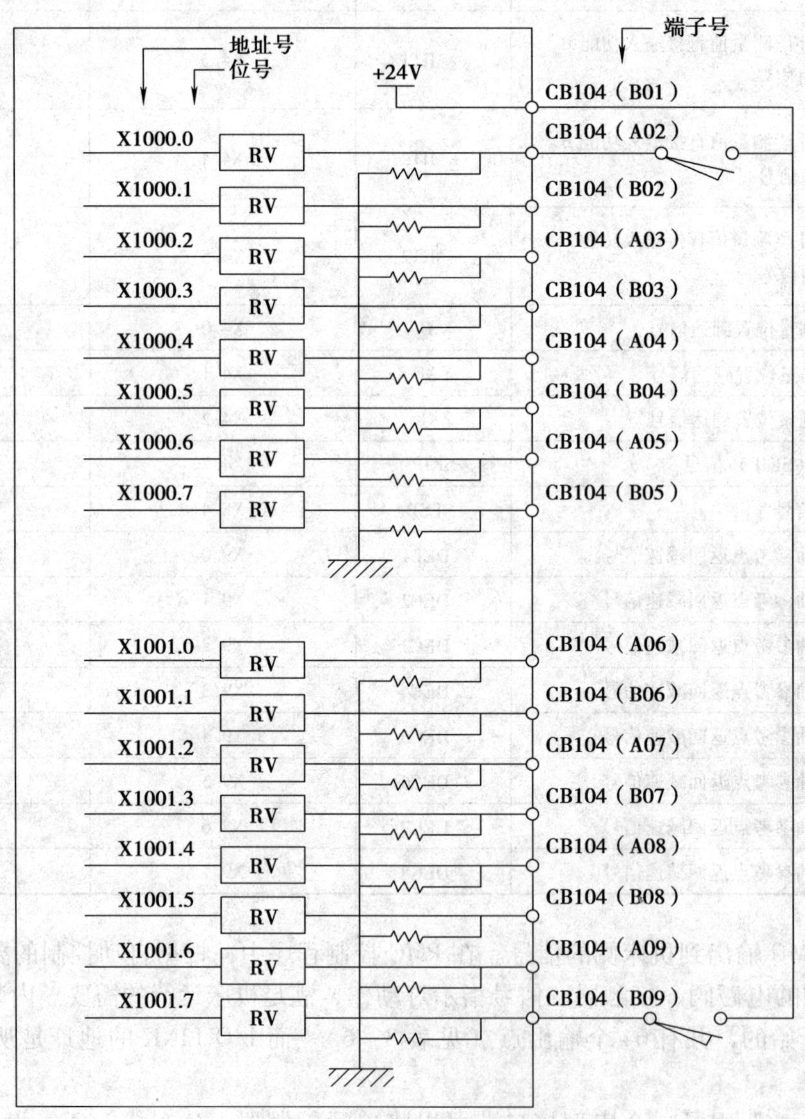

图 3—16　输入接口的电路形式

输出接口的电路形式如图 3—17 所示，注意绝对不允许采用驱动器并联输出的连接方式。驱动器的最大负载电流小于 200 mA，每一个 DOCOM 电源引脚的最大电流小于 0.7 A（包括瞬间浪涌电流）。驱动输出时开关管的饱和压降最大为 1.0 V（当负载电流为 200 mA 时）。输出驱动器的耐压小于 24 V×（1+20%），包括瞬间的浪涌电压。输出驱动器的开关管开路时，其泄漏电流必须小于 100 μA。

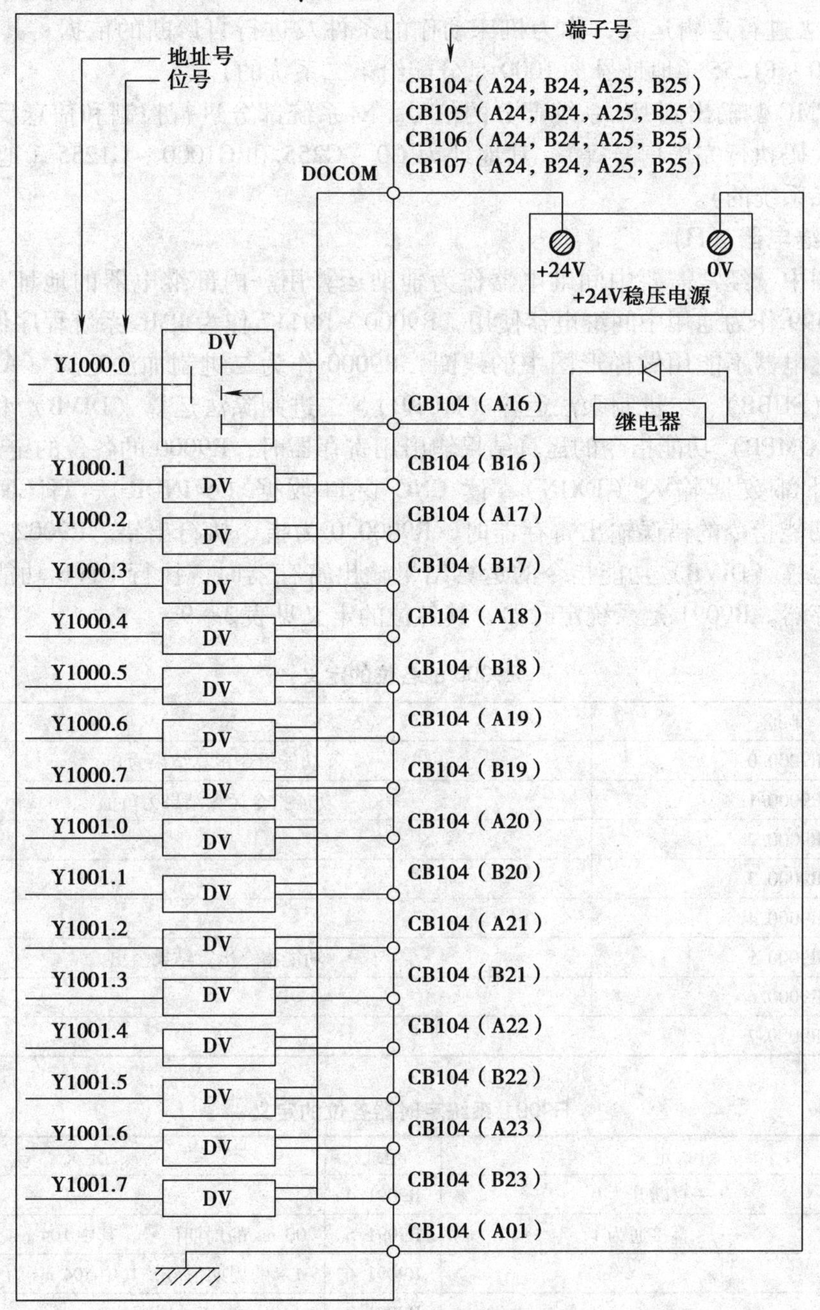

图 3—17　输出接口的电路形式

输出接口所用的外部电源电压规格为 24 V×(1+10%)，电源电流应大于最大负载电流总和再加上 100 mA。接通电源时应先接通外部电源，再接通控制单元的电源，或者是同时接通；切断电源时应先切断控制单元的电源，再切断外部电源，或者同时切断。

F 是 CNC 系统侧输入 PMC 的信号，系统部分就是将伺服电动机和主轴电动机的状态，以及请求相关机床动作的信号（如移动中信号、位置检测信号、系统准备完了信号等）反馈到 PMC 中去进行逻辑运算，作为机床动作的条件及进行自诊断的依据。其地址是 F0 ~ F255 和 F1000 ~ F1255（地址号加 1000 是分配给第二系统的）。

G 是由 PMC 侧输出到 NC 系统部分的信号，对系统部分进行控制和信息反馈（如轴互锁信号、M 代码执行完毕信号等）。其地址为 G0 ~ G255 和 G1000 ~ G1255（地址号加 1000 是分配给第二系统的）。

2. 内部继电器（R）

在梯形图中，经常需要中间继电器作为辅助运算用。内部继电器的地址是从 R0 开始的，R0 ~ R1499 作为通用中间继电器使用，R9000 ~ R9117 作为 PMC 系统程序保留区域，这个区域中的继电器不能用做梯形图中的线圈。R9000 作为二进制加法运算（ADDB）、二进制减法运算（SUBB）、二进制乘法运算（MULB）、二进制除法运算（DIVB）和二进制数值大小判别（COMPB）功能指令的运算结果输出用寄存器时，R9000 的各位的定义见表 3—8。R9000 作为外部数据输入（EXIN）、读 CNC 窗口数据（WINDR）、写 CNC 窗口数据（WINDW）功能指令的错误输出寄存器时，R9000. 0 为指令执行出错。R9002 ~ R9005 作为二进制除法运算（DIVB）功能指令的运算结果输出寄存器时，执行 DIVB 功能指令后的余数输出到寄存器。R9091 是系统定时器，其各位的定义见表 3—9。

表 3—8　　R9000 的各位的定义

地址	定义
R9000. 0	功能指令运算结果为 0
R9000. 1	功能指令运算结果为负值
R9000. 2	
R9000. 3	
R9000. 4	
R9000. 5	功能指令运算结果溢出
R9000. 6	
R9000. 7	

表 3—9　　R9091 系统定时器各位的定义

地址	定义	地址	定义
R9091. 0	一直断开为 0	R9091. 4	—
R9091. 1	一直接通为 1	R9091. 5	200 ms 的周期信号，其中 104 ms 为 1，96 ms 为 0
R9091. 2	—	R9091. 6	1 s 的周期信号，其中 504 ms 为 1，496 ms 为 0
R9091. 3	—	R9091. 7	—

3．信息显示请求信号（A）

A 地址用来表示信息显示请示地址，其地址从 A0 到 A24，共 25 个字节，200 个位，共计有 200 个信息。

数控机床厂家把不同的机床结构所能预见的异常情况汇总后，自己编写错误代码和报警信息。PMC 通过从机床侧各检测装置反馈回来的信号和系统部分的状态信号，对机床所处的状态经过程序的逻辑运算后进行自诊断，若其发现状态与正常的状态有异，则将机床当时的情况判定为异常，并将对应于该种异常的 A 地址置为 1。当指定的 A 地址被置为 1 后，在报警显示屏幕上会相应地出现相关的信息，帮助查找和排除故障。而该故障信息是由机床厂家在编辑 PMC 程序时编写的。如果对机床的机械结构和元件的分布不是很熟悉，当机床侧出现异常的情况，且读不懂报警显示屏幕上显示的报警信息时，就可以利用机床侧异常时在屏幕上出现的报警信息，和其相对应的 A 地址会相应地置 1 这一关联关系，查阅相关的梯形图，通过分析梯形图，找出使 A 地址置为 1 的要素，从而定位故障点并将其排除。

4．计数器地址（C）

C 为计数器地址，其地址从 C0 到 C79，共 80 个字节。该地址用于用计数器（CTR）功能指令设定计数值，每 4 个字节组成一个计数器（其中 2 个字节作保存预置值用，另外 2 个字节作保存当前值用），也就是说总共可分为 20 个计数器，计数器号从 1 到 20。这一区域是非易失性存储区域，因此在系统断电时，存储器中的内容也不会丢失。

5．保持继电器（K）

K 为保持继电器地址，其地址从 K0 到 K19，共 20 个字节 160 个位。K0 ~ K16 为一般通用地址，K17 ~ K19 为 PMC 系统软件参数设定区域，由 PMC 系统使用。在数控系统运行的过程中，若发生停电，输出继电器和内部继电器全部成为断开状态。当电源再次接通时，输出继电器和内部继电器都不可自动恢复到断电前的状态，而停电保持用继电器就用于保存停电前的状态，并在再运行时再现该状态。

6．数据表地址（D）

D 为数据表地址，其地址从 D0 到 D1859，共 1 860 个字节。在 PMC 程序中，某些时候需要读写大量的数字数据（在这里称为数据表），D 就是用来存储这些数据的非易失性存储器。这一区域是非易失性存储区域，因此在系统断电时，存储器中的内容也不会丢失。

7．定时器地址（T）

T 为定时器地址，其地址从 T0 到 T79，共 80 个字节。该地址用于定时器（TMR）功能指令存储设定时间，每 2 个字节组成一个定时器，共可分为 40 个定时器，定时器号从 1 到 40。这一区域是非易失性存储区域，因此在系统断电时，存储器中的内容也不会丢失。

8．标记地址（L）

L 为标记地址，从 L1 开始，共有 9 999 个标记数，用于指定标号跳转（JMPB、JMPC）功能指令中跳转目标标号。在 PMC 程序中，相同的标号可以出现在不同的 LBL 指令中，只要在主程序和子程序中是唯一的即可。

9. 子程序号（P）

P为子程序号的标志，从P1开始，共有512个子程序数，也就是说总共只能定义512个子程序。子程序号用于指定条件调用子程序（CALL）和无条件调用子程序（CALLU）功能指令中调用的目标子程序号。在PMC程序中，子程序号是唯一的。

第三节 FANUC系统中PMC的装调与维修

一、FANUC系统中PMC的装调

1. 梯形图编辑功能（PMC－SB7）

（1）梯形图的设置

梯形图编辑设置画面如图3—18所示，表3—10为设置项。

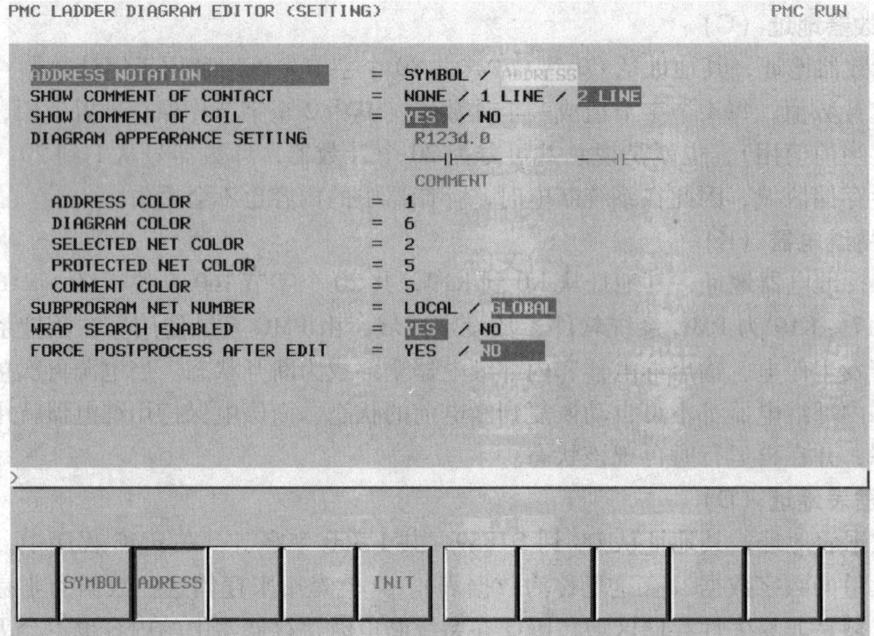

图3—18 梯形图编辑设定画面

表3—10 梯形图编辑设定画面的设置项

项目	默认设置	说 明
地址的表示方法	地址	设定程序中是以符号形式还是以地址形式显示每个位地址和字节地址
显示触点注释	2行	更改每个触点的注释的显示格式
显示线圈注释	YES	指定是否显示每个线圈的注释

续表

项目		默认设置	说　明
程序外观设置	地址颜色	绿色（1）	改变梯形图的颜色。可以设置梯形图各元件如线、继电器等的颜色
	图表颜色	黑色（6）	
	选择网格颜色	黄色（2）	
	受保护网格颜色	淡蓝色（5）	
	注释颜色	淡蓝色（5）	
子程序网格号		GLOBAL	设置在显示子程序时，是显示仅表示在子程序中网格的“LOCAL”数值还是显示表示整个梯形图程序的“GLOBAL”数值。该设置还会影响在用数值搜索网格时网格数值信息的表示方式
循环搜索有效		YES	设置当搜索操作到达梯形图程序结尾处时，是否返回梯形图程序起始处并继续进行搜索
编辑后强制后台处理		NO	设置在编辑梯形图程序后退出梯形图编辑画面时，使梯形图程序运行的后台处理过程始终执行还是仅在修改梯形图程序后才执行

在梯形图编辑设定画面中［INIT］按钮初始化所有设定值、所有设置项均被初始化为默认值的按钮有效。

（2）梯形图的编辑

1）梯形图编辑画面。在梯形图编辑画面，可以通过编辑梯形图修改程序状态。在梯形图监控画面下按下［EDIT］按钮可以进入梯形图编辑画面，如图 3—19 所示。在梯形图编辑画面，可以进行以下操作。

①用［DELETE］删除网格。

②用［CUT］和［PASTE］移动网格。

③用［COPY］和［PASTE］复制网格。

④用“位地址”+［INPUT］修改触点和线圈的地址。

⑤用“数值”或“字节地址”+［INPUT］修改功能指令的参数。

⑥用［CREATE］添加新网格。

⑦用［MODIFY］修改网格结构。

⑧用［UPDATE］使所作修改生效。

⑨用［RESTORE］放弃修改。

无论梯形图程序处在运行状态还是停止状态，都可以对梯形图进行编辑。然而，如果准备运行修改过的梯形图，就必须先更新梯形图，更新的方法是退出梯形图编辑画面或按下［UPDATE］按钮。

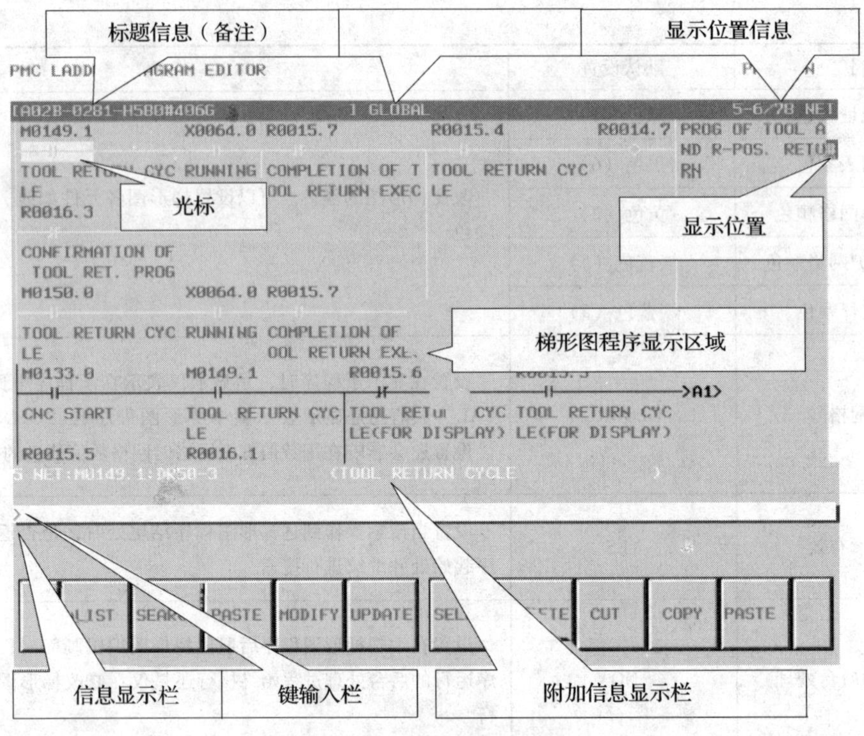

图 3—19 梯形图编辑画面

如果编辑后的程序在写入 flash ROM 前系统断电，那么修改无效。利用输入/输出画面将顺序程序写入 flash ROM。当 K902#0 被设为 1 时，在结束编辑后，会显示一条确认信息，询问是否将顺序程序写入 flash ROM。

2）按钮操作。梯形图编辑画面按钮如图 3—20 所示，其操作见表 3—11。

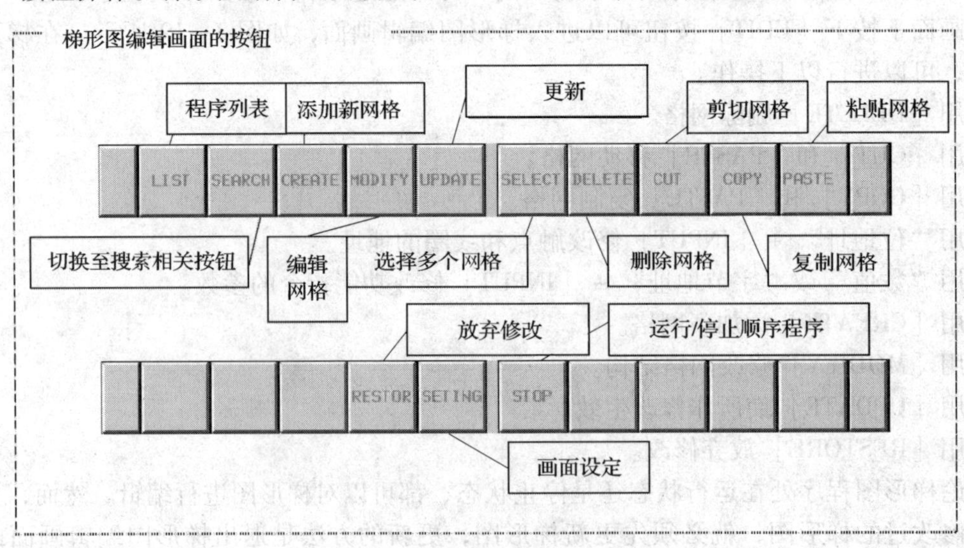

图 3—20 梯形图编辑画面

表 3—11　　梯形图编辑画面按钮

按钮	功能	说　明
[LIST]	切换至程序列表编辑画面	在程序列表编辑画面内，也可以切换在梯形图编辑画面内显示的子程序
[SEARCH]	搜索并切换菜单	按下 [<] 按钮可以返回主菜单
[MODIFY]	切换至网格编辑画面	修改所选网格的结构
[CREATE]	创建新网格	按下该按钮出现网格编辑画面，在光标位置创建新网格
[UPDATE]	修改生效	将当前编辑的梯形图更新为运行的梯形图，所有的修改都可以生效，同时仍保持在编辑画面。如果更新成功，梯形图会开始运行
[SELECT]	选择多个网格	对某些操作例如 [DELETE]，[CUT]，[COPY] 按钮可选择多个网格。按下 [SELECT] 按钮可选择一个或多个网格，利用光标移动键和搜索功能选择目标网格。在该模式下，选择的网格以凹进的 [SELECT] 按钮标示，所选网格的信息在靠近屏幕底部的附加信息栏里显示
[DELETE]	删除网格	删除所选网格。用 [DELETE] 按钮删除的网格将消失。如果用 [DELETE] 按钮删除了错误的网格，那么就必须放弃所有的更改，将梯形图程序恢复到没有编辑前的最初状态
[CUT]	剪切网格	剪切所选网格。剪切下的网格从程序中消失，但是被保存在粘贴缓冲区中。粘贴缓冲区中 [CUT] 操作前的内容被清除。用 [CUT] 按钮和 [PASTE] 按钮来移动网格
[COPY]	复制网格	将所选网格复制到缓冲区中。程序没有任何改变。粘贴缓冲区中 [COPY] 操作前的内容被清除。用 [COPY] 按钮和 [PASTE] 按钮来复制网格
[PASTE]	粘贴网格	在光标位置粘贴被保存在粘贴缓冲区中的经过 [CUT] 或 [COPY] 操作的网格。在用 [SELECT] 按钮选择的网格处按下 [PASTE] 按钮将所选网格替换为粘贴缓冲区中的网格。粘贴缓冲区中的内容在 CNC 断电之前一直保留
[RESTORE]	放弃所作修改	将梯形图程序恢复到刚进入梯形图编辑画面时的状态或者是最后一次用 [UPDATE] 按钮更新的状态。当做了错误的修改并且很难纠正该错误时该按钮非常有用
[SETING]	进行画面设定	在梯形图编辑画面内进入设置画面。在该画面内可以对梯形图编辑画面的设置进行修改。利用 [<] 按钮返回梯形图编辑画面

续表

按钮	功能	说　明
[RUN] / [STOP]	运行/停止梯形图程序	控制梯形图程序的执行。用［RUN］按钮来使梯形图程序运行，用［STOP］按钮来停止梯形图程序。这两个按钮均需要得到操作者的确认，当操作者确认要运行或停止梯形图程序时，按下［YES］按钮即可
[<]	退出编辑状态	退出编辑画面，同时将编辑的梯形图程序更新为运行程序，所有修改都可以生效。当梯形图编辑画面处于有效状态并且类似 <SYS> 的功能键不起作用时，编辑数据被删除

修改运行的梯形图程序或运行/停止梯形图程序时必须特别小心，如果在错误的时间或者当机床处于某种不当的状态时运行/停止了梯形图，机床将可能会产生不可预料的后果。当梯形图程序处于停止状态时，安全机构和梯形图程序的监测都没有运行。所以应确保在运行/停止梯形图时，“机床处于正确的状态”和“没有任何人靠近机床”。

3）其他键的操作

①光标移动键、翻页键，可以通过光标移动键和翻页键在屏幕上移动光标。当光标位于某继电器或某功能指令的地址参数上时，光标处地址的信息在“附加信息栏”处显示。

②“位地址”＋ENTER 键，更改光标处继电器的位地址。

③“数值”或“字节地址”＋ENTER 键，更改光标处的功能指令参数。但是，有些参数是不能通过该操作更改的。如果发现有该参数不能更改的信息提示，应使用网格编辑画面更改参数。

2．网格编辑功能

应用网格编辑功能可以创建新网格，也可以修改已存在的网格。

（1）修改已存在的网格

按下［MODIFY］按钮进入网格编辑画面，该模式为修改已存在网格的“修改模式”。

（2）创建新网格

按下［CREATE］按钮进入网格编辑画面，该模式为创建新网格的“创建模式”。在该画面下可以进行表 3—12 所示操作。

表 3—12　创建新网格时可进行的操作

项　目	操　作
创建新的触点和线圈	“位地址”＋［┤├］、［──○┤］等
改变触点和线圈的类型	［─┤├］、［├─○─］等
创建新的功能指令	［FUNC］
改变功能指令的类型	［FUNC］

续表

项　　目	操　　作
删除触点、线圈和功能指令	[…………]
绘制/擦除连接线	[————]、[————]、[————↑]
编辑功能指令的数据表	[TABLE]
插入行/列	[INSLIN]、[INSCLM]、[APPCLM]
改变触点和线圈的地址	“位地址” + INPUT 键
改变功能指令的参数	“数值”或“位地址” + INPUT 键
放弃修改	[RESTOR]

1）有效网格构成。有效网格必须有如图 3—21 所示的结构。“输入部分”由触点和功能指令组成，输入部分操作的结果必须有“会合点”。在会合点后是仅由线圈组成的“输出部分”。“会合点”是最靠近右边母线的由各个连接部分的一个单一结合点。如图 3—22 所示。输入部分必须至少包括一个继电器或功能指令，而输出部分可以不包括任何东西，如图 3—23 所示。有效网格还必须满足以下条件：

图 3—21　有效网格构成

①一个网格中只能有一个功能指令。

②功能指令只能位于输入部分的末端（最右端）。

③输出部分只能包含线圈。

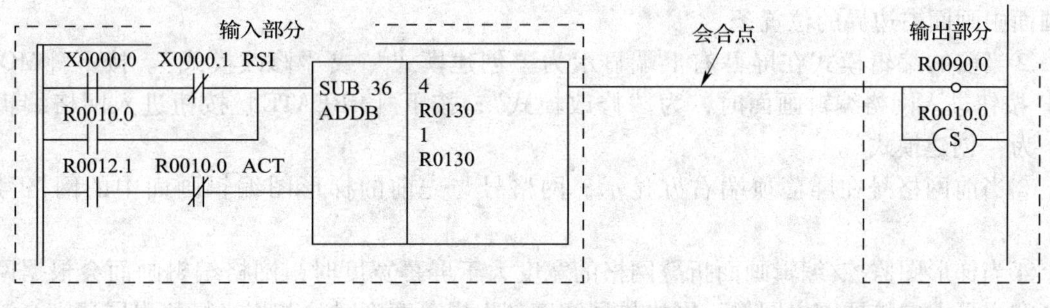

图 3—22　有效网格的例子

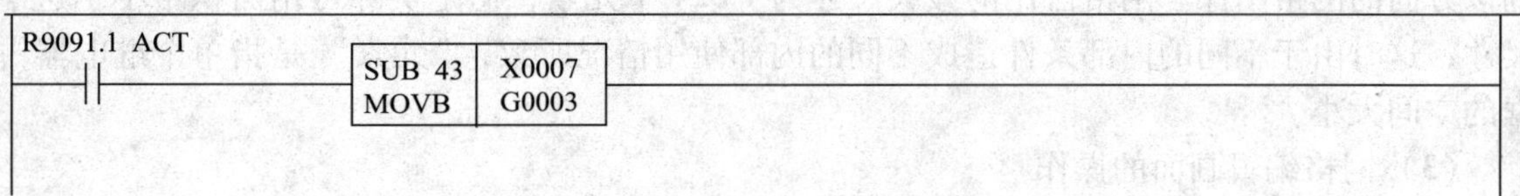

图 3—23　没有输出部分的例子

2）网格编辑画面的特点。如图 3—24 所示网格编辑画面的特点如下。

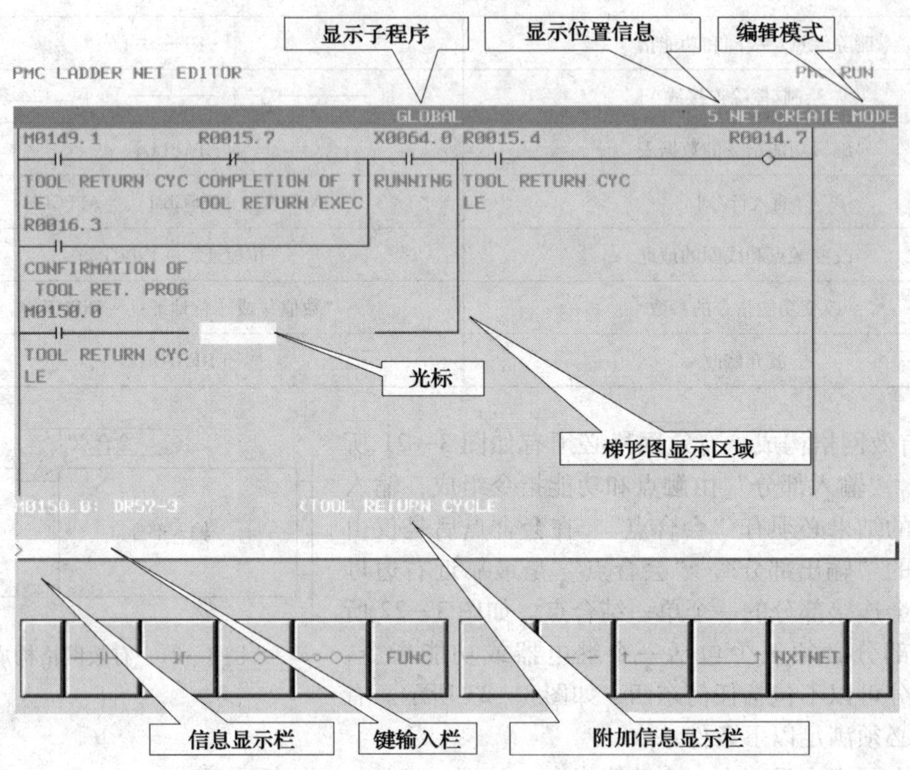

图 3—24　网格编辑画面

①基本与梯形图编辑画面相同，只是该画面只显示一个网格，同时也不显示在梯形图编辑画面中画面右边界的位置条。

②当前的编辑模式在屏幕右上端显示为“创建模式”或“修改模式”。按下［MODIFY］按钮进入网格编辑画面时，为“修改模式”；按下［CREATE］按钮进入网格编辑画面，为“创建模式”。

③当前网格号在屏幕顶端右方显示。网格号与先前的梯形图编辑画面中的网格号相同。

④当梯形图监控/编辑画面折叠网格的宽度大于屏幕宽度时，网格编辑画面会根据网格宽度在水平方向扩展网格图像。网格扩展宽度超出屏幕宽度时，若将光标移出屏幕则会滚动到该方向的网格图像。网格占用的最大尺寸为 1 024 个元素，但是实际可用面积略小于这个尺寸，这时由于不同的内部条件造成不同的内部使用情况所致，“元素”是指单个继电器占据的空间大小。

（3）网格编辑画面的操作

如图 3—25 所示网格编辑画面的操作如下。

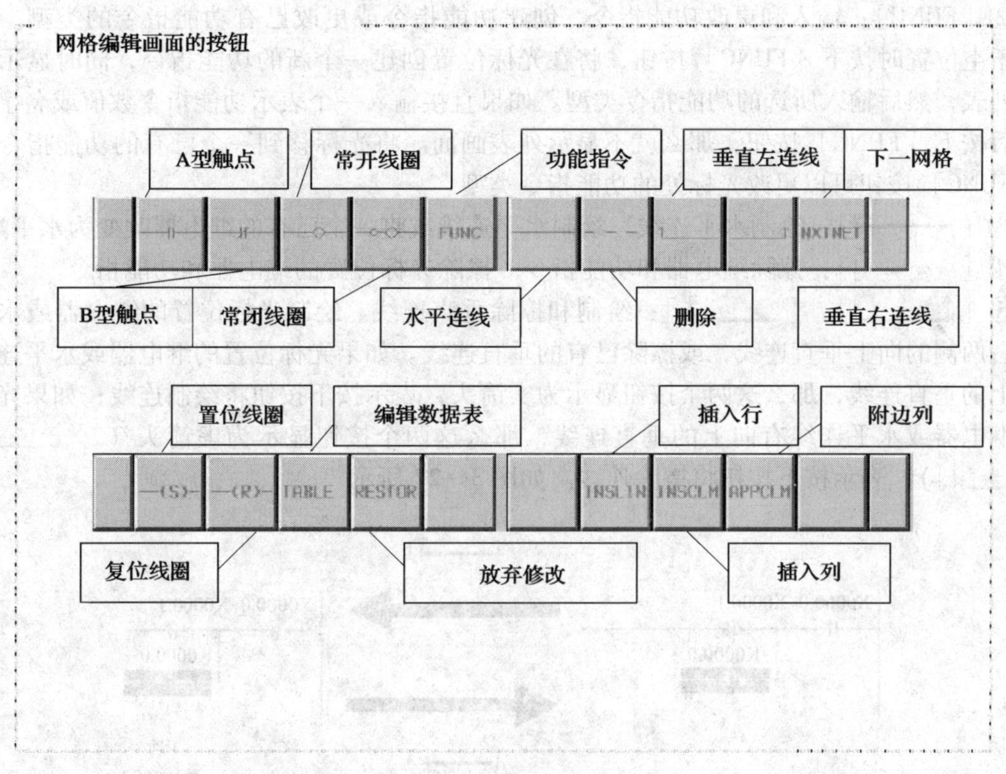

图 3—25　网格编辑画面

1）软件操作

①［—| |—］，［—|/|—］，［—○—］，［—○○—］，［—Ⓢ—］，［—Ⓡ—］：输入和更改继电器。创建继电器（触点和线圈），或者更改已有继电器的类型。当光标位于空位置时按下其中任意一个继电器按钮，将在光标位置创建一个新的按钮类型的继电器。当输入一个位地址后按下这些按钮，那么位地址就作为新创建的继电器的地址。如果没有给出位地址，那么在此之前最后输入的位地址将被自动分配给新创建的继电器。如果此前还没有输入过位地址，那么新创建的继电器就不会有地址。触点可以放在非最右列的任意位置，而线圈只能放在最右列。将光标移到一个已有的继电器上，按下另一种类型的继电器按钮将会改变光标处的继电器类型。但是不允许将线圈改为触点，也不允许将触点改为线圈。除了该画面只显示一个网格外，其他基本与梯形图编辑画面相同。如图 3—26 所示。

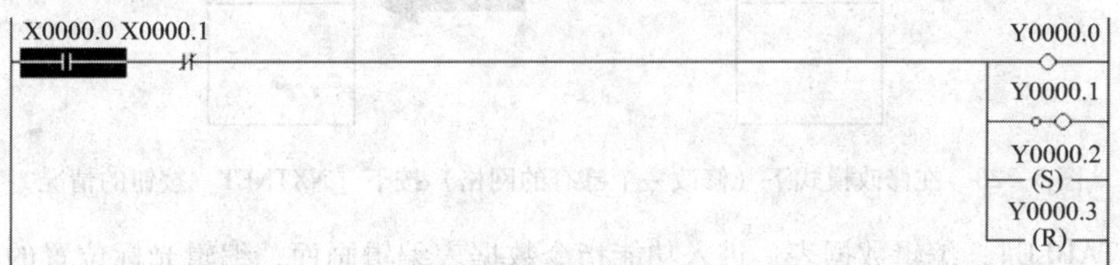

图 3—26　触点和线圈的例子

②［FUNC］：输入和更改功能指令。创建功能指令或更改已有功能指令的类型。当光标位于空位置时按下［FUNC］按钮，将在光标位置创建一个新的功能指令，同时显示功能指令列表，然后输入所选的功能指令类型。如果直接输入一个表示功能指令数值或名字的字符串后按下［FUNC］按钮，那么就不显示列表画面。将光标移到一个已有的功能指令上按下［FUNC］按钮可以更改光标处的功能指令类型。

③［———┤］：绘制水平连线。绘制水平连线或将一个已有的继电器改变为水平连线。

④［┈┈┈┤］：擦除继电器和功能指令。擦除光标位置的继电器和功能指令。

⑤［↑———］、［———↑］：绘制和擦除垂直连线。绘制光标位置的继电器或水平连线左右两侧的向上垂直连线，或擦除已有的垂直连线。如果光标位置的继电器或水平连线没有向上的垂直连线，那么这两个按钮显示为实箭头，表示按下按钮将绘制连线；如果光标位置的继电器或水平连线有向上的垂直连线，那么这两个按钮显示为虚箭头（［⇧———］，［———⇧］），表示按下按钮将擦除连线。如图 3—27 所示。

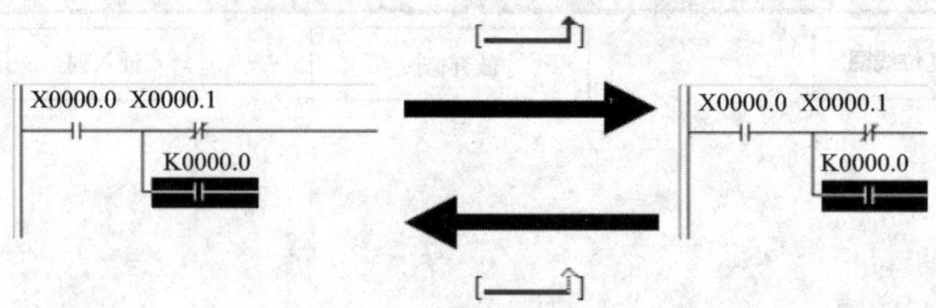

图 3—27 绘制和擦除水平连线

⑥［NXTNET］：进入下一个网格。结束编辑当前网格，进入下一个网格。如果是在梯形图编辑画面下按下［MODIFY］按钮进入网格编辑画面，按下［NXTNET］按钮将结束当前网格的编辑，并编辑下一个网格，如图 3—28 所示。如果是在梯形图编辑画面下按下［CREATE］按钮进入网格编辑画面的情况，按下［NXTNET］按钮将结束当前网格的创建，并将其插入梯形图，然后创建一个新的初始为空的网格，该网格将被插入到当前网格的下一处。如图 3—29 所示。

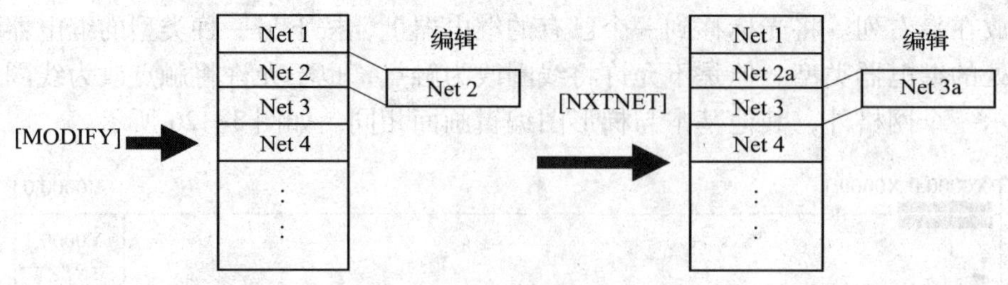

图 3—28 在修改模式下（修改一个已有的网格）按下［NXTNET］按钮的情况

⑦［TABLE］：编辑数据表。进入功能指令数据表编辑画面，编辑光标位置的功能指令数据表。该按钮仅在光标位置的功能指令包括数据表时出现。

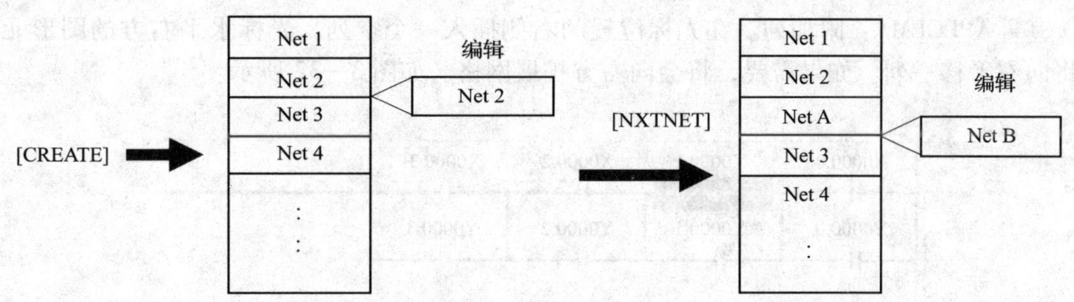

图 3—29 在创建模式下（创建一个新的网格）按下［NXTNET］按钮的情况

⑧［RESTOR］：放弃修改。放弃所有的修改，将网格恢复到开始编辑前的状态。如果在梯形图编辑画面下按下［CREATE］按钮进入网格编辑画面，将会返回到空的网格；如果在梯形图编辑画面下按下［MODIFY］按钮进入网格编辑画面，将会返回到该画面修改前的网格。

⑨［INSLIN］：插入行。在光标位置插入一个空行。光标位置或垂直下方的图形元素都将向下平移一行。在功能指令框的中间进行插入行操作将会在垂直方向扩展指令框，使输入条件之间增加一个空行。如图 3—30 所示。

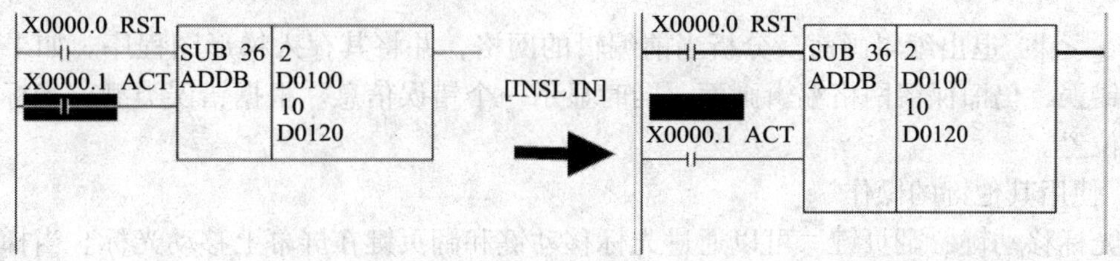

图 3—30 插入行操作

⑩［INSCLM］：插入列。在光标位置插入一个空列。光标位置或水平右方的图形元素都将向右平移一列。如果没有空间平移元素，将会增加一个新列并且图形区域将向右扩展。如图 3—31 所示。

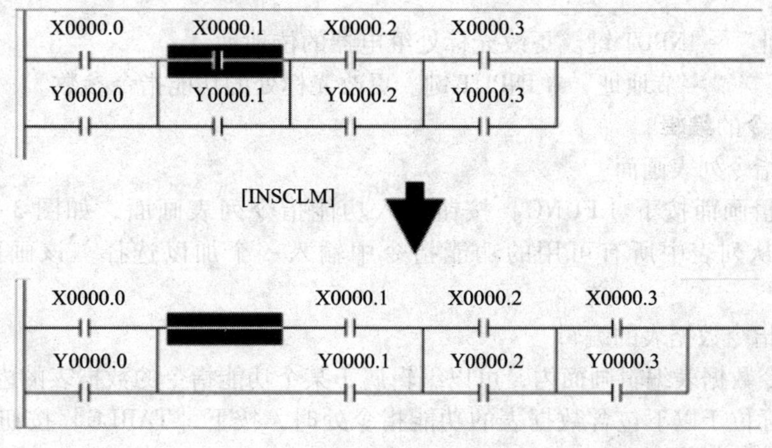

图 3—31 插入列操作

⑪［APPCLM］：附加列。在光标位置的右侧插入一个空列。光标水平右方的图形元素都将向右平移一列。如果需要，将会向右方扩展网格。如图 3—32 所示。

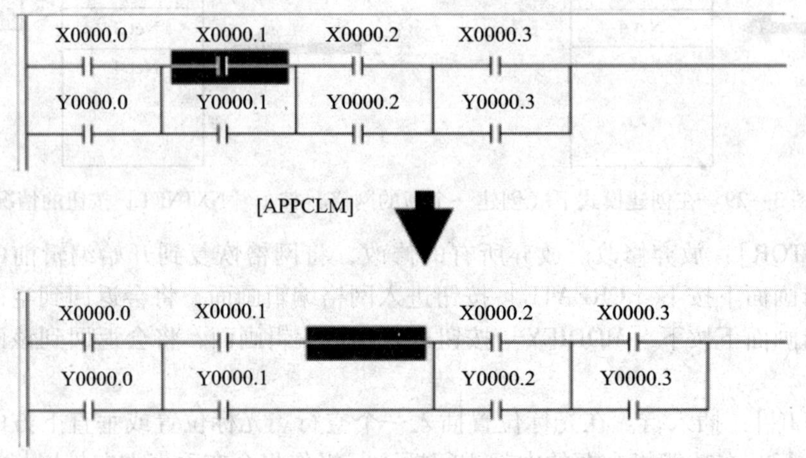

图 3—32　附加列操作

⑫［<］：退出编辑画面。分析当前编辑的网格，并将其存入梯形图程序。如果发现网格中有错误，仍旧保留网格编辑画面，同时显示一个错误信息。根据错误类型，光标可以指示错误位置。

2）使用其他键的操作

①光标移动键、翻页键。可以通过光标移动键和翻页键在屏幕上移动光标。当梯形图监控/编辑画面折叠网格的宽度大于屏幕宽度时，网格编辑画面会根据网格宽度在水平方向扩展网格图像。网格扩展宽度超出屏幕宽度时，若将光标移出屏幕则会滚动到该方向的网格图像处。网格占用的最大尺寸为 1 024 个元素，但是实际可用面积略小于这个尺寸，这是由于不同的内部条件造成不同的内部使用情况所致，“元素”是指单个继电器占据的空间大小。

②“位地址” + INPUT 键。更改光标处继电器的位地址。

③“数值”/“字节地址” + INPUT 键。更改光标处的功能指令参数。

3．功能指令的编辑

（1）功能指令列表画面

在网格编辑画面按下［FUNC］按钮进入功能指令列表画面，如图 3—33 所示。在列表画面可以从列表中所有可用的功能指令中输入一个加以选择。该画面下的操作见表 3—13。

（2）功能指令数据表的编辑

在功能指令数据表编辑画面内，可以编辑属于某个功能指令的数据表的内容。在网格编辑画面，当光标位于以下包含数据表的功能指令处时，按下［TABLE］按钮就可以进入功能指令数据表编辑画面。如图 3—34 所示。

FUNCTIONAL INSTRUCTION LIST PMC RUN

NO.	NAME	NO.	NAME	NO.	NAME	NO.	NAME	NO.	NAME	NO.	NAME
19	ADD	5	CTR	34	DSCHB	73	JMPC	70	NOP	54	TMRC
36	ADDB	56	CTRB	59	EOR	30	JMPE	62	NOT	51	WINDR
60	AND	55	CTRC	42	EXIN	69	LBL	23	NUME	52	WINDW
53	AXCTL	14	DCNV	90	FNC90	98	MMCWR	40	NUMEB	18	XMOV
65	CALL	31	DCNVB	91	FNC91	99	MMCWW	61	OR	35	XMOVB
66	CALLU	4	DEC	92	FNC92	43	MOVB	11	PARI		
7	COD	25	DECB	93	FNC93	47	MOVD	6	ROT		
27	CODB	58	DIFD	94	FNC94	8	MOVE	26	ROTB		
16	COIN	57	DIFU	95	FNC95	45	MOVN	33	SFT		
9	COM	41	DISPB	96	FNC96	28	MOVOR	20	SUB		
29	COME	22	DIV	97	FNC97	44	MOVW	37	SUBB		
15	COMP	39	DIVB	10	JMP	21	MUL	3	TMR		
32	COMPB	17	DSCH	68	JMPB	38	MULB	24	TMRB		

>

SELECT NUMBER

图 3—33 功能指令列表画面

表 3—13 功能指令列表画面的操作

功能	按钮	说 明
选择功能	[SELECT]	选择一个功能指令。选择光标处的功能指令，并将其插入网格
重新排列功能指令列表	[NUMBER]	按功能指令的标示数字顺序排列功能指令
	[NAME]	按功能指令的名称字母顺序排列功能指令 默认情况下，按功能指令的名称字母顺序排列
退出选择	[<]	退出功能指令选择，并返回网格编辑画面

1）［TABLE］按钮下的功能

①功能指令 COD（SUB7）。

②功能指令 CODB（SUB27）。功能指令 DISP（SUB49）不能使用。

2）［TABLE］按钮下的编辑操作

①用“数值”+ENTER 键更改数据表的值。

②用［BYTE］、［WORD］、［D. WORD］更改数据长度。

3）CODB 指令下的编辑操作

①用［COUNT］更改数据数量。

②用［INIT］初始化所有数据。

PMC FUNCTIONAL INSTRUCTION DATA TABLE EDITOR PMC RUN

SUB27 CODB COUNT(MAX=256)=256 LENGTH=2BYTE TYPE=BINARY

NO.	DATA	NO.	DATA	NO.	DATA	NO.	DATA
0	256	14	242	28	228	42	214
1	255	15	241	29	227	43	213
2	254	16	240	30	226	44	212
3	253	17	239	31	225	45	211
4	252	18	238	32	224	46	210
5	251	19	237	33	223	47	209
6	250	20	236	34	222	48	208
7	249	21	235	35	221	49	207
8	248	22	234	36	220	50	206
9	247	23	233	37	219	51	205
10	246	24	232	38	218	52	204
11	245	25	231	39	217	53	203
12	244	26	230	40	216	54	202
13	243	27	229	41	215	55	201

NOSRCH V.SRCH BYTE WORD DWORD COUNT INIT

图 3—34 功能指令数据表编辑画面

4. 程序列表编辑

作为程序列表浏览画面功能的补充，在程序列表编辑画面可以创建新程序和删除程序。在梯形图编辑画面中按［LIST］按钮就会出现图 3—35 或图 3—36 所示画面。可在程序列表编辑画面用［NEW］按钮创建新程序、用［DELETE］按钮删除程序的操作。

在程序列表编辑画面可以选择详细浏览格式或简明浏览格式。默认的浏览格式是详细浏览格式。

（1）设定画面

程序列表编辑（设定）画面如图 3—37 所示，其设定见表 3—14。

（2）画面操作

1）显示程序的内容。

2）查找程序。

3）画面设定。

4）添加新程序。

5）删除程序。如图 3—38 所示，操作方式见表 3—15。

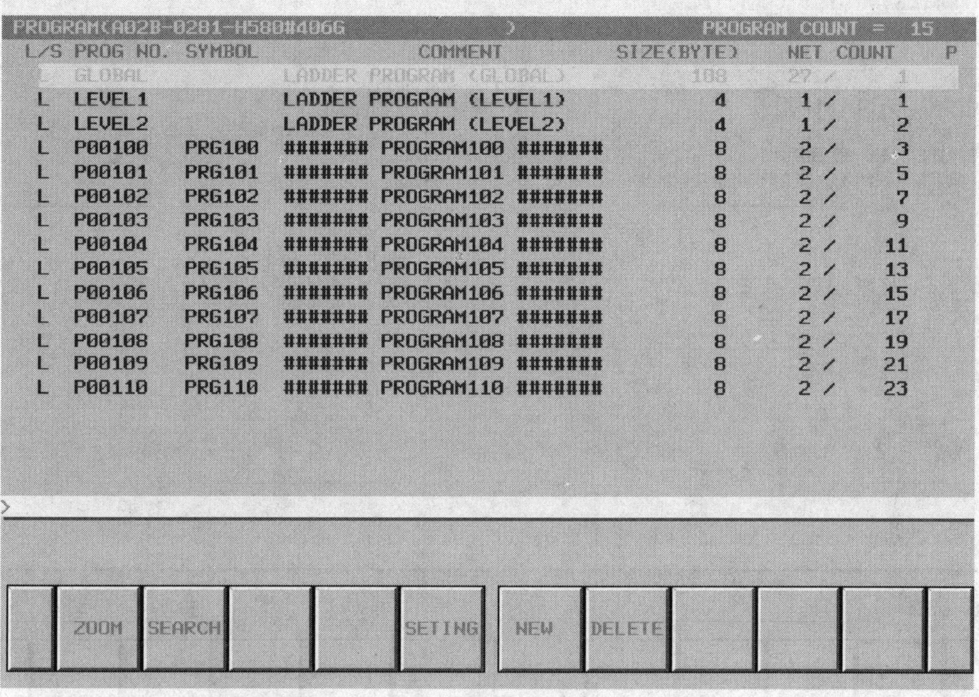

图 3—35　程序列表编辑画面（详细）

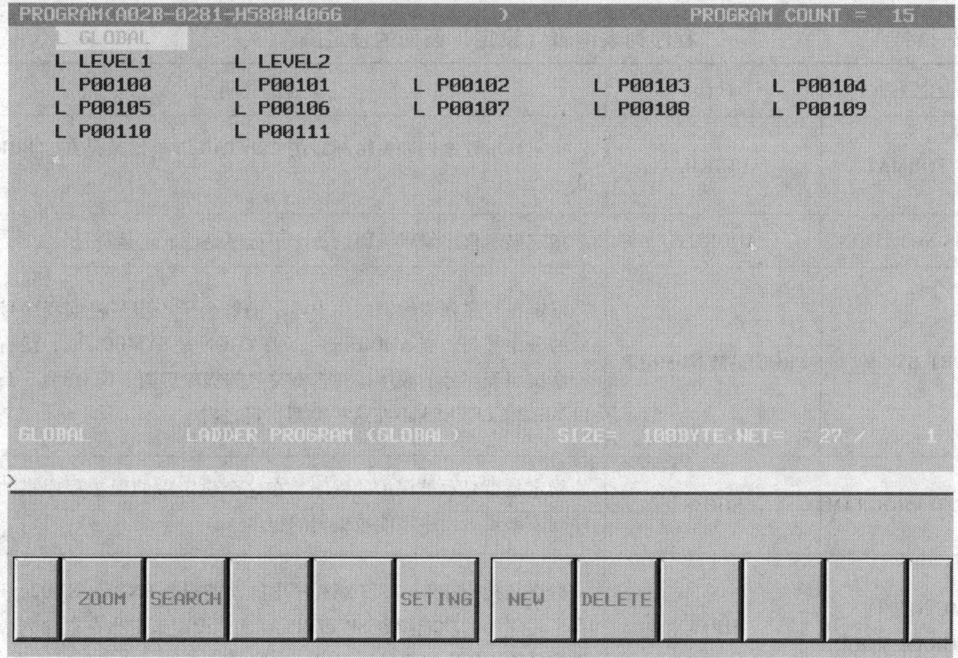

图 3—36　程序列表编辑画面（简明）

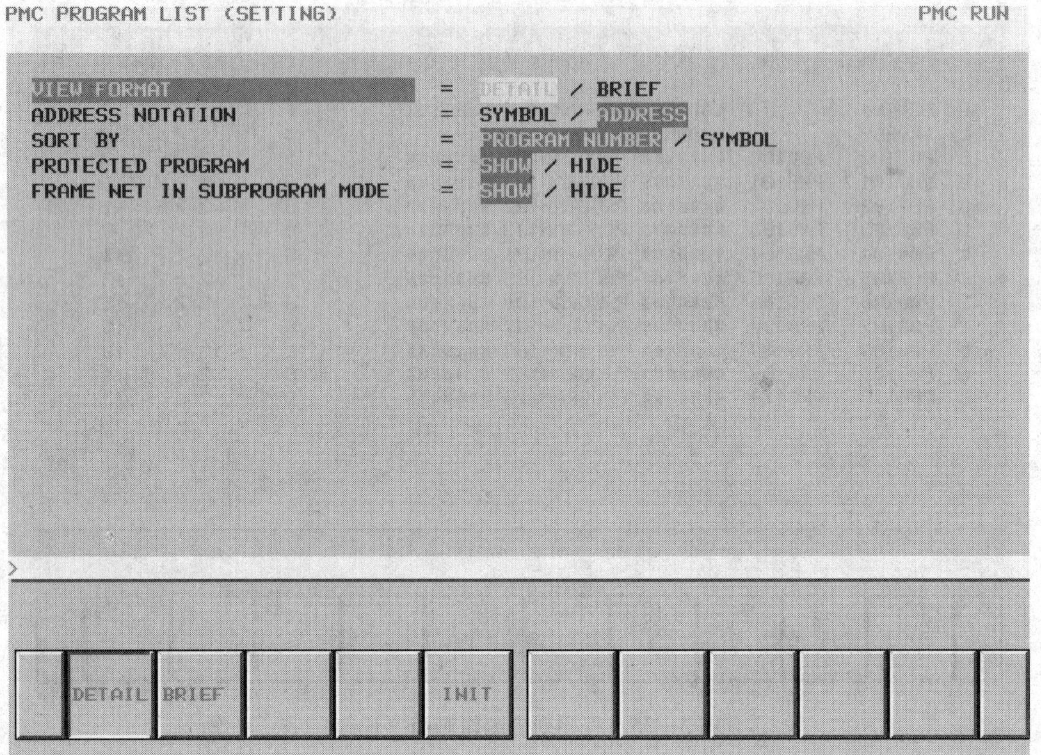

图 3—37　程序编辑（设定）画面

表 3—14　　**程序列表编辑（设定）画面的设定操作**

设定	默认	说　明
VIEW FORMAT	DETAIL	指定显示程序列表编辑画面在"DETAIL"模式或是在"BRIEF"模式
ADDRESS NOTATION	ADDRESS	指定显示程序编辑画面的每个子程序是地址还是符号
SORT BY	PROGRAM NUMBER	指定在程序列表编辑画面中显示的每个子程序是根据程序号还是符号的顺序排列。当 ADDRESS　NOTATION 是 SYMBOL 时，没有符号的程序按照程序号的顺序排在带有符号的程序后面。GLOBAL，LEVEL1，LEVEL2，LEVEL3 不在这些类型指定之内
PROTECTED PROGRAM	SHOW	指定是否显示被保护的程序，在这个设定中的保护程序指的是在程序列表编辑画面中不能被编辑的程序
FRAME NET IN SUBPROGRAM MODE	SHOW	程序结构指在 1，2，3 级程序中的功能指令 END1，END2，END3 及在子程序中的功能指令 SP 和 SPE。这个设定指定当在程序列表编辑画面按［ZOOM］按钮显示程序的内容时是否显示这些程序结构

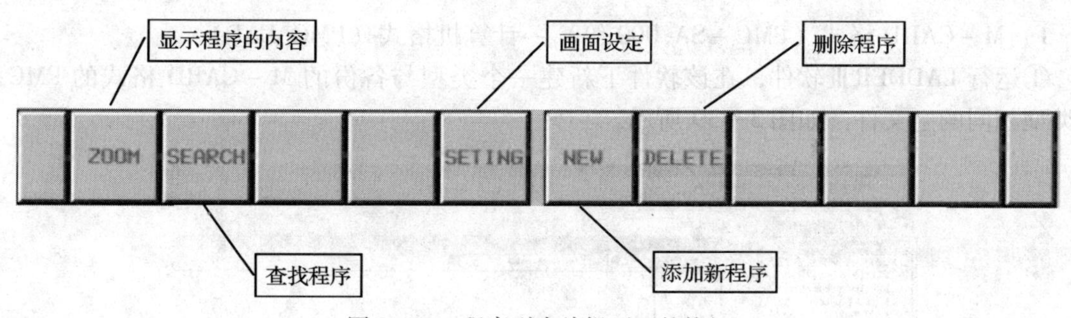

图 3—38 程序列表编辑画面的按钮

表 3—15 **操作方式**

按钮	功能	说 明
[ZOOM]	显示程序的内容	进入梯形图编辑画面
[SEARCH]	查找程序	在输入程序名或输入符号名后按下 [SEARCH] 按钮，查找对应的字符串所代表的程序并将光标移到相应程序处
[SETING]	画面设定	进入程序列表编辑画面的设定画面，在此可改变程序列表编辑画面的设定。要返回程序列表编辑画面，按返回键 [<]
[NEW]	创建新程序	如果输入程序名或符号并按 [NEW] 按钮，首先会检测程序是否存在。如果程序不存在，将会创建新的程序。新创建的程序将自动插入程序列表中并且光标将指向它。下面的梯形图结构将根据创建的新程序的类型而自动创建 LEVEL1：功能指令 END1 LEVEL2：功能指令 END2 LEVEL3：功能指令 END3 Subprogram：功能指令 SP，SPE 如果程序处在可编辑状态，以上操作有效
[DELETE]	删除程序	如果键入空格并且按 [DELETE] 按钮，光标所指的程序将被删除。如果键入程序名或符号并按 [DELETE] 按钮，首先检查程序是否存在，如果程序存在，该程序将被删除 GLOBAL，LEVEL1 和 LEVEL2 在程序列表里永远存在，如果删除这些程序，程序的内容会丢失，但在程序列表里这些程序名不会消失。如果程序处在可编辑状态，以上操作有效

5. 使用 LADDER III 存储卡编辑梯形图

(1) 存储卡格式 PMC 的转换

通过存储卡备份的 PMC 梯形图称为存储卡格式的 PMC（Memory card format file）。由于其为机器语言格式，不能由计算机的 Ladder 3 直接识别和读取并进行修改和编辑，所以必须进行格式转换。同样，当在计算机上编辑好的 PMC 程序也不能直接存储到 M－CARD 上，也必须通过格式转换，才能装载到 CNC 中。

1）M－CARD 格式（PMC－SA.000 等）→计算机格式（PMC.LAD）

①运行 LADDERⅢ软件，在该软件下新建一个类型与备份的 M－CARD 格式的 PMC 程序类型相同的空文件。如图 3—39 所示。

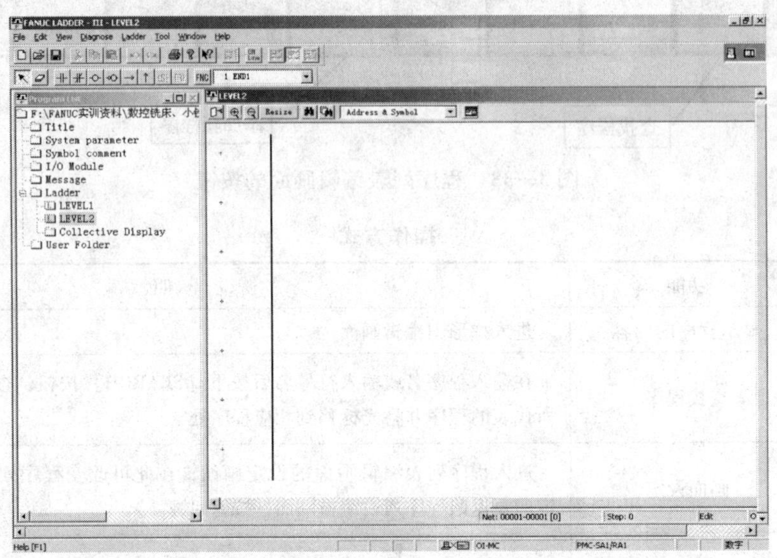

图 3—39　新建空文件

②选择 FILE 中的 IMPORT（即导入 M－CARD 格式文件），软件会提示导入的源文件格式，选择 M－CARD 格式，然后再选择需要导入的文件名（找到相应的路径）。如图 3—40 所示。执行下一步找到要进行转换的 M－CARD 格式文件，按照软件提示的默认操作一步步执行即可将 M－CARD 格式的 PMC 程序转换成计算可直接识别的 LAD 格式文件，如图 3—41 所示。这样就可以在计算机上进行修改和编辑操作了。

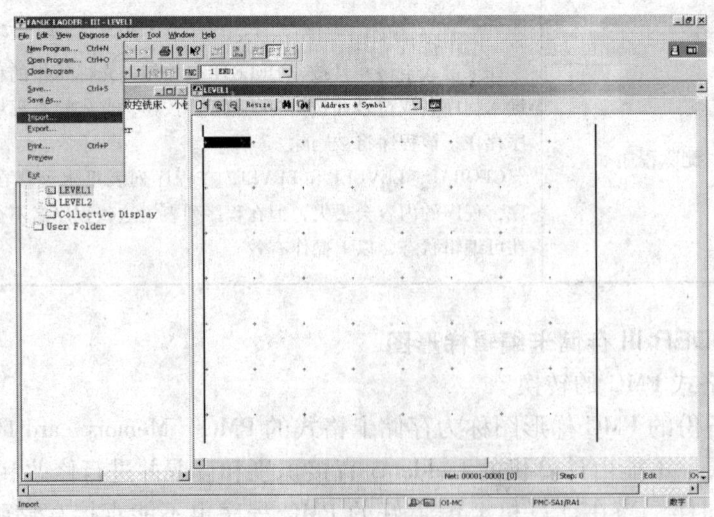

图 3—40　导入文件

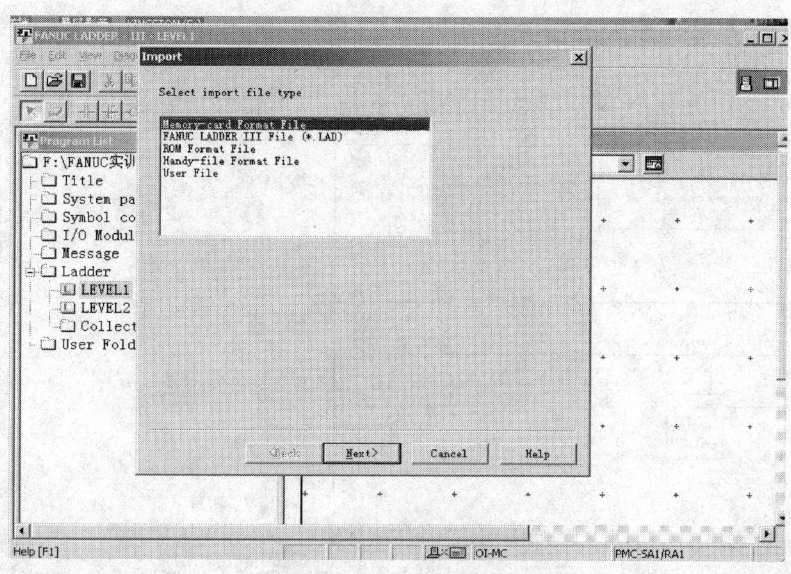

图 3—41 转换格式

2）计算机格式（PMC. LAD）→M－CARD 格式。当把计算机格式（PMC. LAD）的 PMC 转换成 M－CARD 格式的文件后，可以将其存储到 M－CARD 上，通过 M－CARD 装载到 CNC 中，而不用通过外部通信工具（例如：RS－232－C 或网线）进行传输。

①在 LADDERⅢ软件中打开要转换的 PMC 程序。先在 TOOL 中选择 COMPILE 将该程序编译成机器语言，如果没有提示错误，则编译成功，如图 3—42 所示。如果提示有错误，要退出修改后重新编译，然后保存，再选择 FILE 中的 EXPORT。如图 3—43 所示。如果要在梯形图中加密码，则在编译的选项中单击，再输入两遍密码即可。

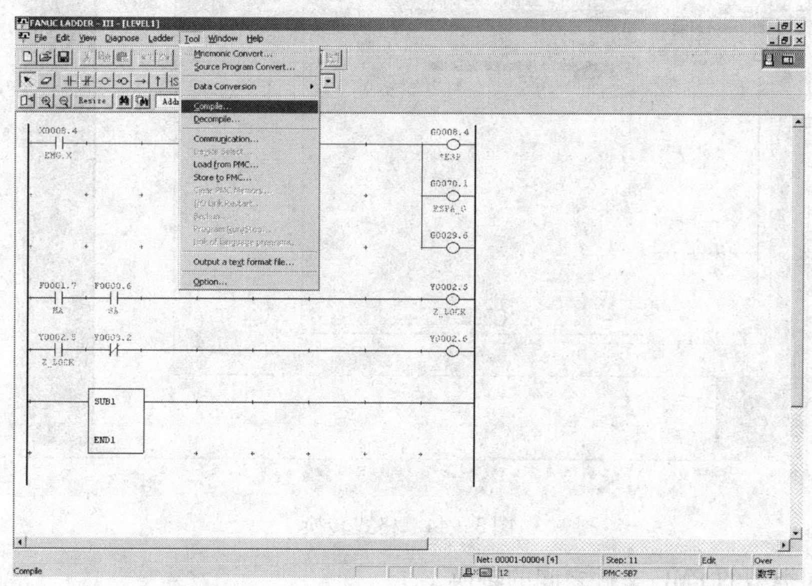

图 3—42 译码

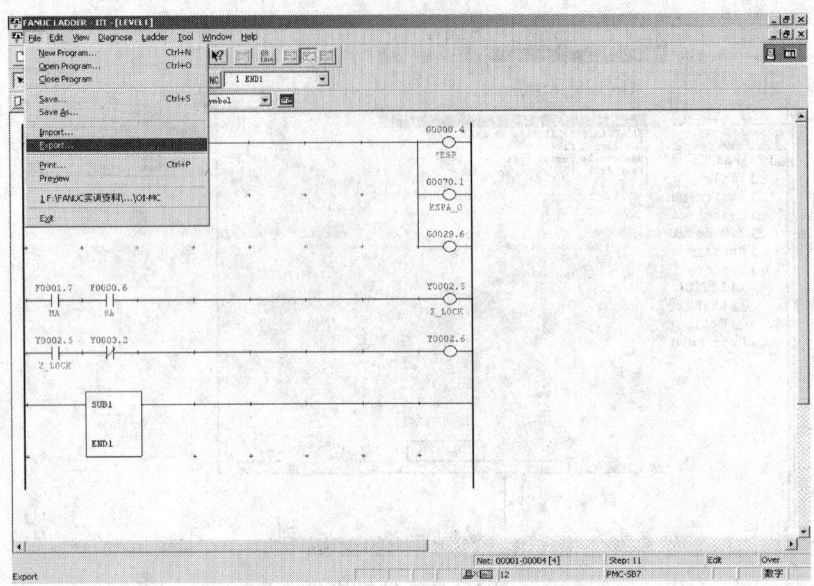

图 3—43　选择 FILE 中的 EXPORT

②在选择 EXPORT 后，软件提示选择输出的文件类型，选择 M－CARD 格式。如图 3—44所示。确定 M－CARD 格式后，选择下一步指定文件名，按照软件提示的默认操作即可得到转换了格式的 PMC 程序，注意该程序的图标是一个 Windows 图标（即操作系统不能识别的文件格式，只有 FANUC 系统才能识别）。转换好的 PMC 程序即可通过存储卡直接装载到 CNC 中。

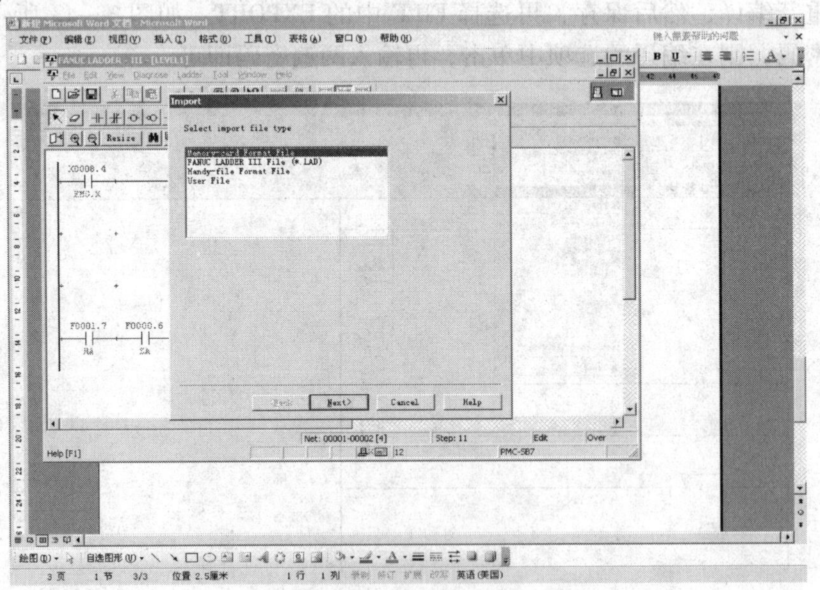

图 3—44　格式转换

（2）不同类型的 PMC 文件之间的转换

1）运行 FANUC“FAPT LADDER_Ⅲ”编程软件。

2）单击 File 栏，选择 Open Program 项，打开一个希望改变 PC 种类的 Windows 版梯形图的文件。

3）选择工具栏 Tool 中助记符转换项 Mnemonic Convert，则显示 Mnemonic Conversion 页面。其中，助记符文件（Mnemonic File）栏需新建中间文件名，含文件存放路径。转换数据种类（Convert Data Kind）栏需选择转换的数据，一般为 ALL。

4）完成以上选项后，单击 OK 确认，然后显示数据转换情况信息，无其他错误后关闭此信息页，再关闭 Mnemonic Conversion 页面。

5）单击 File 栏，选择 New Program 项，新建一个目标 Windows 版的梯形图，同时选择目标 Windows 版梯形图的 PC 种类。

6）选择工具栏 Tool 中源程序转换项 Source Program Convert，则显示 Source Program Conversion 页面。其中，中间文件（Mnemonic File）栏需选择刚生成的中间文件名，含文件存放路径。

7）完成以上选项后，单击 OK 确认，然后显示数据转换情况信息，“All the content of the source program is going to be lost. Do you replace it?”，单击是确认，无错误后关闭此信息页，再关闭 Source Program Conversion 页面。

6. 利用 FANUC – Ladder III 进行梯形图在线编辑

利用 FANUC 提供的 PCMCIA 网卡，不仅可以进行 Servo Guide 的调试，还可以利用其网络功能进行 PMC 梯形图的在线编辑。

（1）NC 端设置

1）对 PCMCIA 网卡设定 IP 地址。选择方法：SYSTEM→右扩展键（多次）→ETHPRM→操作（OPR）→PCMCIA。可以看到如图 3—45 所示画面。其中的 IP 地址的设定必须与计算机处的 IP 地址设定一致，其规则为：前三位必须一致，例如图 3—45 中的 169. 254. 205. 1，计算机中的 IP 地址的前三位也必须为 169. 254. 205. *；但是最后一位必须不同。

子网掩码的设定，计算机和 NC 的设定必须相同，具体的设定数值在 PC 侧可以自动生成。

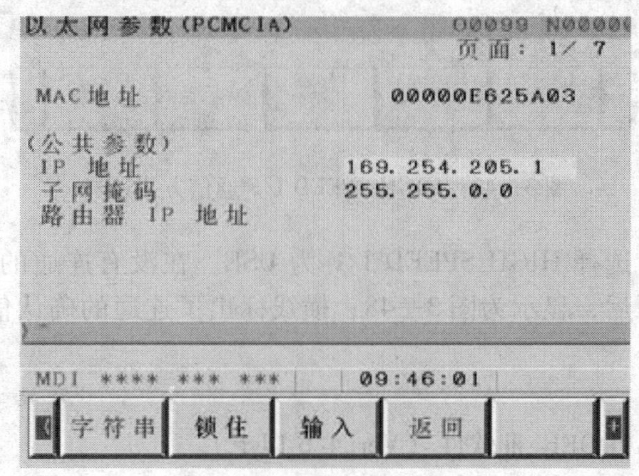

图 3—45 IP 地址的设定

2）设定 PMC 功能下的 ONLINE 功能。步骤：SYSTEM→PMC→右扩展键（多次）→MONIT→ONLINE。

如图 3—46 所示，RS－232C 与 HIGH SPEED I/F 为两种传输方法。采用 PCMCIA 网卡进行传输时，要进行 HIGH SPEED I/F 通信方式的选择。按下下翻页键后，显示如图 3—47 所示画面。

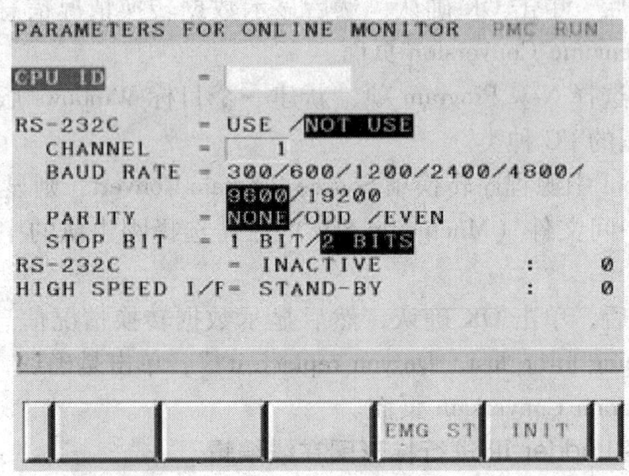

图 3—46　RS－232C 的传输方法

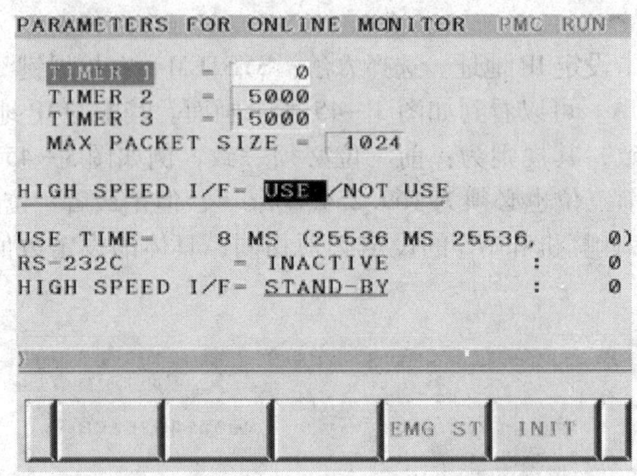

图 3—47　HIGH SPEED I/F 通信方式选择

如图 3—47 所示，选择 HIGH SPEED I/F 为 USE。在没有连通的情况下，HIGHSPEED I/F＝STAND BY。连通后，显示为图 3—48；横线标出了连通的确认信号，以及 PC 端的 IP 地址。

（2）PC 端设置

1）打开 FANUC LADDER Ⅲ软件（Ver. 4. 6 以上）。

2）选择 Tool 下拉菜单中的 Communication…选项

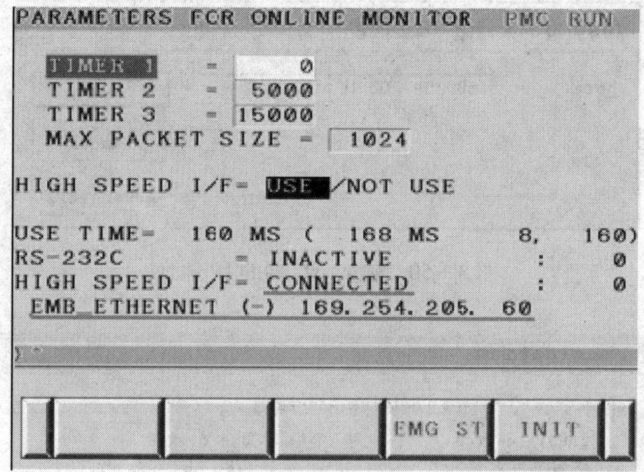

图 3—48 选择 HIGH SPEED I/F 为 USE

①配置 Network Address。如图 3—49 所示。选择 Add Host 后，弹出对话窗口 Host Setting Dialog 如图 3—50 所示，在 Host 地址中输入 NC 端的 IP 地址，将 NC 作为主机。输入完成后，则将该地址显示于 Network Address 中。

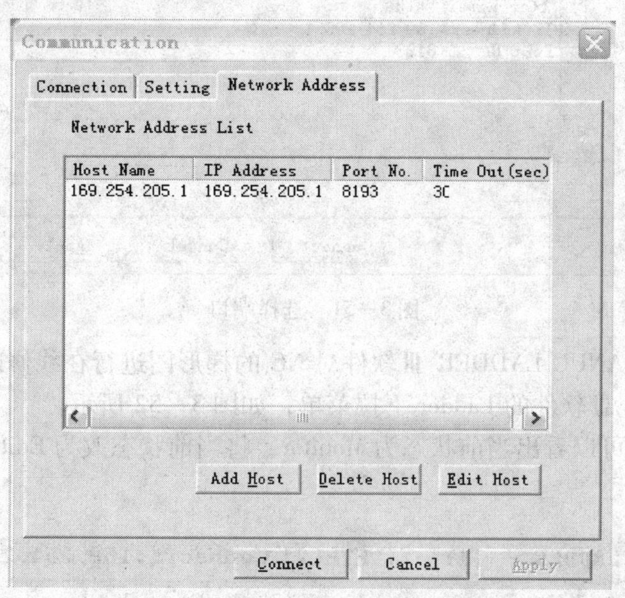

图 3—49 配置 Network Address

②选择端口。在 Communication…菜单中选择 Setting 菜单。将 Enable Device 中的主机 IP 地址（NC 端的 IP 地址）选中。添加到 Use Device 中。然后单击 Connect，即可显示与 NC 的连接过程。连接完成后，即可在线显示梯形图的当前状态，同时可以在线监视梯形图的运行状态。选择图示如图 3—51 所示。在此状态下，无法对梯形图进行修改。

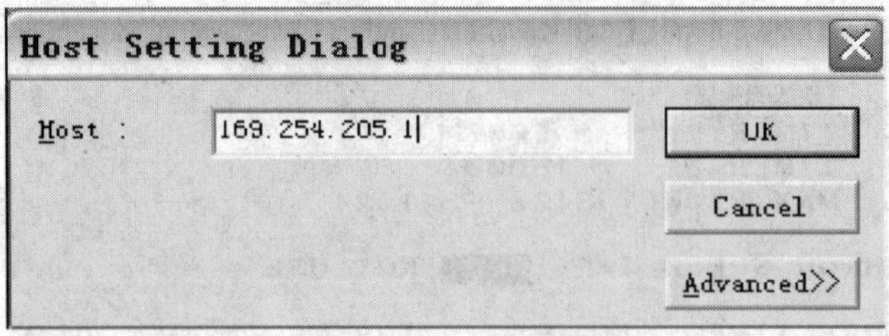

图 3—50　输入 NC 端的 IP 地址

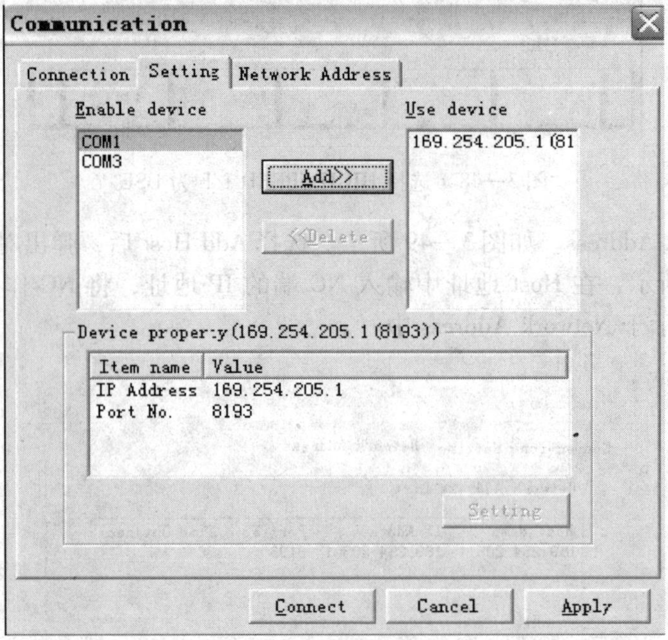

图 3—51　选择端口

3）利用 PC 端 FANUC LADDER Ⅲ软件对 NC 的梯形图进行在线修改

①选择 LADDER Ⅲ软件的 Ladder 下拉菜单，如图 3—52 所示。

②从图 3—52 中可以看出当前状态为 Monitor，将当前状态改为 Editor 模式。此时就可以对梯形图进行修改了。

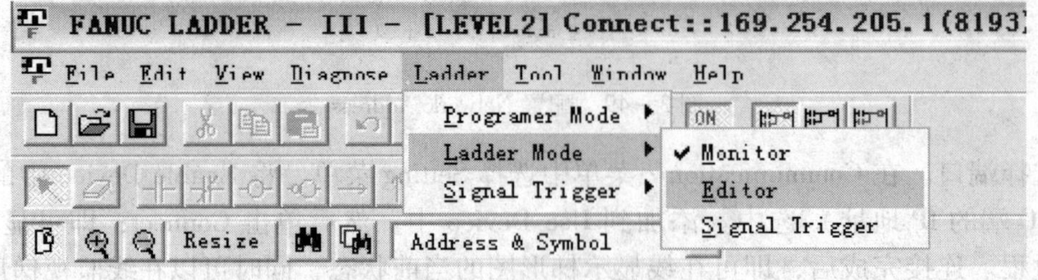

图 3—52　选择 LADDER Ⅲ软件的 Ladder 下拉菜单

③修改完毕后，重新将 Ladder Mode 的状态改为 Monitor。此时会弹出对话框，提示梯形图已经修改，是否将 NC 中的梯形图进行修改。单击 Yes 后，会再次确认将修改 PC 以及 NC 侧的梯形图，是否继续。单击确认后，即完成在线修改。

注意：

①将 FANUC LADDER Ⅲ的 Programmer Mode 改为 Offline 状态后，需要将修改过的梯形图写入 FROM 才能保存在 NC 端。在 NC 端，在 Online 状态下不能对梯形图进行修改。

②如果梯形图中设有密码，在计算机侧进行显示的过程中，会提示输入密码。

二、FANUC 系统中 PMC 的维修

1. PMC 的故障现象

当数控机床出现有关 PMC 方面的故障时，一般有三种表现形式：

(1) 故障可通过 CNC 报警直接找到故障的原因。

(2) 故障虽有 CNC 报警显示，但引起故障的原因较多，难以找出真正的原因。

(3) 故障没有任何提示。

对于后两种情况，可以利用数控系统的自诊断功能，根据 PMC 的梯形图和输入、输出 I/O 状态信息来分析和判断故障的原因，这种方法是解决数控机床输入、输出故障的基本方法。

2. 通过 PMC 查找故障的方法

(1) 在“PMC 状态”中观察所需的输入开关量，或系统变量是否已正确输入，若没有，则检查外部电路。对于 M、S、T 指令，可以写一个检验程序，以自动或单段的方式执行该程序，在执行的过程中观察相应的地址位。应注意的是：含该指令的零件程序在 MDI 方式下，正在执行程序的过程中是不能观察 PMC 状态的。

(2) 在 PMC 状态中观察所输出开关量或系统变量是否正确输出。若没有，则检查 CNC 侧，分析是否有故障。

(3) 检查由输出开关量直接控制的电气开关或继电器是否动作，若没有动作，则检查连线或元件。检查由继电器控制的接触器等开关是否动作，若没有动作，则检查连线或元件。

(4) 检查执行单元，包括主轴电动机、步进电动机、伺服电动机等。

(5) 观察 PMC 动态梯形图，结合系统的工作原理，查找故障点。

3. 故障维修实例

【例 3—1】 故障现象：某数控机床的换刀系统在执行换刀指令时不动作，机械臂停在行程中间位置上，CRT 显示报警号，查手册得知该报警号表示：换刀系统机械臂位置检测开关信号为“0”及“刀库换刀位置错误”。

故障分析：根据报警内容，可诊断故障发生在换刀装置和刀库两部分中，由于相应的位置检测开关无信号送至 PMC 的输入接口，从而导致机床中断换刀。造成开关无信号输出的原因有两个：一是由于液压或机械上的原因造成动作不到位而使开关得不到感应；二是电感

式接近开关失灵。首先检查刀库中的接近开关，将一薄铁片放至感应处，以检测刀库部分接近开关是否失灵。接着检查换刀装置机械臂中的两个接近开关，一个是“臂移出”开关SQ21，另一个是“臂缩回”开关SQ22。由于机械臂停在行程中间位置上，这两个开关输出信号均为“0”，经测试两个开关均正常。机械装置检查：“臂缩回”的动作是由电磁阀YV21控制的，手动电磁阀YV21；把机械臂退回至“臂缩回”位置，机床恢复正常，这说明手控电磁阀能使换刀装置定位，从而排除了液压或机械上阻滞造成换刀系统不到位的可能性。

故障处理：由以上分析可知，PMC的输入信号正常，输出动作执行无误，问题在PMC内部或操作不当。经过观察，两次换刀时间的间隔大于PMC规定的要求，从而造成PMC程序执行错误引起故障。重新设定存储换刀时间的参数值，换刀补充恢复正常。对于只有报警号而无报警信息的报警，必须检查PMC的数据位并与正常情况下的数据相比较，明确该数据位所表示的含义，以采取相应的措施。

【例3—2】　故障现象：配备FANUC 0T系统的某数控车床，其尾座套筒的PMC输入地址如图3—53所示。当脚踏尾座开关使套筒顶尖顶紧工件时，系统产生报警。

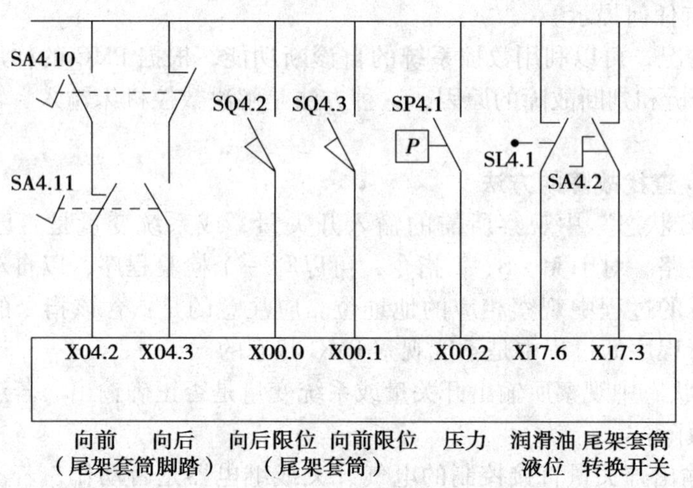

图3—53　尾座套筒的PMC输入地址

故障分析：在系统诊断状态下，调出PMC输入信号，发现脚踏向前开关输入X04.2为“1”，尾座套筒转换开关输入X17.3为“1”，润滑油供给正常，使液位开关输入X17.6为“1”。

调出PMC输出信号，当脚踏向前开关时，输出Y49.0为“1”，同时，电磁阀YV4.1也得电，这说明系统PMC输入、输出状态均正常，分析尾座套筒液压系统，如图3—54所示。当电磁阀YV4.1通电后，液压油经溢流阀、流量控制阀和单向阀进入尾座套筒液压缸，使其向前顶紧工件。松开脚踏开关后，电磁换向阀处于中间位置，油路停止供油，由于单向阀的作用，尾座套筒向前时的油压得到保持，该油压使压力继电器常开触点接通，在系统PMC输入信号中X00.2为“1”。但检查系统PMC输入信号X00.2为“0”，说明压力继电器有问题，其触点开关损坏。因压力继电器SP4.1触点开关损坏，油压信号无法接通，从而造成PMC输入信号为“0”，故系统认为尾座套筒未顶紧而产生报警。

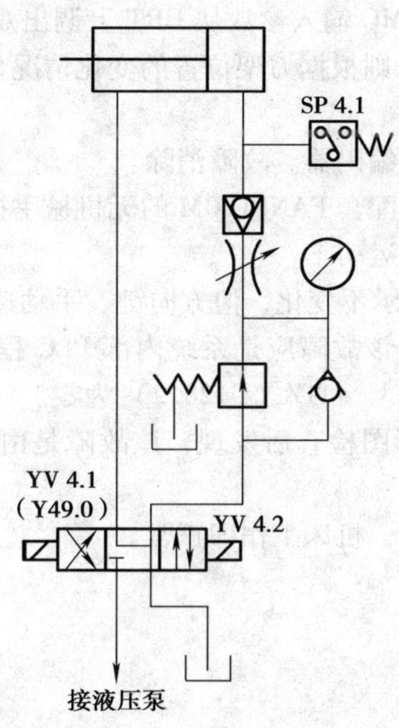

图 3—54　车床尾座套筒液压系统图

故障处理：更换新的压力继电器，调整触点压力，使其在向前脚踏开关动作后接通并保持到压力取消，故障排除。

【例 3—3】　故障现象：配备 FANUC 0T 系统的数控车床，产生刀架奇偶报警，奇数位刀架能定位，而偶数位刀架不能定位。如图 3—55 所示为 PMC 控制刀架信号的地址。

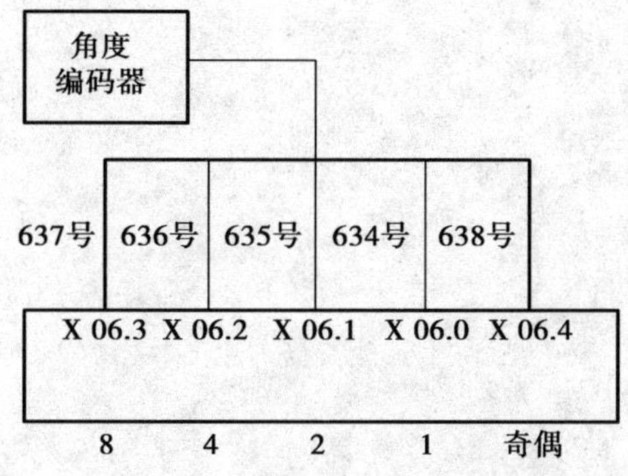

图 3—55　PMC 控制刀架信号的地址

故障分析：从机床侧输入的 PMC 信号中，刀架位置编码器有五根信号线，这是一个二进制的 8421 编码，它们对应 PMC 的输入信号的地址为 X06. 0、X06. 1、X06. 2、X06. 3 和 X06. 4。

在刀架的转动过程中，这 5 个信号根据刀架位置的变化而进行不同的组合，从而输出刀架的奇偶位置信号。根据故障现象分析，若刀架位置编码器最低位 634 号线信号恒为“1”时，即在二进制中第 0 号位恒为“1”时，则刀架信号将恒为奇数，而无偶数信号，从而产生奇偶报警。为验证分析，将 PMC 输入参数从 CRT 上调出观察，当刀架回转时，X06.0 值恒为“1”，而其余 4 根线的信号则根据刀架位置的变化情况显示为“0”或“1”，从而证实刀架位置编码器发生了故障。

故障处理：更换刀架的位置编码器。故障消除。

【例 3—4】 故障现象：某配套 FANUC 0M 的无机械手换刀立式加工中心，手动操作 *X* 轴、*Y* 轴工作正常，但 *Z* 轴没有运动。

故障分析：经检查，*Z* 轴显示不变化，但方向键、手动速度给定均正确，机床“*Z* 轴锁住”按钮状态正常；由此判断，该故障应是系统内部 PLC 程序互锁而引起的，检查系统的诊断页面，发现信号 *Z* 轴互锁信号＊ITZ（G128.2）为零。

再进一步对照 PLC 程序梯形图检查后发现，该故障是由于刀库未退到后位而引起的进给互锁。

故障处理：恢复刀库位置后，机床工作即正常。

第四章

FANUC 系统数控机床伺服系统的装调与维修

第一节　概　　述

数控机床运动机构的动作由伺服系统控制，伺服系统在数控机床中控制主轴和各进给坐标轴的速度和位置，起着保证刀具和零件相对运动的准确性和加工性能的重要作用。

一、伺服系统及其组成

数控机床的伺服系统属于自动控制系统中的一种，也称随动系统，它控制被控对象的转角或位移，使其能自动、连续、精确地复现输入指令的变化规律。根据被控对象的不同，伺服系统一般有三种基本控制方式，即位置、速度和力矩控制方式。数控机床伺服系统包括进给伺服系统和主轴伺服系统。进给伺服系统是指以机床移动部件位置为控制量的自动控制系统，它根据数控装置发出的位置指令控制机床移动部件的位移。进给伺服系统是数控装置和机床本体的连接环节，包括位置控制模块、伺服驱动电路、伺服驱动电动机、检测元件以及机械传动装置等，是数控机床的重要组成部分，它的性能在很大程度上决定了数控机床的性能。数控机床主轴一般只需控制其转速及转向，不属于伺服控制。但当对数控机床主轴有位置控制要求时，主轴的驱动控制系统就属于伺服控制系统，称主轴伺服系统。典型的进给伺服系统的结构组成方框图如图 4—1 所示。

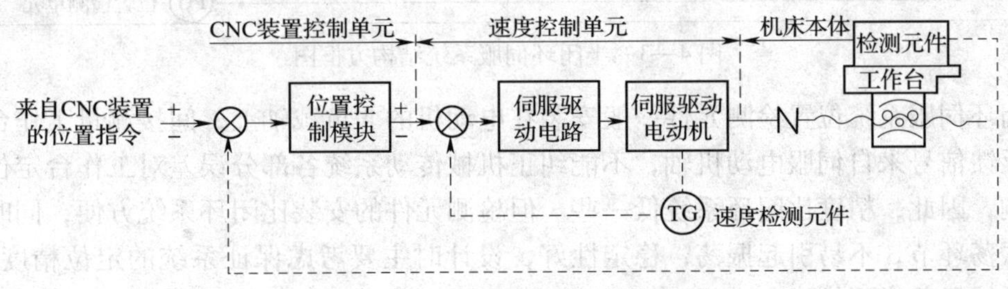

图 4—1　进给伺服系统结构方框图

二、伺服系统的分类

通常伺服系统按以下方法来分类：

1．按照位置控制方式分类

按照位置控制方式分类，伺服系统可分为开环、闭环和半闭环伺服系统。

（1）开环伺服系统

开环伺服系统无位置和速度检测元件，执行元件一般是步进电动机，步进电动机开环伺服系统一般结构方框图如图 4—2 所示。

开环伺服系统无反馈装置，位置精度主要由步进电动机的制造精度和与之相连的丝杠等传动机构决定，精度较低，但开环伺服系统结构简单，易于控制，一般用于速度和精度要求不太高的场合及经济型数控机床上。

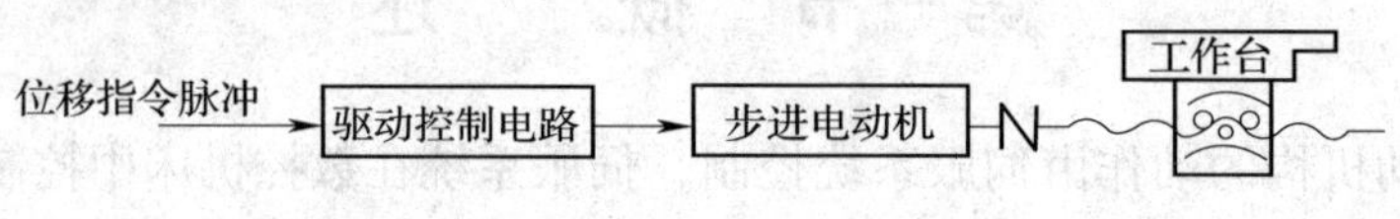

图 4—2　开环伺服系统结构方框图

（2）闭环伺服系统

闭环伺服系统有位置和速度检测元件，具有反馈系统。图 4—1 是典型的闭环伺服系统框图。检测元件直接测量和反馈工作台的实际位置，机械传动系统各部分误差都包含在反馈控制环内，所以工作台的定位精度主要取决于位置检测系统的误差。闭环系统可实现高精度的控制，一般用于高精度的数控机床。

（3）半闭环伺服系统

半闭环伺服系统与闭环伺服系统的区别在于检测元件安装位置不同。其结构框图如图 4—3 所示。

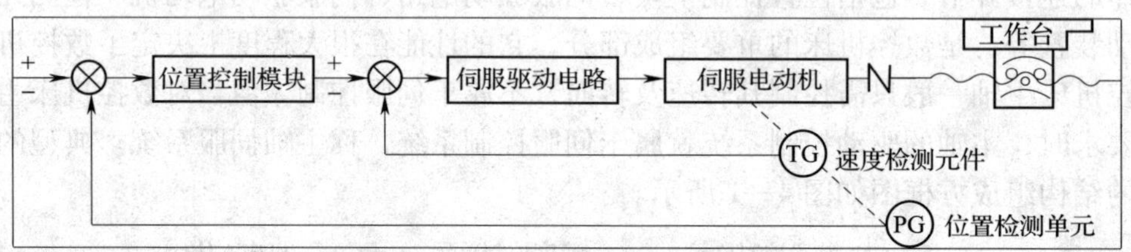

图 4—3　半闭环伺服系统结构方框图

半闭环伺服系统位置检测元件一般安装在电动机的非负载轴上，间接测量工作台的实际位置，反馈信号来自伺服电动机轴，不能纠正机械传动系统各部分误差对工作台定位精度产生的影响，因此，精度比闭环系统低一些。但检测元件的安装比闭环系统方便，同时，不存在机械振荡环节，不易引起振荡，稳定性好，设计时主要考虑保证系统的定位精度，因此，半闭环系统目前应用较多。

2．按照调节器类型分类

按照调节器类型分类，伺服系统分为模拟型伺服系统、全数字型伺服系统和混合型伺服系统。

（1）模拟型伺服系统

模拟型伺服系统方框图如图 4—4 所示。系统中各物理量，包括电动机的电流、速度、输出的位置信号、输入信号都是模拟量，中间调节器（控制器）也是模拟控制器。模拟伺服控制系统的响应速度快，但不能满足高精度和高柔性的控制要求。

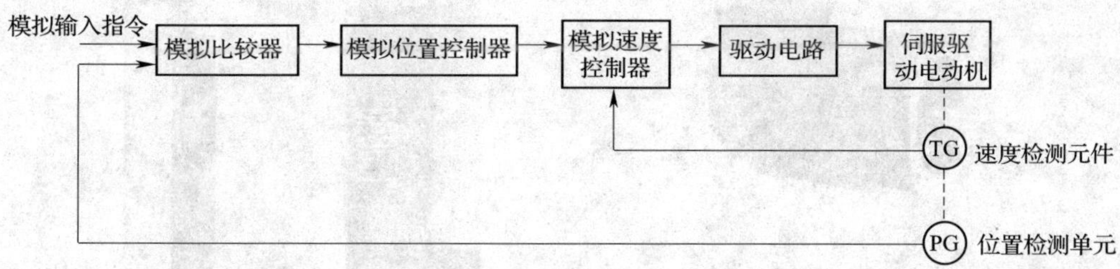

图 4—4　模拟型伺服系统方框图

（2）全数字型伺服系统

全数字型伺服系统方框图如图 4—5 所示。全数字型伺服系统中各部分信号都是数字量，控制调节器用数字控制器来实现。目前，市场上供应的全数字型伺服系统多采用 32 位或 64 位高速微处理器。全数字型伺服系统由于采用数字计算机控制，取代了大量的模拟和数字电路控制，提高了伺服系统的可靠性，增强了通用性和灵活性，其性能和效率都得到了提高。

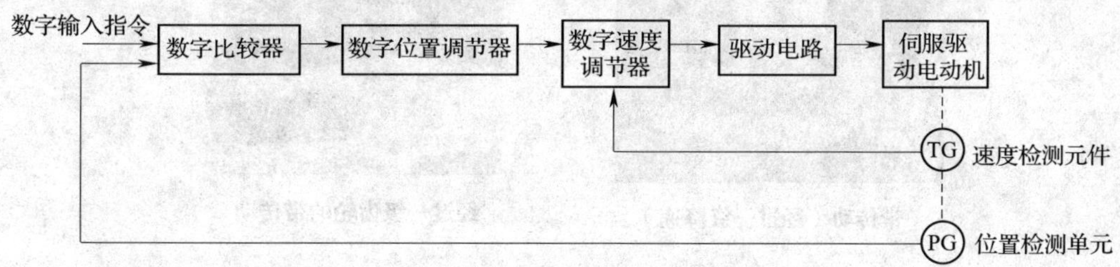

图 4—5　全数字型伺服系统方框图

（3）混合型伺服系统

位置进给常采取混合型伺服系统，速度控制 + 调节器采取模拟控制方式，位置控制采用数字方式，这样既提高了系统的响应速度，又可以发挥数字控制的优势。

3．按用途和功能分类

（1）主轴驱动系统

如图 4—6 所示，主轴驱动系统用于控制机床主轴的旋转运动，为机床主轴提供驱动功率和所需的切削力。主要关心其是否有足够大的功率、足够大的恒功率调节范围及速度调节范围，它只是一个速度控制系统。

在高速主轴传动中常用电主轴。电主轴调速范围宽，特别是高速特性好，可以省去主轴齿轮箱，直接将刀柄插入电主轴转子中（见图 4—7）。

（2）进给驱动系统

进给驱动系统是用于数控机床工作台坐标或刀架坐标的控制系统，如图 4—8 所示，控制机床各坐标轴的切削进给运动，并提供切削过程所需的力矩。主要关心其力矩大小、调速范围大小、调节精度高低、动态响应的快速性。进给驱动系统一般包括速度控制环和位置控制环。

a)

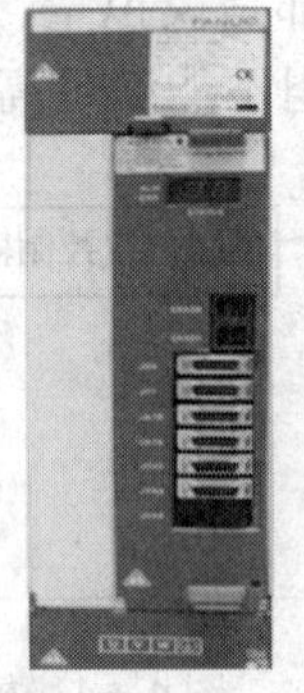

b)

带传动（经过一级降速）

经过一级齿轮的带传动

c)

图 4—6　主轴伺服驱动

a）主轴电动机　b）主轴驱动器　c）主轴电动机的连接

图 4—7　电主轴

在 20 世纪末，直线电动机逐渐开始应用在数控机床中，从图 4—9 直线电动机结构图中可以看到，应用直线电动机的数控机床已经不再需要滚珠丝杠。它已不再是由电动机旋转运动通过机械传动链转变为直线运动，而是由直线电动机直接完成直线运动传递。在机床结构上，机械传动链中又少了一个传动链，结构更加简洁。

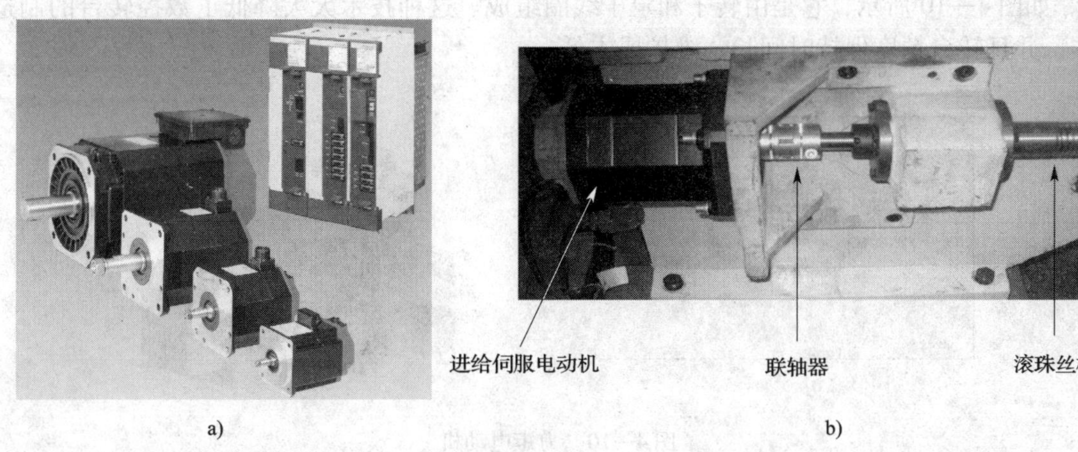

a)　　b)

图 4—8　进给伺服驱动

a）进给电动机及其驱动　b）进给电动机的连接

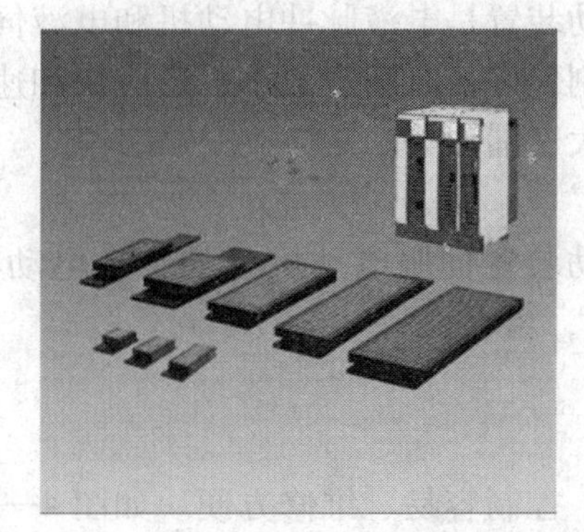

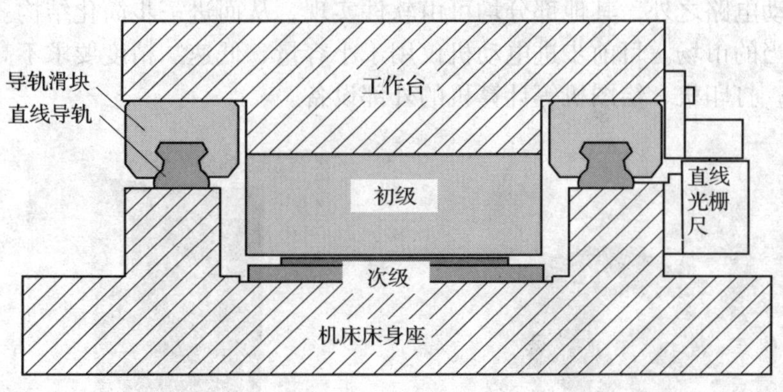

图 4—9　直线电动机

传统的回转台进给传动，特别是高精度数控转台是由蜗轮、蜗杆以及轴承、箱体等组成。在较新型号的数控机床回转进给传动中，可以通过电气机构直接控制、驱动负载低速大扭矩转动。这种直接驱动用低速大扭矩转台电动机在数控机床应用中被称为“力矩电动机”，如图4—10所示，它是由转子和定子线圈组成。这种技术大大降低了数控转台的制造成本，并且转台精度保持时间长，维护成本低。

图4—10　力矩电动机

4．按使用的执行元件分类

（1）电液伺服系统

电液伺服系统的伺服驱动装置是电液脉冲电动机和电液伺服电动机。其优点是在低速下可以得到很高的输出力矩，刚性好，时间常数小、反应快和速度平稳；其缺点是液压系统需要供油系统，体积大、噪声大、漏油等。

（2）电气伺服系统

电气伺服系统以伺服驱动装置伺服电动机（如步进电动机、直流电动机和交流电动机等）。其优点是操作维护方便，可靠性高。

5．按执行电动机分类

（1）步进伺服系统

步进伺服系统结构简单、控制容易、维修方便。如图4—11所示，随着计算机技术的发展，除功率驱动电路之外，其他部分均可由软件实现，从而进一步简化结构。因此，这类系统目前仍有相当的市场。目前步进电动机仅用于小容量、低速、精度要求不高的场合，如经济型数控机床，打印机、绘图机等计算机的外部设备。

a)

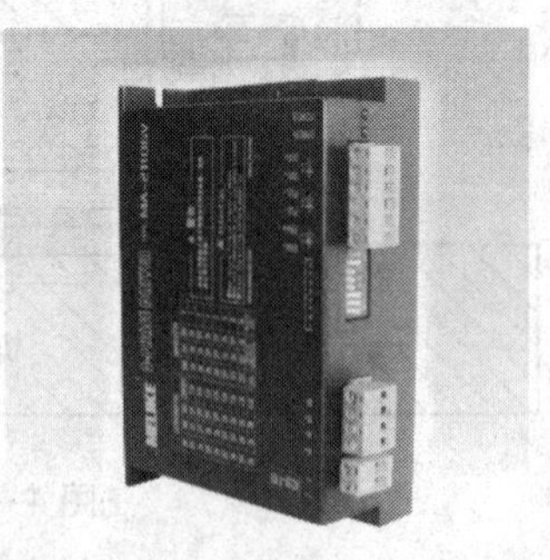

b)

图4—11　步进伺服系统

a）步进电动机　b）驱动器

（2）直流伺服系统

直流伺服系统直流电动机的工作原理是建立在电磁力定律基础上的，电磁力的大小正比于电动机中的气隙磁场，直流电动机的励磁绕组所建立的磁场是电动机的主磁场，按对励磁绕组的励磁方式不同，直流电动机可分为：他激式、并激式、串激式、复激式、永磁式。

直流伺服系统具有如下特点：过载倍数大，时间长；具有大的转矩/惯量比，电动机的加速度大，响应快；低速转矩大，惯量大，可与丝杠直接相连；调速范围大，可达1∶2 000；带有高精度的速度和角位置检测元件；电动机允许温度达 150°以上，由于温升高，会影响机床精度；因转子惯性大，电源容量以及机械传动件的刚度都需相应增大；电刷结构、维护不便。

（3）交流伺服系统

如图 4—12 所示，交流伺服电动机与直流伺服电动机在同样体积下，交流伺服电动机的输出功率比直流电动机提高 10% ~70%，且可达到的转速比直流电动机高。因此，人们一直在寻求交流电动机调速方案来取代直流电动机调速的方案，20 世纪 80 年代以后，随着电力电子技术，尤其是变频技术的发展，使得交流电动机的控制性能逐渐赶上了直流电动机的控制性能。目前，交流伺服系统已经取代直流伺服系统成为最主流的数控机床伺服系统类型。

a) b)

图 4—12 交流伺服系统

a）伺服驱动系统 b）伺服电动机

交流进给运动系统采用交流感应异步伺服电动机（一般用于主轴伺服系统）和永磁同步伺服电动机（一般用于进给伺服系统）。优点是结构简单，不需维护，适合于在恶劣环境下工作；动态响应好，转速高和容量大。

三、数控机床对伺服系统的基本要求

数控机床的高精度和高效率在很大程度上取决于进给伺服系统的性能，因此，数控机床对进给伺服系统提出了很高的要求。

1. 高精度

进给伺服系统精度指标主要有定位精度、重复定位精度、分辨率和脉冲当量。定位精度一般要求达到 1 ~ 5 μm，高精度机床可以达到 0.1 μm，甚至更小。位置检测元件的分辨率是决定系统分辨率和脉冲当量的关键。

2. 调速范围宽

数控机床要求伺服系统在较大的转速范围内有良好的稳定性。一般转速比应大于 1∶10 000，当速度低于 0.1 r/min 时仍应有平稳的速度。

3. 响应快

快速响应特性反映了系统的跟踪精度，它会影响到轮廓切削精度和加工表面的粗糙度。伺服电动机转速从零升到最大或从最大降低到零一般应在 0.2 s 以内，同时在负载突变时应无振荡。

4. 不受负载惯量影响

数控机床出厂前要对速度控制系统的控制参数进行设定，伺服电动机的惯量是定值，但负载惯量是变化量，且在加工过程中动态变化很大，当有负载变量和转矩干扰时，电动机负载会发生变化，这就要求控制参数设定能保证伺服系统的工作不会受到影响，避免引起加工精度恶化。

第二节　FANUC 交流主轴伺服系统的装调与维修

一、主轴控制

FANUC 系统数控机床主轴控制主要有串行接口 AC 主轴控制与模拟接口 AC 主轴控制两种。图 4—13 为串行接口 AC 主轴控制框图。图 4—14 为信号传递图。

1. 主轴速度参数的计算

主轴速度参数有主轴速度上限、下限以及指令电压 10 V 时对应的主轴速度。为了增大主轴低速时的转矩和提高主轴高速时的转矩，要采用换挡结构。选择齿轮挡的方法有两种：一种为 M 型，CNC 根据 S 值按每挡的速度范围（参数设定）选择齿轮挡，换挡由 PMC 用挡位选择信号（GR3O，GR2O，GR1O）实现（M 系列有三挡）。CNC 根据所选的齿轮挡输出主轴电动机转速。另一种为 T 型，挡位由输入的信号 GR1、GR2（编码信号）确定，有 4 挡转速范围，由机床确定使用的挡位。CNC 根据输入的挡位输出主轴电动机转速。M 型只用于 M 系统；T 型主要用于 T 系统，也可以用于 M 系统；M 型换挡又分为 A、B 两种方式。

串行主轴速度指令值为 0 ~ 16 383，模拟主轴速度指令为 0 ~ 10 V。下面叙述以模拟主轴为例，也适用于串行主轴。假定 10 V 电压对应主轴电动机的最高转速为 4 095 r/min。

（1）M 型齿轮换挡方式 A

A 方式是每挡对应的主轴速度上限相同，均为 V_C。

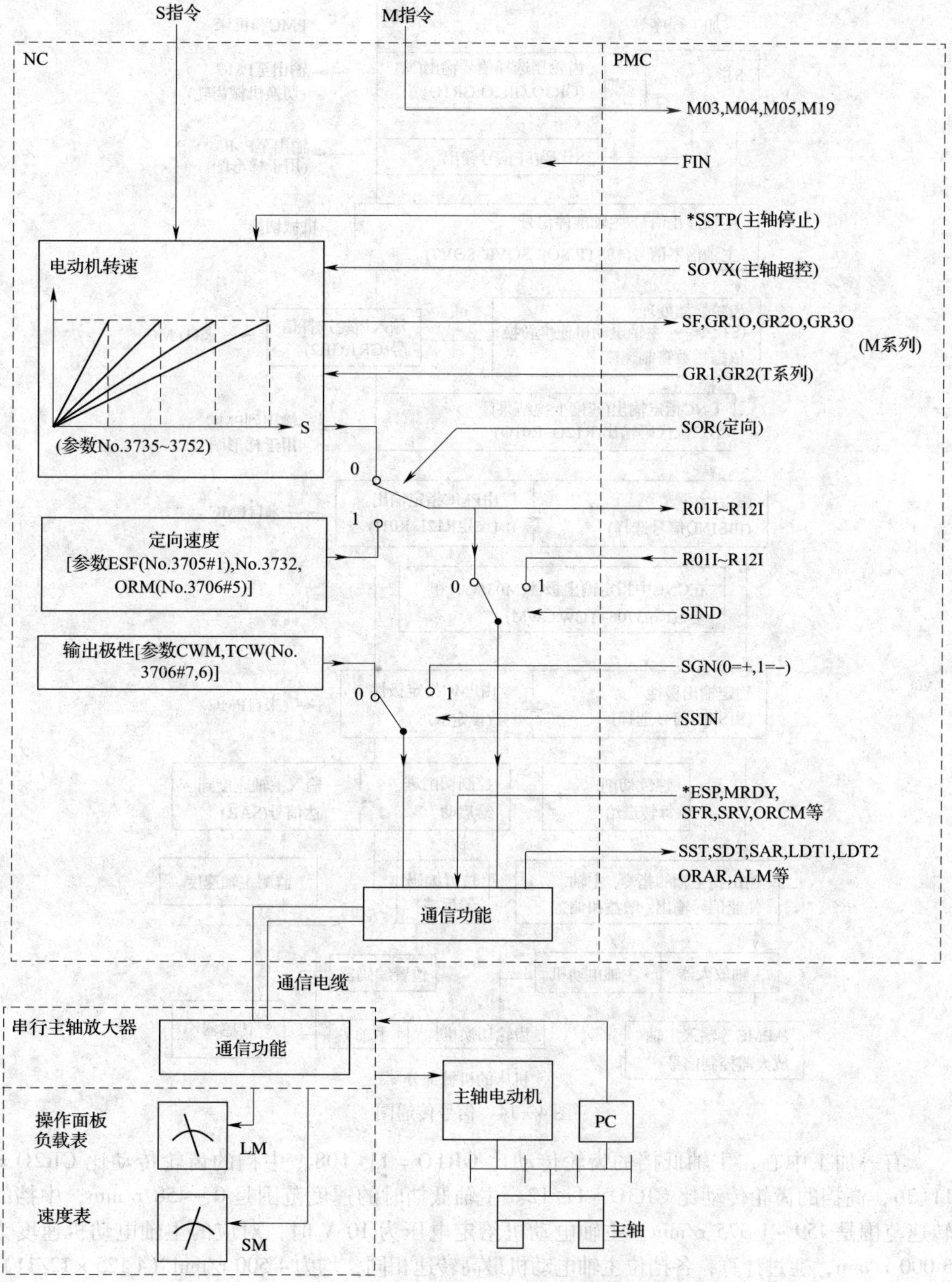

S指令
M指令
NC
PMC
M03,M04,M05,M19
FIN
*SSTP(主轴停止)
电动机转速
SOVX(主轴超控)
SF,GR1O,GR2O,GR3O
(M系列)
GR1,GR2(T系列)
S
(参数No.3735~3752)
SOR(定向)
0
R01I~R12I
1
定向速度
[参数ESF(No.3705#1),No.3732,
ORM(No.3706#5)]
R01I~R12I
0
1
SIND
输出极性[参数CWM,TCW(No.
3706#7,6)]
SGN(0=+,1=–)
0
1
SSIN
*ESP,MRDY,
SFR,SRV,ORCM等
SST,SDT,SAR,LDT1,LDT2
ORAR,ALM等
通信功能
通信电缆
串行主轴放大器
通信功能
主轴电动机
PC
操作面板
负载表
LM
速度表
SM
主轴

图 4—13　串行接口 AC 主轴控制框图

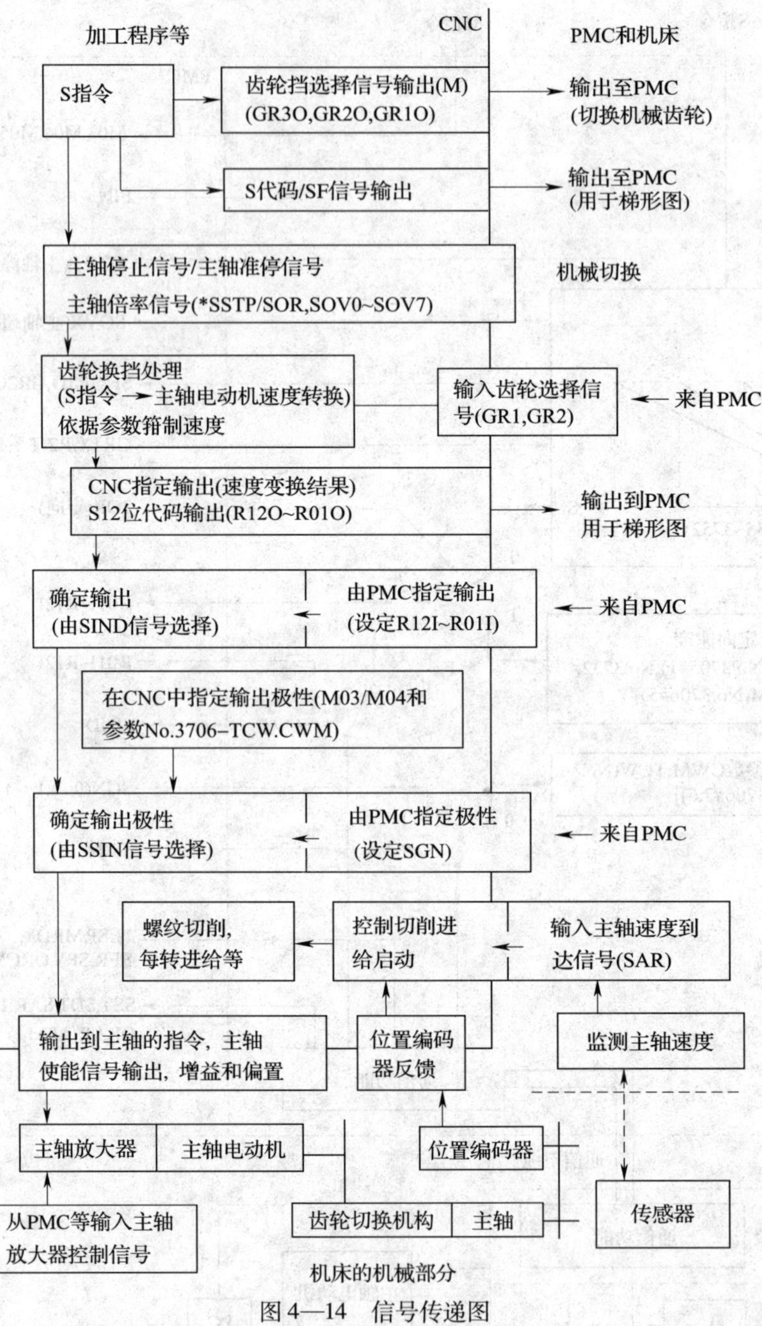

图 4—14　信号传递图

有一加工中心，主轴低挡的齿轮传动比 GR1O = 11∶108，中挡的齿轮传动比 GR2O = 11∶36，高挡的齿轮传动比 GR3O = 11∶12。主轴低挡时的速度范围是 0 ~ 458 r/min，中挡的转速范围是 459 ~ 1 375 r/min。主轴电动机给定电压为 10 V 时，对应的主轴电动机速度为 6 000 r/min，通过计算，各挡位主轴电动机最高转速相同，均为 4 500 r/min（4 125 × 12/11）。输入 S 代码和输出电压的关系如图 4—15 所示。

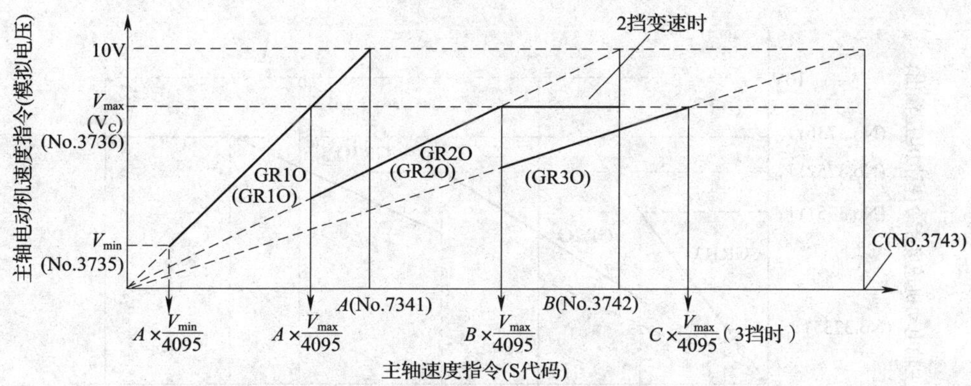

图 4—15 输入 S 代码与输出电压的关系（A 方式）

1）常数 V_{max}：主轴电动机速度上限（参数 No. 3736）

V_{max} = 4 095 × 主轴电动机上限值 /10 V 时的主轴电动机速度

= 4 095 × 4 500/6 000 = 3 071 r/min

2）常数 V_{min}：主轴电动机速度下限（参数 No. 3735）

V_{min} = 4 095 × 主轴电动机速度下限值 /10 V 时的主轴电动机速度

= 4 095 × 150/6 000 = 102 r/min

3）主轴速度 A（r/min），指令电压 10 V，低速挡（参数 No. 3741）

A = 6 000 × 11/108 = 611 r/min

4）主轴速度 B（r/min），指令电压 10 V，高速挡（或中速挡）（参数 No. 3742）

B = 6 000 × 11/36 = 1 833 r/min

5）主轴速度 C（r/min），指令电压 10 V，高速挡（参数 No. 3743）

C = 6 000 × 11/12 = 5 500 r/min

(2) M 型齿轮换挡方式 B

B 方式换挡每挡主轴电动机最高转速是不同的。输入 S 代码与输出电压的关系如图 4—16 所示。

有一加工中心，主轴低挡齿轮传动比 GR1O = 11∶108，中挡齿轮传动比 GR2O = 260∶1 071，高挡齿轮传动比 GR3O = 169∶238。主轴低挡的转速范围是 0 ~ 401 r/min，中挡的转速范围是 402 ~ 1 109 r/min，高挡的转速范围是 1 110 ~ 3 000 r/min。主轴电动机给定电压为10 V时，对应的主轴电动机转速为 6 000 r/min，主轴电动机的速度下限为 150 r/min。计算得：主轴低挡时电动机最高转速为 401 × 108/11 = 3 937 r/min，中挡时电动机的最高转速为 1 109 × 1 071/260 = 4 568 r/min，高挡时电动机的最高转速为 4 000 × 238/169 = 5 633 r/min，3 个挡位所对应的主轴电动机最高限定速度各不相同，参数设定如下：

1）常数 V_{max}：主轴电动机速度上限（参数 No. 3736）

V_{max} = 4 095 × 主轴电动机上限值 /10 V 时的主轴电动机转度

= 4 095 × 5 633/6 000 = 3 844 r/min

2）常数 V_{min}：主轴电动机速度下限（参数 No. 3735）

V_{min} = 4 095 × 主轴电动机速度下限 /10 V 时的主轴电动机速度

= 4 095 × 150/6 000 = 102 r/min

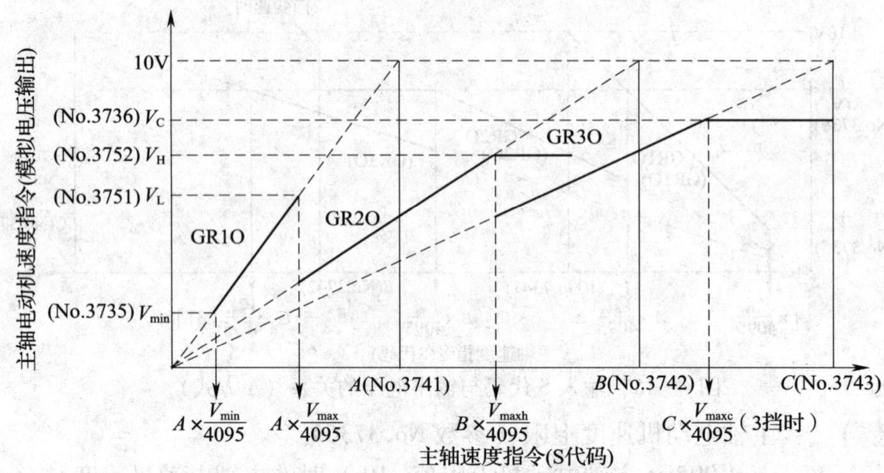

图 4—16　输入 S 代码与输出电压关系（B 方式）

3）常数 $V_{max}1$：低速挡时主轴电动机速度上限值（参数 No. 3751）

$V_{max}1$ = 4 095 × 低速挡时主轴电动机速度上限值/10 V 时的主轴电动机速度
= 4 095 × 3 937/6 000 = 2 687 r/min

4）常数 V_{maxh}：高速挡（3 挡的中速）时，主轴电动机速度上限值（参数 No. 3752）

V_{maxh} = 4 095 × 高速挡(3 挡的中速) 主轴电动机速度上限值/10 V 时的主轴电动机速度
= 4 095 × 4 568/6 000 = 3 118 r/min

5）主轴速度 A（r/min），指令电压 10 V，低速挡（参数 No. 3741）

A = 6 000 × 11/108 = 611 r/min

6）主轴速度 B（r/min），指令电压 10 V，高速挡（3 挡的中速）（参数 No. 3742）

B = 6 000 × 260/1 071 = 1 457 r/min

7）主轴速度 C（r/min），指令电压 10 V，高速挡（参数 No. 3743）

C = 6 000 × 169/238 = 4 260 r/min

（3）T 型齿轮换挡

仍以模拟输出为例，所述与 M 系列一样，当模拟电压为 10 V 时，各挡主轴最高转速在参数 No. 3741 ~ No. 3744 中设定。齿轮挡选择信号为 2 位编码信号 GR1、GR2，信号与挡位的关系见表 4—1。

表 4—1　齿轮挡选择信号与挡位关系

GR2	GR1	挡位	最高主轴速度参数
0	0	1	No. 3741
0	1	2	No. 3742
1	0	3	No. 3743
1	1	4	No. 3744

假定齿轮换挡为 2 挡，输出电压为 10 V 的主轴速度在低速挡（G1）时 $A=1\ 000$ r/min，高速挡时 $B=2\ 000$ r/min，并分别设在参数 No. 3741 和 No. 3742 中。模拟电压与主轴转速的线性关系如图 4—17 所示。

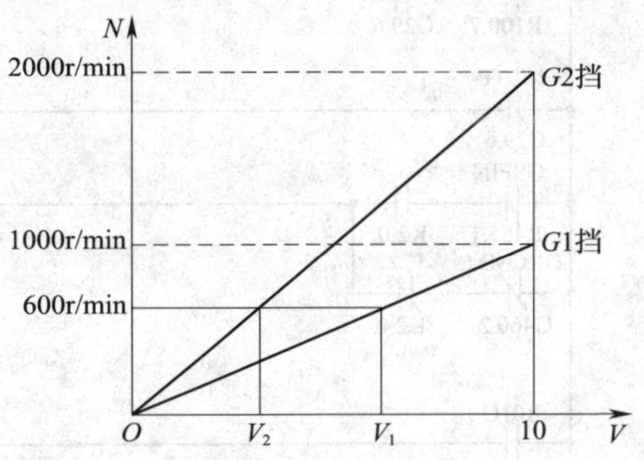

图 4—17 模拟电压与主轴转速的线性关系

当主轴速度 $S=600$ r/min 时，在 CNC 中输出电压 U_1（G1 挡）或 U_2（G2 挡）进行计算，然后输出到机床侧。$U_1=6$ V，$U_2=3$ V。

模拟输出电压 U 值由下式自动计算：

$$U = 10\ N/R$$

式中 N——由 S 值给出的主轴速度；

R——10 V 输出电压时的主轴速度。

该式等效于 G97 方式的主轴速度。

串行输出主轴转速值为：

$$D = 4\ 095\ N/R$$

当为恒表面速度控制时（G96 方式），主轴模拟输出：

$$U = 10\ S/(2\pi rR)$$

式中 S——由 S 指令指定的表面线速度（m/min）；

r——X 轴方向的半径值（m）。

主轴串行输出：

$$D = 4\ 095\ S/(2\pi rR)$$

此外，可用参数 No. 3772 限定所有齿轮挡位的主轴速度的上限值。

2. 主轴速度控制

通过以上齿轮换挡的过程，CNC 计算出与所在挡位主轴速度相对应的主轴电动机速度。无论是串行主轴控制还是模拟主轴控制，计算结果都以 S12 位代码信号（0 ~ 4 095）的形式输出到 PMC。输出信号为 R12O ~ R01O（F037.3 ~ F036.0）。PMC 在收到计算结果后，由 SIND 信号（G033.7）确定主轴电动机速度指令选用 CNC 计算数据还是用 PMC 输入数据，PMC 的输入数据信号为 R12I ~ R01I，从而确定输出到主轴电动机的速度指令。

由于由 PMC 控制主轴电动机，无法使用主轴转速倍率及主轴最高速限位，所以，多用 CNC 控制主轴电动机速度。

由 SSIN 信号（G033.6）决定输出极性是由 CNC 指令还是由 PMC 指令确定，而由 CNC 确定的输出极性由参数（TCW. CWN）及 M03、M04 指令确定。如果没有 M03 或 M04，CNC 不能输出极性，因此即使已经有了速度指令，而实际并没有主轴速度输出。根据以上步骤确定的速度指令和极性，串行主轴以数值数据 0 ~ ±16 383，模拟主轴以模拟电压 0 ~ ±10 V 送至主轴控制单元，实现对主轴的速度控制。图 4—18 为 VMC—2 立式加工中心 CNC 控制主轴速度的梯形图。

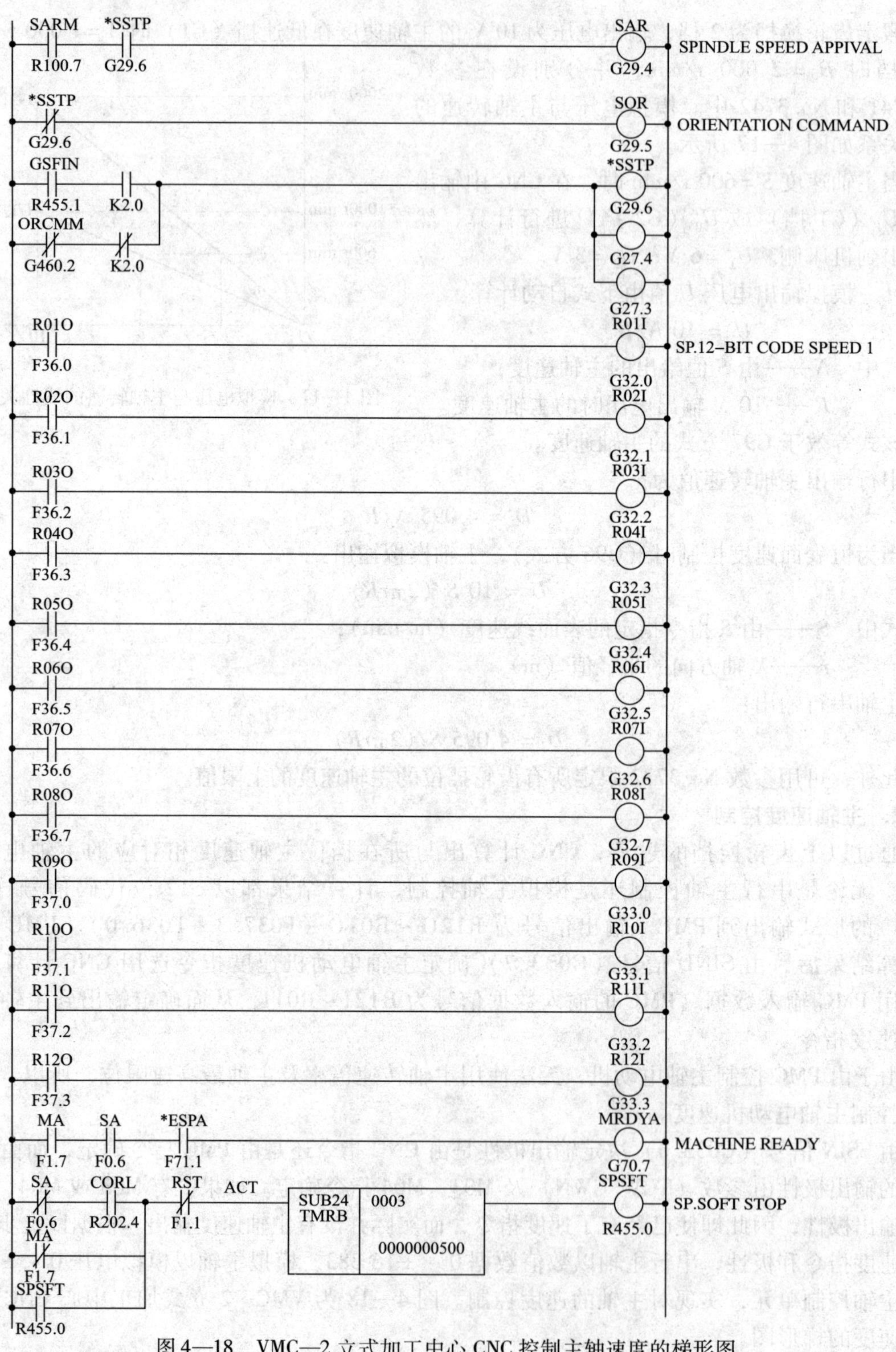

图 4—18　VMC—2 立式加工中心 CNC 控制主轴速度的梯形图

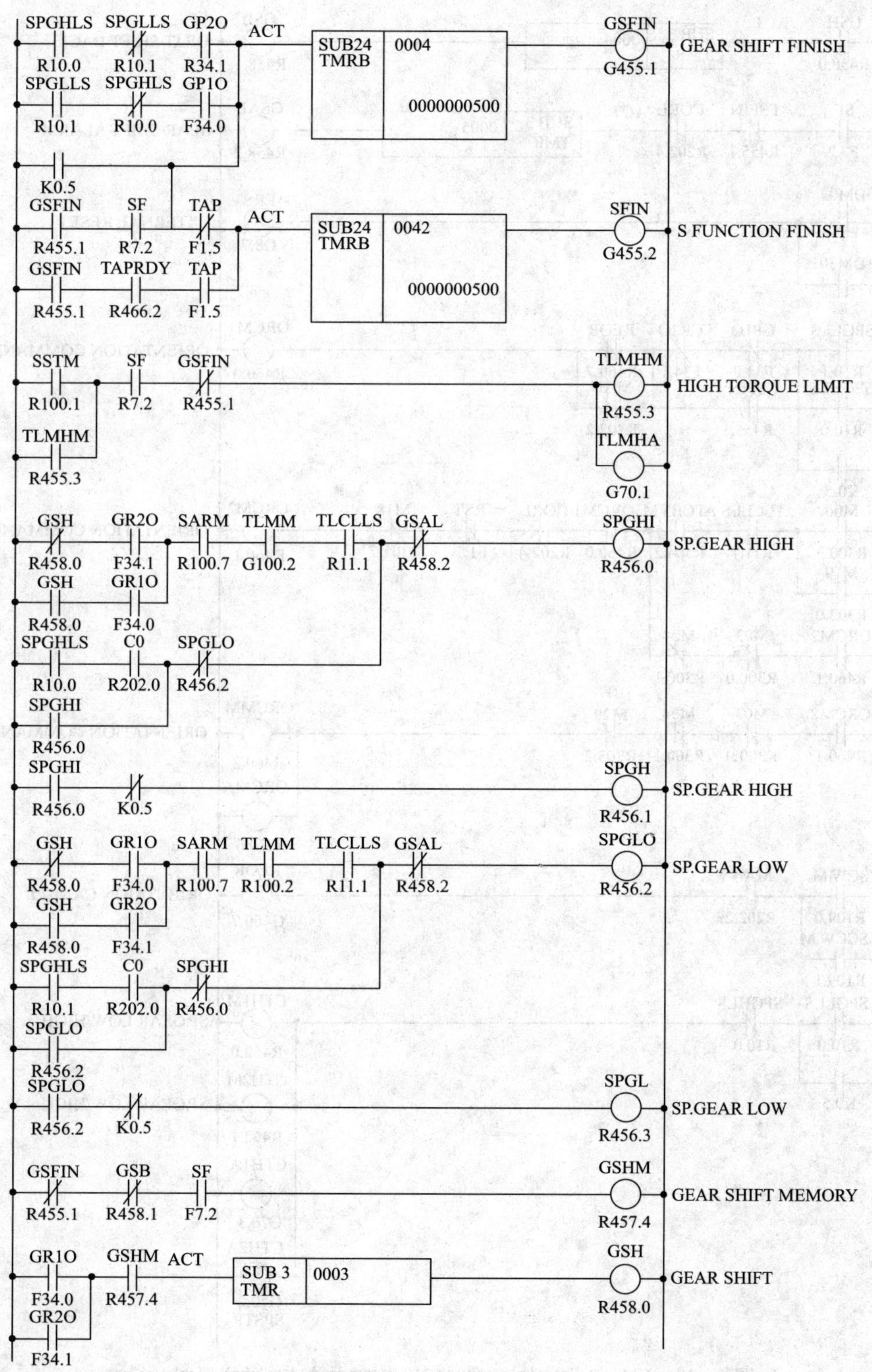

图 4—18 VMC—2 立式加工中心 CNC 控制主轴速度的梯形图（续）

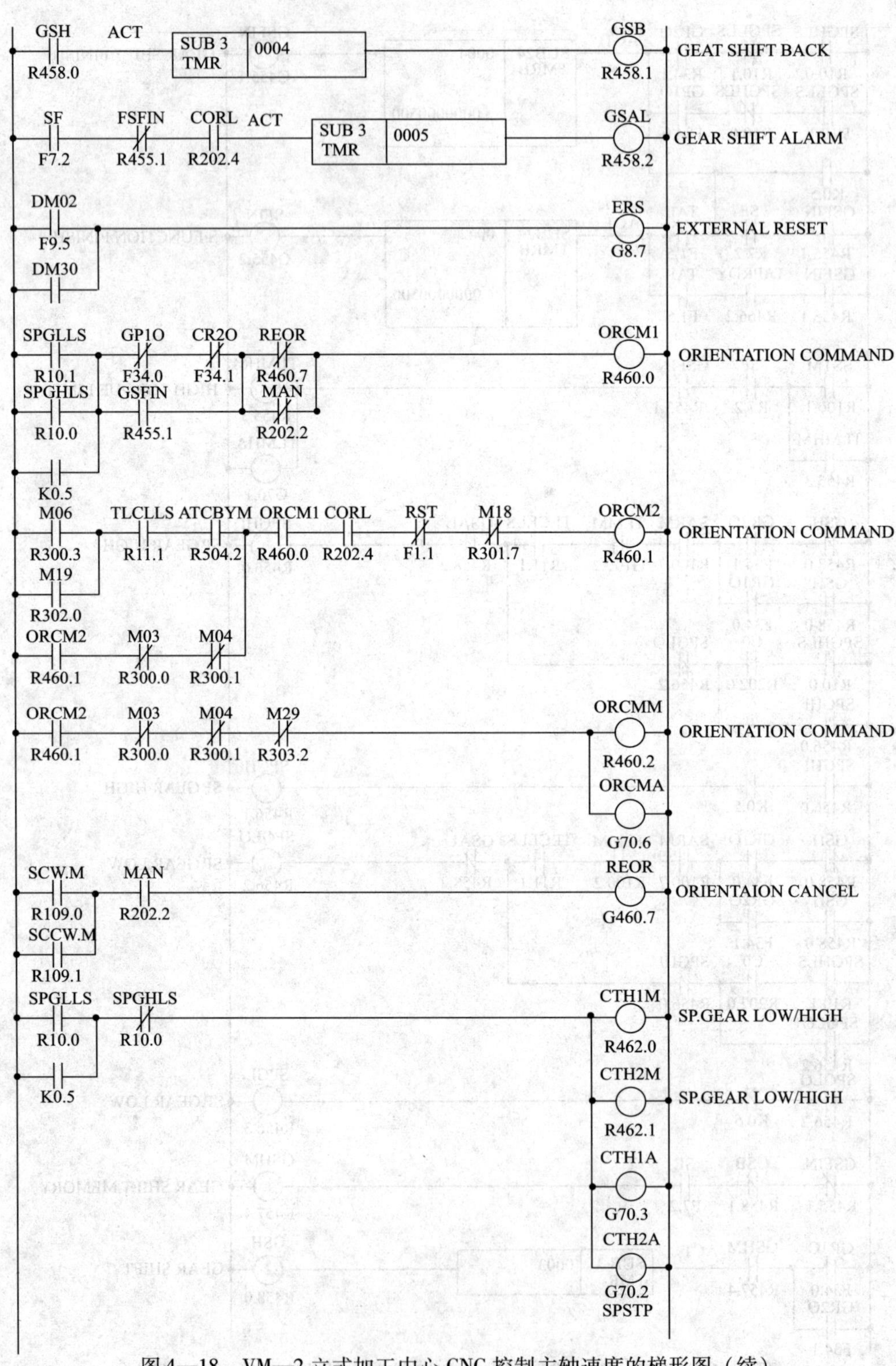

图 4—18　VM—2 立式加工中心 CNC 控制主轴速度的梯形图（续）

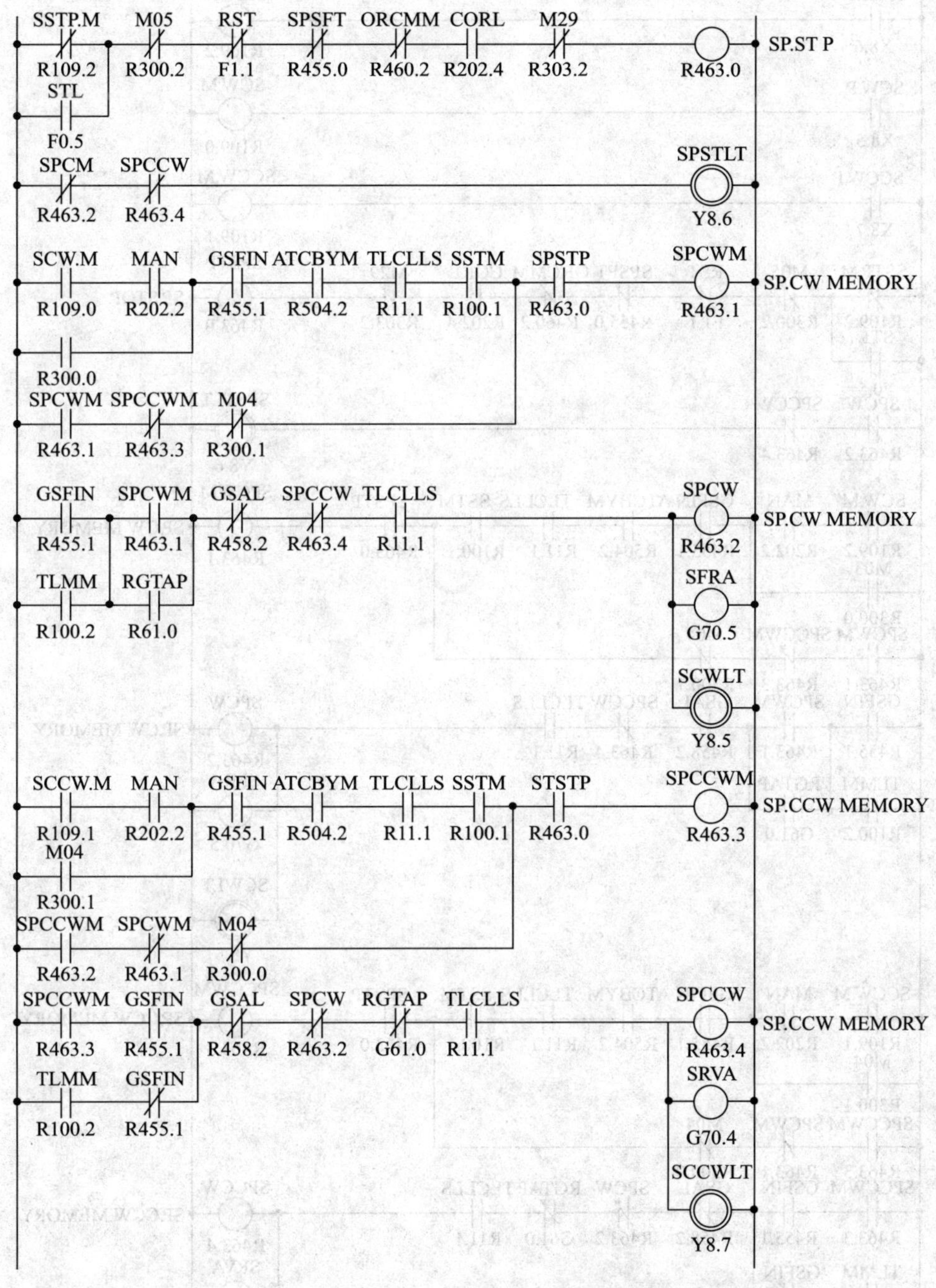

图 4—18　VMC—2 立式加工中心 CNC 控制主轴速度的梯形图（续）

3．方向控制

（1）机床侧信号的控制图 4—19 为 VMC—2 立式加工中心的主轴正转、反转、停止梯形图。用 SPCCW 与 SPCW、M04 与 M03 结合主轴停止 SPSTP 进行联锁。

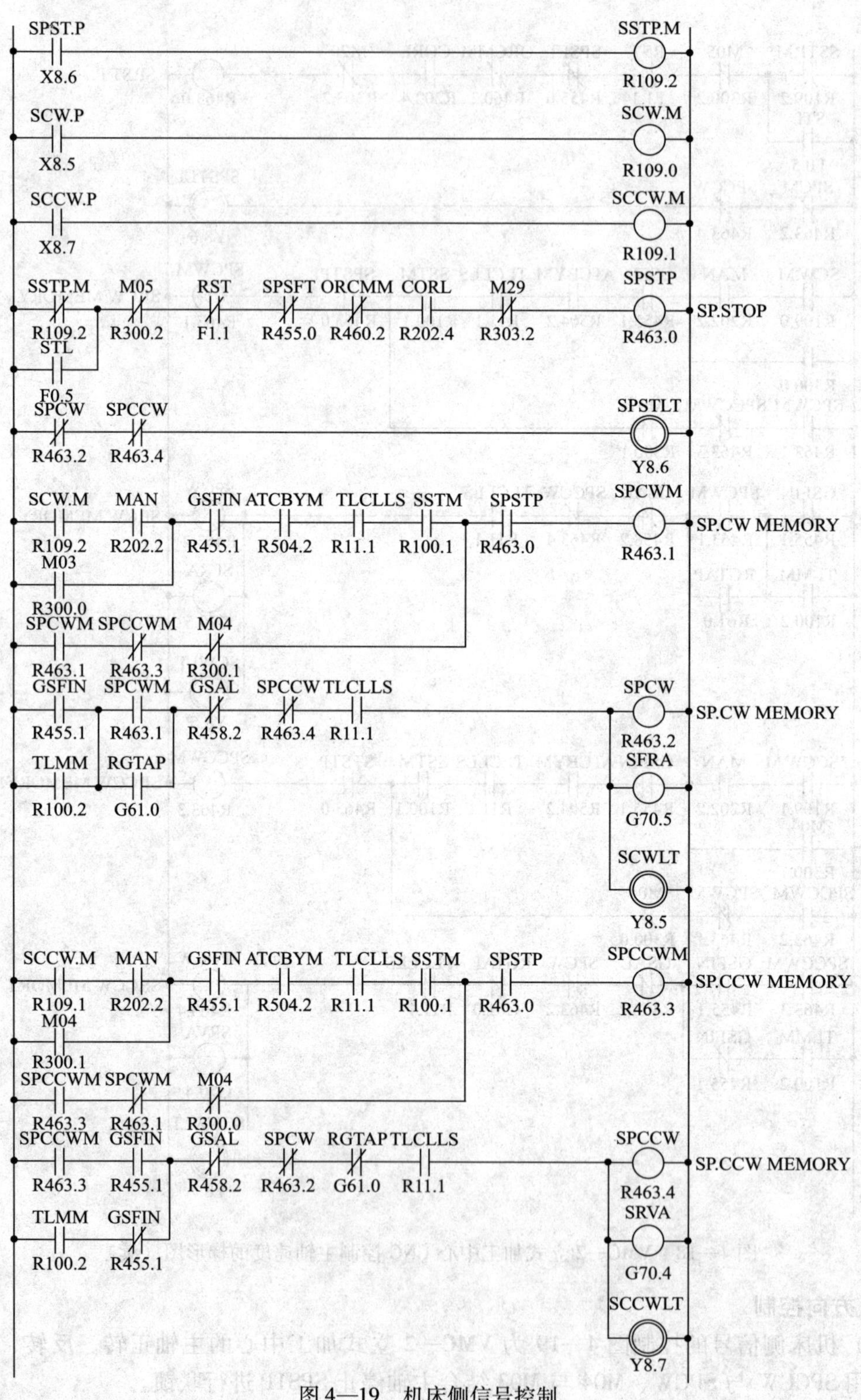

图 4—19　机床侧信号控制

（2）NC 侧信号的控制

M 代码为编码信号，0i 系统为 F010 ~ F013，M00 ~ M31，0 系统为 F151.0 ~ F151.7，F157.0 ~ F157.3，M11 ~ M38。图 4—20 为 VMC—2 立式加工中心的 M03 ~ M09，M18 ~ M24，M29，M49 等 M 代码的梯形图。

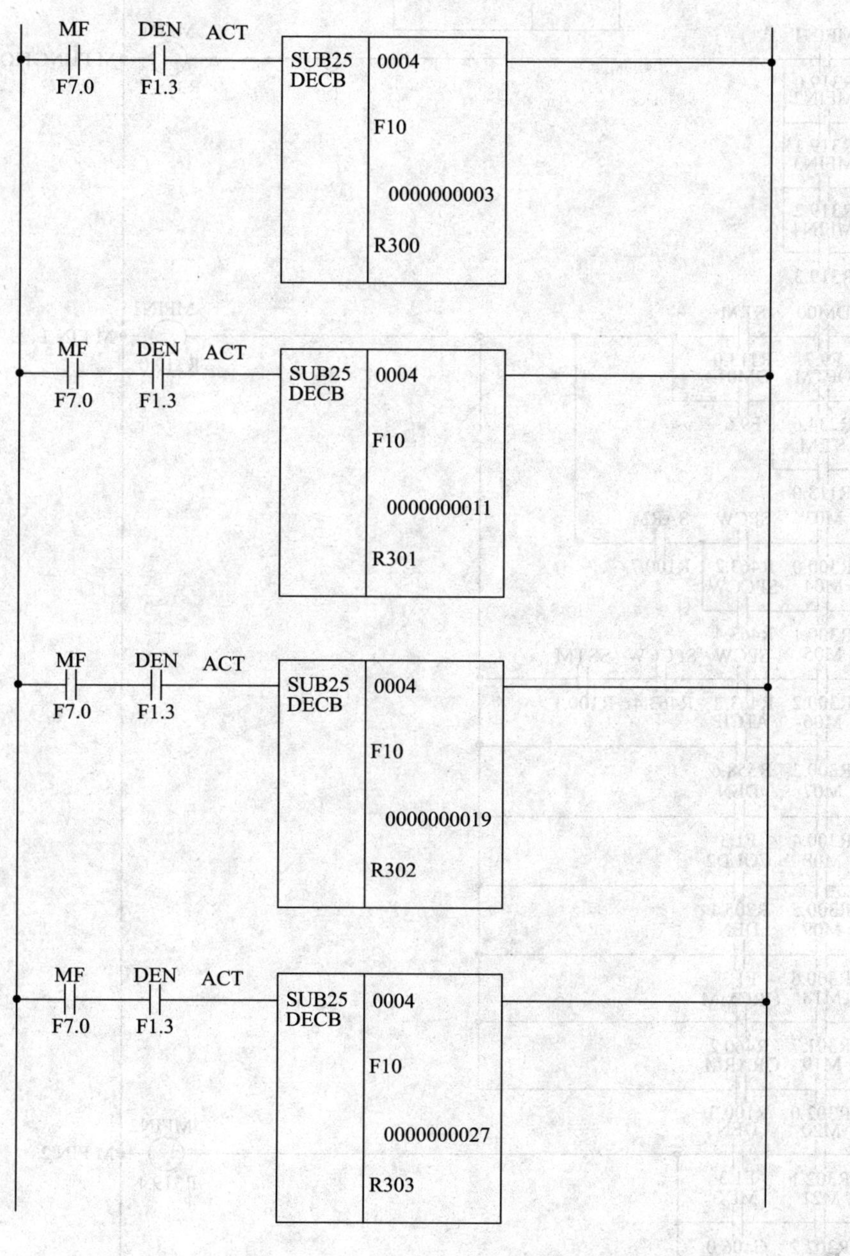

图 4—20 NC 侧信号控制

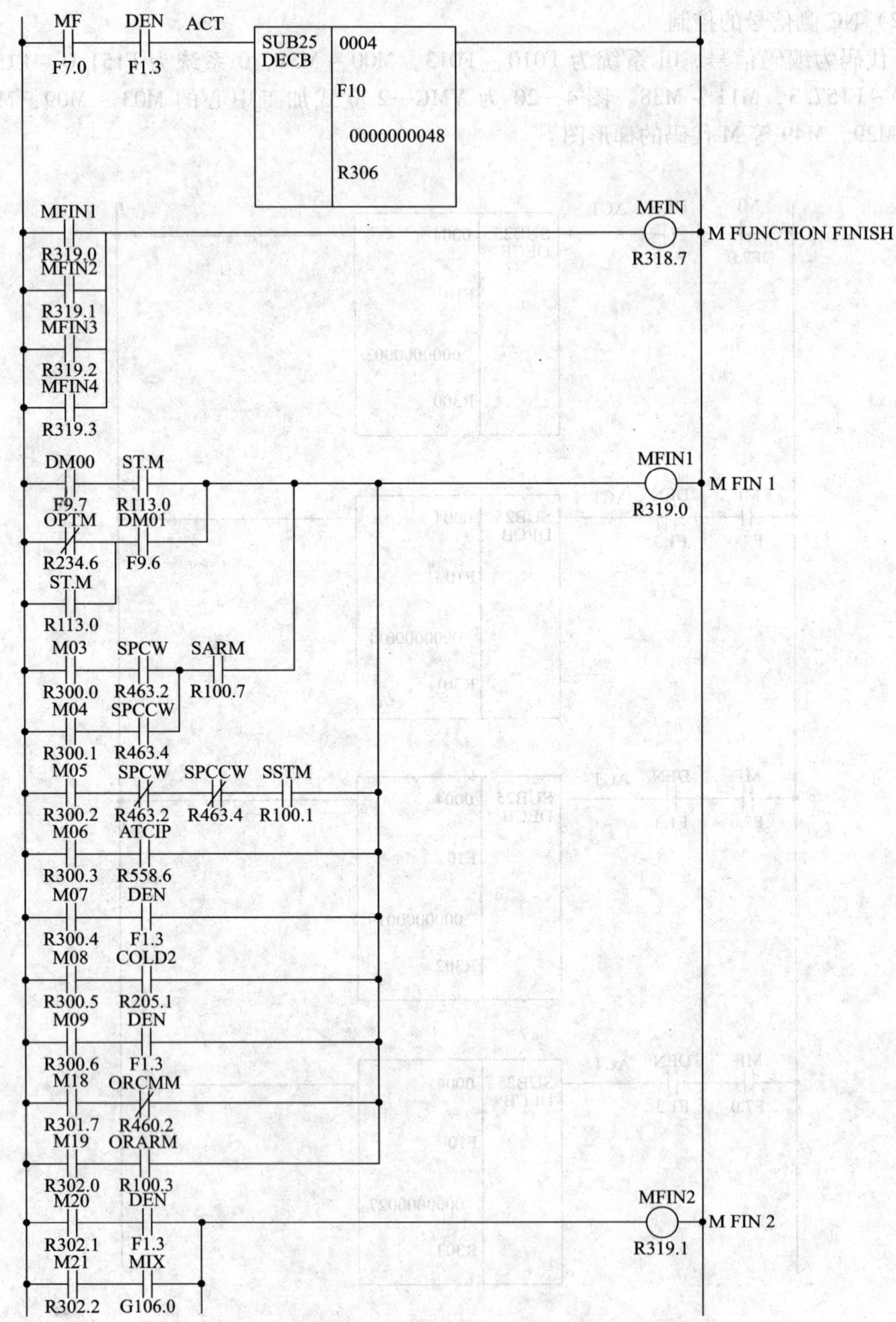

图 4—20　NC 侧信号控制（续）

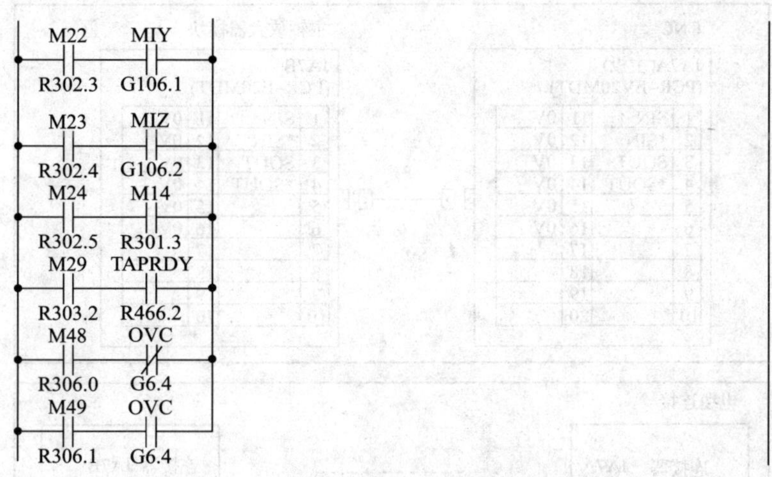

图 4—20　NC 侧信号控制（续）

二、主轴连接

1. 串行主轴接口

串行主轴配置如图 4—21 所示，串行主轴接口如图 4—22 所示。

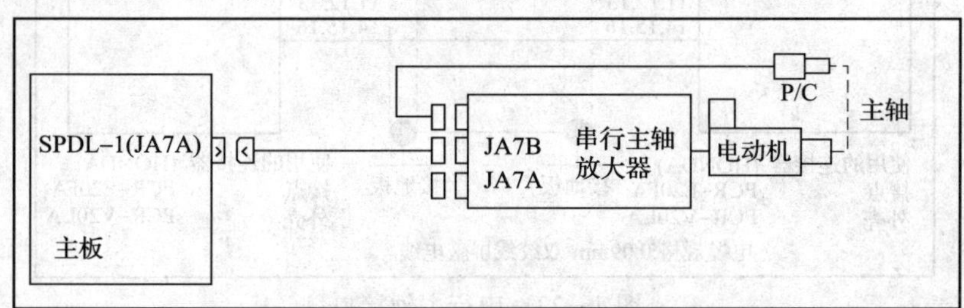

图 4—21　串行主轴配置

2. FANUC S 系列主轴伺服系统的基本配置

FANUC S 系列数字式主轴驱动系统（驱动器型号为 A06 ~ 6 059 系列）一般与 FANUC0、FANUC11、FANUC15 等系列数控系统配套使用。

图 4—23 是 S 系列主轴伺服系统的连接方法，其中 K1 为从伺服变压器二次侧输出的 AC200 V 三相电源电缆，应接到主轴伺服单元的 R，S，T，G。K2 是 U，V，W 和 G 端输出到主轴电动机的动力线，应与接线盒盖内面的指示相符。K3 为从主轴伺服单元的端子 T1 上的 R0、S0 和 T0 输出到主轴风扇电动机的动力线，应使风扇向外排风。K4 为主轴电动机的编码器反馈电缆，其中 PA，PB，RA 和 RB 用做速度反馈信号，OH1 和 OH2 为电动机温度接点，SS 为屏蔽线。K5 为从 NC 和 PMC 输出到主轴伺服单元的控制信号电缆，接到主轴伺服单元的 50 芯插座 CN1。

图中 K6 为从主轴伺服单元的 20 芯插座 CN3 输出的主轴故障识别信号，该组信号由 AL8，AL4，AL2 和 AL1 以及公共线 COM 组成，由它们产生的 16 种二进制状态表示相应的故障类型，这些信号进入 PMC 的输入点后，由相应的程序译码并显示在屏幕上。

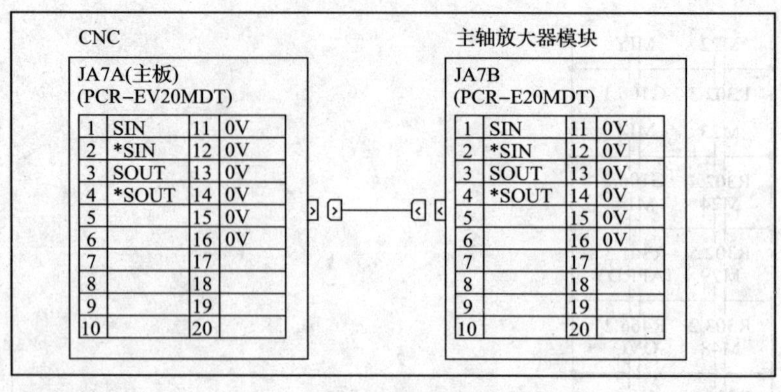

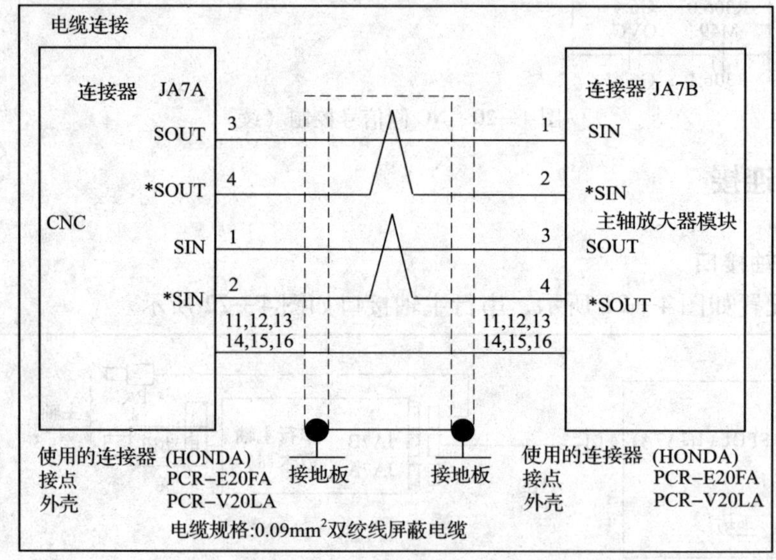

图 4—22　串行主轴接口

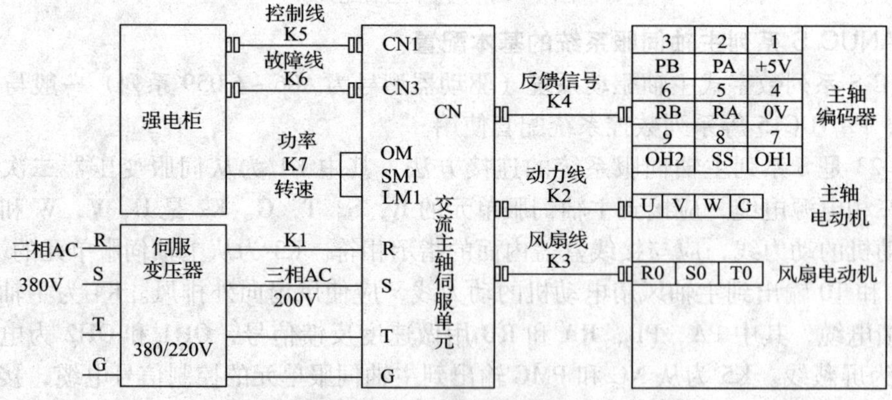

图 4—23　S 系列主轴伺服系统的连接方法

3．FANUC α 系列主轴伺服系统的基本配置

FANUC α 系列主轴伺服电动机与其他型号相比，主轴和进给伺服系统的结构发生了很大的变化，图 4—24 是它们的配置情况，其主要特点是：

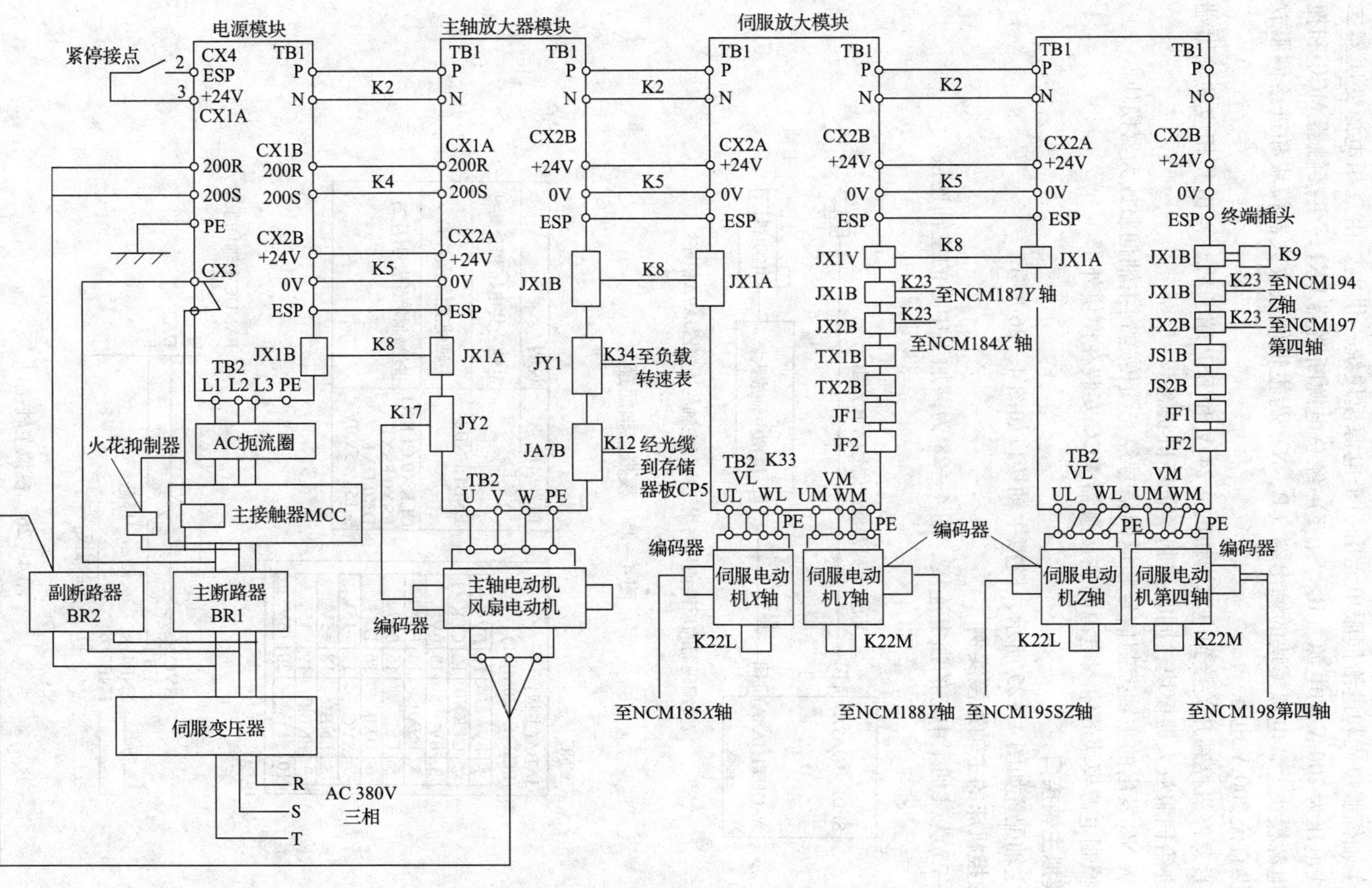

图 4—24 α 系列伺服系统的基本配置和连接方法

（1）主轴伺服单元和进给伺服单元由一个电源模块统一供电。由三相电源变压器二次侧输出的线电压为 200 V 的电源（R、S、T）经总电源断路器 BK1，主接触器 MCC 和扼流圈 L 加到电源模块上，电源模块的输出端（P、N）为主轴伺服放大器模块和进给伺服放大器模块提供直流 200 V 电源。

（2）紧急停机控制开关接到电源模块的 + 24 V 和 ESP 端子后，再由其相应的输出端接到主轴和进给伺服放大器模块，同时控制紧急停机状态。

（3）从 NC 发出的主轴控制信号和返回信号经光缆传送到主轴伺服放大器模块。

（4）控制电源模块的输入电源的主接触器 MCC 安装在模块外部。

4．模拟主轴接口

模拟主轴配置如图 4—25 所示，模拟主轴接口如图 4—26 所示。

5．数控机床的主轴连接实例

图 4—27 为某加工中心的强电连接，图 4—28 为某加工中心的主轴连接。

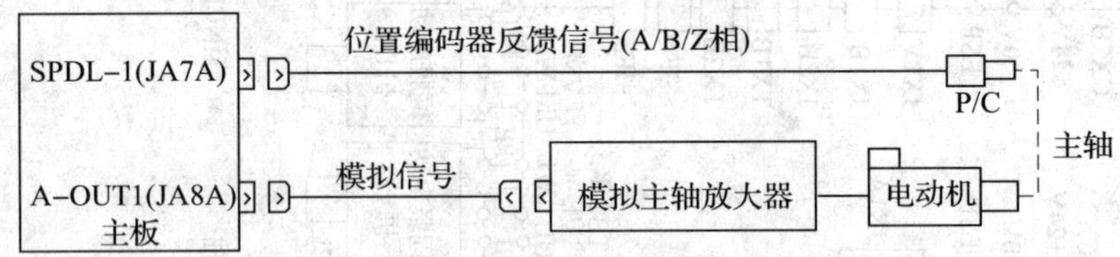

图 4—25　模拟主轴配置

CNC

JABA(主板)
(PCR-EV20MDT)

1	0V	11	0V
2	CLKX0	12	CLKX1
3	0V	13	0V
4	FSX0	14	FSX1
5	ES	15	0V
6	DX0	16	DX1
7	SVC	17	−15V
8	ENB1	18	+5V
9	ENB2	19	+15V
10	+15V	20	+5V

信号名称	说明
SVC,ES	主轴公共电压和公共线
ENB1,ENB2	主轴使能信号(注1)
CLKX0,CLKX1,FSX0,FSX1,DX0,DX1,± 15V,+5V,0V	进给轴检测信号(注2)

电缆线

FANUC主轴伺服单元

SVC 7 — DA2
ES 5 — E
ENB1 8
ENB2 9
屏蔽
接地板

图 4—26　模拟主轴接口

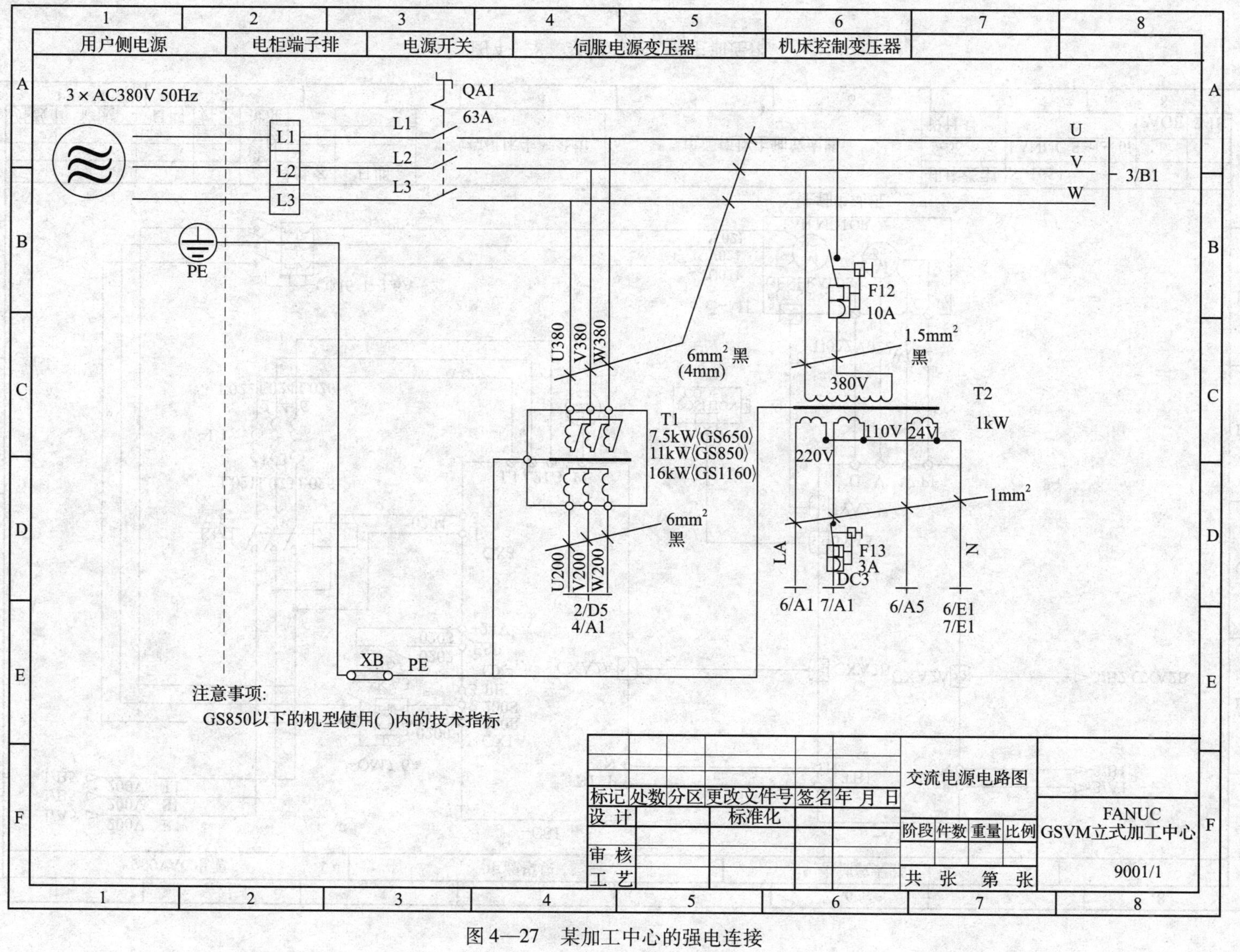

图 4—27　某加工中心的强电连接

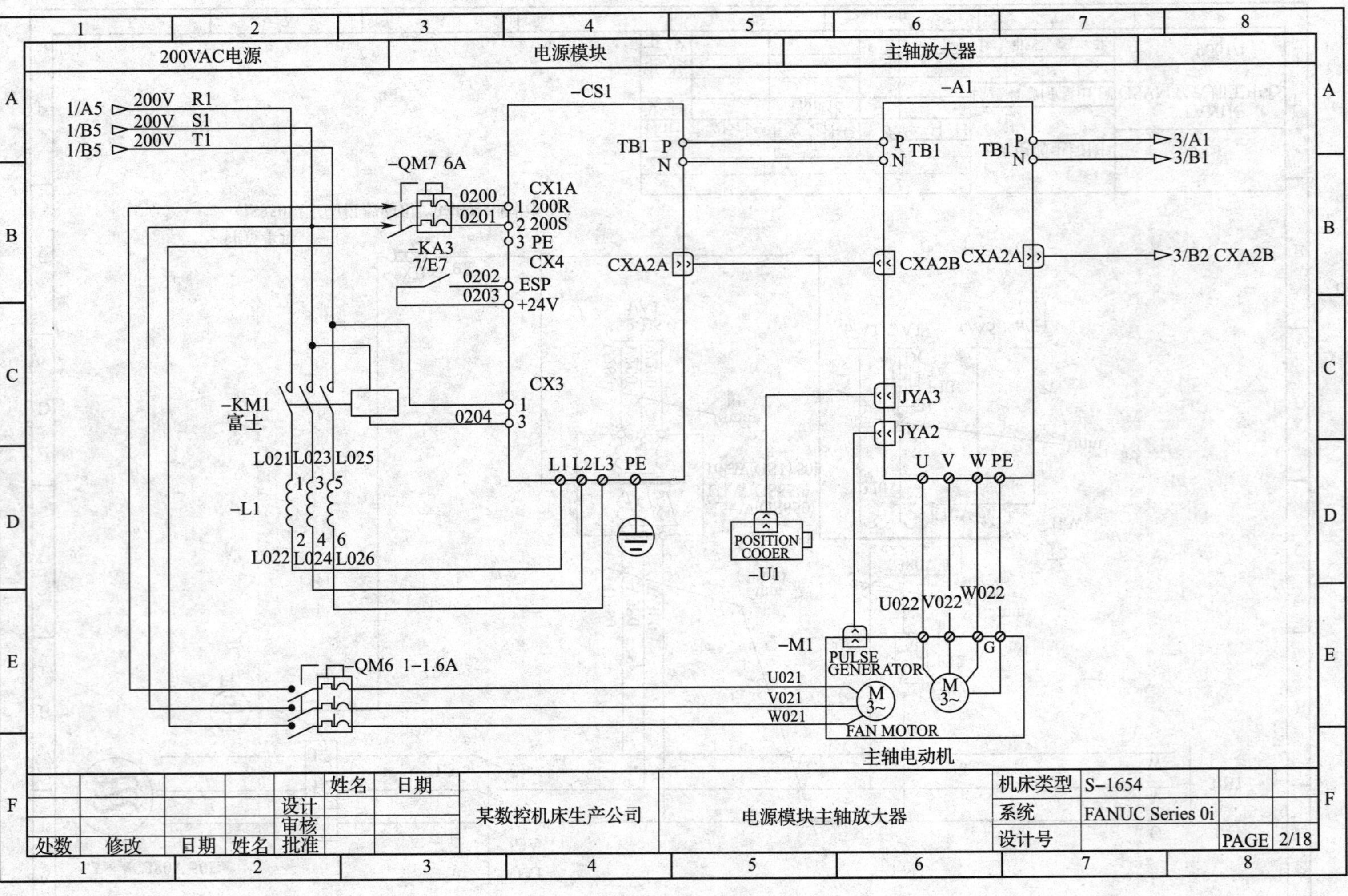

图4—28 某加工中心的主轴连接

三、主轴信息画面

CNC 首次启动时，自动地从各连接设备读出并记录 ID 信息。从下一次起，对首次记录的信息和当前读出的 ID 信息进行比较，由此就可以监视所连接的设备变更情况［当记录与实际情况不一致时，显示警告的标记（＊）］。可以对存储的 ID 信息进行编辑。由此，就可以显示不具备 ID 信息的设备的 ID 信息［但是，与实际情况不一致时，显示警告的标记（＊）］。

1. 参数设置

	#7	#6	#5	#4	#3	#2	#1	#0
13112						SPI		IDW

输入类型：参数输入。

数据类型：位路径型。

#0 IDW——是否禁止对伺服或主轴的信息画面进行编辑。

0：禁止；1：允许。

#2 SPI——是否显示主轴信息画面。

0：予以显示；1：不予显示。

2. 显示主轴信息

（1）按下功能键 SYSTEM，再按下［系统］按钮。

（2）按下［主轴］按钮，显示如图 4—29 所示画面。

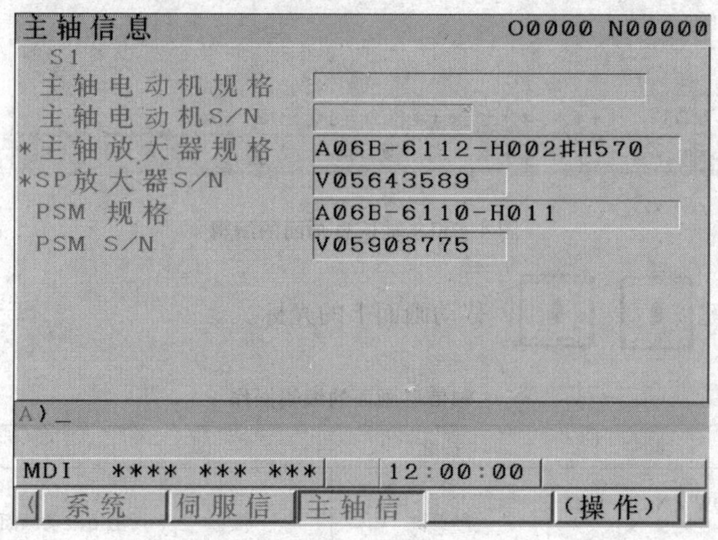

图 4—29 主轴信息

说明：

1）主轴信息被保存在 FLASH—ROM 中。

2）画面所显示的 ID 信息与实际 ID 信息不一致的项目，在下列项目的左侧显示出“＊”。此功能在即使因为需要修理等正当的理由而进行更换的情况，也会检测该更换并显示出“＊”标记。要擦除“＊”标记的显示，可参阅后续的编辑，按照下列步骤更新已被登录的数据。

①可进行编辑［参数 IDW（No. 13 112#0）＝1］。

②在编辑画面，将光标移动到希望擦除“＊”标记的项目。

③通过［读取 ID］→［输入］→［保存］进行操作。

3. 信息画面的编辑

（1）定参数 IDW（No. 13112#0）＝1。

（2）按下机床操作面板上的 MDI 开关。

（3）按照“显示主轴信息画面”的步骤显示如图 4—30 所示画面，操作见表4—2。

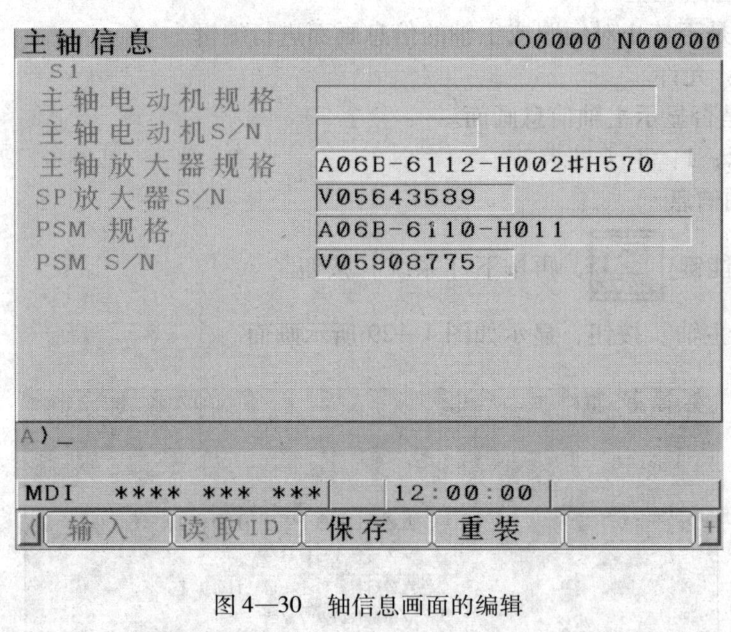

图 4—30　轴信息画面的编辑

（4）用光标键 ，移动画面上的光标。

表 4—2　轴信息画面的编辑操作

方式	按键	用途
参照方式：参数 IDW（No. 13 112#0）＝0 的情形	翻页键	上下滚动画面

续表

方式	按钮	用途
编辑方式：参数 IDW = 1 的情形	［输入］	将所选中的光标位置的 ID 信息改变为键入缓冲区上的字符串
	［取消］	擦除键入缓冲区的字符串
	［读取 ID］	将所选中的光标位置的连接设备具有 ID 信息传输到键入缓冲区。只有左侧显示“＊”的项目有效
	［保存］	将在主轴信息画面上改变的 ID 信息保存在 FLASH - ROM 中
	［重装］	取消在主轴信息画面上改变的 ID 信息，由 FLASH - ROM 上重新加载
	翻页键	上下滚动画面
	光标键	上下滚动 ID 信息的选择

注：所显示的 ID 信息与实际 ID 信息不一致的项目，在下列项目的左侧显示出“＊”。

四、主轴设定调整

1. 显示方法

（1）确认参数的设定

	#7	#6	#5	#4	#3	#2	#1	#0
3111							SPS	

输入类型：设定输入。

数据类型：位路径型。

#1 SPS——是否显示主轴调整画面。

0：不予显示；1：予以显示。

（2）按功能键 SYSTEM，出现参数等的画面。

（3）按下继续菜单键 ▷ 。

（4）按下按钮［主轴设定］时，出现主轴设定调整画面。如图 4—31 所示，调整见表 4—3。

（5）也可以通过按钮选择。

1）［SP 设定］：主轴设定画面。

2）［SP 调整］：主轴调整画面。

3）［SP 监测］：主轴监控器画面。

（6）可以选择通过翻页键   显示的主轴。

注：仅限连接有多个串行主轴的情形。

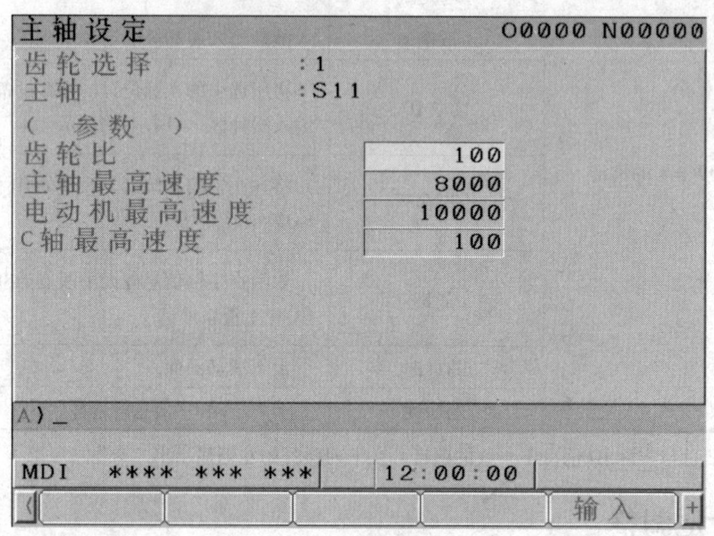

图 4—31 主轴设定调整画面

表 4—3 主轴设定调整

项目	调整			
齿轮选择	显示	离合器/齿轮信号		说明
		CTH1n	CTH2n	
	1	0	0	显示机床一侧的齿轮选择状态
	2	0	1	
	3	1	0	
	4	1	1	
主轴	选择	主轴	说明	
	S11	第 1 主轴	选择属于对应主轴的 S23 数据	
	S21	第 2 主轴		
	S31	第 3 主轴		
参数	选择	S11	S21	S31
	齿轮比（HIGH）	4 056	4 056	4 056
	齿轮比（MEDIUM HIGH）	4 057	4 057	4 057
	齿轮比（MEDIUMLOW）	4 058	4 058	4 058
	齿轮比（LOW）	4 059	4 059	4 059

续表

项目	调整			
参数	主轴最高速度（齿轮 1）	3 741	3 741	3 741
	主轴最高速度（齿轮 2）	3 742	3 742	3 742
	主轴最高速度（齿轮 3）	3 743	3 743	3 743
	主轴最高速度（齿轮 4）	3 744	3 744	3 744
	电动机最高速度	4 020	4 020	4 020
	C 轴最高速度	4 021	4 021	4 021

2. 主轴参数的调整

主轴调整画面如图 4—32 所示，调整方式见表 4—4。

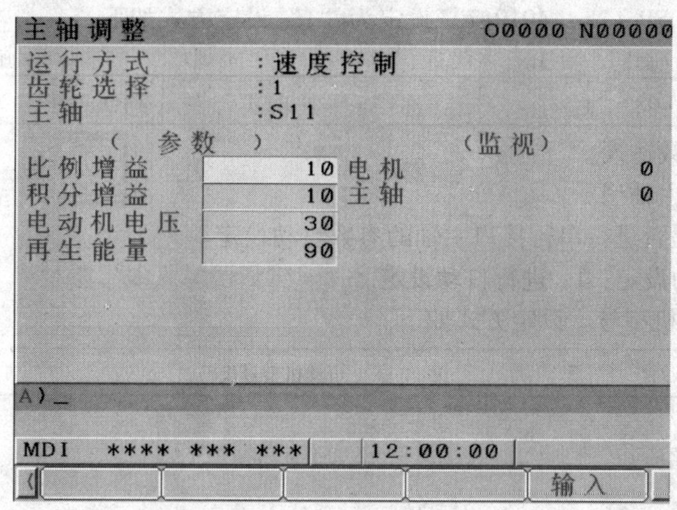

图 4—32 调整方式

表 4—4 主轴调整方式

运行方式	速度控制	主轴定向	同步控制	刚性攻螺纹	主轴恒线速控制	主轴定位控制（T 系列）
参数显示	比例增益 积分增益 电动机电压 再生能量	比例增益 积分增益 位置环增益 电动机电压 定向增益% 停止点 参考点偏移	比例增益 积分增益 位置环增益 电动机电压 加减速时间常数（%） 参考点偏移	比例增益 积分增益 位置环增益 电动机电压 回零增益（%） 参考点偏移	比例增益 积分增益 位置环增益 电动机电压 回零增益（%） 参考点偏移	比例增益 积分增益 位置环增益 电动机电压 回零增益（%） 参考点偏移

续表

运行方式	速度控制	主轴定向	同步控制	刚性攻螺纹	主轴恒线速控制	主轴定位控制（T系列）
监控器显示	电动机 主轴	电动机 主轴 位置误差 S	电动机 主轴 位置误差 S1 位置误差 S2 同步偏差	电动机 主轴 位置误差 S 位置误差 Z 同步偏差	电动机 主轴 位置误差 S	电动机 进给速度 位置误差 S

3．标准参数的自动设定

可以自动设定有关电动机的（每一种型号）标准参数。

（1）在紧急停止状态下将电源置于 ON。

（2）将参数 LDSP（No. 4019#7）设定为“1”设定方式如下。

	#7	#6	#5	#4	#3	#2	#1	#0
4019	LDSP							

输入类型：参数输入。

数据类型：位主轴型。

#7 LDSP——是否进行串行接口主轴的参数自动设定。

0：不进行自动设定；1：进行自动设定。

（3）设定电动机型号。设定方式如下。

4133	电动机型号代码

五、主轴监控

主轴监控画面如图 4—33 所示。

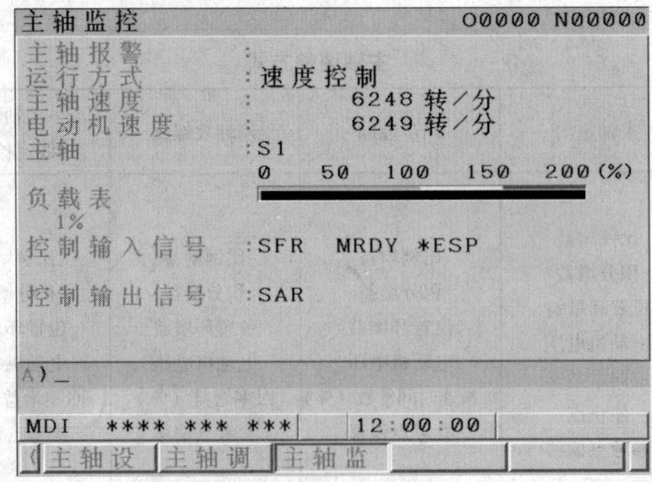

图 4—33 主轴监控画面

主轴监控画面主要有如下内容。

1. 主轴报警（见表 4—5）

表 4—5　　主轴报警信号

1：电动机过热	42：尚未检测位置编码器一转信号	77：轴号判定不一致
2：速度偏差过大	43：差速控制用位置编码器信号断线	78：安全参数判定不一致
3：DC 线路熔丝熔断	46：螺纹切削用位置传感器一转信号错误检测	79：初始测试动作异常
4：输入熔丝熔断	47：位置编码器信号异常	80：通信目的地主轴放大器异常
6：温度传感器断线	49：差速方式速度换算值溢出	81：电动机传感器一转信号错误检测
7：超速	50：主轴同步控制的速度指令计算值过大	82：尚未检测出电动机传感器一转信号
9：主回路过载	51：变频器 DC 线路过电压	83：电动机传感器信号异常
11：DC 线路过电压	52：ITP 信号的异常 I	84：主轴传感器断线
12：DC 线路过电流	53：ITP 信号的异常 Ⅱ	85：主轴传感器一转信号错误检测
13：CPU 内部数据存储器异常	54：过载电流报警	86：尚未检测出主轴传感器一转信号
15：输出切换报警	55：动力线的切换状态异常	87：主轴传感器信号异常
16：RAM 异常	56：内部冷却风扇停止	88：散热器冷却风扇停止
18：和数校验错误	57：变频器减速电力过大	89：SSM 异常
19：U 相电流偏置过大	58：变频器主回路过载	110：放大器间通信异常
20：V 相电流偏置过大	59：变频器冷却风扇停止	111：变频器控制电流低电压
21：位置传感器极性的错误设定	61：半侧和全侧位置返回误差报警	112：变频器再生电流过大
24：传输数据异常或停止	65：磁极确定动作时的移动量异常	113：变频器冷却器散热风扇停止
27：位置编码器断线	66：主轴放大器间通信报警	120：通信数据报警
29：短暂过载	67：FSC/EGB 方式中参考点返回指令异常	121：通信数据报警
30：输入部过电流	69：安全速度超过	122：通信数据报警
31：电动机受到限制	70：轴数据异常	126：主轴速度超过
32：用于传输的 RAM 异常	71：安全参数异常	128：主轴同步控制时速度偏差过大报警
33：DC 线路充电异常	72：电动机速度判定不一致	129：主轴同步控制时位置误差过大报警
34：参数设定异常	73：电动机传感器断线	130：扭矩串联时速度极性异常
36：错误计数器溢出	74：CPU 测试报警	135：安全速度零监视异常
37：速度检测器错误设定	75：CRC 测试报警	136：安全速度零监视判定不一致
41：位置编码器一转信号错误检测	76：安全功能没有执行	137：设备通信异常

2. 控制输入信号

下列信号中，最多显示 10 个处在 ON 状态的信号，见表 4—6。

表 4—6 输入信号

ILML：转矩限制信号（低）	＊ESP：紧急停止（负逻辑）
TLMH：转矩限制信号（高）	SOCN：软启动/停止
CTH1：齿轮信号 1	RSL：输出切换请求信号
CTH2：齿轮信号 2	RCH：动力线状态确认信号
SRV：主轴反转信号	INDX：定向停止位置变更
SFR：主轴正转信号	ROTA：定向停止位置旋转方向
ORCM：定向指令	NRRO：定向停止位置快捷
MRDY：机床准备就绪信号	INTG：速度积分控制信号
ARST：报警复位信号	DEEM：差速方式指令

3. 控制输出信号

下列信号中，显示处于 ON 状态的信号，见表 4—7。

表 4—7 输出信号

ALM：报警信号	LDT2：负载检测信号 2
SST：速度零信号	TLM5：转矩限制中信号
SDT：速度检测信号	ORAR：定向结束信号
SAR：速度到达信号	RCHP：输出切换信号
LDT1：负载检测信号 1	RCFN：输出切换结束信号

六、主轴常见故障的排除

1. 常见主传动报警及其处理（见表 4—8）

表 4—8 常见主传动报警及其处理

报警号	内容	说　明
56	冷却风扇故障	内部冷却风扇停止时输出警告信号。此时主轴将继续运行，应根据需要，利用 PMC 进行适当处理 在输出警告信号后约 1 min 内发出报警
88	变频器散热扇停转	散热器冷却风扇停止时输出警告信号。此时主轴将继续运行，应根据需要，利用 PMC 进行适当处理 主回路过热时就发出报警

续表

报警号	内容	说明
04	变频器主电源缺相	主电源缺相时就输出警告信号。此时主轴将继续运行，应根据需要，利用 PMC 进行适当处理 输出警告信号后，*i*PS 在约 1 min 后发出报警；*i*PSR 则在约 5 s 后发出报警
58	变频器过载	共同电源（PS）的主回路过载时就输出警告信号。此时主轴将继续运行，应根据需要，利用 PMC 进行适当处理 在输出警告信号后约 1 min 内发出报警
59	变频器冷却风扇故障	共同电源（PS）的冷却风扇停止时就输出警告信号。此时主轴将继续运行，应根据需要，利用 PMC 进行适当处理 在输出警告信号后约 1 min 内发出报警
113	变频器散热扇停转	共同电源（PS）的散热器冷却风扇停止时就输出警告信号。此时主轴将继续运行，应根据需要，利用 PMC 进行适当处理 共同电源（PS）主回路过热时就发出报警
01	电动机过热	电动机温度超过报警检测水平（通过参数设定）时，输出报警信号。此时主轴将继续运行，应根据需要，利用 PMC 进行适当处理 电动机温度达到过热检测水平时，发出报警
06	温度传感器异常	有可能为切削液侵入主轴电动机内而导致绝缘电阻下降。应清除切削液。需要采取防止切削液侵入的对策。绝缘老化继续时，最终还是需要更换电动机

2．704 号报警（主轴速度波动检测报警）的处理

因负载引起主轴速度变化异常时出此报警。处理方式如图 4—34 所示。

3．749 报警（串行主轴通信错误）的处理

主板和串行主轴间电缆连接不良，其原因可能有以下几点：

（1）存储器或主轴模块电缆连接不良。

（2）主板和主轴放大器模块间电缆断线或松开。

（3）主轴和放大器模块电缆连接不良。

4．750 号报警（主轴串行链启动不良）的处理

在使用串行主轴的系统中，通电时主轴放大器没有达到正常的启动状态时，发生此报警。本报警不是在系统（含主轴控制单元）已启动后发生的。肯定是在电源接通时，系统启动之前发生的。

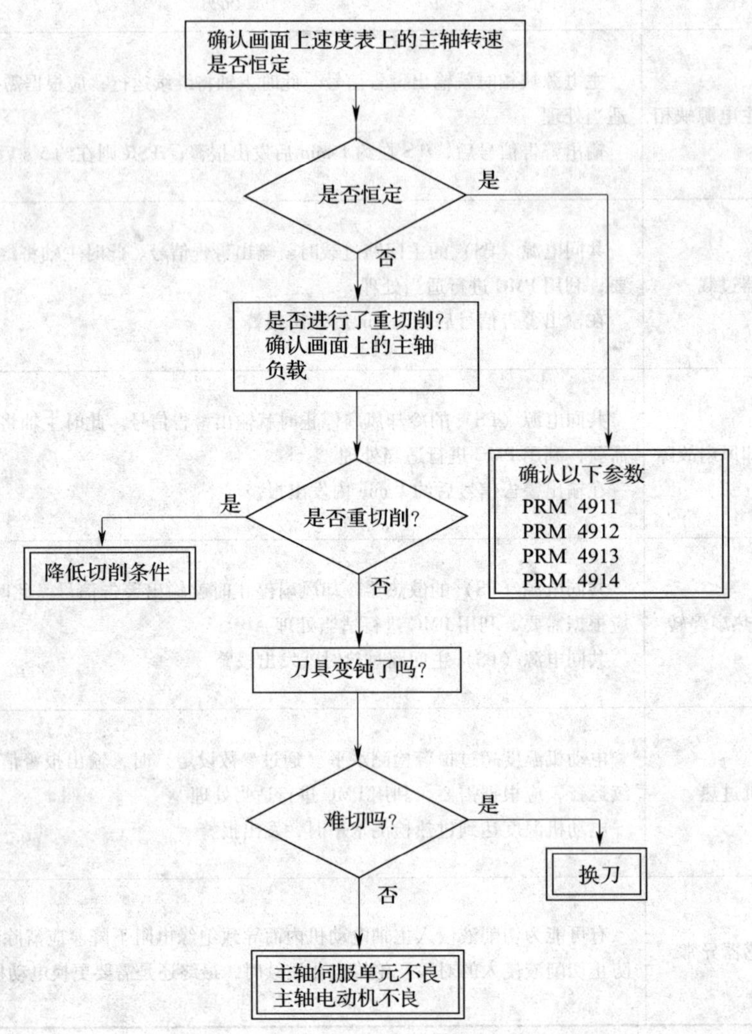

图 4—34　主轴速度波动检测报警的处理方法

说明：

参数 No. 4911：视为到达主轴指令转速的转速比率。

参数 No. 4912：视为主轴速度波动检测不报警的主轴波动率。

参数 No. 4913：视为主轴速度波动检测不报警的主轴波动转速。

参数 No. 4914：指令转速变化后，到开始检测主轴速度波动以前的时间。

（1）原因

1）串行主轴电缆（JA7A—JA7B）接触不良，或主轴放大器的电源关闭。

2）主轴放大器显示器的显示不是 SU—01 或 AL—24 的报警状态，CNC 的电源已接通时，主要是在串行主轴运转期间，CNC 电源关断时发生此报警。关掉主轴放大器的电源后，再启动。

3）第 2 主轴为上述 1）、2）状态时使用了第 2 主轴并按如下方式设定了参数。

4）3701 号参数的第 4 位为［1］时，连接了 2 个串行主轴。

（2）故障内容的详细检查

用诊断号 0409，确认故障的详细内容。

	#7	#6	#5	#4	#3	#2	#1	#0
诊断号 0409					SPE	S2E	S1E	SHE

SPE 0：在主轴串行控制中，串行主轴参数满足主轴放大器的启动条件。

1：在主轴串行控制中，串行主轴参数不满足主轴放大器启动条件。

S2E 0：在主轴串行控制启动中，第 2 主轴正常。

1：在主轴串行控制启动中，第 2 主轴方面检测出异常。

S1E 0：在主轴串行控制启动中，第 1 主轴正常。

1：在主轴串行控制启动中，第 1 主轴方面检测出异常。

SHE 0：CNC 的存储器或主轴模块正常。

1：CNC 的存储器或主轴模块正常检测出异常。

（3）处理方法

1）#3（SPE）1：在主轴串行控制中，串行主轴参数不满足主轴放大器可启动条件→再次确认 4000 号参数的设定（特别应注意更改了标准参数的设定值时）。

2）#2（S2E）1：串行主轴控制启动中，在第 2 主轴方面检测出了异常时→确认在机械、电气方面是否已连接好，再次确认第 2 主轴的参数设定和连接状态→如果上述的设定和连接是正常的，应考虑可能是存储器或主轴模块或主轴放大器本身存在故障。

3）#1（S1E）1：在串行主轴控制启动中，检测出第 1 主轴异常时，若在以下项目上没有异常的话，则更换单元→确认在机械、电气方面是否连接好，并再次确认第 1 主轴参数设定和连接状态→如果上述的设定和连接正常，应考虑可能是存储器或主轴模块或主轴放大器本身存在故障。

4）#0（SHE）1：当检测出 CNC 的串行通信异常时，要更换存储器或主轴模块。

5．维修实例

【例 4—1】 故障现象：一台配置 FANUC 0TC 系统的数控车床出现报警号 409（报警内容是伺服报警，串行主轴错误），机床停机，过一段时间再开机还能工作一段时间。

故障分析：主轴采用 FANUC 的交流伺服主轴。根据现象分析，系统的硬件没有问题。故障可能在放大器中。

故障维修：拆开观察，发现模块内的冷却轴流风扇损坏，更换后故障排除。

【例 4—2】 故障现象：一台配套 FANUC 0T 系统的数控车床，开机后，系统处于“急停”状态，显示“NOTREADY”，操作面板上的主轴报警指示灯亮。

分析与处理过程：根据故障现象，检查机床交流主轴驱动器，发现驱动器显示为“A”。

根据驱动器的报警显示，驱动器报警的含义是“驱动器软件出错”，这一报警在驱动器受到外部偶然干扰时较容易出现，解决的方法通常是对驱动器进行初始化处理。对本机床按如下步骤进行了参数的初始化操作：

（1）切断驱动器电源，将设定端 S1 置 TEST。

（2）接通驱动器电源。

（3）同时按住 MODE、UP、DOWN、DATASET 4 个键。

（4）当显示器由全暗变为“FFFFF”后，松开全部键，并保持 1 s 以上。

（5）同时按住 MODE、UP 键，使参数显示 FC—22。

（6）按住 DATASET 键 1 s 以上，显示器显示“GOOD”，标准参数写入完成。

（7）切断驱动器电源，将 S1（SH）重新置“DRIVE”。

通过以上操作，驱动器恢复正常，报警消失，机床恢复正常工作。

【例 4—3】 故障现象：某配套 FANUC 0TA2 系统的数控车床，当主轴高速（3 000 r/min以上）旋转时，机床出现异常振动。

分析与处理过程：数控机床的振动与机械系统的设计、安装、调整以及机械系统的固有频率、主轴驱动系统的固有频率等因素有关，其原因通常比较复杂。

但在本机床上，由于故障前交流主轴驱动系统工作正常，可以在高速下旋转；且主轴在超过 3 000 r/min 时，在任意转速下振动均存在，可以排除机械共振的原因。

检查机床机械传动系统的安装与连接，未发现异常，且在脱开主轴电动机与机床主轴的连接后，从控制面板上观察主轴转速、转矩显示，发现其值有较大的变化，因此初步判定故障在主轴驱动系统的电气部分。

经仔细检查机床的主轴驱动系统连接，最终发现该机床的主轴驱动器的接地线连接不良，将接地线重新连接后，机床恢复正常。

【例 4—4】 故障现象：一台配套 FANUC 0M 系统的二手数控铣床，采用 FANUC S 系列主轴驱动器，开机后，不论输入 S＊＊M03 或 S＊＊M04 指令，主轴只进行低速旋转，实际转速无法达到指令值。

分析与处理过程：在数控机床上，主轴转速的控制，一般是数控系统根据不同的 S 代码，输出不同的主轴转速模拟量值，通过主轴驱动器实现主轴变速。

在本机床上，检查主轴驱动器无报警，且主轴出现低速旋转，可以基本确认主轴驱动器无故障。

根据故障现象，为了确定故障部位，利用万用表测量系统的主轴模拟量输出，发现在不同的 S＊＊指令下，其值改变，由此确认数控系统工作正常。

分析主轴驱动器的控制特点，主轴的旋转除需要模拟量输入外，作为最基本的输入信号还需要给定旋转方向。

在确认主轴驱动器模拟量输入正确的前提下，进一步检查主轴转向信号，发现其输入模拟量的极性与主轴的转向输入信号不一致；交换模拟量极性后重新开机，故障排除，主轴可以正常旋转。

第三节　重力轴的装调

在卧式加工中心、卧式数控铣床及数控钻床中，丝杠一般是垂直安装的，由于滚珠丝杠等不具备自锁功能，必须增加平衡装置，这样的主轴控制一般称为重力轴控制。

机床重力轴控制分为机床不断电系统急停时的重力轴控制，机床断电有后备电源时的重力轴控制，机床断电无后备电源时重力轴控制。以下以机床断电无后备电源时 αi 系列伺服重力轴防掉落的控制方法为例进行介绍。

如图 4—35 所示，要防止重力轴在机床断电时掉落，必须在关断电动机的励磁前使用制动器抱住电动机轴。图 4—36 为断电制动的时序图。一般采取在检测到断电后制动器尽快动作与在关断电动机的励磁前使用制动器抱住电动机轴两种措施。

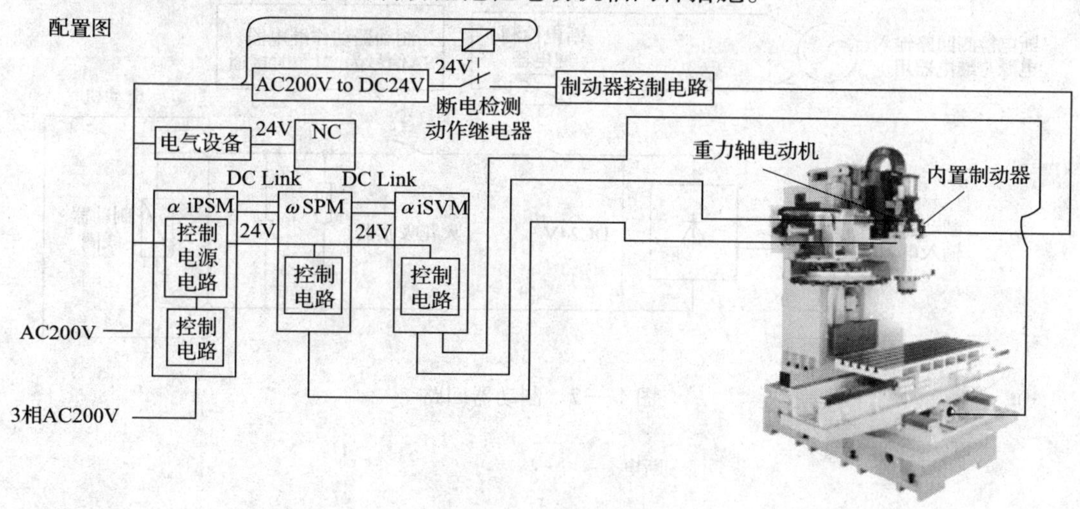

图 4—35　重力轴控制

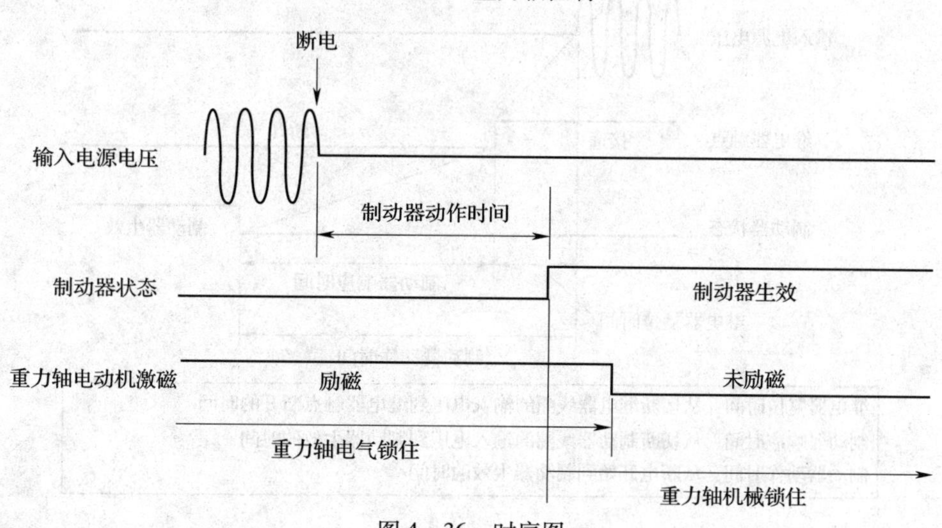

图 4—36　时序图

一、调整步骤

1. 配置可以在断电时迅速动作的制动器控制电路

按图 4—37 所示将断电检测回路动作继电器连接到制动器控制回路的 DC24 V 侧。这样可以在检测到断电时迅速动作。连接断电检测回路动作继电器的线圈到输入电源，在断电时切断制动器控制回路。断电检测回路动作，继电器输出端子必须连接在制动器控制回路的 DC24 V 侧，如果接在制动器控制回路的 AC 侧，制动器的动作时间会延迟。图 4—38 为从检测到断电到制动器抱住重力轴的时序图。制动器动作时间是继电器复位时间和制动器响应时间的总和。

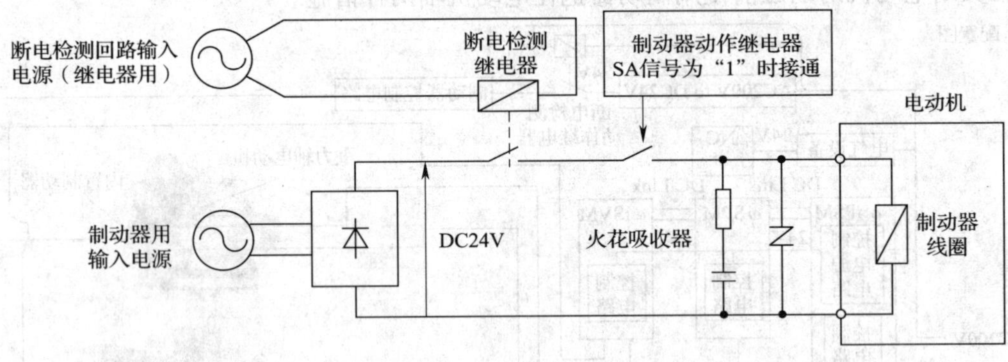

图 4—37　制动器回路

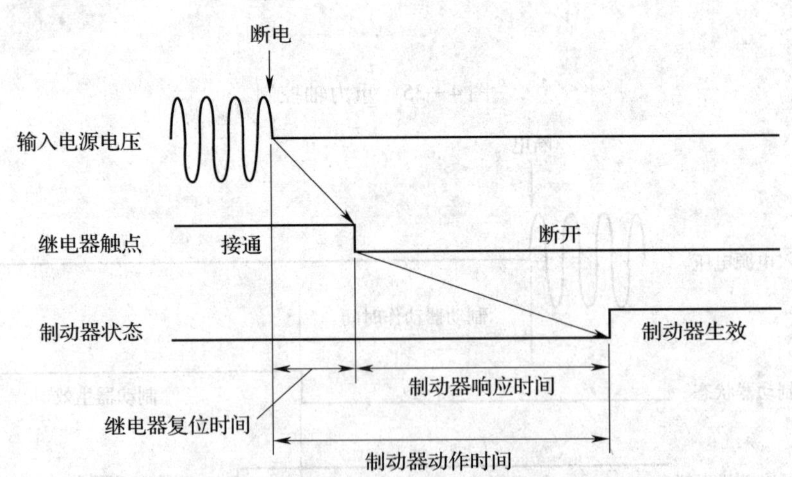

继电器复位时间：从切断继电器线圈的输入电压到继电器触点断开的时间
制动器响应时间：从切断制动器线圈的输入电压到制动器生效的时间
制动器动作时间：从断电开始到制动器生效的时间

图 4—38　时序图

2. 在用制动器抱紧电动机轴前保持电动机的励磁

为了防止重力轴掉落，如图 4—39 所示，需要断电时 NC 和放大器的控制电源的维持时间长于制动器的动作时间。

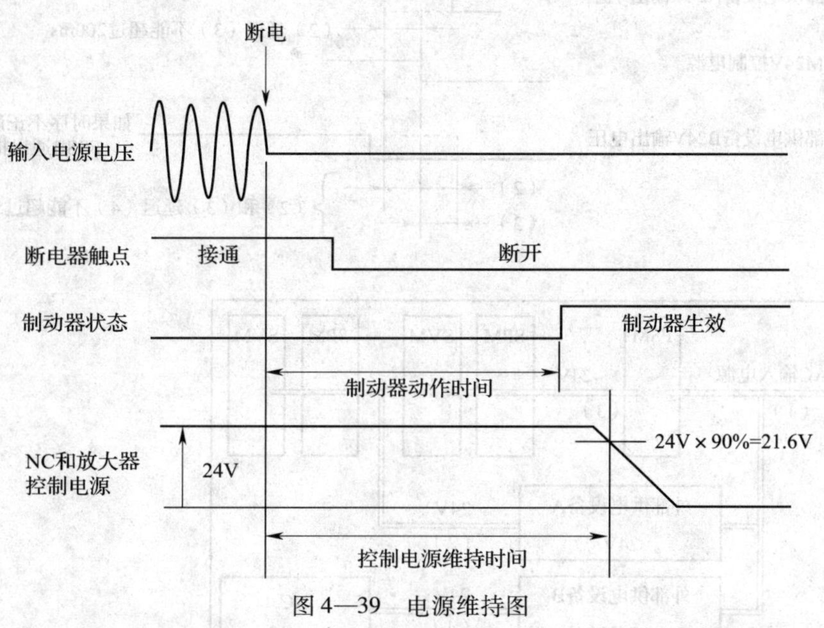

图 4—39　电源维持图

（1）NC 的控制电源维持时间。此时间与提供 DC24 V 控制电源的外部电源设备的负载率（实际负载电流和额定电流的比值）有关。负载率越小，维持时间越长。图 4—40 为外部电源供电图，图 4—41 为时序图。

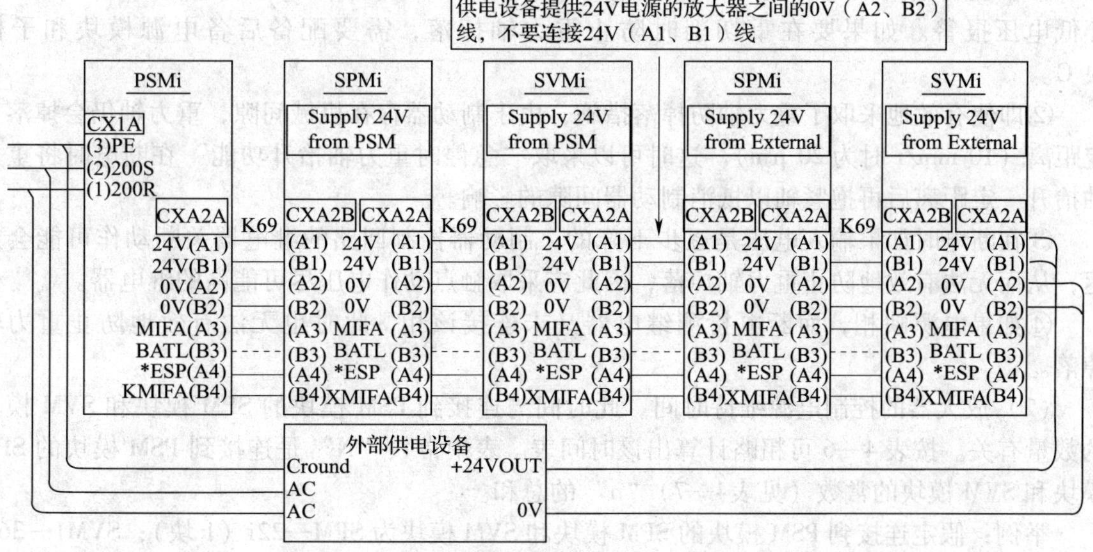

图 4—40　外部供电设备提供放大器控制电源图

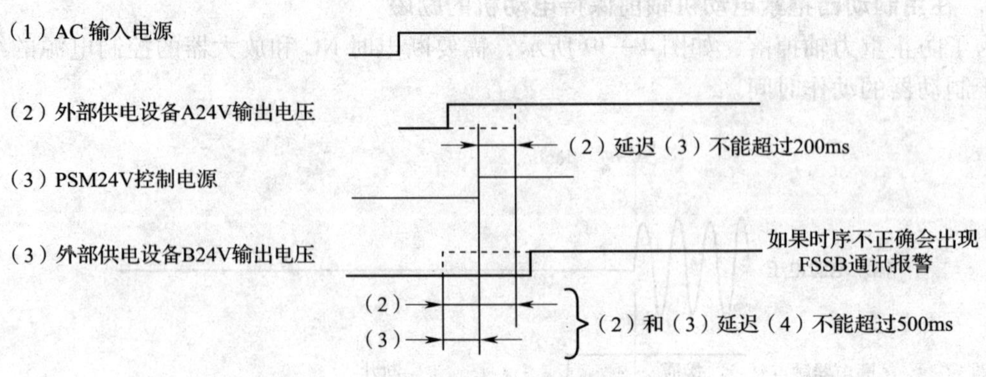

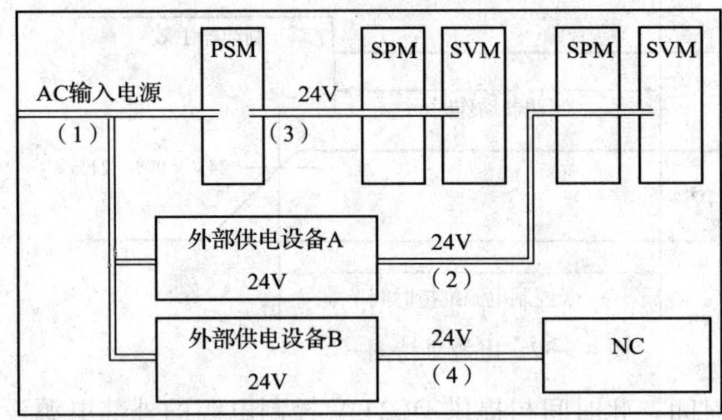

图 4—41　时序图

说明：

①在重切削时断电可能无法防止重力轴掉落，因为在制动器生效前可能会出现 DC 环低电压报警。如果要在重切削时防止重力轴掉落，需要配备后备电源模块和子模块 C。

②即使有效地采取了重力轴防掉落措施，由于制动器存在机械间隙，重力轴仍会掉落一定距离（10 mm/r 时为 20 μm）。这时可以采取“急停时重力轴抬升功能”在断电时将重力轴抬升一定距离后再抱紧轴以抵消制动器间隙的影响。

③在断电时如果输入电压是逐步下降的，制动器控制回路的继电器关断动作可能会延迟，从而无法有效地防止重力轴掉落，因此应采取触点动作电压尽可能高的继电器。

④如果电源缺相，而断电检测继电器又未连接该相，此时也无法有效地防止重力轴掉落。

(2) 放大器的控制电源维持时间。此时间与连接到 PSM 模块的 SPM 模块和 SVM 模块的数量有关。按表 4—6 可粗略计算出该时间表。表中常数“N”是连接到 PSM 模块的 SPM 模块和 SVM 模块的常数（见表4—7）“n”的总和。

举例：假定连接到 PSM 模块的 SPM 模块和 SVM 模块为 SPM—22i（1 块）；SVM1—360i（1 块）；SVM1—160i（1 块）；SVM2—80/80i（1 块）。

根据表 4—9 得：

$$N = 1 \times 1 + 1.5 \times 1 + 1 \times 1 + 1.5 \times 1 = 5$$

查表 4—10 得 40 ms。

表 4—9　　SPM 和 SVM 常数 *n*

放大器型号		*n*
SPM	SPM—2.2i～30i、5.5HVi～45HVi	1
	SPM—45i、55i、75HVi、100HVi	1.5
SVM1	SVM1—20i～160i、10HVi～80HVi	1
	SVM1—360i、180HVi	1.5
	SVM1—360HVi	2
SVM2	所有型号	1.5
SVM3	所有型号	2

表 4—10　　放大器控制电源维持时间和常数 *N*

放大器控制电源维持时间/ms	*N*
20	8
30	6.5
40	5
50	4
60	3
70	2

注：假定输入电压为 AC200 V。

按上述方法所得的时间只是一个理论近似值。因此需要在机床上实际确认 NC 和放大器的控制电源维持时间。

如果放大器的控制电源维持时间小于制动器的动作时间，可以采取以下措施：

①可以对部分放大器的控制电源采取外部设备供电的方式，这样可以减小 PSM 控制电源的负载率。

②可以使用 UPS 延长 NC 和放大器的控制电源维持时间。

(3) 相关参数设定。设定制动器控制相关参数，见表 4—11。

表 4—11　　设定制动器控制相关参数

CNC	参数号			
	BRKC	制动器控制定时器	ESPTM1	ESPTM0
FSl5i	No. 1883#6	No. 1976	No. 1750#6	No. 1750#5

续表

CNC	参数号			
	BRKC	制动器控制定时器	ESPTM1	ESPTM0
FS16i/18i/21i/0i FS30i/31i/32i	No. 2005#6	No. 2083	No. 2210#6	No. 2210#5
设定值（举例）	1	100	0	1

3. 拆卸重力轴电动机的注意事项

（1）重力轴下面加木方支撑。

（2）如果能够通电运行，在手轮方式下将重力轴落到木方上。

（3）松开连轴器螺钉，使重力轴处于自然释放状态。

（4）确认电动机已经和重力轴传动链脱开后，松开电动机螺钉，拆掉电动机。

二、控制电路（见图 4—42）

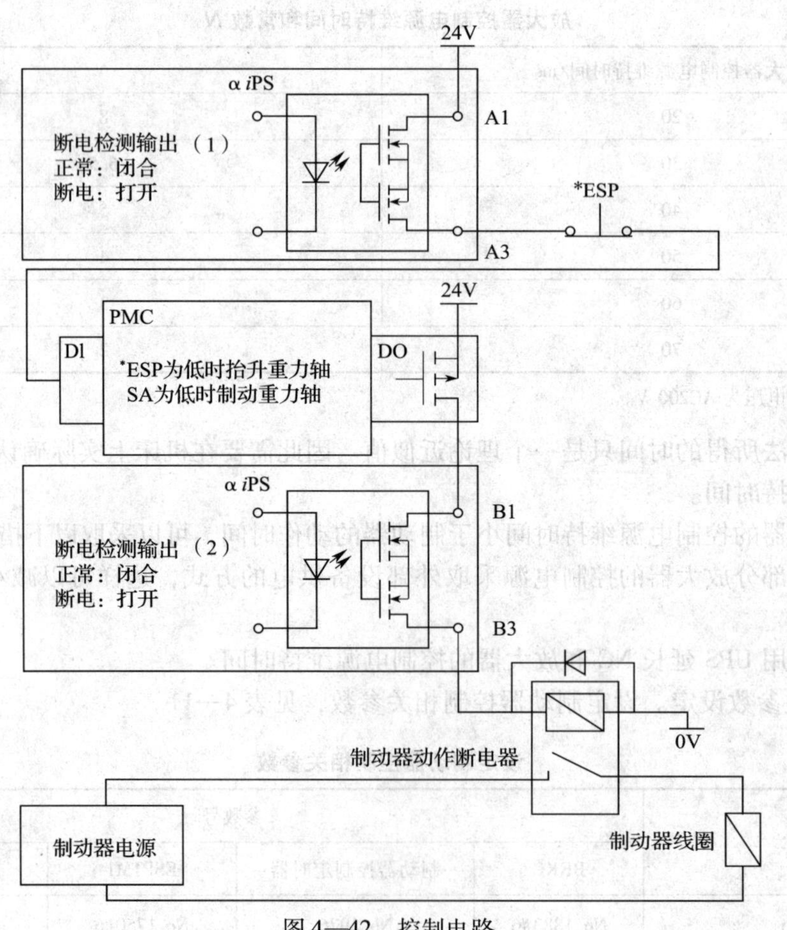

图 4—42　控制电路

三、检测与验收

1. 升级版 αiPS 电源模块的应用

使用升级版 αiPS 电源模块的内置断电检测功能输出信号，可以快速制动重力轴以防止断电时的掉落。

如图 4—43 所示对下述部分进行断电检测：主电路 L1、L2、L3 的三相输入；DC LINK 部分；αiPS 电源模块的控制电源。

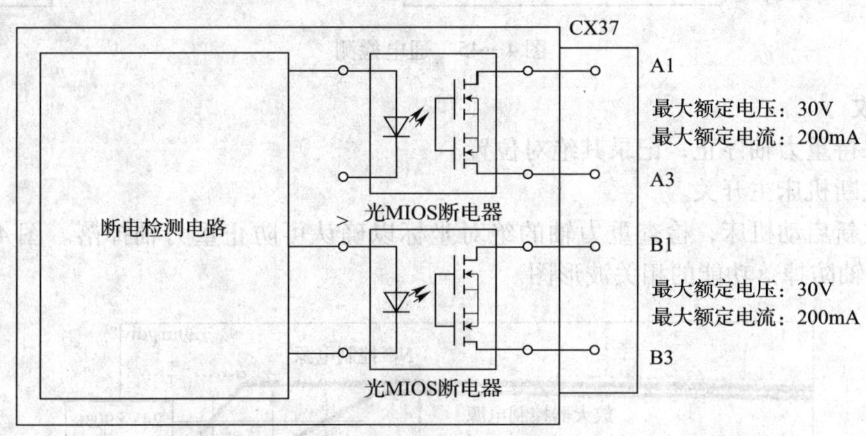

图 4—43　进行断电检测

（1）断电检测（见图 4—44）

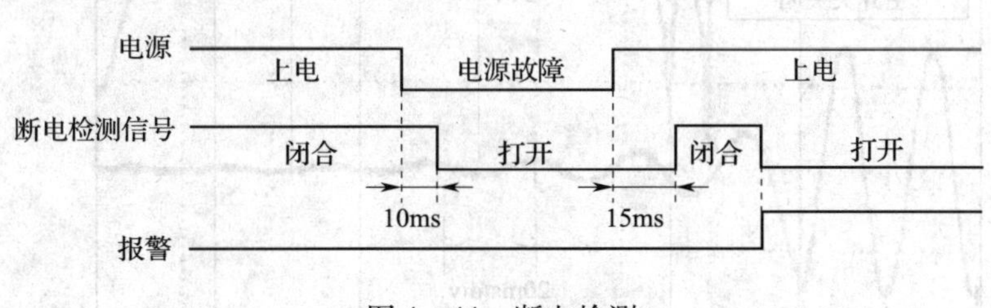

图 4—44　断电检测

1）断电检测信号通常关闭，断电时打开。

2）从断电发生到断电检测信号打开有 10 ms 的延迟。

3）从电源正常到断电检测信号关闭有 15 ms 的延迟。

4）当出现某些报警时，断电检测信号同断电时一样打开。

（2）通电检测（见图 4—45）

1）在升级版 αiPS 电源模块控制电源通电 1.5 s 后断电检测信号输出状态为关闭。在 αiPS 电源模块处于准备就绪状态（LED 状态为“0”）后，断电检测功能生效。

2）在电源模块处于未准备就绪状态（LED 状态为“1”）时，断电检测信号保持关闭。

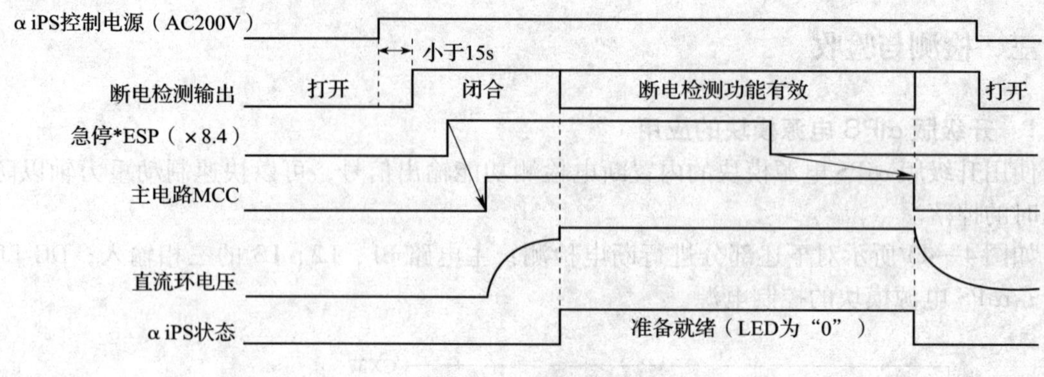

图 4—45　通电检测

2．验收

（1）保持重力轴停止，记录其绝对位置。

（2）关断机床主开关。

（3）重新启动机床，检查重力轴的绝对坐标以确认可防止重力轴掉落。图 4—46 是正常执行重力轴防掉落功能的相关波形图。

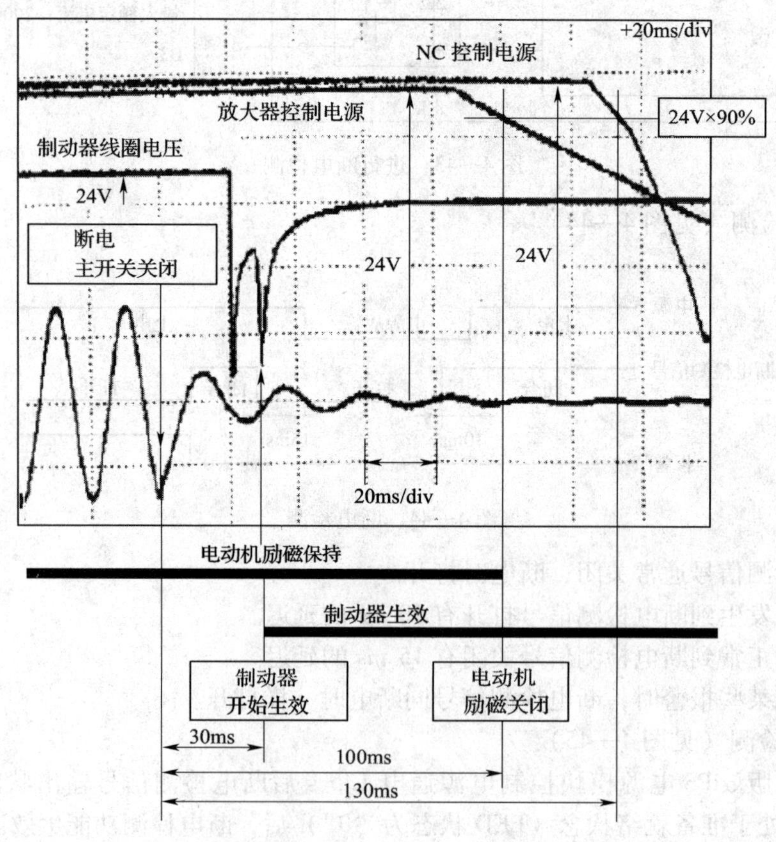

图 4—46　正常执行重力轴防掉落功能的相关波形图

第四节　FANUC 交流进给伺服系统的装调与维修

一、数字伺服参数的初始设定

1. 调出方法

（1）在紧急停止状态下将电源置于 ON。

（2）设定用于显示伺服设定画面、伺服调整画面的参数 3111。输入类型为设定输入；数据类型。其中#0 位 SVS 表示是否显示伺服设定画面、伺服调整画面，“0：不予显示”；“1：予以显示”。

	#7	#6	#5	#4	#3	#2	#1	#0
3111								SVS

（3）暂时将电源置于 OFF，然后再将其置于 ON。

（4）按下功能键 SYSTEM、功能菜单键 ▷、软键［SV 设定］。显示图 4—47 所示伺服参数的设定画面。

（5）利用光标翻页键，输入初始设定所需的数据。

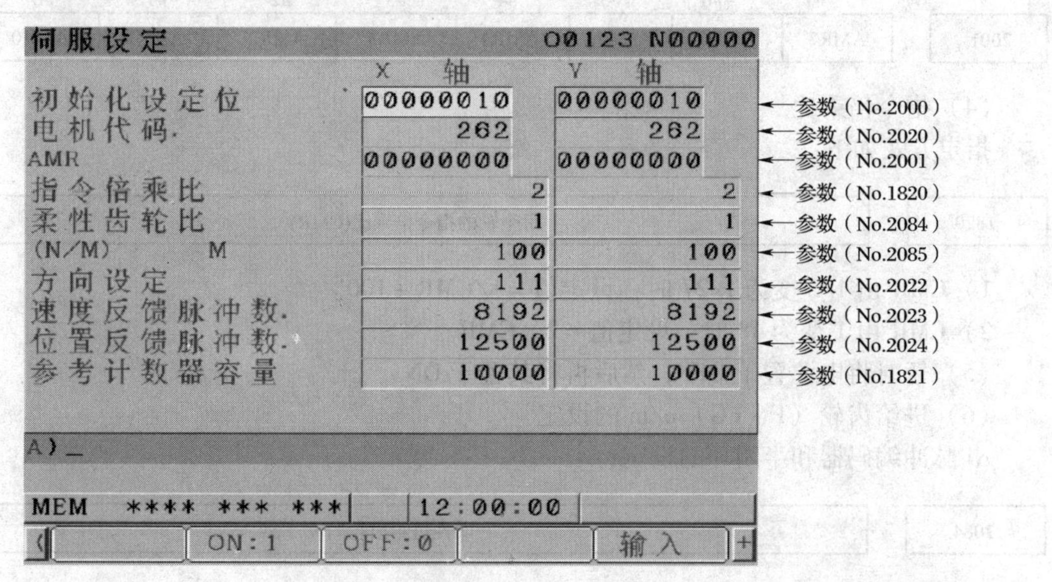

图 4—47　伺服参数的设定画面

（6）设定完毕后将电源置于 OFF，然后再将其置于 ON。

2. 设定方法

（1）初始化设定

初始化设定如下，其内容见表4—12。

	#7	#6	#5	#4	#3	#2	#1	#0
2000							DGPR	PLC0

表4—12　　初始化设定内容

参数	位数	内容	设定	说明
2000	0	PLC0	0	原样使用参数（No. 2023、No. 2024）的值
			1	使参数（No. 2023、No. 2024）的值再增大10倍
	1	DGPR	0	进行数字伺服参数的初始化设定
			1	不进行数字伺服参数的初始化设定

（2）电动机代码

根据电动机型号、图号（A06B－××××－B×××的中间4位数字）的不同，输入不同的伺服电动机代码。如电动机型号：αiS 2/5000；电动机图号：0212则输入电动机代码：262。

（3）任意AMR功能

设定“00000000”，设定方法如下：

	#7	#6	#5	#4	#3	#2	#1	#0	
2001	AMR7	AMR6	AMR5	AMR4	AMR3	AMR2	AMR1	AMR0	轴形

（4）指令倍乘比

指定方式如下：

1820	每个轴的指令倍乘比(CMR)

1）CMR由1/2变为1/27时：设定值＝1/CMR＋100。

2）CMR由1变为48时：设定值＝2×CMR。

（5）暂时将电源置于OFF，然后再将其置于ON。

（6）进给齿轮（F·FG）n/m的设定

αi脉冲编码器和半闭环的设定：

2084	柔性进给齿轮的 *n*

2085	柔性进给齿轮的 *m*

$$n、m \leqslant 32\ 767，\frac{n}{m}=\frac{\text{电动机每转一周所需的位置反馈脉冲数}}{1\ 000\ 000}$$

说明：

1）F·FG 的分子、分母（n、m），其最大设定值（约分后）均为 32 767。

2）αi 脉冲编码器与分辨率无关，在设定 F·FG 时，电动机每转动一圈作为 100 万脉冲处理。

3）齿轮齿条等电动机每转动一圈所需的脉冲数中含有圆周率 π 时，假定 π＝355/113。

【例 4—5】 在半闭环中检测出 1 μm 时，F·FG 的设定见表 4—13。

表 4—13 F·FG 的设定

滚珠丝杠的导程/mm	所需的位置反馈脉冲数/脉冲/r	F·FG
10	10 000	1/100
20	20 000	2/100 或 1/50
30	30 000	3/100

（7）方向设定

111：正向（从脉冲编码器一侧看沿顺时针方向旋转）；

－111：反向（从脉冲编码器一侧看沿逆时针方向旋转）。

设定方法如下：

2022	电动机旋转方向

（8）速度反馈脉冲数、位置反馈脉冲数

一般设定指令单位：1/0.1 μm；初始化设定位：bit0＝0；速度反馈脉冲数：8 192。位置反馈脉冲数的设定如下：

1）半闭环控制情况下设定为 12 500。

2）全闭环控制情况下。在位置反馈脉冲数中设定电动机转动一圈时从外置检测器反馈的脉冲数（位置反馈脉冲数的计算，与柔性进给齿轮无关）。

【例 4—6】 在使用导程为 10 mm 的滚珠丝杠（直接连接）、具有 1 脉冲 0.5 μm 的分辨率的外置检测器的情形下，电动机每转动一圈来自外置检测器的反馈脉冲数为：10/0.0005＝20 000。因此，位置反馈脉冲数为 20 000。

3）位置反馈脉冲数的设定大于 32 767 时。FS0i－C 中，需要根据指令单位改变初始化设定位的 bit0（高分辨率位），但是，FS0i－D 中指令单位与初始设定位的#0 之间不存在相互依存关系。即使如 FS0i－C 一样地改变初始化设定位的 bit0 也没有问题，也可以使用位置反馈脉冲变换系数。

位置反馈脉冲变换系数将会使设定更加简单。使用位置反馈脉冲变换系数，以两个参数的乘积设定位置反馈脉冲数。设定方式如下：

2024	位置反馈脉冲数

2185	位置反馈脉冲数变换系数

【例 4—7】 使用最小分辨率为 0.1 μm 的光栅尺，电动机每转动一圈的移动距离为 16 mm 的情形。

由于 *Ns* = 电动机每转动一圈的移动距离（mm）/检测器的最小分辨率（mm）= 16 mm/0.000 1 mm = 160 000（>32 767）= 10 000 × 16。

所以进行如下设定：

A（参数 No. 2024）= 10 000

B（参数 No. 2185）= 16

电动机的检测器为 αi 脉冲编码器的情形（速度反馈脉冲数 = 8 192），尽可能为变换系数选择 2 的乘方值（2，4，8，…），这样，软件内部中所使用的位置增益值将更加准确

（9）参考计数器的设定

1821	每个轴的参考计数器容量(分子) (0~999999999)

1）半闭环的情况下

参考计数器 = 电动机每转动一圈所需的位置反馈脉冲数或其整数分之一

旋转轴上电动机和工作台的旋转比不是整数时，需要设定参考计数器的容量，以使参考计数器 = 0 的点（栅格零点）相对于工作台总是出现在相同位置。

【例 4—8】 检测单位 = 1 μm、滚珠丝杠的导程 = 20 mm、减速比 = 1/17 的系统。

①以分数设定参考计数器容量的方法。

电动机每转动一圈所需的位置反馈脉冲数 = 20 000/17

设定分子 = 20 000，分母 = 17。设定方法如下：

分母的参数在伺服设定画面上不予显示，需要从参数画面进行设定。

1821	每个轴的参考计数器容量(分子) (0~999999999)
2179	每个轴的参考计数器容量(分母)(0~32767)

②改变检测单位的方法。电动机每转动一圈所需的位置反馈脉冲数 = 20 000/17 使表 4—14的参数都增大 17 倍，将检测单位改变为 1/17μm。

表 4—14　　参数改变

参数	变更方法
FFG	可在伺服设定画面上变更
指令倍乘比	可在伺服设定画面上变更
参考计数器	可在伺服设定画面上变更
到位宽度	No. 1826，No. 1827
移动时位置偏差量限界值	No. 1828
停止时位置偏差量限界值	No. 1829
反间隙量	No. 1851，No. 1852

因为检测单位由 1 μm 改变为 1/17 μm，故需要将用检测单位设定的参数全都增大 17 倍。

2）全闭环的情形

参考计数器 = Z 相（参考点）的间隔/检测单位或者其整数分之一

二、FSSB 数据的显示和设定画面

FSSB（Fanuc Serial Servo Bus）是将 CNC 和多个伺服放大器之间用一根光纤电缆连接起来的高速串行伺服总线，可以设定画面输入轴和放大器的关系等数据，进行轴设定的自动计算，若参数 DFS（No. 14476 #0）= 0，则自动设定参数（No. 1023，No. 1905，No. 1936 ~ 1937，No. 14340 ~ 14349，No. 14376 ~ 14391），若参数 DFS（No. 14476 #0）= 1，则自动设定参数（No. 1023，No. 1905，No. 1910 ~ 1919，No. 1936 ~ 1937）。

1．显示步骤

（1）按下功能键 SYSTEM。

（2）按继续菜单键 ▷ 数次，显示［FSSB］按钮。

（3）按下［FSSB］按钮，切换到“放大器设定”画面（或者以前所选的 FSSB 设定画面），显示图 4—48 所示按钮。

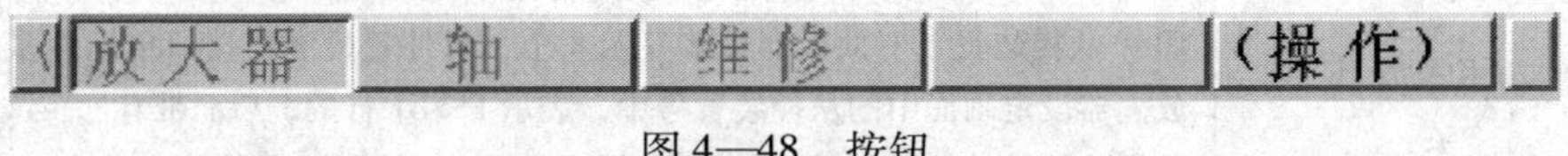

图 4—48　按钮

1）放大器设定画面。放大器设定画面上，将各从控装置的信息分为放大器和外置检测器接口单元予以显示，如图 4—49 所示。通过翻页键 PAGE ⇧、PAGE ⇩ 切换画面。显示信息见表 4—15。

放大器设定　　O0000 N00000

号.	放大	系列	单元	电流	轴	名称
1-01	A1-L	αi	SVM	20A	01	X
1-02	A1-M	αi	SVM	20A	02	Y
1-03	A1-N	αi	SVM	20A	03	Z
1-04	A2-L	αi	SVM	20A	04	B
1-05	A2-M	αi	SVM	20A	05	C

A）_

MDI　****　***　***　12:00:00

放大器　轴　维修　（操作）

图 4—49　放大器设定画面

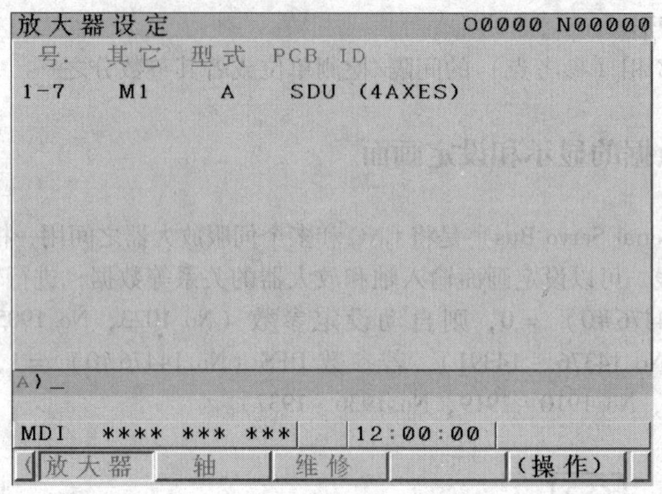

图 4—49 放大器设定画面（续）

表 4—15 显示信息

信息	内容	说明
号	从控装置号	由 FSSB 连接的从控装置，从最靠近 CNC 数起的编号，每个 FSSB 线路最多显示 10 个从控装置（对放大器最多显示 8 个，对外置检测器接口单元最多显示 2 个）。放大器设定画面中的从控装置号中，表示 FSSB1 行的 1 后面带有“ -”（连字符），而后连接的从控装置的编号从靠近 CNC 的一侧按照顺序显示
放大	放大器类型	在表示放大器开头字符的“A”后面，从靠近 CNC 一侧计数，显示表示第几台放大器的数字和表示放大器中第几轴的字母（L：第 1 轴，M：第 2 轴，N：第 3 轴）
轴	控制轴号	若参数 DFS（No. 14476#0）＝0，则显示在参数（No. 14340 ~ 14349）中所设定的值上加 1 的轴号；若参数 DFS（No. 14476#0）＝1，则显示在参数（No. 1910 ~ 1919）所设定的值上加 1 的轴号。所设定的值处在数据范围外时，显示“0”
名称	控制轴名称	显示对应于控制轴号的参数（No. 1020）的轴名称。控制轴号为“0”时，显示“ _ ”
系列	伺服放大器系列	
单元	伺服放大器单元的种类	
电流	最大电流值	
其他		在表示外置检测器接口单元的开头字母“M”之后，显示从靠近 CNC 一侧起的表示第几台外置检测器接口单元的数字
形式	外置检测器接口单元的形式	以字母形式显示
PCB ID		以 4 位 16 进制数显示外置检测器接口单元的 ID。此外，若是外置检测器模块（8 轴），“SDU（8AXES）” 显示在外置检测器接口单元的 ID 之后，若是外置检测器模块（4 轴），“SDU（4AXES）” 显示在外置检测器接口单元的 ID 之后

2）轴设定画面。在轴设定画面上显示轴信息。轴设定画面上显示见表 4—16。

表 4—16　　显示项目

信息		内容	说明
轴设定画面	轴	控制轴号	按照 NC 的控制轴顺序显示
	名称	控制轴名称	
	放大器	连接在每个轴上的放大器类型	
	M1	外置检测器接口单元 1	显示保持在 SRAM 上的用于外置检测器接口单元 1、2 的连接器号
	M2	外置检测器接口单元 2	
	轴专有	伺服 HRV3 控制轴，以一个 DSP 进行控制的轴数，有限制时，显示可由保持在 SRAM 上的一个 DSP 进行控制可能的轴数。“0”表示没有限制	
	Cs	Cs 轮廓控制轴	显示保持在 SRAM 上的值。在 Cs 轮廓控制轴上显示主轴号
	双电	显示保持在 SRAM 上的值	对于进行串联控制时的主控轴和从控轴，显示奇数和偶数连续的编号
放大器维护画面	轴	控制轴号	
	名称	控制轴名称	
	放大器	连接在每个轴上的放大器类型	
	系列	连接在每个轴上的伺服放大器类型	
	单元	连接在每个轴上的伺服放大器单元的种类	
	轴	连接在每个轴上的伺服放大器最大轴数	
	电流	连接在每个轴上的放大器的最大电流值	
	版本	连接在每个轴上的放大器的单元版本	
	测试	连接在每个轴上的放大器的测试日	
	维护号	连接在每个轴上的放大器的改造图号	

3）放大器维护画面。在放大器维护画面上显示伺服放大器的维护信息。放大器维护画面有图 4—50 所示的两个画面，通过翻页键、进行切换。显示项目见表 4—16。

2．设定

在 FSSB 设定画面（放大器维护画面除外）上，按下［（操作）］按钮时，显示如图 4—51 所示按钮。输入数据时，设定为 MDI 方式或者紧急停止状态，使光标移动到输入项目位置，键入后按下［输入］按钮（或者按下 MDI 面板的键）；输入后按下［设定］按钮时，若设定值有误，则发出告警；在设定值正确的情况下，若参数 DFS（No. 14476#0）=0，则在参数（No. 1023，No. 1905，No. 1936～1937，No. 14340～14349，No. 14376～14391）中进

放大器维护 O0000 N00000

轴	名称	放大器	系列	单元	轴	电流
1	X	A1-L	αi	SVM	3	20A
2	Y	A1-M	αi	SVM	3	20A
3	Z	A1-N	αi	SVM	3	20A
4	B	A2-L	αi	SVM	3	20A
5	C	A2-M	αi	SVM	3	20A

A)_

MDI **** *** *** 12:00:00

（ 放大器 | 轴 | 维修 |

图4—50 放大器维护画面

放大器维护 O0000 N00000

轴	名称	版本	测试	维护号
1	X	2B	050906	0
2	Y	2B	050906	0
3	Z	2B	050906	0
4	B	2B	050906	0
5	C	2B	050906	0

A)_

MDI **** *** *** 12:00:00

（ 放大器 | 轴 | 维修 |

图4—50 放大器维护画面（续）

行设定，若参数DFS（No. 14476#0）=1，则在参数（No. 1023，No. 1905，No. 1910～1919，No. 1936～1937）中进行设定。在输入错误值时，若希望返回到参数中所设定的值，应按下［读入］按钮。此外，在系统通电开始时还会读出设定在参数中的值，并予以显示。

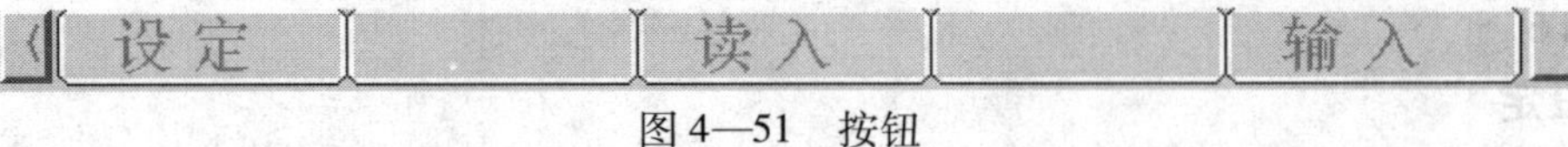

图4—51 按钮

注意：

1）在FSSB设定画面中进行参数设定时，不要在参数画面上通过直接MDI输入或者通过G10输入进行设定。而必须在FSSB设定画面上进行设定。

2）按下［设定］按钮而有警告发出的情况下，重新输入，或者按下［读入］按钮来解除警告。即使按下RESET（复位）键也无法解除警告。

（1）放大器设定画面，如图4—52所示。“轴”项表示控制轴号，应在“1”～最大控制轴数的范围内选择适当数值输入。如输入了范围外的值时，系统会发出“格式错误”警告。输入控制轴号后按下［设定］按钮并在参数中进行设定时，如输入了重复的控制轴号或输入“0”，系统会发出“数据超限”警告，且所输入数据不会被设定到参数。

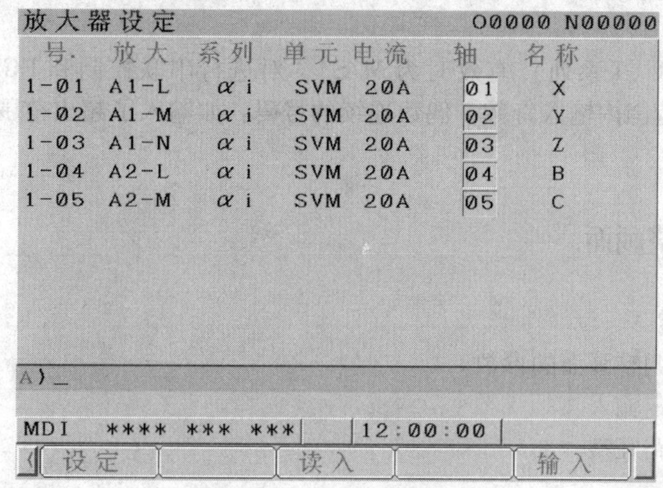

图 4—52 放大器设定画面

（2）轴设定画面，如图 4—53 所示。

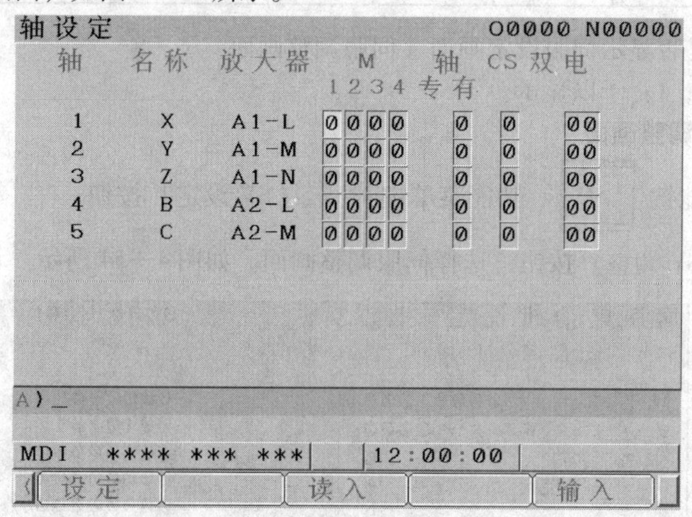

图 4—53 轴设定画面

轴设定画面上可以设定如下项目。

1）M1、M2。外置检测器接口单元 1、2 的连接器号，对于使用各外置检测器接口单元的轴，以 1～8（外置检测器接口单元的最大连接器数范围）输入该连接器号。不使用各外置检测器接口单元时，输入“0”。在尚未连接各外置检测器接口单元的情况下，输入了超出范围的值时，系统会发出“非法数据”警告。在已经连接各外置检测器接口单元的情况下，输入了超出范围的值时，系统会发出“数据超限”警告。

2）轴专有。以伺服 HRV3 控制轴限制一个 DSP 的控制轴数时，设定可以用一个 DSP 进行控制的轴数。伺服 HRV3 控制轴，设定值：3；在 Cs 轮廓控制轴以外的轴中设定相同值。输入了“0”“1”“3”以外的值时，发出“数据超限”警告。

3）Cs。Cs 轮廓控制轴，输入主轴号（1，2）。输入了 0 ~ 2 以外的值时，发出“数据超限”警告。

4）双电［EGB（T 系列）有效时为 M/S］。对进行串联控制和 EGB（T 系列）的轴，在 1 ~ 控制轴数的范围内输入奇数、偶数连续的号码。如输入了超出范围的值，系统会发出“数据超限”警告。

三、伺服调整画面

1. 参数的设定

设定显示伺服调整画面的参数。

输入类型：设定输入。

数据类型：位路径型。

	#7	#6	#5	#4	#3	#2	#1	#0
3111								SVS

#0 SVS——是否显示伺服设定画面、伺服调整画面。

0：不予显示；1：予以显示。

2. 显示伺服调整画面

（1）按下功能键 SYSTEM、功能菜单键 ▷、［SV 设定］按钮。

（2）按下［SV 调整］按钮，选择伺服调整画面。如图 4—54 所示。说明见表 4—17。

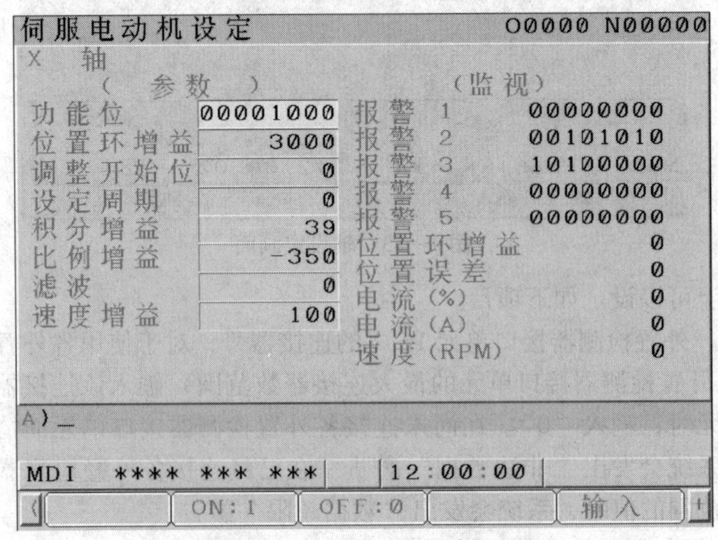

图 4—54 伺服调整画面

表 4—17　伺服调整画面的说明

项目	说明	项目	说明
功能位	参数（No. 2003）	报警 2	诊断号 201
位置环增益	参数（No. 1825）	报警 3	诊断号 202
调整开始位	0	报警 4	诊断号 203
设定周期	0	报警 5	诊断号 204
积分增益	参数（No. 2043）	位置环增益	实际环路增益
比例增益	参数（No. 2044）	位置误差	实际位置误差值（诊断号 300）
滤波	参数（No. 2067）	电流（A）	以 A（峰值）表示实际电流
速度增益	设定值 $=\frac{(\text{参数 No. 2021}) + 256}{256}\times 100$	电流%	以相对于电动机额定值的百分比表示电流值
报警 1	诊断号 200 报警 1 ~5 信息见表 4—18。	速度（RPM）	表示电动机实际转速

表 4—18　报警 1 ~5 信息

报警号	#7	#6	#5	#4	#3	#2	#1	#0
报警1	OVL	LVA	OVC	HCA	HVA	DCA	FBA	OFA
报警2	ALD			ENP				
报警3		CSA	BLA	PHA	RCA	BZA	CKA	SPH
报警4	DTE	CRC	STB	PRM				
报警5		OFS	MCC	LDM	PMS	FAN	DAL	ABF

四、αi 伺服信息画面

在 αi 伺服系统中，获取由各连接设备输出的 ID 信息，输出到 CNC 画面上。具有 ID 信息的设备主要有伺服电动机、脉冲编码器、伺服放大器模块和电源模块等。CNC 首次启动时，自动地从各连接设备读出并记录 ID 信息。从下一次起，对首次记录的信息和当前读出的 ID 信息进行比较，由此就可以监视所连接的设备变更情况［当记录与实际情况不一致时，显示表示警告的标记（＊）］。可以对存储的 ID 信息进行编辑。由此，就可以显示不具备 ID 信息的设备的 ID 信息［与实际情况不一致时，显示表示警告的标记（＊）］。

1．参数设置（见表 4—19）

表 4—19　　参数设置

	#7	#6	#5	#4	#3	#2	#1	#0
13112							SVI	IDW

输入类型	参数输入	参数	说明	设置	
参数输入	位路径型	IDW	对伺服或主轴的信息画面进行编辑	0	禁止
				1	不禁止
		SVI	是否显示伺服信息画面	0	予以显示
				1	不予显示

2．显示伺服信息画面

（1）按下功能键 SYSTEM，按下［系统］按钮。

（2）按下［伺服］按钮时，出现如图 4—55 所示画面。“＊伺服信息”被保存在FLASH－

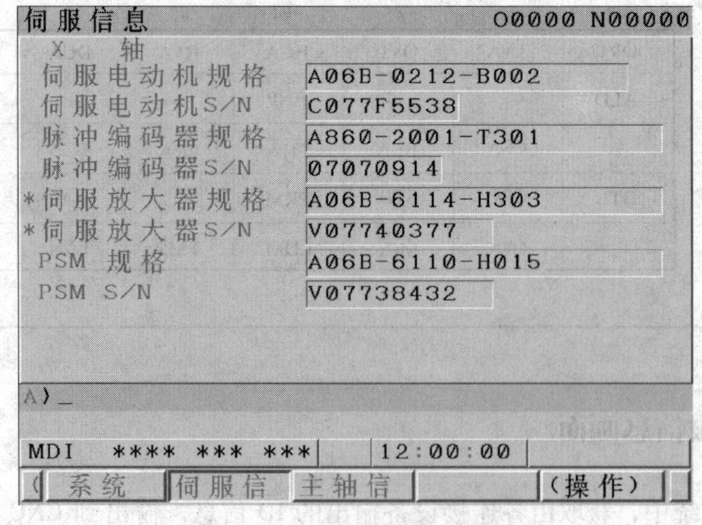

图 4—55　显示伺服信息画面

ROM 中。画面所显示的 ID 信息与实际 ID 信息不一致的项目，在项目的左侧显示“*”。此功能即使在需要修理等正当的理由而进行更换的情况下，也会检测该更换并显示“*”标记。

擦除“*”标记的步骤：

1）可进行编辑，参数 IDW（No. 13112#0）=1。

2）在编辑画面，将光标移动到希望擦除“*”标记的项目。

3）通过按钮［读取 ID］→［输入］→［保存］进行操作。

3. 编辑伺服信息画面

（1）设定参数 IDW（No. 13112#0）=1。

（2）按下机床操作面板上的 MDI 开关。

（3）按照“显示伺服信息画面”的步骤显示如图 4—56 所示画面。

（4）通过光标键 PAGE↑、PAGE↓，移动画面上的光标。按键操作见表 4—20。

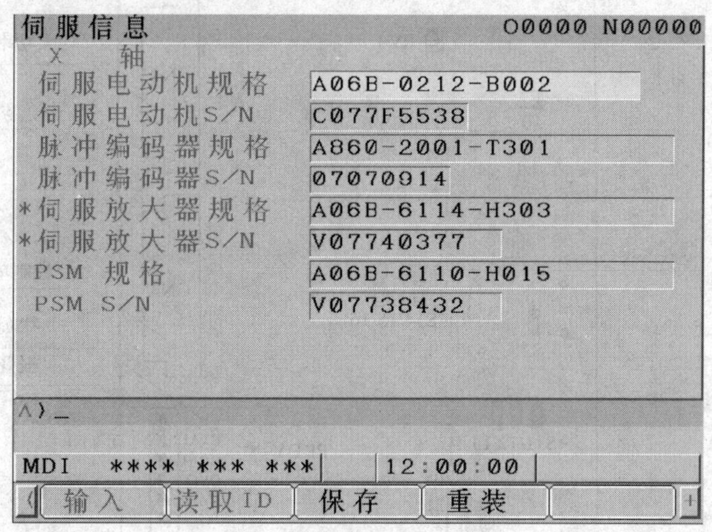

图 4—56 编辑伺服信息画面

表 4—20 按键操作

按键操作		用途
翻页键		上下滚动画面
软键	［输入］	将所选中的光标位置的 ID 信息改变为键入缓冲区内的字符串
	［取消］	擦除键入缓冲区的字符串
	［读取 ID］	将用光标选中的连接设备的带有 ID 的信息传输到键入缓冲区。只有左侧显示“*”的项目有效
	［保存］	将在伺服信息画面上改变的 ID 信息保存在 FLASH - ROM 中
	［重装］	取消在伺服信息画面上改变的 ID 信息，由 FLASH - ROM 重新加载
光标键		上下滚动 ID 信息的选择

五、伺服驱动的连接与控制

1. 伺服驱动的连接

(1) 交流模拟伺服驱动的连接

FANUC 交流模拟伺服驱动器采用了可独立安装的结构，元器件均为正面布置，所有的连接、接线端子均布置于正面，便于安装与调试。驱动器可以分为“单轴”型、“双轴一体”型与“三轴一体”型三种基本结构，其中“单轴”型为常用结构。

控制单元的元器件布置与外观如图 4—57 所示。单元正面分为上下两层，第一层（上层）

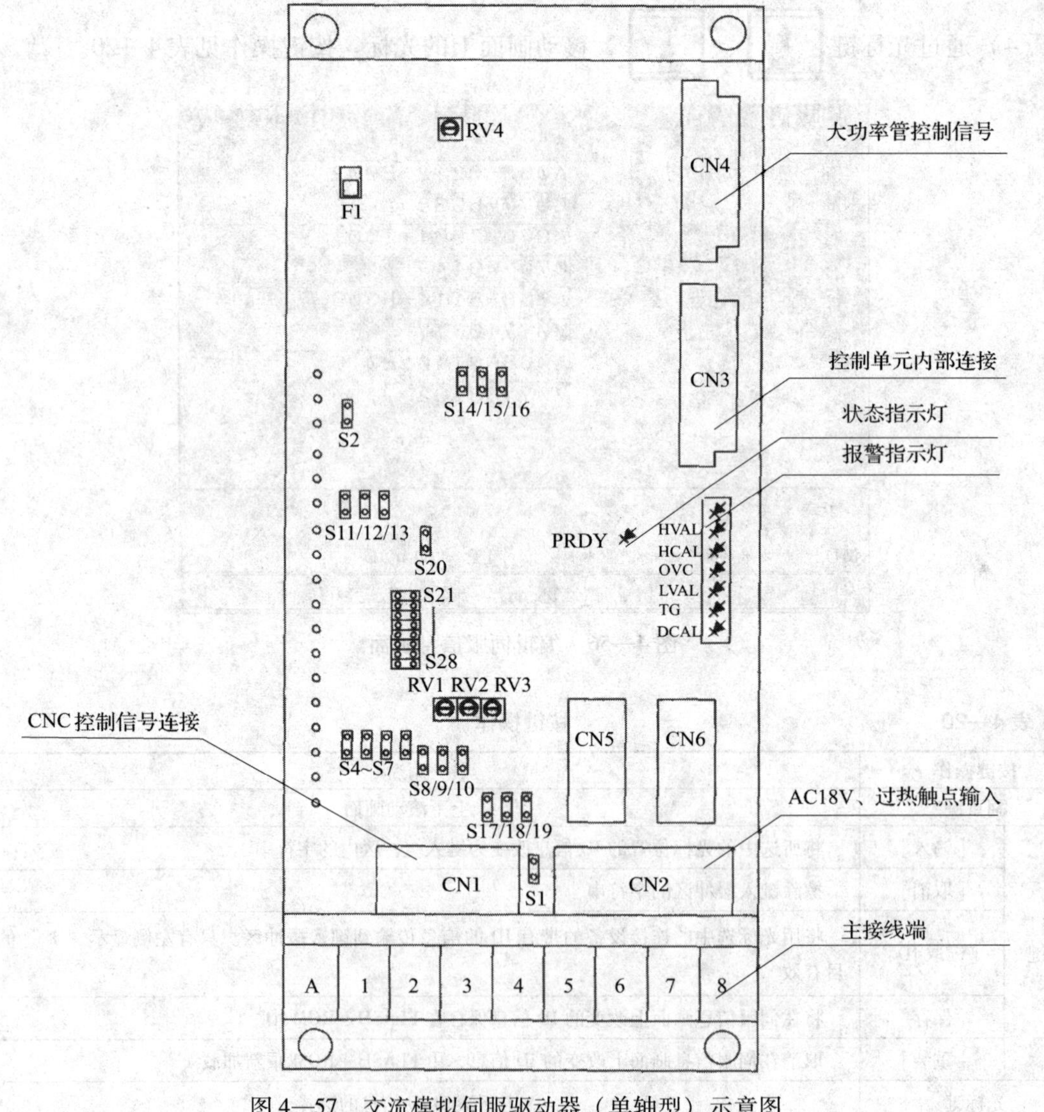

图 4—57　交流模拟伺服驱动器（单轴型）示意图

为速度控制板，安装有速度、电流调节控制回路与大功率晶体管的驱动电路等；第二层（下层）为主回路二极管整流电路 DS、3 组输出大功率逆变驱动管 TM1～TM3，直流母线电压调节斩波管 Q1、断路器 NFB1、接触器 MCC、能耗制动电阻 RM、直流主回路电流检测电阻等高压、大功率元器件。交流模拟伺服驱动的总体连接如图 4—58 所示，图中各连接端的作用见表 4—21。

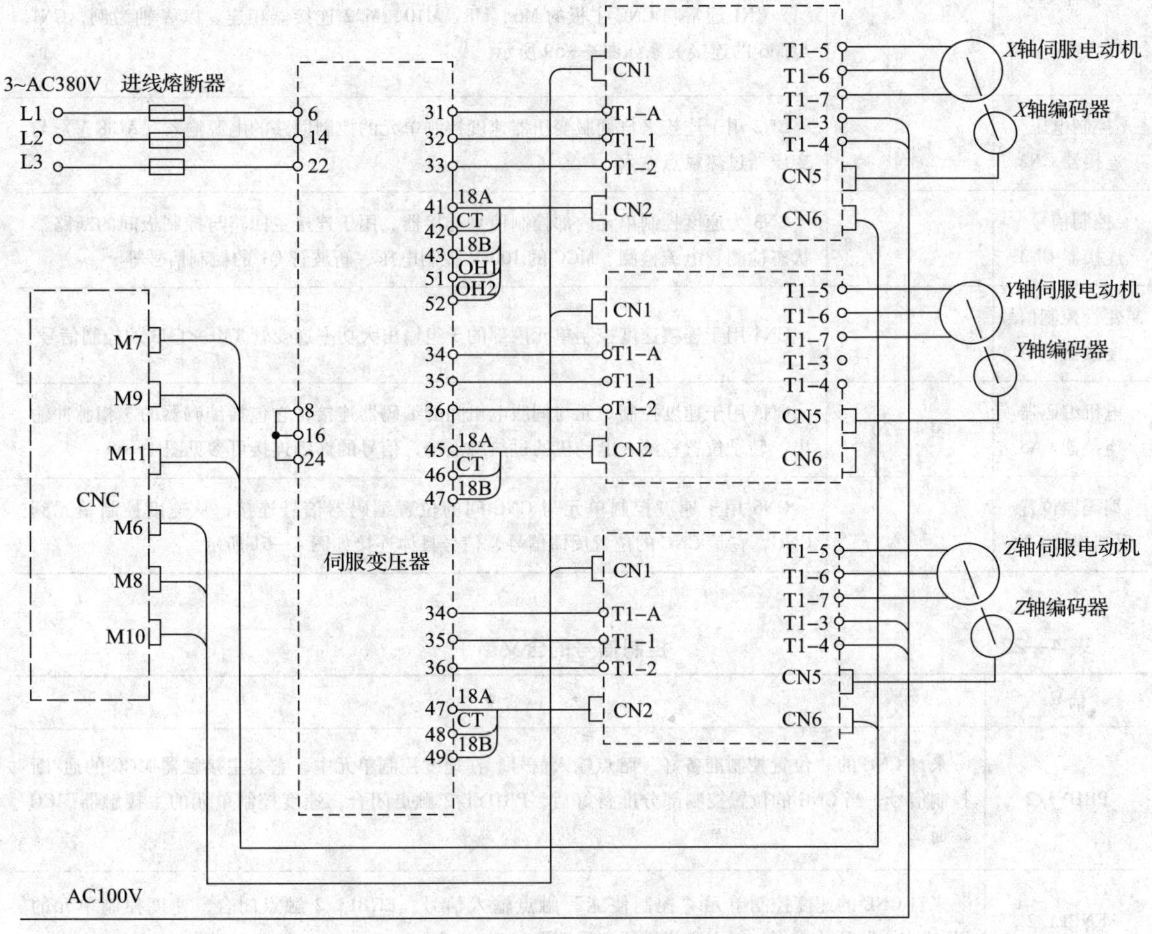

图 4—58　速度控制单元总连接图

表 4—21　　**速度控制单元连接端的作用**

连接端	连接脚	作用
主回路连接端 T1	A/1/2	用于连接速度控制单元的三相电源进线（对于常用规格 AC0～30 型，输入为三相交流 AC185 V）
	3—4	用于连接速度控制单元主接触器（MCC）的 AC 100 V 控制电源输入
	5/6/7	用于连接交流伺服电动机的电枢

续表

连接端	连接脚	作用
控制信号连接器 CN1	表 4—22	CN1 用于连接速度控制单元的速度给定电压、速度反馈电压、“速度控制使能”信号、“位置控制准备好”信号等输入信号，以及速度控制单元“准备好”、过载等输出信号。 CN1 通常与 CNC 主板的 M6、M8、M10、M22 连接器相连。以 *X* 轴为例，CN1 与 M6 的连接关系如图 4—59 所示
控制电压连接器 CN2		CN2 用于连接来自伺服变压器速度控制单元的控制回路的电源输入（ACl8 V）与变压器过热触点输入
控制信号连接器 CN3		CN3 为速度控制单元内部控制信号连接器。用于连接主回路与控制板间的断路器状态检测、电流检测、MCC 的 100 V 控制电压、斩波管 Q1 的控制信号等
逆变管控制信号连接器 CN4		CN4 用于连接速度控制单元内部的 3 组输出大功率逆变管 TMl－TM3 的控制信号
电机编码器连接器 CN5	表 4—20	CN5 用于速度控制单元与伺服电机间的编码器连接，它包括编码器的 3 相脉冲输出、转子位置检测、电动机的过热触点等，信号的详细连接可参见图 4—60
编码器位置反馈连接 CN6		CN6 用于速度控制单元与 CNC 间的位置编码器信号连接，从速度控制单元到 CNC，它是 CNC 的位置反馈信号，信号具体连接如图 4—61 所示

表 4—22　　　　控制信号的含义

信号	含义
PRDY1/2	来自 CNC 的“位置控制准备好”触点输入信号。在速度控制单元中，它为主接触器 MCC 的通/断控制信号，当 CNC 的位置控制部分准备好后，PRDY1/2 触点闭合，速度控制单元的主接触器 MCC 接通
ENBL1/2	来自 CNC 的速度控制单元“控制使能”触点输入信号。ENBL1/2 触点闭合，速度控制单元的 PWM 主回路开始工作，对电动机进行“励磁”
OVL1/2	发送给 CNC 的速度控制单元“过载”触点输出信号。当速度控制单元过载、电动机、驱动器、再生放电单元过热时，OVL1/2 触点断开
VRDY1/2	速度控制单元的“准备好”触点输出信号。当速度控制单元主接触器 MCC 接通且正常工作时，触点闭合
VCM/EC	来自 CNC 的速度给定模拟量输入信号。输入电压范围为 0～±12 V，实际工作电压大小与配套的驱动器有关，对于常用规格，通常为 7 V 对应于电动机 2 000 r/min

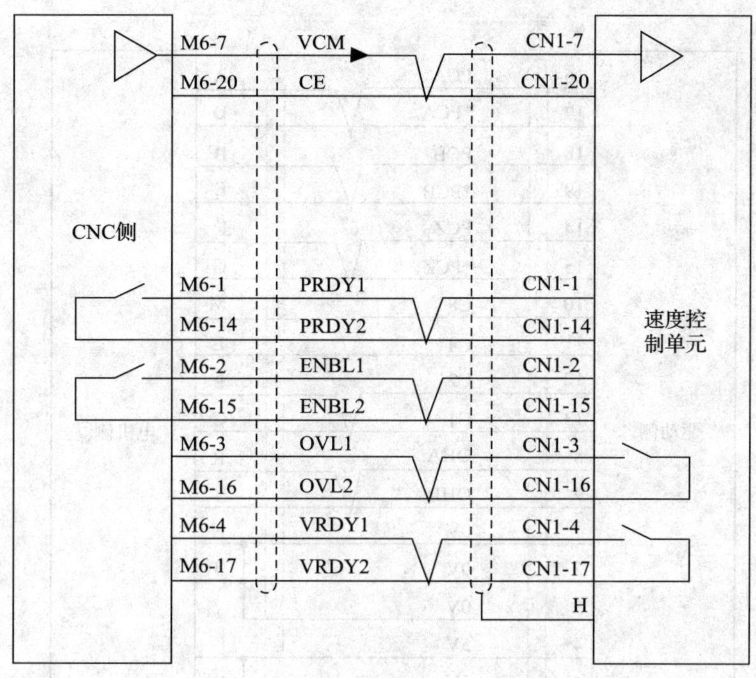

图 4—59　速度控制单元 CN1 连接图

表 4—23　　电动机编码器连接器 CN5 各信号的含义

信号	含义
PCA/ * PCA/PCB/ * PCB	编码器的 A/B 相脉冲输入信号
PCZ/ * PCZ	编码器的零位脉冲输入信号
C1 ~ C4	转子位置检测信号
OHA/OHB	伺服电动机的过热触点输入
0 V/5 V	编码器电源

（2）S 系列数字伺服的结构与连接

在开发出 α 系列交流伺服电动机之前，FANUC 系统配用 S 系列交流伺服电动机。常用的 S 系列交流伺服放大器的电源电压为 200/230 V，分一轴型、二轴型和三轴型三种。AC200/230 V 电源由专用的伺服变压器供给，AC100 V 制动电源由 NC 电源变压器供给。

图 4—62、图 4—63 和图 4—64 为上述三种伺服单元的基本配置和连接方法。图中电缆 K1 为 NC 到伺服单元的指令电缆，K2S 为脉冲编码器的位置反馈电缆，K3 为 AC230/200 V 电源输入线，K4 为伺服电动机的动力线电缆，K5 为伺服单元的 AC100 V 制动电源电缆，K6 为伺服单元到放电单元的电缆，K7 为伺服单元到放电单元和伺服变压器的温度控制接点电缆。图 4—62、图 4—63 和图 4—64 中的 QF 和 MCC 分别为伺服单元的电源输入断路器和主接触器，用于控制伺服单元电源的通和断。

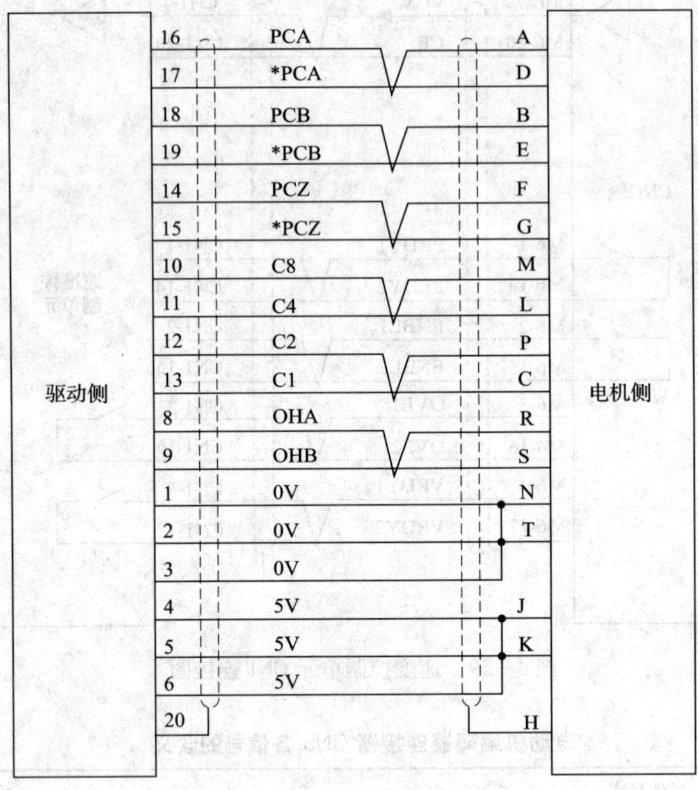

图 4—60　位置编码器连接图

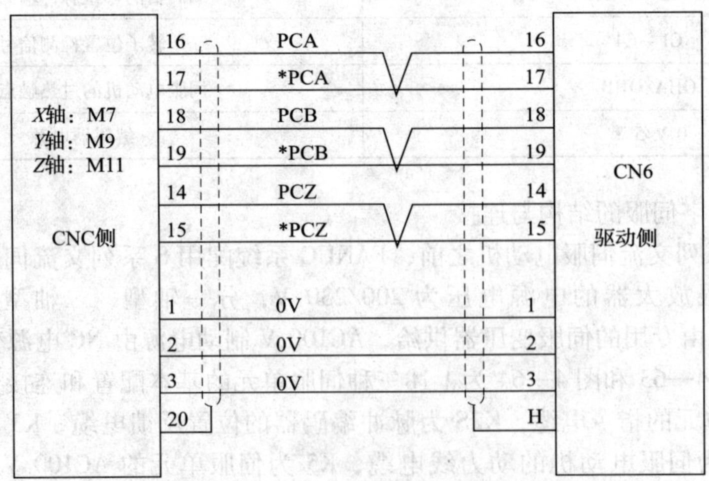

图 4—61　位置编码器连接图

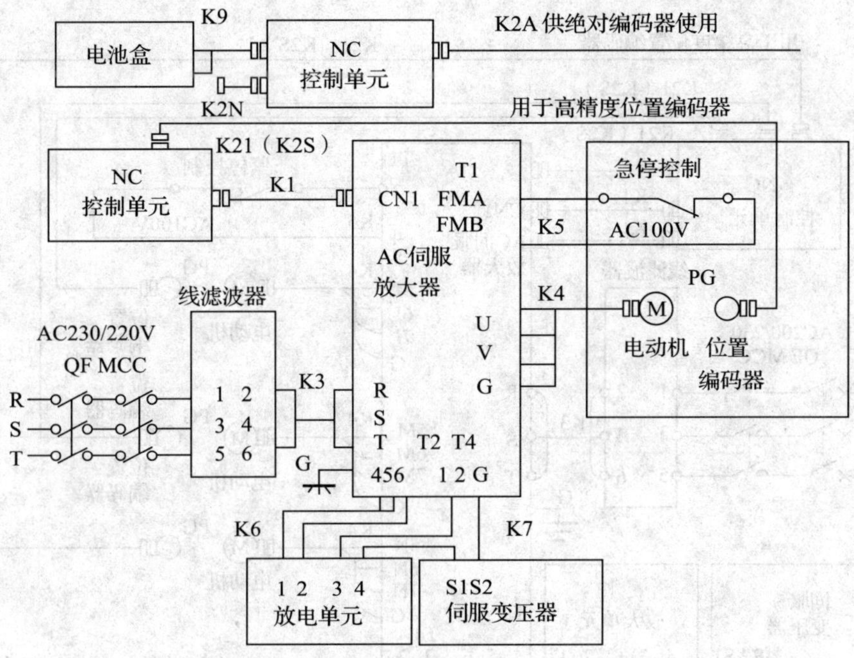

图 4—62 S 系列伺服系统的连接方法（一轴型）

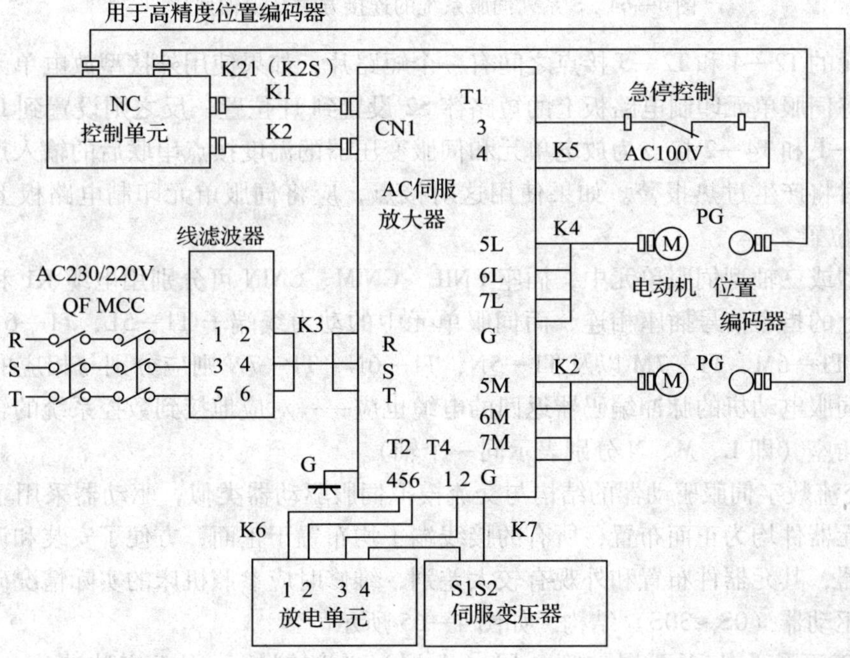

图 4—63 S 系列伺服系统的连接方法（二轴型）

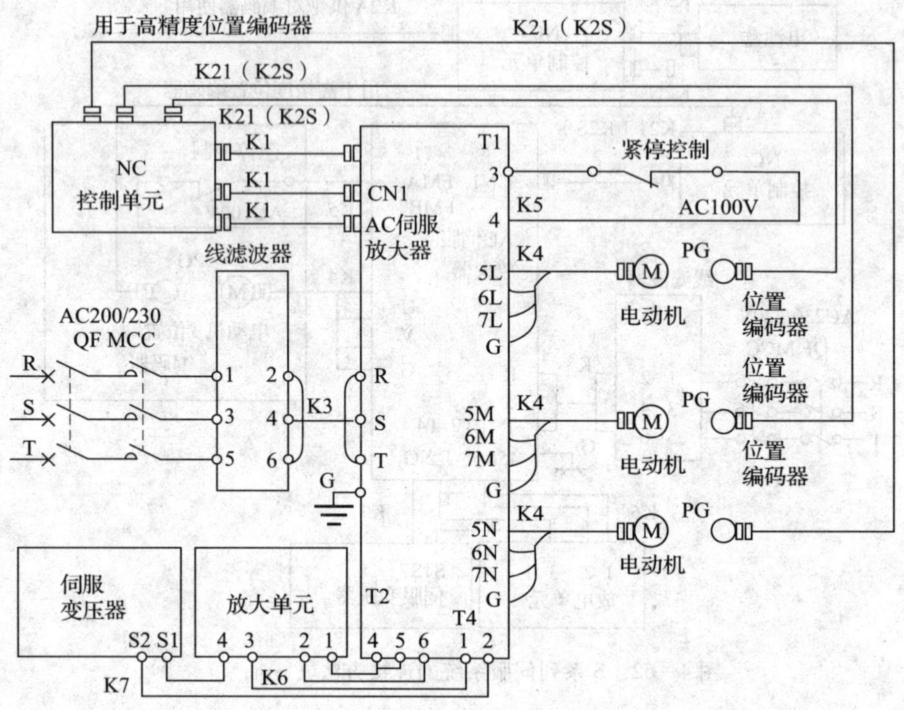

图 4—64　S 系列伺服系统的连接方法（三轴型）

伺服单元的 T2—4 和 T2—5 接点之间有一个短路片，如果使用外接型放电单元，则应将它取下，并将伺服单元印制电路板上的短路棒 S2 设置到 H 位置，反之则设置到 L 位置。伺服单元的 T4—1 和 T4—2 接点为放电单元和伺服变压器的温度接点串联后的输入点，上述两个接点断开时将产生过热报警。如果使用这对接点，应将伺服单元印制电路板上的短路棒 S1 设置到 L 位置。

在二轴型或三轴型伺服单元中，插座 CNlL、CNlM、CNlN 可分别用电缆 K1 和数控系统的轴控制板上的指令信号插座相连，而伺服单元中的动力线端子 T1—5L，T1—6L，T1—7L 和 T1—5M，T1—6M，T1—7M 以及 T1—5N，T1—6N，T1—7N 则应分别与相应的伺服电动机相连，从伺服电动机的脉冲编码器返回的电缆也应一一对应地接到数控系统的轴控制板上的反馈信号插座（即 L、M、N 分别表示同一个轴）。

S 系列交流数字伺服驱动器的结构与交流模拟伺服驱动器类似，驱动器采用了可独立安装的结构，元器件均为正面布置，所有的接线端子均布置于正面，方便了安装和调试。不同规格的驱动器，其元器件布置和外观有较大差别，维修时应参照机床的实际情况确定，对于常用的单轴驱动器（0S ~ 30S）结构，如图 4—65 所示。

驱动器正面分为上下两层，第一层（上层）为控制板，用于安装速度、电流调节控制回路与大功率晶体管的驱动电路等；第二层（下层）为主回路二极管整流电路

DS、3 组输出大功率逆变驱动管 TM1 ~ TM3、直流母线电压调节斩波管 Q1、主断路器 NFB1、主接触器 MCC、能耗制动电阻 RM、直流主回路电流检测电阻等高压、大功率元器件。

交流数字伺服驱动的总体连接如图 4—66 所示。图中各连接端的作用见表 4—24。

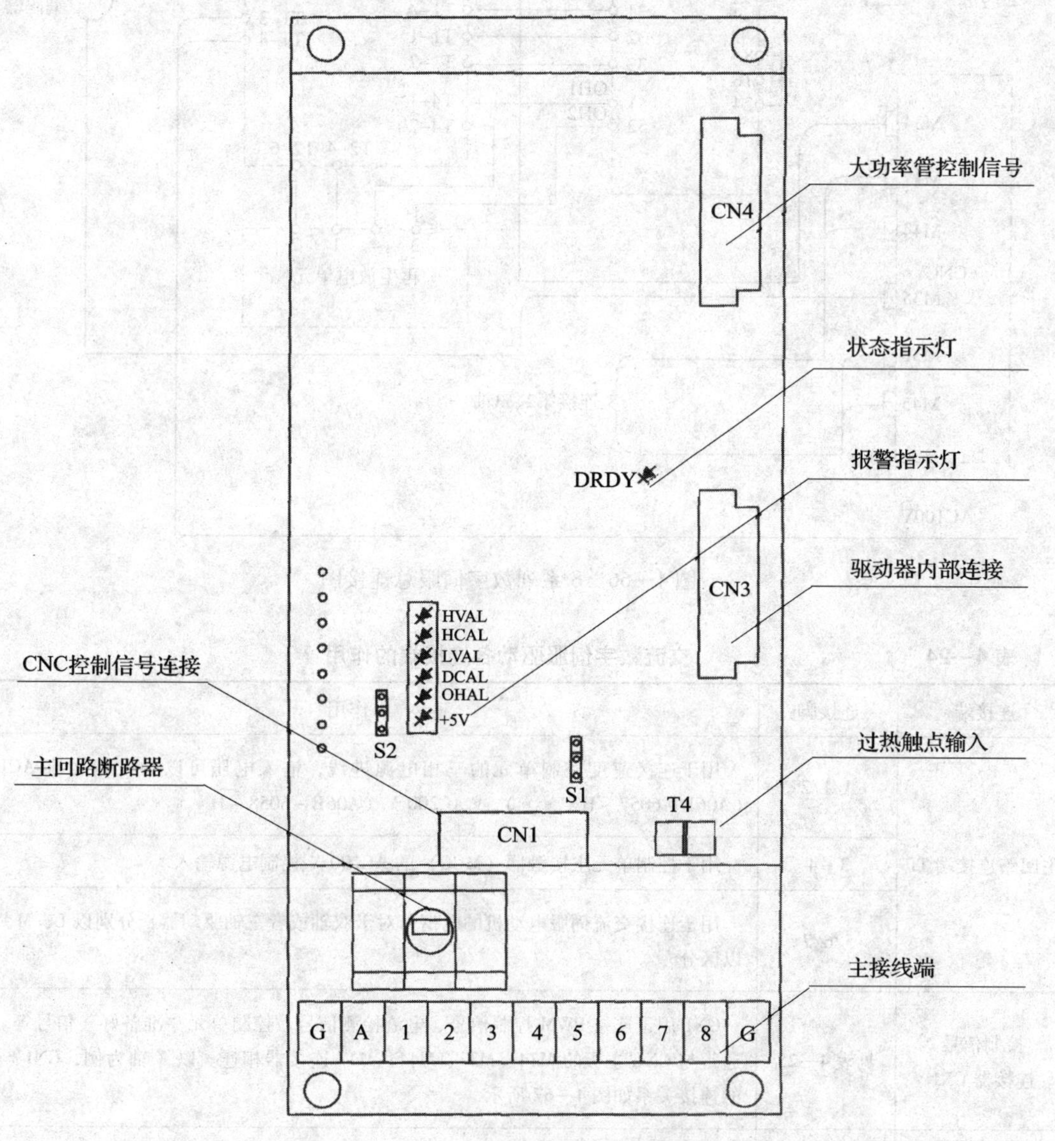

图 4—65　单轴 S 系列数字伺服示意图

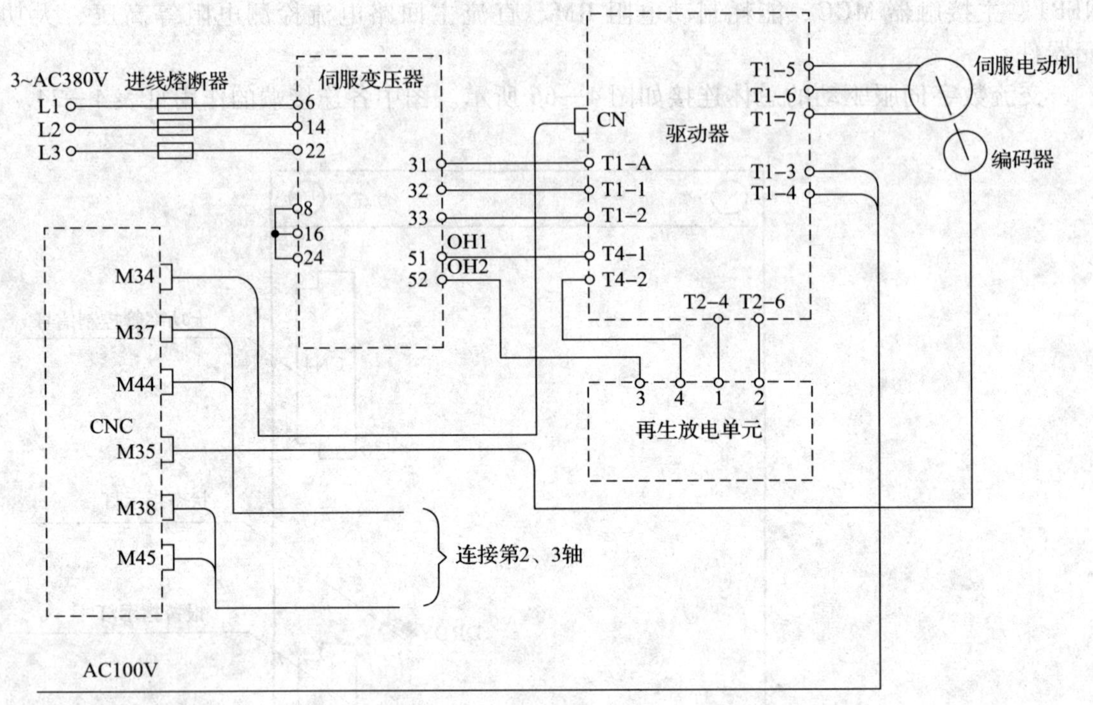

图 4—66 S 系列数字伺服总连接图

表 4—24 **交流数字伺服驱动各连接端的作用**

连接端	连接脚	作用
主回路连接端 T1	A/1/2	用于连接速度控制单元的三相电源进线，输入电压可以为三相交流 AC185 V（A06B－6057－H＊＊＊）或 AC200 V（A06B－6058－H＊＊＊）
	3－4	用于控制单元主接触器（MCC）的 AC100 V 控制电源输入
	5/6/7	用于连接交流伺服电动机的电枢；对于双轴或者三轴驱动器，分别以 L、M、N 加以区分
控制信号连接器 CN1	见表 4—25	CN1 用于连接 PWM 控制信号、电流检测信号、控制单元“准备好”信号等。CN1 通常与 CNC 主板的 M34、M37、M44、M47 连接器相连。以 *X* 轴为例，CN1 与 M34 的连接关系如图 4—67 所示
再生放电单元连接端 T2		T2 位于第 2 层板的上方（图中未画出），用于连接外部再生放电单元
控制信号连接器 CN3		CN3 是速度控制单元内部控制信号连接器。用于连接主回路与控制板间的断路器状态检测、电流检测、MCC 的 100 V 控制电压、斩波管 Q1 的控制信号等

续表

连接端	连接脚	作用
逆变管控制信号连接器 CN4		CN4 用于连接速度控制单元内部的 3 组输出大功率逆变管 TM1 ~ TM3 的控制信号
过热触点连接端 T4		T4 用于连接来自伺服变压器与再生放电单元的过热触点输入
编码器位置反馈连接 CN6	见表 4—26	在数字伺服中，伺服电动机的编码器信号直接与 CNC 的 M35、M38、M45、M48 等连接器相连，无须经过驱动器。编码器信号包括 3 相脉冲输出、转子位置检测、电动机的过热触点等，信号的详细连接可参见图 4—68

表 4—25　　控制信号含义

信号	含义
* MCDN/GND	为来自主接触器 MCC 的通/断控制信号，控制驱动器主接触器 MCC 的接通和断开
DRDY	驱动器的“准备好”触点输出信号。当驱动器的主接触器 MCC 接通且驱动器正常工作时，触点闭合
* PWMA ~ F/COMA ~ F	来自 CNC 的 PWM 控制信号
IS、IR	电流检测信号

表 4—26　　编码器位置反馈信号的含义

信号	含义
PCA/ * PCA/PCB/ * PCB	编码器的 A/B 相脉冲输入信号
PCZ/ * PCZ	编码器的零位脉冲输入信号
C1 ~ C4	转子位置检测信号
OH ~ OHB	伺服电动机的过热触点输入
0 V/5 V	编码器电源

（3）α 系列独立型（SVU）数字伺服驱动的连接

α 系列交流数字伺服驱动器有采用公用电源模块（SVM 型）和电源与驱动器一体化（SVU 型）两大类产品。

SVU 型的外形与 C 系列交流伺服驱动器相同，各驱动器可以独立安装，有单轴型（A06B - 6089 - H1 * *）、双轴型（A06B - 6089 - H2 * *）两种基本结构。图 4—69 为常用的单轴型驱动器外观；α 系列交流数字伺服驱动的总体连接如图 4—70 所示。图中各连接

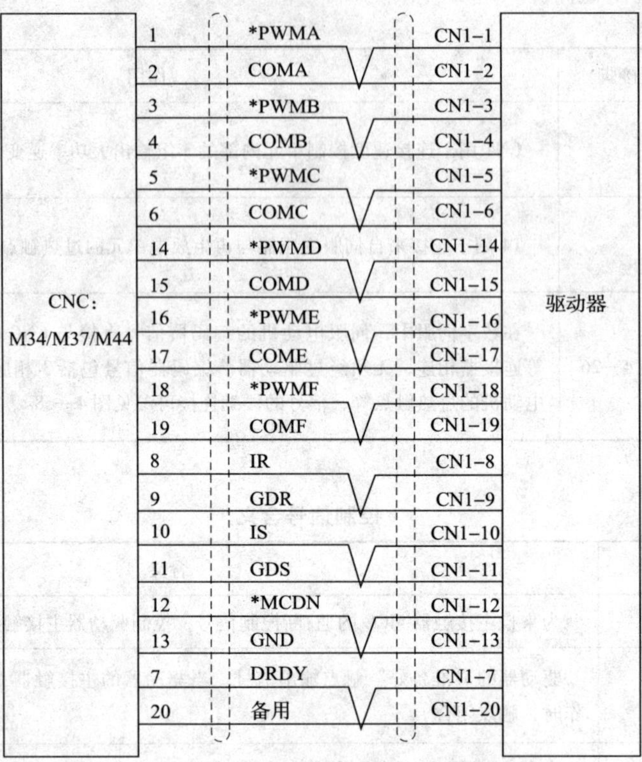

图 4—67　驱动器 CN1 连接图

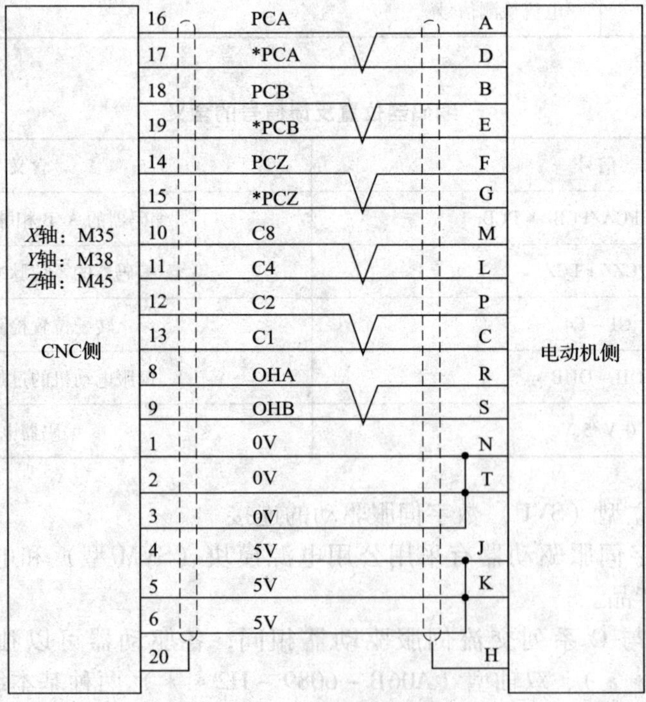

图 4—68　位置编码器连接图

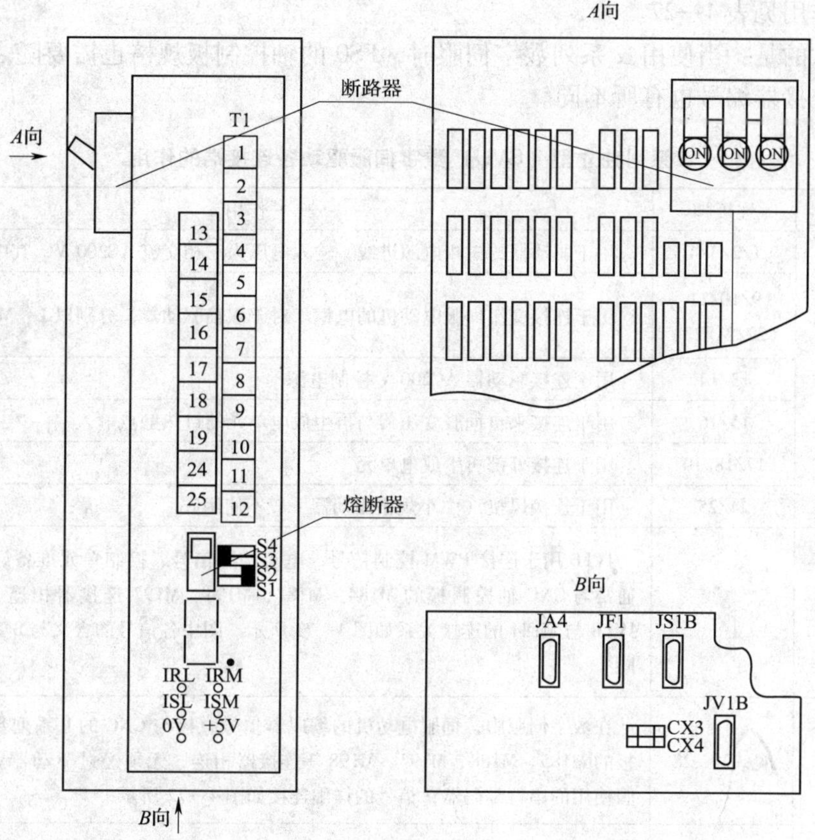

图 4—69　单轴 α 系列数字伺服（SVU）结构示意图

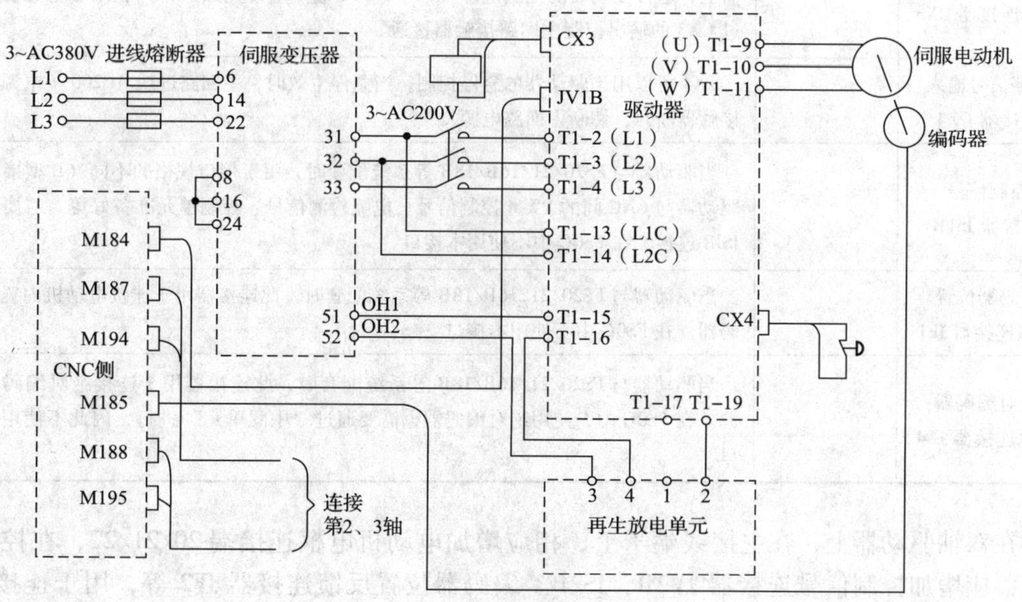

图 4—70　α 系列数字伺服总连接图

端子的作用见表4—27。

需要注意的是：当使用α系列数字伺服时，FS0的轴控制板规格也需要随之改变，对应的轴控制板连接器编号也有所不同。

表4—27　α系列独立型（SVU）数字伺服驱动各连接端的作用

连接端	连接脚	作用
主回路连接端T1	1/2/3/4	用于驱动器的三相电源进线，输入电压为三相交流AC200 V，其中1为接地线
	9/10/11 (20/21/22)	用于连接交流伺服电动机的电枢。对于双轴驱动器，分别以L、M加以区分
	13/14	用于连接驱动器AC200 V控制电源
	15/16	用于连接来自伺服变压器与再生放电单元的过热触点输入
	17/18/19	用于连接外部再生放电单元
	24/25	用于连接风机（中小规格驱动器一般不使用）
控制信号连接器JV1B		JV1B用于连接PWM控制信号、电流检测信号、控制单元准备好信号等。JV1B通常与CNC轴控制板的M184、M187、M194、M197连接器相连。以*X*轴为例，JV1B与M184的连接关系如图4—71所示。图中各信号的含义与S系列数字伺服相同
编码器位置反馈连接	见表4—28	在数字伺服中，伺服电动机的编码器信号直接与CNC的Ⅱ系列数字伺服轴控制板的M185、M188、M195、M198等连接器相连，无须经过驱动器。α系列数字伺服使用的串行编码器，信号的详细连接如图4—72所示
主接触器控制输出连接器CX3		CX3可以用于驱动器主回路进线AC200 V电源的主接触器的控制，在α系列驱动器上，通常驱动器的控制电源（T1－13/14端）应事先加入，当驱动器正常后，通过CX3的输出控制主回路接触器接通
急停信号输入连接器CX4		CX4可以用于驱动器的急停控制，当急停生效时，主回路进线AC200 V电源的主接触器断开，切断主回路电源
控制信号连接器JS1B		当驱动器与FS20/21/16B/18B等系统配套时，由于接口规格的不同（B型接口），驱动器与CNC间的PWM控制信号、电流检测信号、控制单元准备好等，需要通过JSlB连接。在FS0C中不使用本接口
编码器位置反馈连接器JF1		当驱动器与FS20/21/16B/18B等系统配套时，此连接器用于连接电动机内置式编码器。在FS0C中不使用本接口
绝对编码器电源连接器JA4		当驱动器与FS20/21/16B/18B等系统配套时，此连接器用于连接绝对编码器电源。在FS0C中，使用绝对编码器，需要通过“中间单元”进行，因此不使用本接口

在双轴驱动器上，在主接线端子上，相应增加电动机电枢连接端20/21/22，在控制信号上，应增加控制信号连接器JV2B、JS2B、编码器位置反馈连接器JF2等，用于连接第2轴。各连接器的要求和信号与单轴驱动器相同。

表 4—28　　编码器位置反馈信号含义

信号	含义
SD/＊SD/REQ/＊REQ	串行编码器的位置检测输入信号
0 V/5 V	编码器电源
0 V/+6 V	绝对编码器电源（仅在使用绝对编码器时使用）

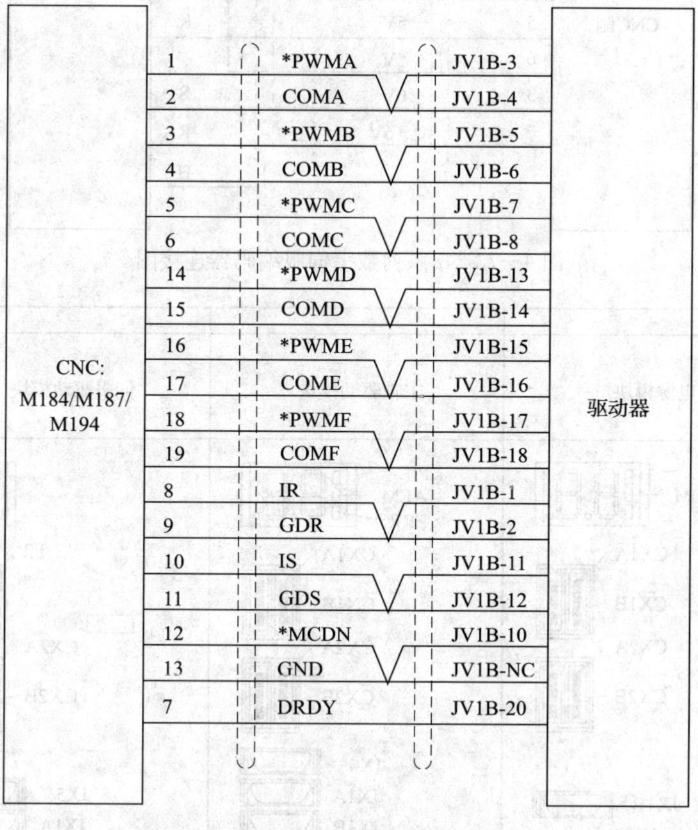

图 4—71　α 系列驱动器 JV1B 连接图

（4）α 系列公用电源型（SVM）数字伺服驱动的连接

α 系列公用电源型驱动装置采用的是模块化结构，伺服驱动与主轴驱动公用电源模块，模块与模块、驱动器与 CNC 间通过 I/O LINK 总线连接。图 4—73 为带有一个电源模块、一个主轴模块与一个双轴伺服驱动模块的 α 系列驱动装置结构示意图；当系统需要增加驱动模块时，可以依次向右并联增加，同时扩大电源模块的容量。

在 α 系列驱动装置中，模块应按照规定的次序排列，由左向右依次为电源模块（PSM）、主轴驱动模块（SPM）、伺服驱动模块（SVM）。其中，电源模块通常固定为 1 个，容量可以根据需要选择，主轴与伺服驱动模块可以安装多个。各组成模块共用直流母线，但有独立的 7 段数码管与指示灯显示各自工作状态。

16
17
14
15
1
2
4
5
6
3
7
SD
*SD
REQ
*REQ
0V
0V
5V
5V
5V
0V
+6V
A
D
F
G
N
T
J
K
S
R
H
X轴：M185
Y轴：M188
Z轴：M195
CNC侧
电动机侧

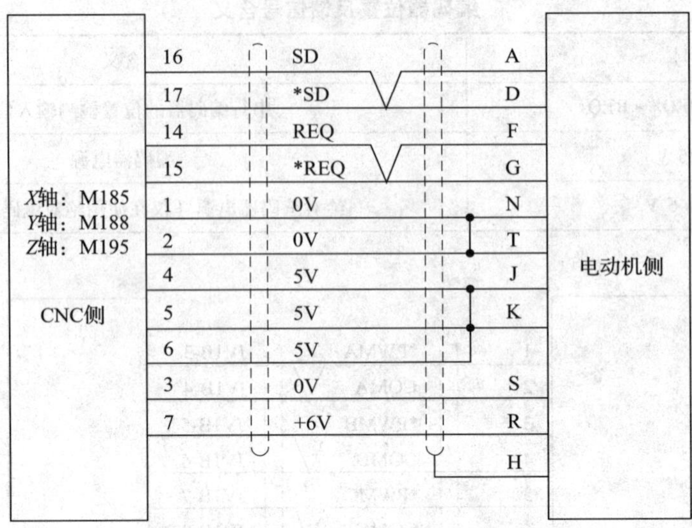

图 4—72　α 系列数字伺服编码器连接图

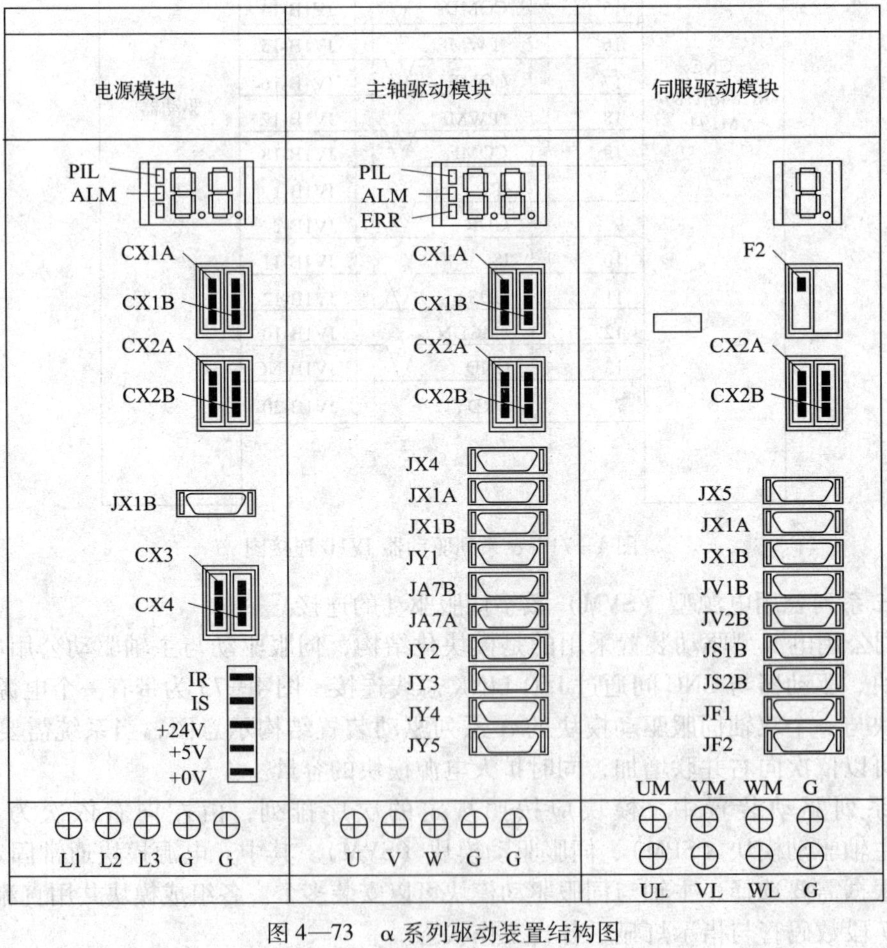

电源模块
主轴驱动模块
伺服驱动模块
PIL
ALM
CX1A
CX1B
CX2A
CX2B
JX1B
CX3
CX4
IR
IS
+24V
+5V
+0V
L1 L2 L3 G G
PIL
ALM
ERR
CX1A
CX1B
CX2A
CX2B
JX4
JX1A
JX1B
JY1
JA7B
JA7A
JY2
JY3
JY4
JY5
U V W G G
F2
CX2A
CX2B
JX5
JX1A
JX1B
JV1B
JV2B
JS1B
JS2B
JF1
JF2
UM VM WM G
UL VL WL G

图 4—73　α 系列驱动装置结构图

图4—73所示的α系列驱动装置，常用的总体连接如图4—74所示。当驱动器发生故障或者在进行驱动器维修、更换后，必须按照连接要求，检查驱动器的连接。图4—73、图4—74中各连接端的连接信号以及要求见表4—29。

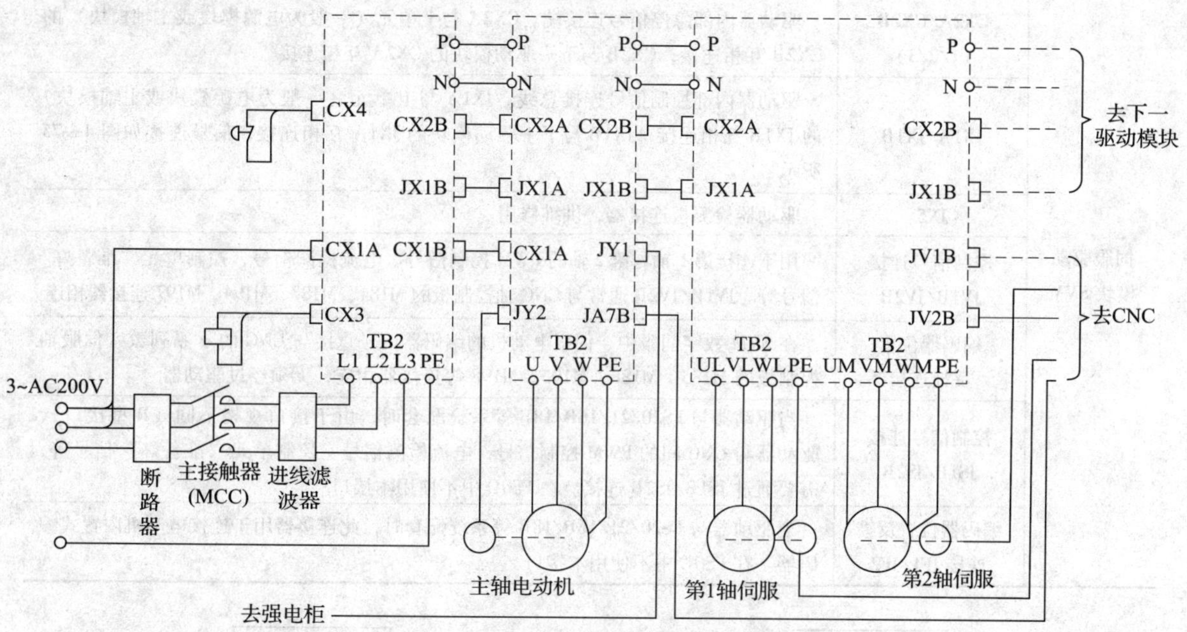

图4—74　SVM驱动装置的总体连接图

表4—29　　α系列公用电源型（SVM）数字伺服驱动各连接端的要求

连接端	连接脚	要求
电源模块PSM	TB2－L1/L2/L3/PE	驱动器电源进线。电源电压的要求为：3相/AC200/230 V×（1－15%）～AC200/230 V×1＋10%。在采用高电压驱动α系列时，可以直接与3相/AC380～460 V的电网连接，而不需要采用主轴变压器进行降压处理。但是在这种情况下，进线滤波器是必需的；同时，必须根据不同的电源模块规格，利用规定的连接线可靠接地
	TB1－P/N	驱动器直流母线，所有的驱动器组成模块都必须通过规定的连接母线进行并联连接
	CX1A（1/2）	驱动器200 V控制电源输入
	CX1B（1/2）	提供给下一驱动模块的200 V控制电源输出。维修时必须注意：电源模块的控制电源必须从CX1A输入，从CX1B输出。切不可以从CX1B输入，否则可能会损坏驱动器内部熔断器
	CX4（2/3）	外部急停信号触点输入
	CX2B（1/2/3）	驱动器内部急停信号连接端，它与下一驱动模块的CX2A互相连接
	CX3（1/3）	用于接通驱动器电源输入回路主接触器MCC的触点输出，触点输出驱动能力为AC250 W、2 A
	JX1B	驱动器内部控制信号连接总线，它与下一驱动模块的JX1A相连，内部信号连接如图4—75所示

续表

连接端	连接脚	要求
伺服驱动模块 SVM	TB2 - U/V/W/PE	连接伺服电动机电枢，第 1 轴、第 2 轴用 L、M 区分
	CX2A/CX2B（1/2/3）	驱动器内部急停信号连接端。CX2A 与上单元（一般为电源模块或主轴模块）的 CX2B 互相连接；CX2B 与下一驱动模块的 CX2A 互相连接
	JX1A/JX1B	驱动器内部控制信号连接总线。JX1A 与上单元（一般为电源模块或主轴模块）的 JX1B 互相连接；JX1B 与下一驱动模块的 JX1A 互相连接，信号连接如图 4—75 所示
	JX5	驱动器检测板连接器，供维修用
	控制信号连接 JV1B/JV2B	用于连接第 1 轴与第 2 轴的 PWM 控制信号、电流检测信号、控制单元“准备好”信号等。JV1B/JV2B 通常与 CNC 轴控制板的 M184、M187、M194、M197 连接器相连
	编码器位置反馈连接	在 SVM 数字伺服中，伺服电动机的编码器信号直接与 CNC 的 α 系列数字伺服轴控制板的 M185、M188、M195、M198 等连接器相连，无须经过驱动器
	控制信号连接 JS1B/JS2B	当驱动器与 FS20/21/16B/18B 等系统配套时，由于接口规格不同（B 型接口），驱动器与 CNC 间的 PWM 控制信号、电流检测信号、控制单元“准备好”信号等，需要通过 JS1B/JS2B 连接。在 FS0C 中不使用本接口
	编码器位置反馈连接 JF1/JF2	当驱动器与 FS20/21/16B/18B 等系统配套时，此连接器用于连接电动机内置式编码器。在 FS0C 中不使用本接口

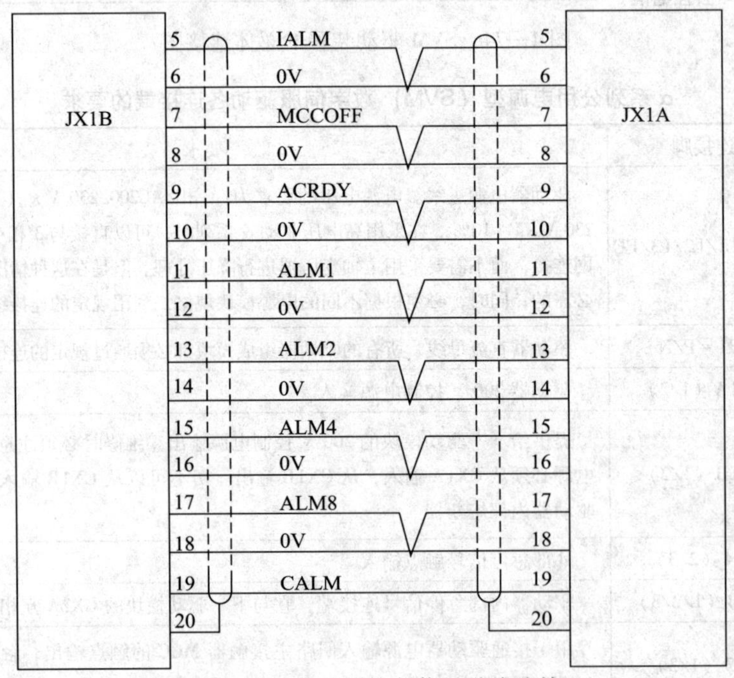

图 4—75　驱动器控制信号总线连接

（5）具体机床的连接

具体机床的连接如图 4—76 所示。

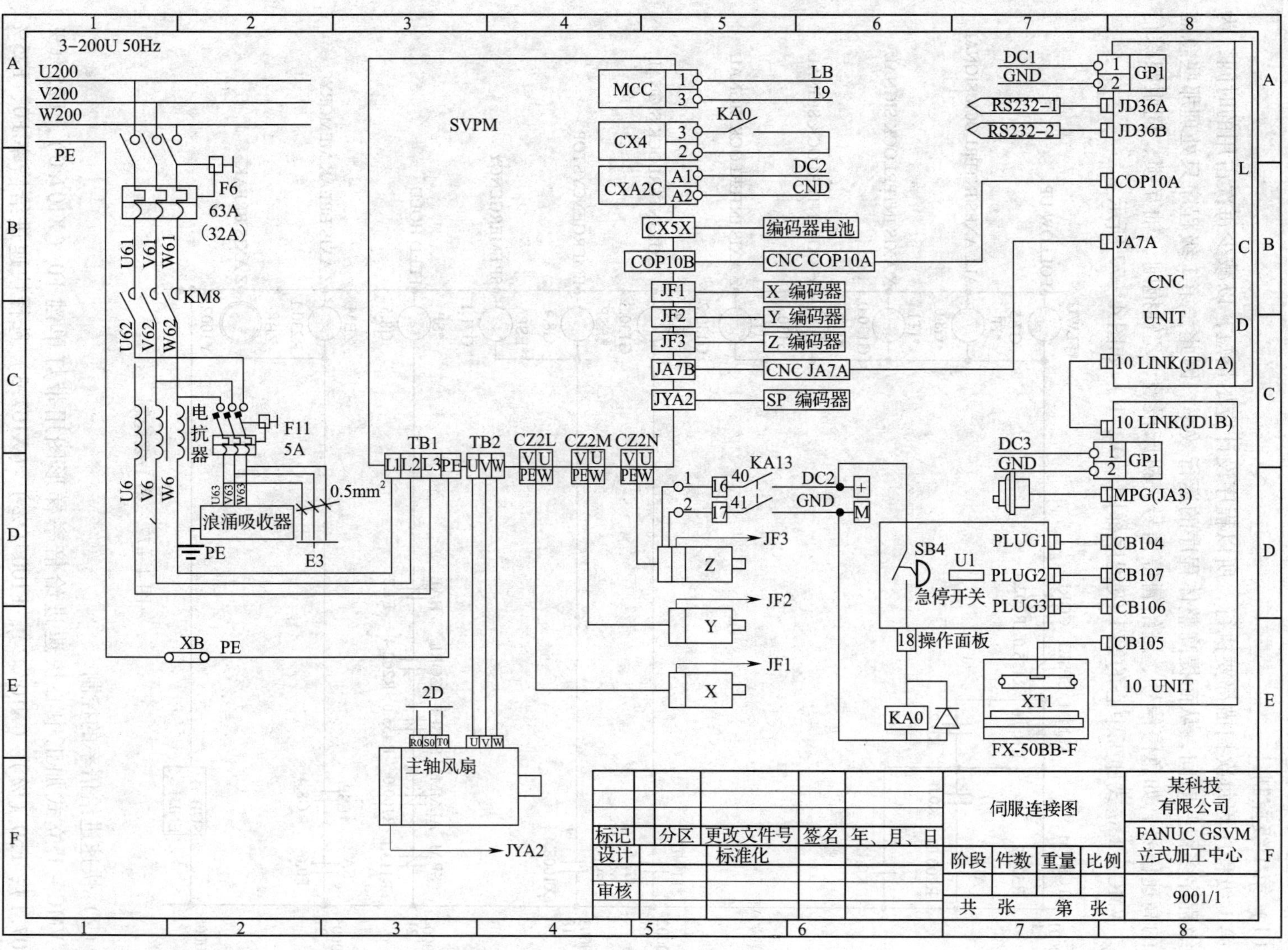

图4—76 具体机床的连接

2. 伺服驱动有关的控制

（1）第1级控制

第1级程序因每次扫描都要执行，所以程序设计应尽量短，以减少每次占用的时间，为第2级程序多留些时间，从而提高整体程序的运行效率。因此，第1级程序只处理那些急需处理的高速信号，如急停信号、进给暂停信号、机床报警、*Z*轴抱闸、轴互锁、伺服跟踪信号等。VMC－2立式加工中心的第1级程序梯图（0i，R）如图4—77所示。

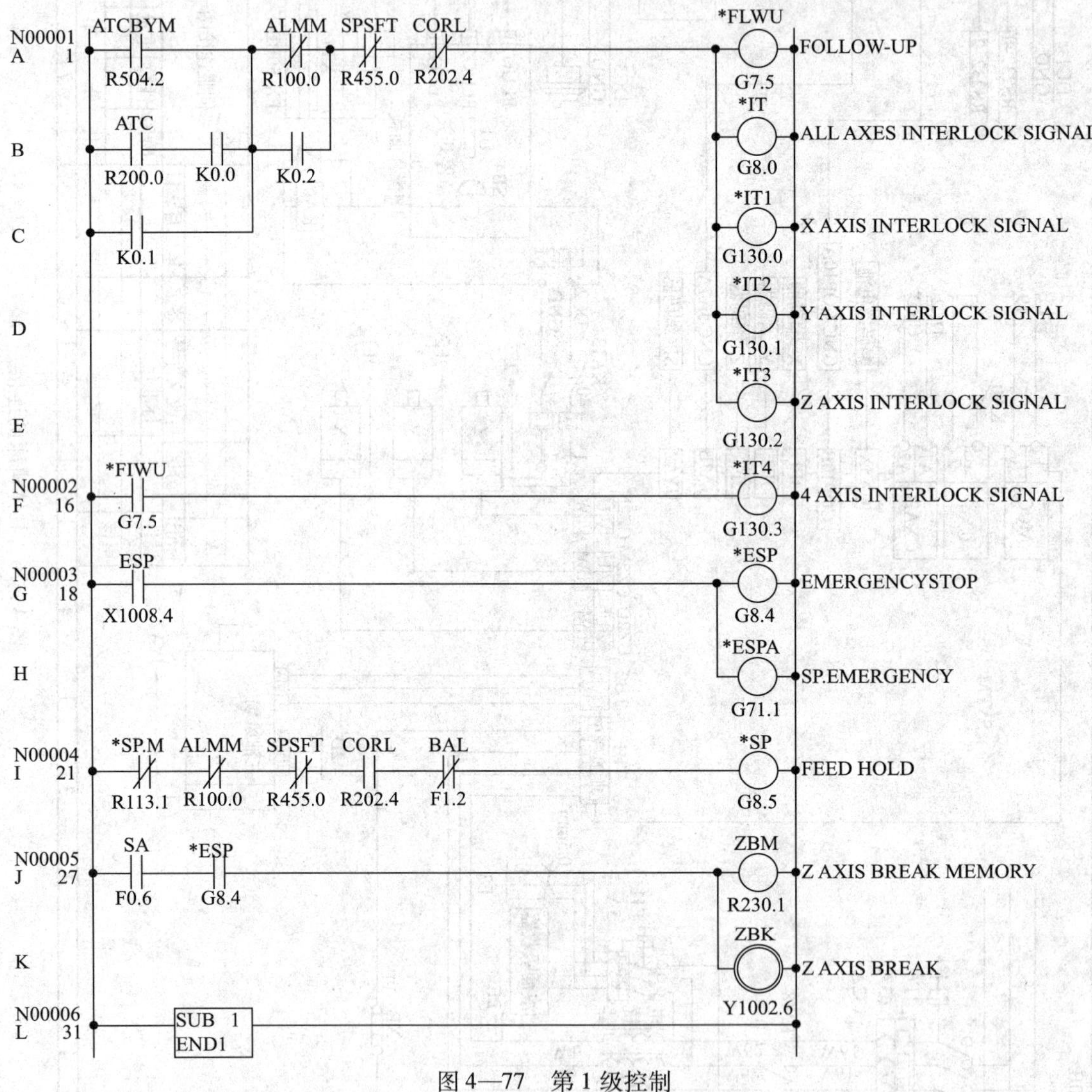

图4—77 第1级控制

（2）快速进给倍率的控制

VMC－1立式加工中心快速进给倍率梯形图用带灯单键F0（X107.0），F25（%）（X107.1），F50（%）（X107.2），F100（%）（X107.3）选择快速进给倍率F0、F25%、F50%、F100%，梯形图如图4—78所示。

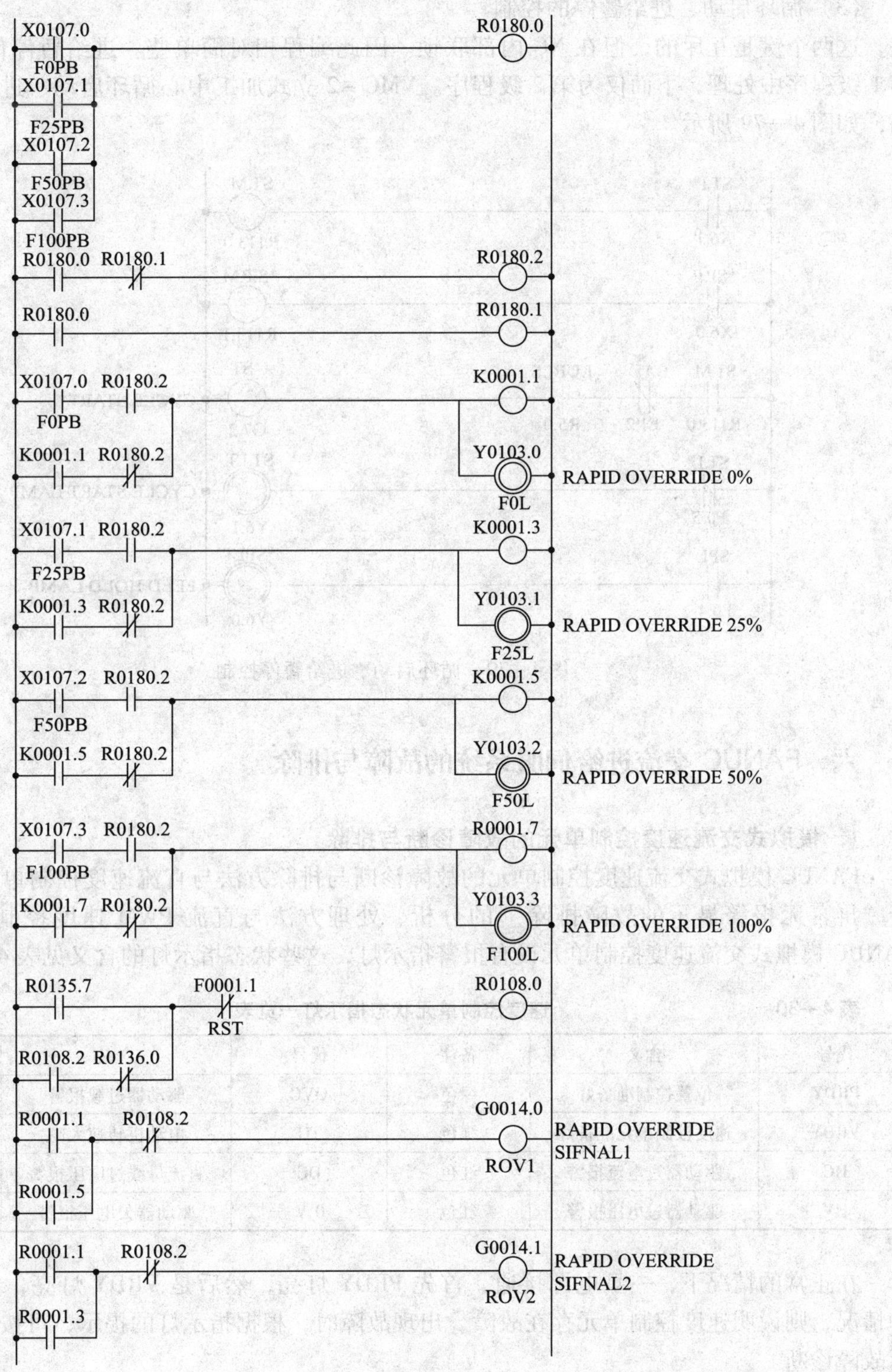

图 4—78　快速进给倍率的控制

（3）循环启动、进给暂停的控制

这两个键是互斥的，但在 NC 内部联锁。因此编程相对简单些。进给暂停信号 ＊SP 在第 1 级程序中处理，下面仅为第 2 级程序。VMC－2 立式加工中心循环启动、进给暂停梯形图，如图 4—79 所示。

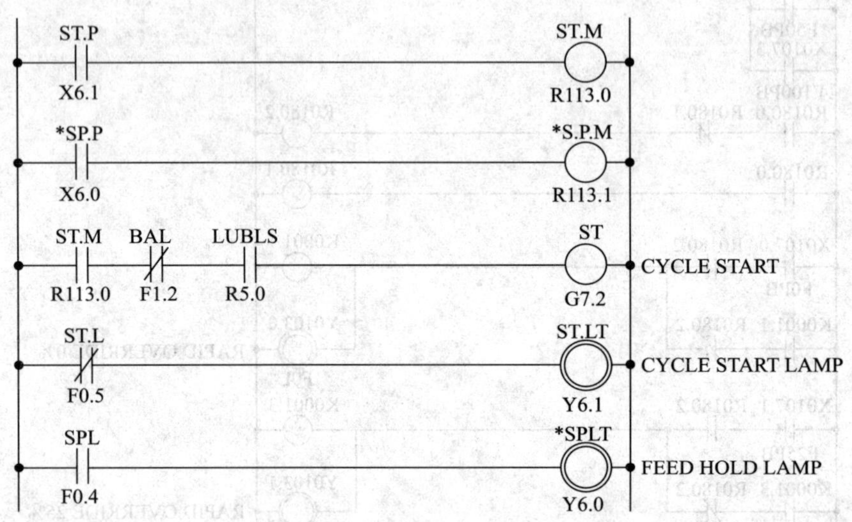

图 4—79　循环启动、进给暂停控制

六、FANUC 交流进给伺服系统的故障与排除

1．模拟式交流速度控制单元的故障诊断与排除

FANUC 模拟式交流速度控制单元的故障诊断与排除方法与直流速度控制单元类似。对于“屏幕无报警显示的故障排除”的分析、处理方法与直流 PWM 速度控制单元一致。FANUC 模拟式交流速度控制单元设有报警指示灯，这些状态指示灯的含义见表 4—30。

表 4—30　速度控制单元状态指示灯一览表

代号	含义	备注	代号	含义	备注
PRDY	位置控制准备好	绿色	OVC	驱动器过载报警	红色
VRDY	速度控制单元准备好	绿色	TG	电动机转速太高	红色
HC	驱动器过电流报警	红色	DC	直流母线过电压报警	红色
HV	驱动器过电压报警	红色	0 V	驱动器欠电压报警	红色

在正常的情况下，一旦电源接通，首先 PRDY 灯亮，然后是 VRDY 灯亮，如果不是这种情况，则说明速度控制单元存在故障。出现故障时，根据指示灯的提示，可按以下方法进行故障诊断。

（1）HV 报警

HV 为速度控制单元过电压报警，当指示灯亮时代表输入交流电压过高或直流母线过电压。故障可能的原因如下：

1）输入交流电压过高。应检查伺服变压器的输入、输出电压，必要时调节变压器变比。

2）直流母线的直流电压过高。应检查直流母线上的斩波管 Q1、制动电阻 RM2、二极管 V02 以及外部制动电阻是否损坏。

3）加减速时间设定不合理。故障在加减速时发生，应检查系统机床参数中的加减速时间设定是否合理。

4）机械传动系统负载过重。检查机械传动系统的负载、惯量是否太高；机械摩擦阻力是否正常。

（2）HC 报警

HC 为速度控制单元过电流报警，指示灯亮表示速度控制单元过电流。可能的原因如下：

1）主回路逆变晶体管 TM1 ~ TM3 模块不良。

2）电动机不良，电枢线间短路或电枢对地短路。

3）逆变晶体管的直流输出端短路或对地短路。

4）速度控制单元不良。

为了判别过电流原因，检修时可以先取下伺服电动机的电源线，将速度控制单元的设定端子 S23 短接，取消 TG 报警，然后开机试验。若故障消失，则证明过电流是由于外部原因（电动机或电动机电源线的连接）引起的，应重点检查电动机与电动机电源线，若未发现故障，则证明过电流故障在速度控制单元内部，应重点检查逆变晶体管 TM1 ~ TM3 模块。

（3）OVC 报警

OVC 为速度控制单元过载报警，指示灯亮表示速度控制单元发生了过载，其可能的原因是电动机过流或编码器连接不良。

（4）LV 报警

LV 为速度控制单元电压过低报警，指示灯亮表示速度控制单元的各种控制电压过低，其可能的原因如下：

1）速度控制单元的辅助控制电压输入（应为 AC18 V）过低或无输入。

2）速度控制单元的辅助电源控制回路故障。

3）速度控制单元的 +5 V 熔断器熔断。

4）瞬间电压下降或电路干扰引起的偶然故障。

5）速度控制单元不良。

（5）TG 报警

TG 为速度控制单元断线报警，指示灯亮表示伺服电动机或脉冲编码器断线、连接不良，或速度控制单元设定错误。

（6）DC 报警

DC 为直流母线过电压报警，与其相关的原因主要是直流母线的斩波管 Q1、制动电阻

RM2、二极管以及外部制动电阻不良。

检修时应注意：如果在电源接通的瞬间就发生 DC 报警，不可以频繁进行电源的通、断，否则易引起制动电阻的损坏。

2．数字式交流伺服驱动单元的故障诊断与排除

（1）驱动器上的状态指示灯报警

FANUC S 系列数字式交流伺服驱动器，设有 11 个状态及报警指示灯，指示灯的状态以及含义见表 4—31。OH、OFAL、FBAL 为 S 系列伺服增添的报警指示灯。

表 4—31　FANUC S 系列驱动器状态指示灯一览表

代号	含义	备注	代号	含义	备注
PRDY	位置控制准备好	绿色	DC	直流母线过电压报警	红色
VRDY	速度控制单元准备好	绿色	LV	驱动器欠电压报警	红色
HC	驱动器过电流报警	红色	OH	速度控制单元过热	
HV	驱动器过电压报警	红色	OFAL	数字伺服存储器溢出	
OVC	驱动器过载报警	红色	FBAL	脉冲编码器连接出错	
TG	电动机转速太高	红色			

1）OH 报警。OH 为速度控制单元过热报警，发生这个报警的可能原因有：

①印制电路板上 S1 设定不正确。

②伺服单元过热。散热片上热动开关动作，在驱动器无硬件损坏或不良时，可通过改变切削条件或负载，排除报警。

③再生放电单元过热。可能是 Q1 不良，当驱动器无硬件不良时，可通过改变加减速频率，减轻负荷，排除报警。

④电源变压器过热。当变压器及温度检测开关正常时，可通过改变切削条件，减轻负荷，排除报警，或更换变压器。

⑤电柜散热器的过热开关动作，原因是电柜过热。若在室温下开关仍动作，则需要更换温度检测开关。

2）OFAL 报警

数字伺服参数设定错误，这时需改变数字伺服的有关参数的设定。对于 FANUC 0 系统，相关参数是 8100、8101、8121、8122、8123 以及 8153 ~ 8157 等；对于 10/11/12/15 系统，相关参数为 1804、1806、1875、1876、1879、1891 以及 1865 ~ 1869 等。

3）FBAL 报警

FBAL 是脉冲编码器连接出错报警，出现报警的原因通常有以下几种：

①编码器电缆连接不良或脉冲编码器本身不良。

②外部位置检测器信号出错。

③速度控制单元的检测回路不良。

④电动机与机械间的间隙太大。

（2）伺服驱动器上的 7 段数码管报警

FANUC C 系列、α/αi 系列数字式交流伺服驱动器通常无状态指示灯显示，驱动器的报警是通过驱动器上的 7 段数码管进行显示的。可根据 7 段数码管的不同状态显示，判断驱动器报警的原因。

FANUC C 系列、电源与驱动器一体化结构型式（SVU 型）的 α/αi 系列交流伺服驱动器的数码管状态以及含义见表 4—32。

表 4—32　FANUC α/αi 系列（SVU 型）7 段数码管状态一览表

数码管显示	含义	备注
--	速度控制单元未准备好	开机时显示
0	速度控制单元准备好	
1	速度控制单元过电压报警	同 HV 报警
2	速度控制单元欠电压报警	同 LV 报警
3	直流母线欠电压报警	主回路断路器跳闸
4	再生制动回路报警	瞬间放电能量过大，或再生制动单元不良或不合适
5	直流母线过电压报警	平均放电能量过大，或伺服变压器过热、过热检测元件损坏
6	动力制动回路报警	动力制动继电器触点短路
8	L 轴电动机过电流	第 1 轴速度控制单元用
9	M 轴电动机过电流	第 2 轴速度控制单元用
b	L/M 轴电动机过电流	
8.	L 轴的 IPM 模块过热、过流、控制电压低	第 1 轴速度控制单元用
9.	M 轴的 IPM 模块过热、过流、控制电压低	第 2 轴速度控制单元用
b.	L/M 轴的 IPM 模块过热、过流、控制电压低	

采用公用电源模块结构型式（SVM 型）的 FANUC α/αi 系列数字式交流伺服驱动器，数码管状态以及含义见表 4—33。

表 4—33　FANUC α/αi 系列（SVM 型）7 段数码管状态一览表

数码管显示	含义	备注
---	速度控制单元未准备好	
0	速度控制单元准备好	
1	风机单元报警	
2	速度控制单元 +5 V 欠电压报警	
5	直流母线欠电压报警	主回路断路器跳闸
8	L 轴电动机过电流	1 轴或 2、3 轴单元的第 1 轴
9	M 轴电动机过电流	2、3 轴单元的第 2 轴

续表

数码管显示	含义	备注
A	N 轴电动机过电流	2、3 轴单元的第 3 轴
b	L/M 轴电动机同时过电流	
C	M/N 轴电动机同时过电流	
d	L/N 轴电动机同时过电流	
E	L/M/N 轴电动机同时过电流	
8.	L 轴的 IPM 模块过热、过电流、控制电压低	1 轴或 2、3 轴单元的第 1 轴
9.	M 轴的 IPM 模块过热、过电流、控制电压低	2、3 轴单元的第 2 轴
A.	N 轴的 IPM 模块过热、过电流、控制电压低	2、3 轴单元的第 3 轴
b.	L/M 轴的 IPM 模块同时过热、过电流、控制电压低	
C.	M/N 轴的 IPM 模块同时过热、过电流、控制电压低	
d.	L/N 轴的 IPM 模块同时过热、过电流、控制电压低	
E.	L/M/N 轴的 IPM 模块同时过热、过电流、控制电压低	

FANUC β 系列数字式交流速度控制单元，带有 POWER、READY、ALM 3 个状态指示灯与 7 段数码管状态显示，指示灯与数码管的含义见表 4—34。

表 4—34　　FANUC β 系列 7 段数码管状态一览表

POWER 灯	READY 灯	ALM 灯	数码管显示	含义	备注
●	○	●	--	速度控制单元未准备好	开机时显示
●	●	○	0	速度控制单元准备好	
●	○	●	Y	速度控制单元过电压报警	同 HV 报警
●	○	●	P	直流母线欠电压报警	主回路熔断器跳闸
●	○	●	J	再生制动回路过热报警	瞬间放电能量超过，或再生制动单元不良或不合适
●	○	●	0	过热报警	速度控制单元过热
●	○	●	C	风扇故障报警	
●	○	●	c	过电流报警	主回路过流

（3）系统屏幕上有报警的故障

FANUC 数字伺服出现故障时，通常情况下系统屏幕上可以显示相应的报警号，对于大部分报警，其含义与模拟伺服相同；少数报警与模拟伺服有所区别，对于 FANUC 0 系统来说，这些报警的处理如图 4—68 至图 4—78 所示。报警内容见表 4—35。

表 4—35　　FANUC 0 系统屏幕的报警内容

报警号		报警内容说明
400 号报警（过载）		伺服放大器或伺服电动机过载；伺服放大器的短接棒为 S1；L 表示使用外部热控开关，H 表示不使用外部热控开关；诊断号 730（第 1 轴）至 737（第 8 轴）；ALDF 信号，0：伺服放大器过载，1：伺服电动机过载
401 号报警（伺服系统准备完毕信号断开）		数控系统向伺服单元发出位置环准备完毕信号，但伺服单元没有发回伺服系统准备完毕信号
4X0 号和 4X1 号报警（位置偏差量过大）X＝1～8（相应于第 1～8 轴）		NC 指令位置与机床实际位置的误差大于参数的设定值 4X0：停止时的位置偏差量过大 4X1：运动时的位置偏差量过大 诊断号 800～803：第 1～4 轴的位置偏差值 参数 504～507：第 1～4 轴运动时的允许位置偏差 参数 593～596：第 1～4 轴停止时的允许位置偏差 参数 517：所有轴公用的位置环增益系数 参数 512～515：第 1～4 轴的位置环增益系数 参数 518～521：第 1～4 轴的快速进给速度 参数 004～007：第 1～4 轴的反馈倍率 DMR 参数 100～103：第 1～4 轴的指令倍率 CMR 参数 522～525：第 1～4 轴的快速加减速时间常数 参数 601～604：第 1～4 轴的手动加减速时间常数 参数 529（635）：第 1～4 轴的切削加减速时间常数 （529 为指数型，635 为直线型/插补后）
4X4 号报警（与伺服放大器和伺服电动机有关的各种报警）	DC	直流母线过电压报警
	OVC	在防止电动机过热的电流监视电路中，电流的累计值超过规定的电平
	HV	伺服放大器中出现过压报警
	LV	伺服放大器中出现欠压报警
	HC	伺服放大器中出现不正常的电流
报警号 4X6（编码器断线报警）		编码器断线报警
报警号 700（NC 过热）		数控系统过热

1）400 号报警（过载，见图 4—80）。

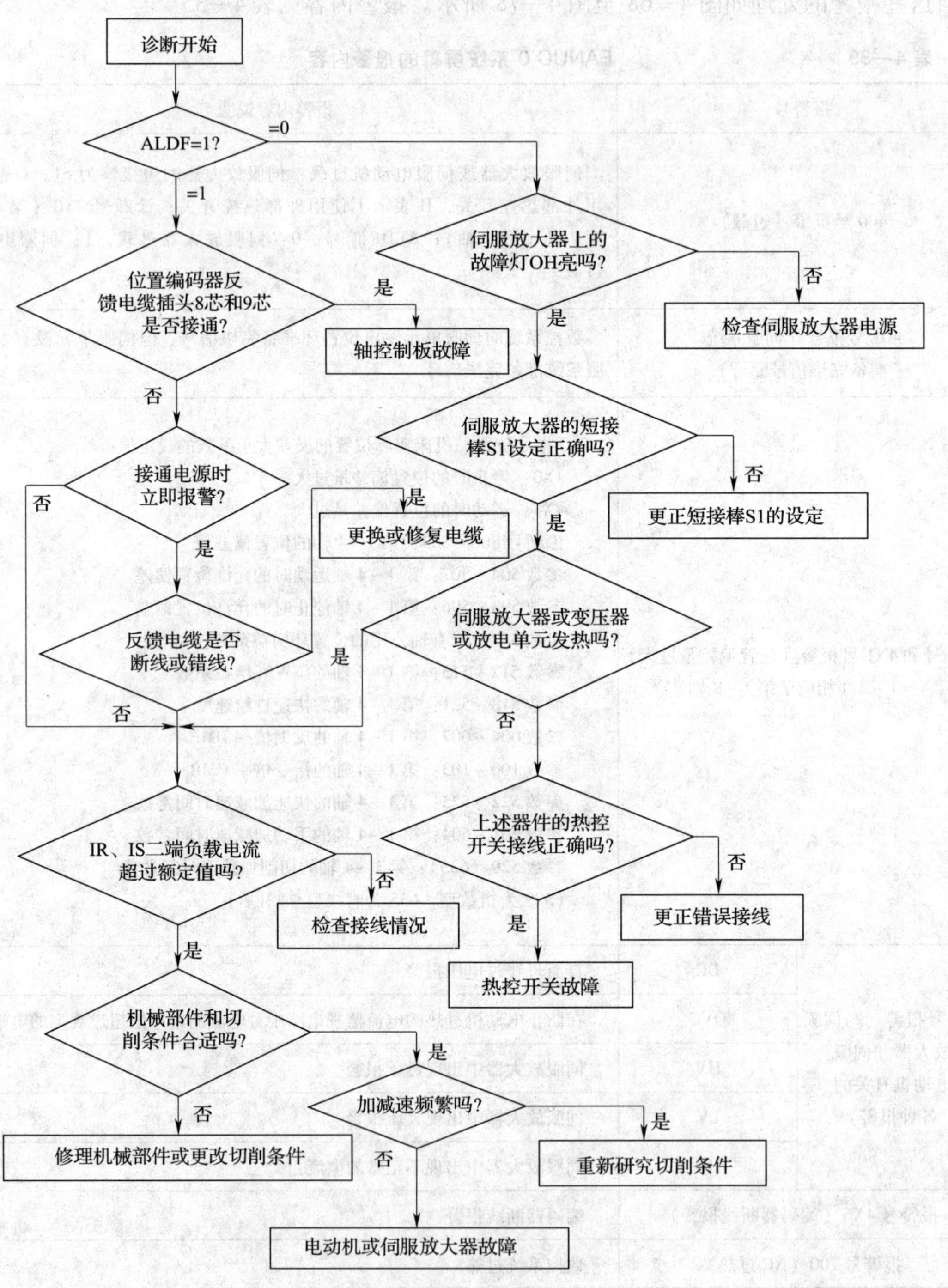

图 4—80　400 号报警诊断过程

2）401 号报警（伺服系统准备完毕信号断开，见图 4—81）。

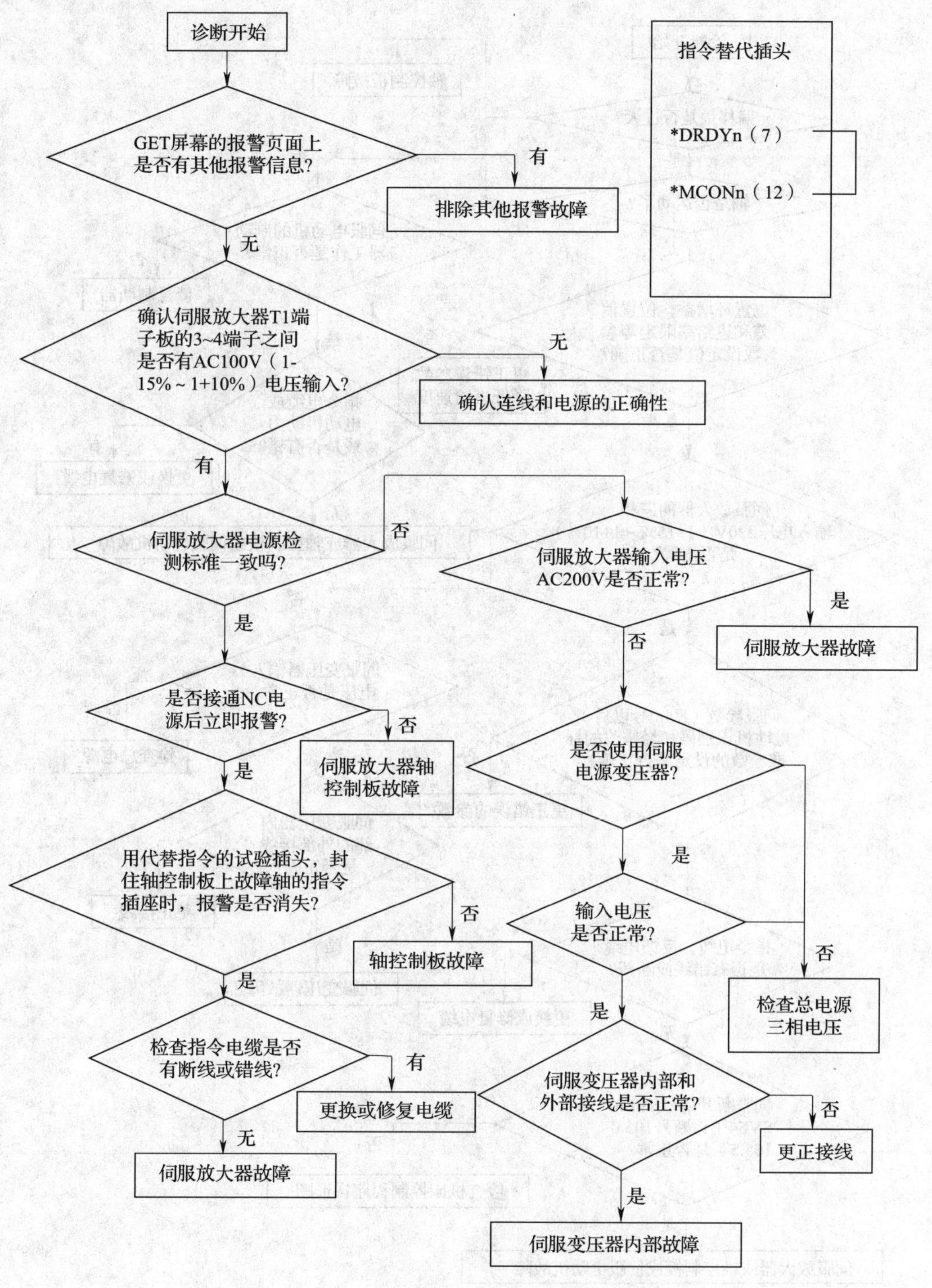

图 4—81 401 号报警诊断过程

3）4X0 号和 4X1 号报警（位置偏差量过大，见图 4—82）。

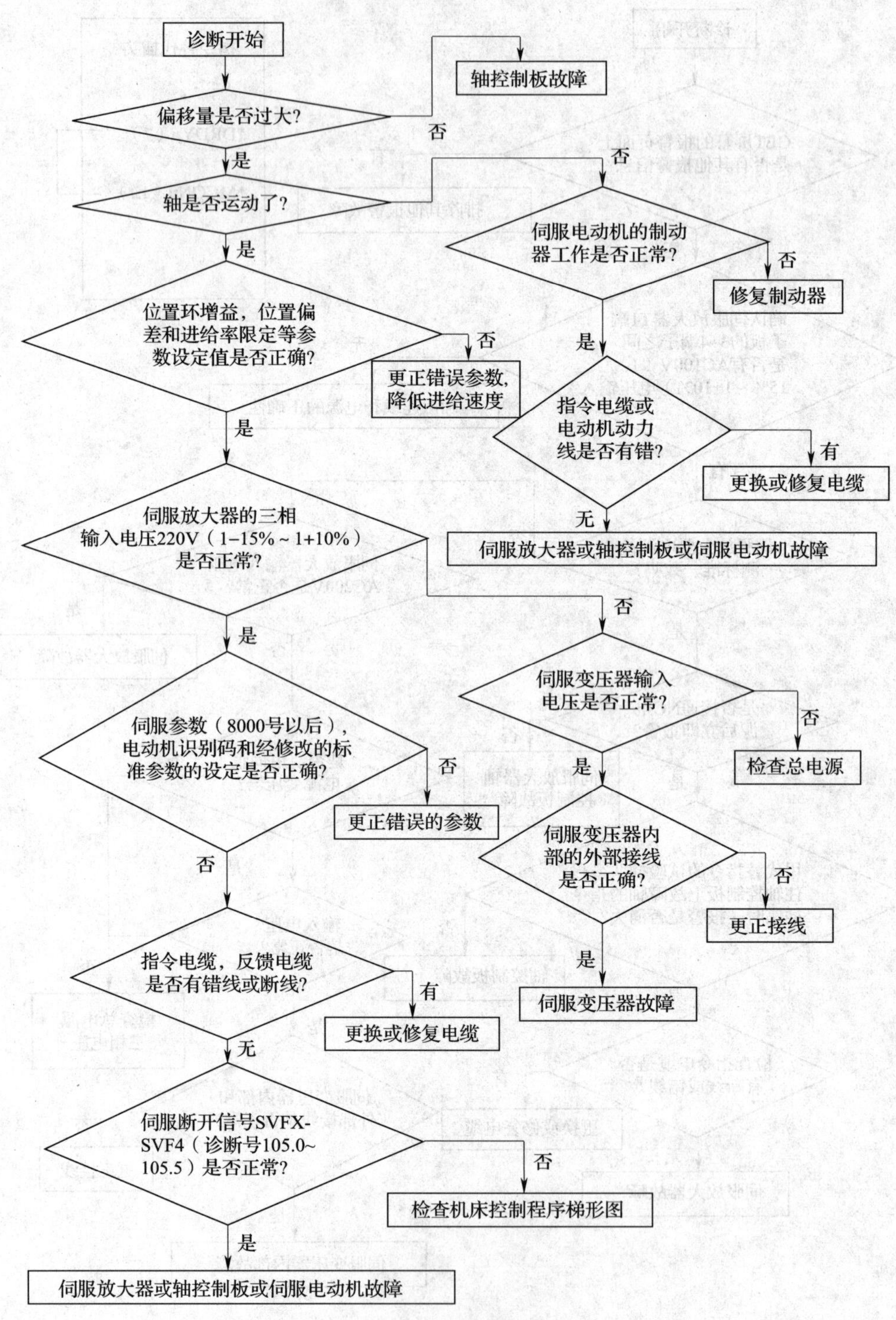

图 4—82　4X0 和 4X1 号报警诊断过程

4）4X4 号报警（见图 4—83）。

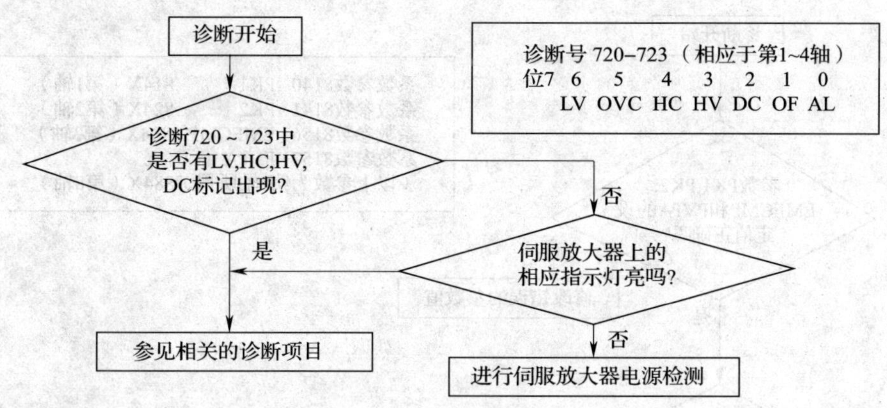

图 4—83　4X4 号报警诊断过程

①4X4（DC 报警，见图 4—84）。

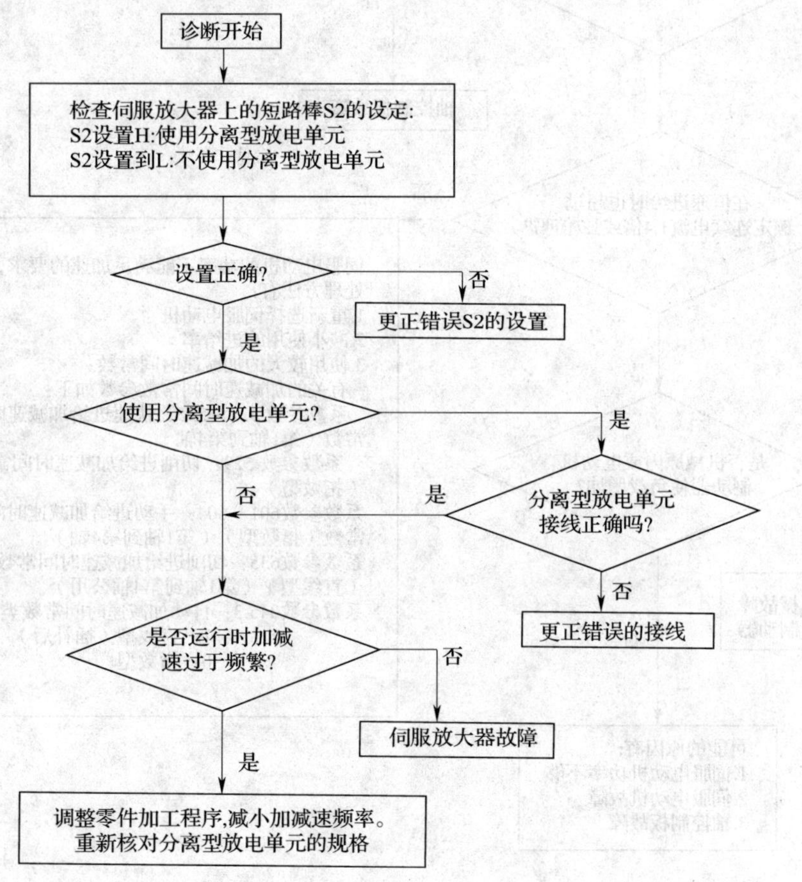

图 4—84　4X4（DC 报警）号报警诊断过程

②4X4（OVC 报警，见图 4—85）。

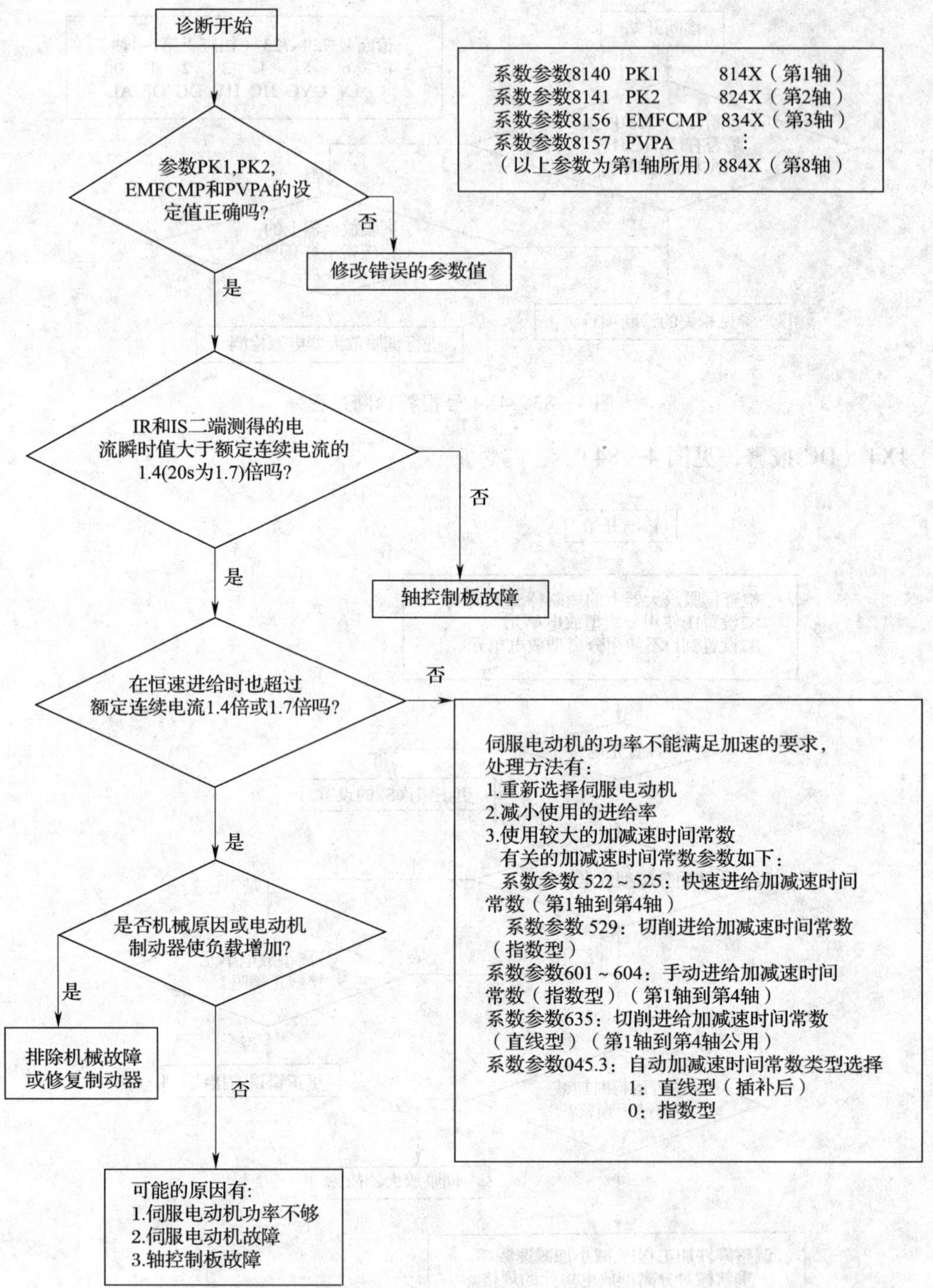

图 4—85　4X4（OVC 报警）号报警诊断过程

③4X4（HV 报警，见图 4—86）。

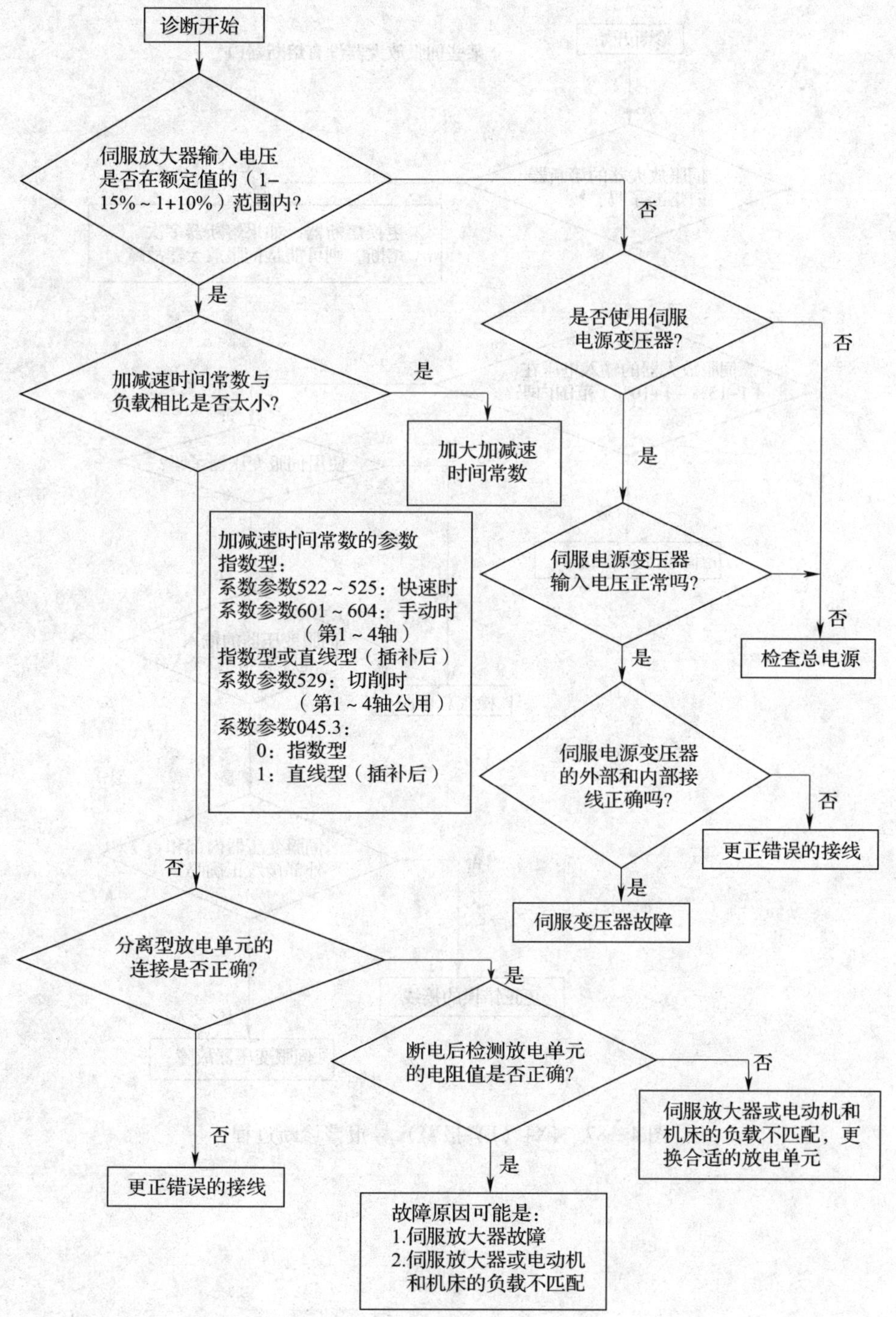

图 4—86　4X4（HV 报警）号报警诊断过程

④4X4（LV 报警，见图 4—87）。

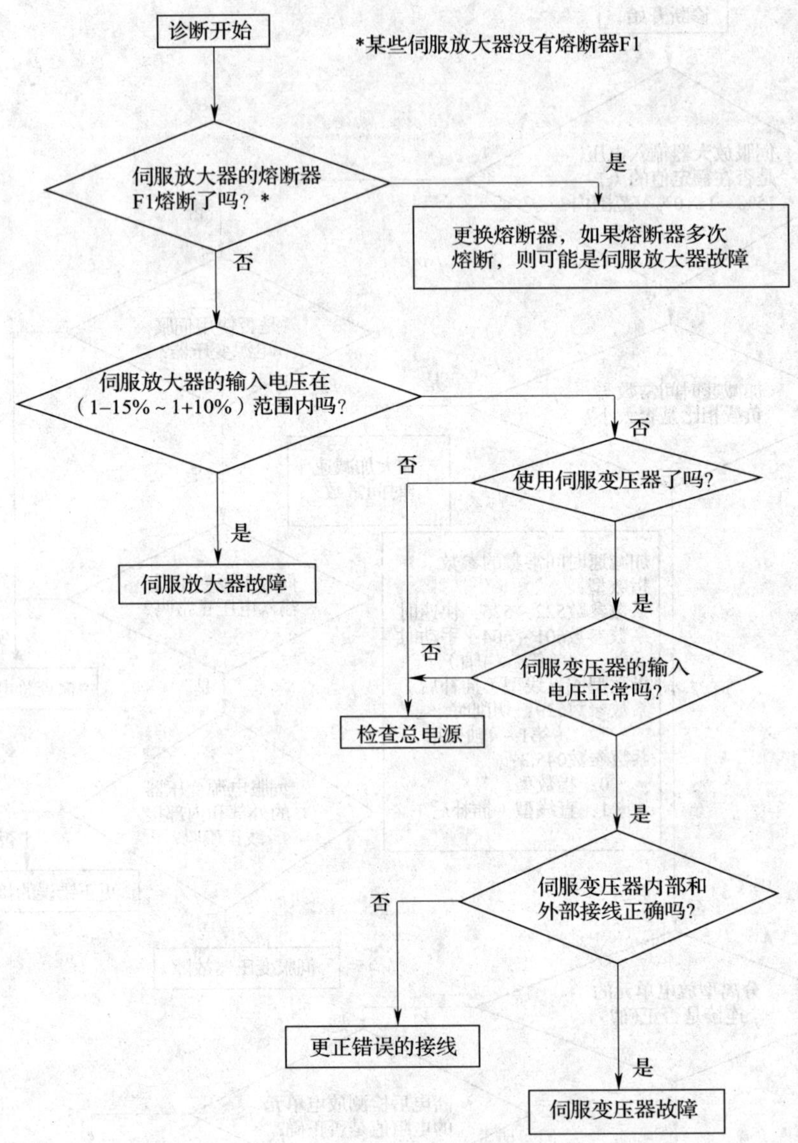

图 4—87　4X4（LV 报警）号报警诊断过程

⑤4X4（HC 报警，见图 4—88）。

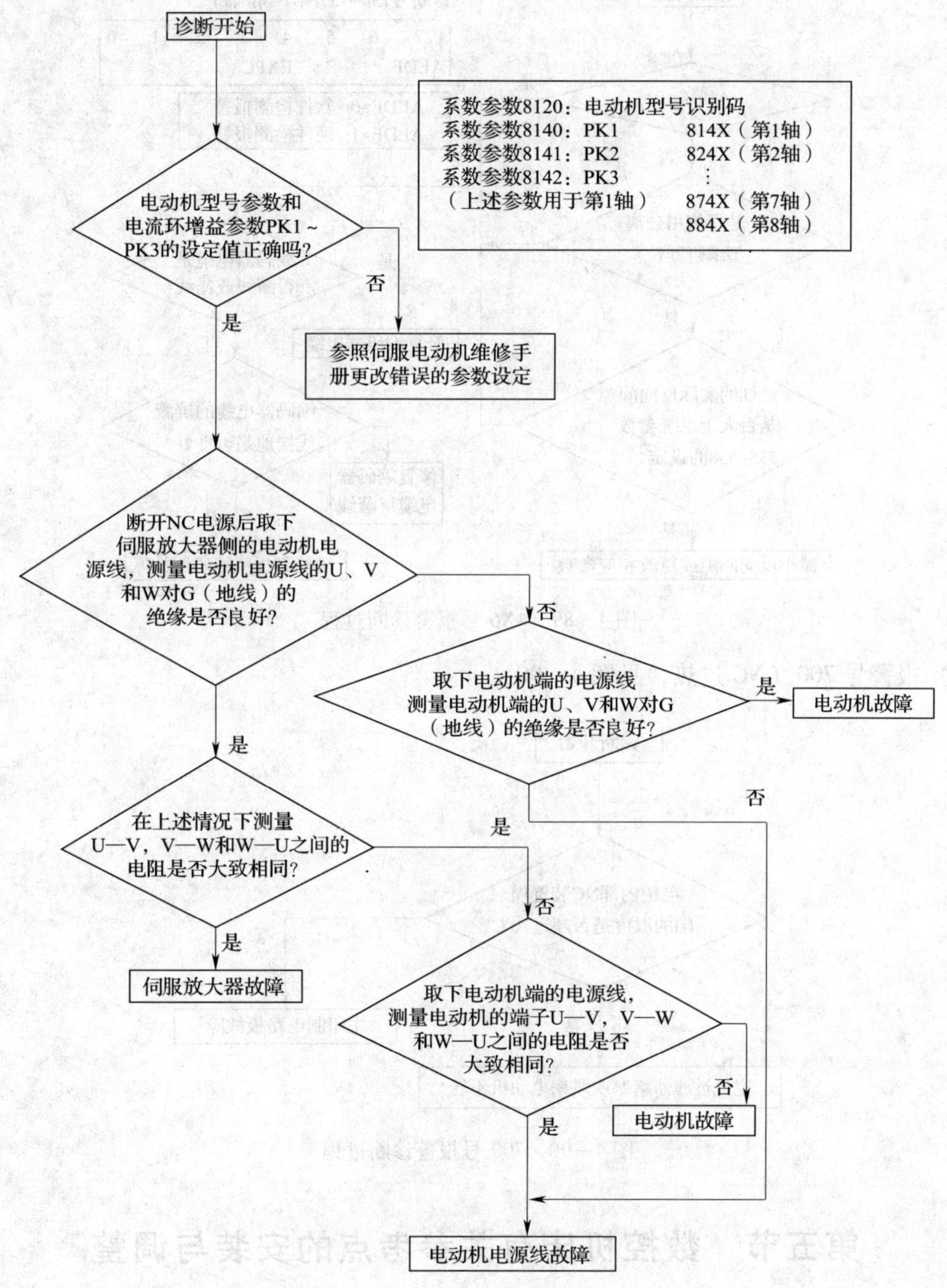

图 4—88 4X4（HC 报警）号报警诊断过程

5）报警号 4X6（编码器断线报警，见图 4—89）。

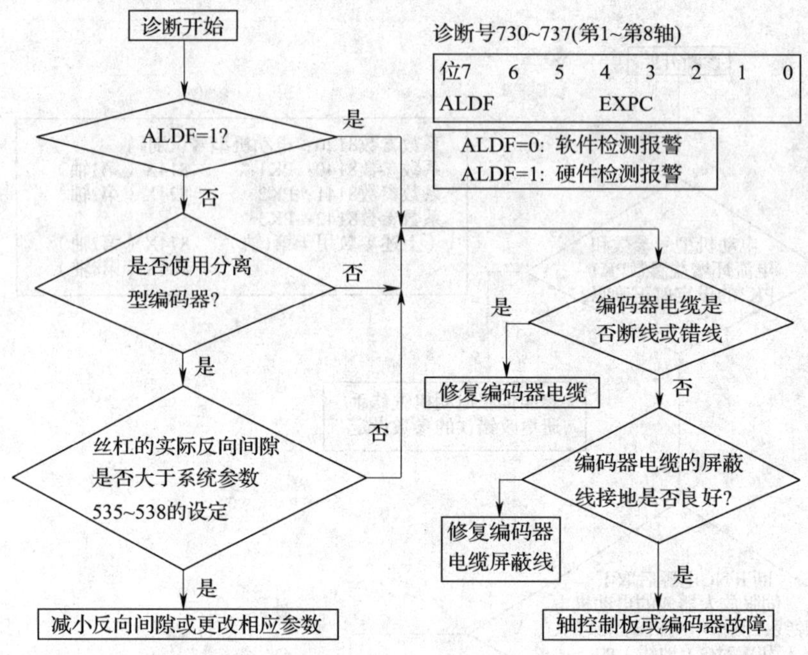

图 4—89　4X6 号报警诊断过程

6）报警号 700（NC 过热，见图 4—90）。

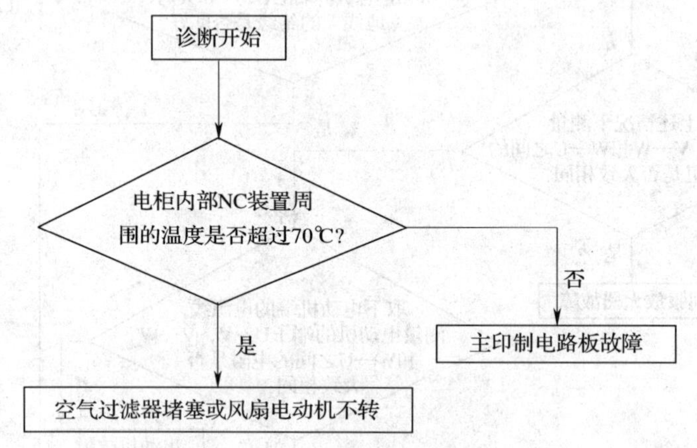

图 4—90　700 号报警诊断过程

第五节　数控机床有关参考点的安装与调整

FANUC 0i 系列数控系统可以通过三种方式实现回参考点：增量方式回参考点、绝对方式回参考点、距离编码回参考点。

一、增量方式回参考点

所谓增量方式回参考点，就是采用增量式编码器，工作台快速接近，经减速挡块减速后低速寻找栅格零点作为机床参考点。

1. FANUC 系统实现回参考点的条件

（1）回参考点（ZRN）方式有效——对应 PMC 地址 G43.7＝1，同时 G43.0（MD1）和 G43.2（MD4）同时＝1。

（2）轴选择（＋/－Jx）有效——对应 PMC 地址 G100～G102＝1。

（3）减速开关触发（＊DECx）——对应 PMC 地址 X9.0～X9.3 或 G196.0～3 从 1 到 0 再到 1。

（4）栅格零点被读入，找到参考点。

（5）参考点建立，CNC 向 PMC 发出完成信号，ZP4 的内部地址为 F094、ZRF1 的内部地址为 F120。

其动作过程和时序图如图 4—91 所示。

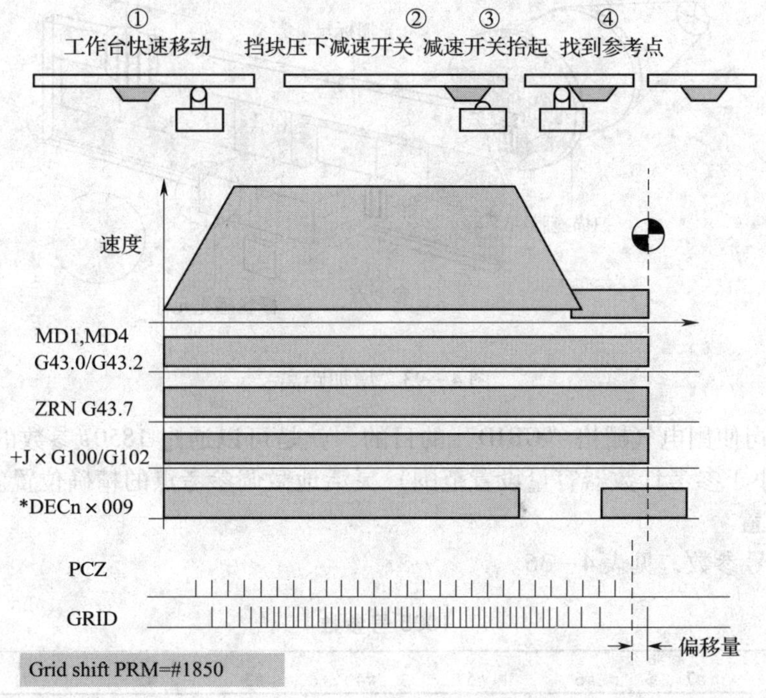

图 4—91 增量方式回参考点

FANUC 数控系统除了与一般数控系统一样，在返回参考点时需要寻找真正的物理栅格（栅格零点）——编码器的一转信号（见图 4—92），或光栅尺的栅格信号（见图 4—93）。并且还要在物理栅格的基础上再加上一定的偏移量——栅格偏移量（1850#参数中设定的量)，形成最终的参考点。也即图 4—91 中的“GRID”信号，“GRID”信号可以理解为是在所找到的物理栅格基础上再加上“栅格偏移量”后生成的点。

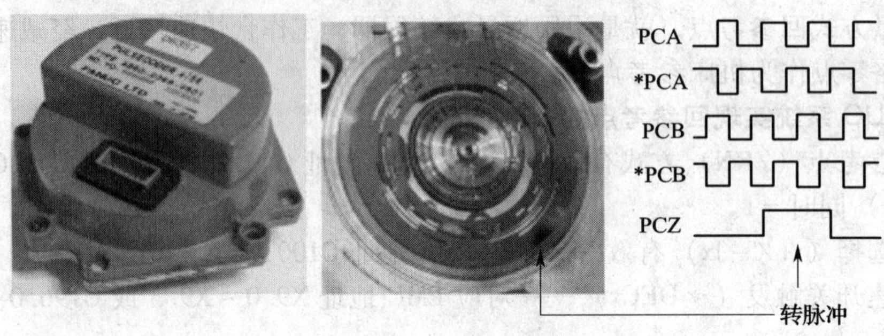

图 4—92　栅格零点

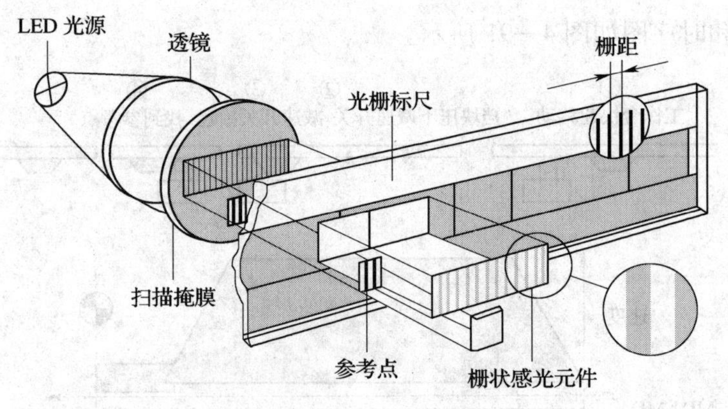

图 4—93　增加距离

FANUC 公司使用电气栅格“GRID”的目的，就是可以通过 1850#参数的调整，在一定量的范围内（小于参考计数器容量设置范围）灵活地微调参考点的精确位置。

2. 参数设置

（1）1005 号参数，见表 4—36。

表 4—36　　1005 号参数

	#7	#6	#5	#4	#3	#2	#1	#0
1005							DLZx	

输入类型	参数输入	参数	说明	设置	
参数输入	位轴型	DLZX	无挡块参考点设定功能	0	无效
				1	有效

（2）1821 号参数，见表 4—37。

表 4—37　　　　　　1821 号参数

1821	每个轴的参考计数器容量		
输入类型	参数输入	数据单位	数据范围
参数输入	2 字轴型	检测单位	0～999 999 999

数据范围为参数设定参考计数器的容量，为执行栅格方式的返回参考点的栅格间隔。设定值在 0 以下时，将其视为 10 000。在使用附有绝对地址参照标记的光栅尺时，设定标记 1 的间隔。在设定完此参数后，需要暂时切断电源。

（3）1850 号参数，见表 4—38。

表 4—38　　　　　　1821 号参数

1850	每个轴的栅格偏移量/参考点偏移量		
输入类型	参数输入	数据单位	数据范围
参数输入	2 字轴型	检测单位	−99 999 999～99 999 999

数据范围是参数为每个轴设定的使参考点位置偏移的栅格偏移量或者参考点偏移量。可以设定的栅格量为参考计数器容量以下的值。参数 SFDX（No. 1008#4）为“0”时，成为栅格偏移量，为“1”时成为参考点偏移量。若是无挡块参考点设定，仅可使用栅格偏移，不能使用参考点偏移。

（4）1815 号参数，见表 4—39。

表 4—39　　　　　　1005 号参数

	#7	#6	#5	#4	#3	#2	#1	#0
1815			APCx	APZx			OPTx	

输入类型	参数输入	参数	说明	设置		备注
参数输入	位轴型	OPTX	位置检测器	0	不使用外置脉冲编码器	使用带有参照标记的光栅尺或者带有绝对地址原点的光栅尺（全闭环系统）时，将参数值设定为“1”
				1	使用外置脉冲编码器	
		APZx	对应关系	0	尚未建立	
				1	已经结束	
		APCx	位置检测器	0	非绝对位置检测器	
				1	绝对位置检测器	

APZx：作为位置检测器使用绝对位置检测器时，机械位置与绝对位置检测器之间的位置对应关系。使用绝对位置检测器时，在进行第 1 次调节时或更换绝对位置检测器时，务须将其设定为“0”，再次通电后，通过执行手动返回参考点等操作进行绝对位置检测器的原点设定。由此，完成机械位置与绝对位置检测器之间的位置对应，此参数即被自动设定为“1”。

（5）外置脉冲编码器与光栅尺的设置。通常，将电动机每转动一圈的反馈脉冲数作为参考计数器容量予以设定。

1821	每个轴的参考计数器容量

光栅尺上多处具有参照标记的情况下，有时将该距离以整数相除的值作为参考计数器容量予以设定。如图 4—94 所示。

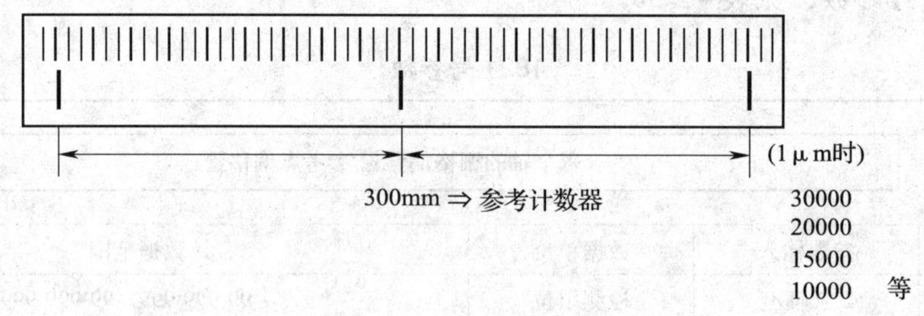

图 4—94 多处参照标记

二、绝对方式回参考点（又称无挡块回零）

所谓绝对回零（参考点），就是采用绝对位置编码器建立机床零点，并且一旦零点建立，无须每次开机回零，即便系统关断电源，断电后的机床位置偏移（绝对位置编码器转角）被保存在电动机编码器 S－RAM 中，并通过伺服放大器上的电池支持电动机编码器 S－RAM 中的数据。

传统的增量式编码器，在机床断电后不能够将零点保存，所以每遇断电再开机后，均需要操作者进行返回零点操作。20 世纪 80 年代中后期，断电后仍可保存机床零点的绝对位置编码器被应用在数控机床上，其保存零点的“秘诀”就是在机床断电后，机床微量位移的信息被保存在编码器电路的 S－RAM 中，并有后备电池保持数据。FANUC 早期的绝对位置编码器有一个独立的电池盒，内装干电池，电池盒安装在机柜上便于操作者更换。目前 αi 系列绝对位置编码器电池安装在伺服放大器塑壳外面正上方。

这里需要注意的是，当更换电动机或伺服放大器后，由于将反馈线与电动机航空插头脱开，或电动机反馈线与伺服放大器脱开，必将导致编码器电路与电池脱开，S－RAM 中的位置信息即刻丢失。再开机后会出现 300#报警，需要重新建立零点。

1. 绝对零点建立的过程（见图 4—95）

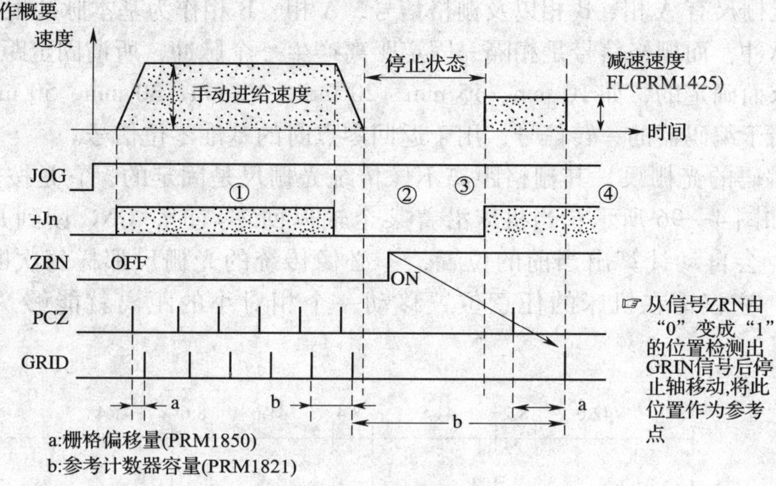

图 4—95 绝对零点建立的过程

2. 操作

（1）将希望进行参考点设定的轴向返回参考点方向 JOG 进给到参考点跟前的附近。

（2）选择手动返回参考点方式，将希望设定参考点的轴的进给轴方向选择信号（正向或者负向）设定为“1”。

（3）定位于以从当前点到参数 ZMIX（No. 1006#5）中所确定的返回参考点方向的最靠近栅格位置，将该点作为参考点。

（4）确认已经到位后，返回参考点结束信号（ZPn）和参考点建立信号（ZRFn）即被设定为“1”。

设定完参考点之后只要将 ZRN 信号设定为“1”，通过手动方式设定轴向信号，刀具就返回到参考点。

3. 参数设置

（1）1005 号参数，见表 4—36。

（2）1006 号参数，见表 4—40。

表 4—40 1006 号参数

	#7	#6	#5	#4	#3	#2	#1	#0
1006			ZMIX					

输入类型	参数输入	参数	说明	设置	
参数输入	位轴型	ZMIX	手动返回参考点的方向	0	正
				1	负

三、距离编码回零

光栅尺距离编码是解决“光栅尺绝对回零”的一种特殊的解决方案。具体工作原理如下：

传统的光栅尺有 A 相、B 相以及栅格信号，A 相、B 相作为基本脉冲根据光栅尺分辨精度产生步距脉冲，而栅格信号是相隔一固定距离产生一个脉冲，所谓固定距离是根据产品规格或订货要求而确定的，如 10 mm、15 mm、20 mm、25 mm、30 mm、50 mm 等。该栅格信号的作用相当于编码器的一转信号，用于返回零点时的基准零位信号。

而距离编码的光栅尺，其栅格距离不像传统光栅尺是固定的，它是按照一定比例系数成变化的，如图 4—96 所示；当机床沿着某个轴返回零点时，CNC 读到几个不等距离的栅格信号后，会自动计算出当前的位置，不必像传统的光栅尺那样每次断电后都要返回到固定零点，它仅需在机床的任意位置移动一个相对小的距离就能够“找到”机床零点。

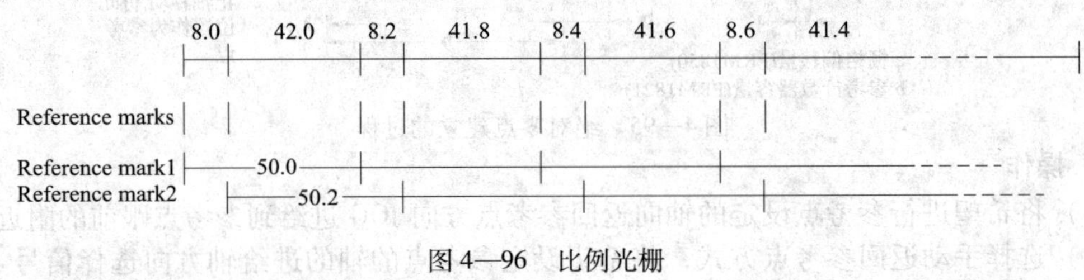

图 4—96　比例光栅

1．距离编码零点建立过程

（1）选择回零方式，使信号 ZRN 置 1，同时 MD1、MD4 置 1。

（2）选择进给轴方向（+J1，－J1，+J2，－J2 等）。

（3）机床按照所选择的轴方向移动寻找零点信号，机床进给速度遵循 1425 参数中（FL）设定速度运行。

（4）一旦检测到第一个栅格信号，机床即停顿片刻，随后继续低速（按照参数 1425FL 中设定的速度）按照指定方向继续运行。

（5）继续重复上述（4）的步骤，找到 3～4 个栅格后停止，并通过计算确立零点位置。

（6）最后发出参考点建立信号（ZRF1，ZRF2，ZRF3 等置 1）。如图 4—97 所示。

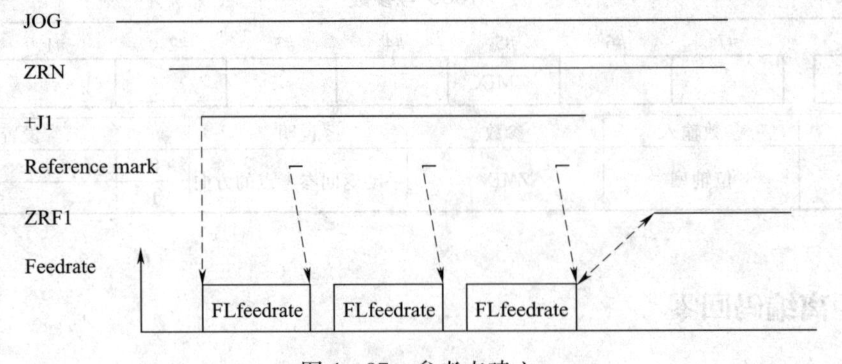

图 4—97　参考点建立

2. 参数设置（见表 4—41、表 4—42）

表 4—41 位数据参数设置

参数	#7	#6	#5	#4	#3	#2	#1	#0
1815						DCLX	OPTX	
1802							DC4	

说明		设置 0	设置 1
OPTx	位置检测方式	不使用分离式编码器（采用电动机内置编码器作为位置反馈）	使用分离式编码器（光栅）
DCLx	分离检测器类型	光栅尺检测器不是绝对栅格的类型	光栅尺采用绝对栅格的形式
DC4	当采用绝对栅格建立参考点时	检测 3 个栅格后确定参考点位置	检测 4 个栅格后确定参考点位置

表 4—42 双字节数据参数设置

参数	设置	数据单位	数据有效范围
1821	参考计数器容量	检测单位	0 ~99 999 999
1882	距离编码 2（Mark2）栅格的间隔	检测单位	0 ~99 999 999
1883	光栅尺栅格起始点与参考点的距离	检测单位	−99 999 999 ~99 999 999

1821、1882、1883 参数关系如图 4—98 所示。

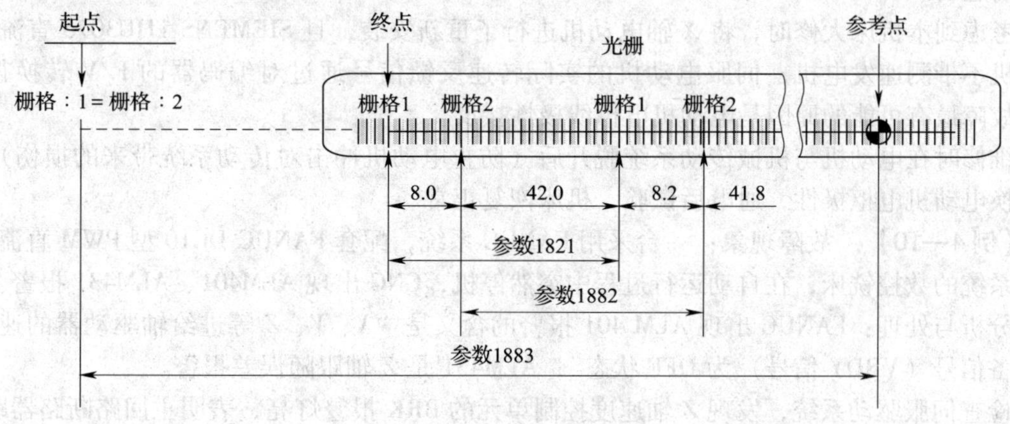

图 4—98 相关参数

具体实例如图 4—99 所示，机床采用米制输入。

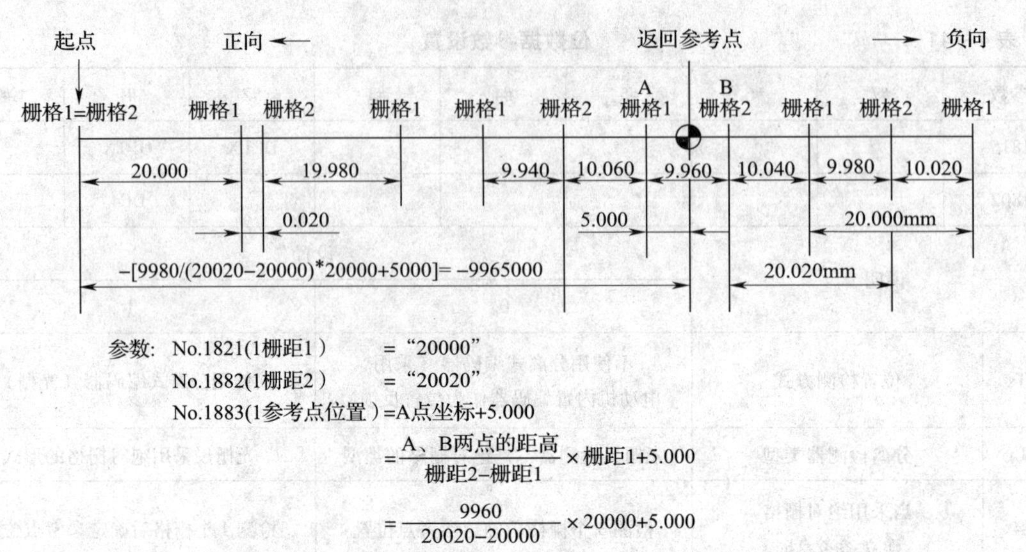

参数：No.1821(1栅距1）　= “20000”

No.1882(1栅距2）　= “20020”

No.1883(1参考点位置）=A点坐标+5.000

$$=\frac{\text{A、B两点的距高}}{\text{栅距2–栅距1}}\times\text{栅距1}+5.000$$

$$=\frac{9960}{20020-20000}\times 20000+5.000$$

= 9965000

→“–9965000”（负向返回距离）

图 4—99　参数设置实例

第六节　FANUC 伺服系统故障诊断与维修实例

【例 4—9】　故障现象：一台配套 FANUC 6ME 系统、FANUC 直流伺服驱动、SIEMENS 1HU3076 直流伺服电动机的进口加工中心，在机床大修后，机床一接通电源，*X* 轴电动机即高速转动，CNC 发生 ALM410 报警并停机。

分析与处理：经过分析初步判定故障原因通常是由于伺服电动机的电枢或测速反馈极性接反引起的。

考虑到本机床大修时，将 *X* 轴电动机进行了重新安装，且 SIEMENS 1HU3076 直流伺服电动机不带测速发电机，伺服电动机的实际转速反馈信号通过对编码器的 F/V 转换得到，因此故障最有可能的原因是电动机电枢线极性接反。

维修时在电动机与机械传动系统脱开后（防止电动机冲击对传动系统带来的损伤），直接调换电动机电枢极性，通电后试验，机床恢复正常。

【例 4—10】　故障现象：一台采用 FANUC 系统，配套 FANUC DC10 型 PWM 直流伺服驱动系统的数控铣床，在自动运行过程中突然停机，CNC 出现 ALM401、ALM431 报警。

分析与处理：FANUC 出现 ALM 401 报警的含义是“*X*、*Y*、*Z* 等进给轴驱动器的速度控制准备信号（VRDY 信号）为 OFF 状态”；ALM431 是 *Z* 轴跟随误差报警。

检查伺服驱动系统，发现 *Z* 轴速度控制单元的 BRK 报警灯亮，表明主回路断路器跳闸，分析故障原因，可以初步确定为主回路存在短路或过电流。

重新合上主回路断路器 NBF1/NBF2 后，测量 *Z* 轴速度控制单元电源进线，发现 U、W

间存在短路，对照速度控制单元主回路原理图逐一检查主回路各元器件，测量发现，该速度控制单元的主回路浪涌吸收器 ZNR 存在短路。更换同规格的浪涌吸收器后，在测量确认主回路已无短路的情况下，再次开机，机床故障排除。

【例 4—11】 故障现象：某配套 FANUC 系统，DC20/30 型直流 PWM 驱动的卧式加工中心，在自动加工过程中，偶然出现 ALM401、ALM421 报警。

分析与处理：FANUC 出现 ALM 401 报警的含义同上；ALM421 是 *Y* 轴位置跟随超差报警。由于故障偶尔出现，初步判定 CNC 与伺服驱动系统本身无损坏；据操作人员反映，在机床手动、回参考点工作时，均无报警，电缆连接不良的可能性较小。

为了确定故障原因，维修时对 *Y* 轴编制了空运行试验程序，经多次试验确认：故障多在快进启动与停止时出现，故障时，速度控制单元上 HVAL 报警指示灯亮，表明驱动系统存在过电压。

测量速度控制单元输入电源，发现输入电压正确；检查直流母线上的制动电阻、斩波管均未损坏，初步判定故障是由于机械负载过重引起的。

由于该机床 *Y* 轴采用了液压平衡系统，分析机械负载过重可能与平衡液压缸的压力调节有关，进一步检查液压系统，发现平衡压力调整过低；重新调整平衡系统压力后，故障现象消失，机床恢复正常。

【例 4—12】 故障现象：一台配备 FANUC 15MA 数控系统的龙门式加工中心，在启动完成进入操作状态后，*X* 轴只要一运动即出现高频振荡，发出尖锐噪声，系统无任何报警。

故障分析：故障出现后，观察 *X* 轴拖板，发现实际上拖板振动位移很小；但触摸输出轴，可感觉到转子在以很小的幅度、极高的频率振动，且振动的噪声就来自 *X* 轴伺服系统。

考虑到振动无论是在运动中还是在静止时均发生，与运动速度无关，故基本上可以排除测速发电机、位置反馈编码器等硬件损坏的可能性。

故障维修：由于 FANUC 15MC 数控系统采用的是数字伺服系统，伺服系统的调整可以直接通过系统进行。维修时调出伺服调整参数页面，并与机床随机资料中提供的参数表对照，发现参数见表 4—43。

表 4—43　　PARM1852、PARM1825 实际设定值

参数号	正常值	实际设定值
1852	1 000	3 414
1825	2 000	2 770

将上述参数重新修整后，振动现象消失，机床恢复正常工作。

【例 4—13】 故障现象：一台配备 FANUC 系统的加工中心，在长期使用后，只要工作台移动到行程的中间，*X* 轴即出现缓慢的正、反向摆动。

故障分析：加工中心在其他位置时工作均正常，因此系统参数、伺服驱动器和机械部分应无问题。考虑到加工中心已经经过长期使用，加工中心机械部分与伺服驱动系统之间的配合可能会发生部分改变，一旦匹配不良，可能引起伺服系统的局部振动。

故障维修：根据 FANUC 伺服驱动系统的调整与设定说明，维修时通过改变 X 轴伺服单元上的 S6、S7、S11、S13 等设定端的设定消除加工中心的振动。

【例 4—14】 故障现象：配备某系统的数控车床，在工作过程中，发现加工工件的 X 向尺寸出现无规律的变化。

故障分析：数控机床的加工尺寸不稳定通常与机械传动系统的安装、连接与精度，以及伺服进给系统的设定与调整有关。在机床上利用百分表仔细测量 X 轴的定位精度，发现丝杠每移动一个螺距，X 向的实际尺寸总是要增加几十微米，而且误差不断积累。

根据以上现象分析，故障原因似乎与系统的“齿轮比”、参数计数器容量、编码器脉冲等参数的设定有关，但经检查，以上参数的设定均正确无误，排除了参数设定不当引起故障的可能。

为了进一步判定故障部位，维修时拆下 X 轴伺服，并在轴端通过画线做标记，利用手动增量进给方式移动 X 轴，检查发现 X 轴每次增量移动一个螺距时，轴转动均大于 360°。同时，在以上检测过程中发现伺服电动机每次转动到某一固定的角度上时，均出现“突跳”现象，且在无“突跳”区域，运动距离与轴转过的角度基本相符（无法精确测量，依靠观察确定）。

根据以上试验可以判定故障是由于 X 轴的位置监测系统不良引起的。考虑到“突跳”仅在某一固定的角度产生，且在无“突跳”区域，运动距离与轴转过的角度基本相符。因此，可以进一步确认故障与测量系统的电缆连接、系统的接口电路无关。

故障维修：通过更换编码器试验，确认故障是由于编码器不良引起的。更换编码器后，机床恢复正常。

【例 4—15】 故障现象：卧式数控车床，数控系统采用 FANUC－0TD 系列。由于 Z 轴进给电动机及 Z 轴丝杠不是同轴相连，为了提高机床的加工精度，在 Z 轴丝杠的端部安装了独立脉冲编码器（2000P/r）。加工中，机床出现了 426 号警报。

故障分析：首先判别系统为硬件断线故障还是软件故障，通过系统诊断号 731#7、731#4 检查，结果发现#7 和#4 均为“1”，说明系统出现了硬件断线故障。根据硬件断线的故障原因分析，故障可能在独立编码器侧（包括连接电缆）或为系统轴控制板故障。

故障维修：采用参数的封锁方法检查。故障在轴控制板上，经仔细检查发现编码器一根信号线虚焊，重新焊好后故障排除。

【例 4—16】 故障现象：一台配套 FANUC 0 系统的数控车床，开机后就出现 414、401 号报警。

分析与处理过程：FANUC 0 数控系统的 414、401 号报警属于数字伺服报警，报警的具体含义分别是“X、Z 位置测量系统出错”，“X 轴、Z 轴伺服放大器未准备好”。向操作人员询问得知，因工厂基建，该机床刚搬至新址不久，第一次开机就出现上述状况，此前该机床工作一直很稳定，因此怀疑在搬运过程中导致电动机、驱动器等元器件的连接损坏。用万用表测量电动机各电缆的连接，经检查未发现异常。插拔插头确认其连接牢固、无错误后再开机，报警仍未解除。于是，按“SYSTEM”键进入系统自诊断功能，检查 0200 号参数，发现该参数第 6 位显示为“1”及“#6（LV）=1”，阅读维修手册，提示此时为低电压报警。检查驱动器输入电压，发现无输入电压：依据电气原理图继续检查，发现低压断路器 QF4 始终处于断开状态。更换新的开关，重新开机，机床恢复正常工作。

【例 4—17】 龙门数控镗铣床 FANUC 16iM 系统，半闭环控制，每天开机手动返回参考点时 *X* 轴偶尔会出现 90#报警，即找不到参考点，返回参考点时工作台有减速动作，但是一旦手动回参考点成功，重复用 G28 方式回零没有任何问题。

分析原因；大多数机床制造商设置在手动返回参考点时，寻找并读取 PCZ 信号（物理栅格信号）建立参考点，而在 G28 方式下使用计数器清零的方式返回参考点，不寻找物理栅格信号。从故障描述来看重点应该检查一转信号。首先采用最简便易行的方法，检查反馈电缆，用万用表电阻挡测量电缆两端通断，结果没有问题。接下来更换脉冲编码器，将 *X* 轴编码器与另一个可以回参考点的轴（*Y* 轴）编码器互换，结果没有任何变化，即：*X* 轴仍然不能够每次找到零点，而 *Y* 轴回零正常，说明脉冲编码器良好。之后更换伺服放大器，仍然没有效果。经过以上步骤，相关的硬件均已更换，仍然没有找到故障点。仔细分析大型机床的结构，发现 *X* 轴反馈电缆经过传动链到伺服放大器超过 50 m，初步判断可能是由于信号衰减造成的一转信号不好，最后将 5 V 及 0 V 线脚与电缆中多余的备用线并联加粗，降低线间电阻，提高信号幅值，最终排除了故障。

注意：FANUCα 系列驱动的反馈装置采用的是高速串行传送，用传统的示波器无法观测波形，所以更多的是采用替代法或者借助系统界面诊断排查故障。

【例 4—18】 辛辛那提 T30 加工中心，采用 FANUC 11M 系统，全闭环，*Z* 轴手动返回参考点时找不到零点。

分析原因：由于该机床是全闭环控制，所以物理栅格位置是在光栅上面，工作重点也应该放在光栅上。将光栅用无水酒精擦干净后可以找到零点，但是时有时无，成功率为 70% 左右，仍旧不能满足正常生产要求，初步判断为原参考点栅格有损伤，由于光栅尺的栅格是由一定间距的多个栅格组成的，具体读取哪一个栅格作为零点，取决于减速挡块的位置和减速开关信号的触发。往往某一个栅格损坏了，其他栅格却完好无损。所以将减速挡块前移一个（或 *n* 个）栅格位置，手动回零成功。

注意这时候的参考点已经和机床出厂时的完全不同，换刀用的第二参考点和工件零点已经改变了，所以维修人员一定要将这些点重新调整（通过参数设定机床坐标零点、第二参考点位置以及重新建立工件坐标系等）。

【例 4—19】 大森精机数控车床 FANUC 21T 系统，增量回零方式，*Z* 轴返回参考点可以完成，不报警。但偶尔会差一个丝杠螺距，非常有规律。

这种现象是数控机床非常典型的故障之一。其原因是减速挡块位置距离栅格位置太近或太靠近参考点时，处于一种“临界状态”，导致了离散误差。如图 4—100 所示。

由于触点开关信号通、断的精确度比较差，所以信号触发的时间不很准确，当信号来早时，就找到栅格①。当信号来迟时，就找到信号②，如图 4—100 所示。或者时而找到栅格②，时而找到栅格③，如图 4—101 所示。

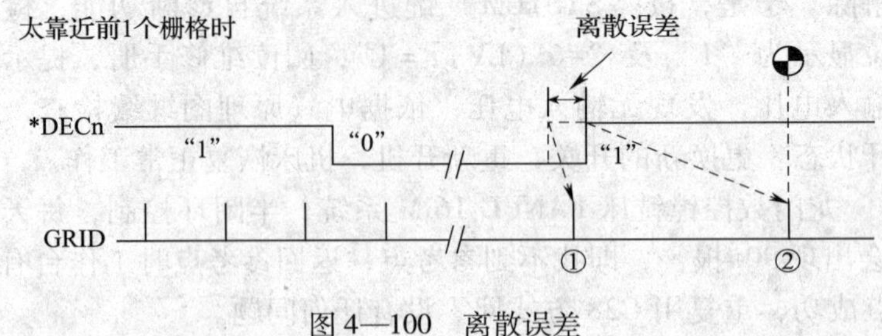

图 4—100　离散误差

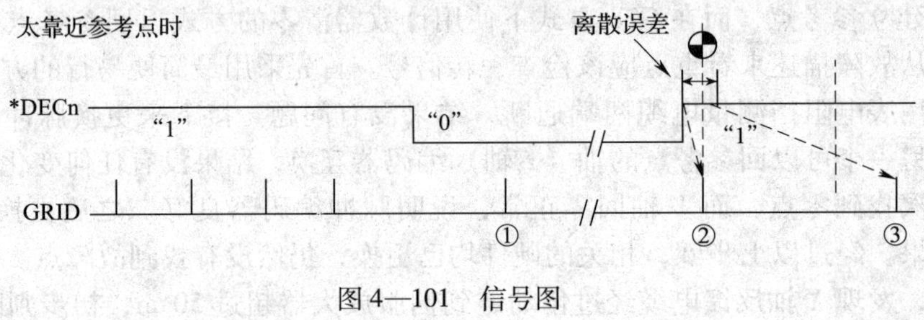

图 4—101　信号图

解决方案：

（1）调整挡块位置。

（2）通过参数 1850#栅格偏移量，将栅格调整至合理位置。调整挡块的具体调整方法如下：

1）手动返回参考点。

2）选择诊断画面，读取诊断号 0302 的值（0302 的含义——从挡块脱离的位置到读取到第一个栅格信号时的距离）。

3）记录参数 1821 的值，1821#参数中设定的是参考计数器容量。

4）微调减速挡块，使诊断号 0302 中的值等于 1821 设定值的一半（1/2 栅格）。

5）一面多次重复进行手动回参考点，一面确认诊断号 0302 上显示的值每次为 1/2 栅格左右，而且变化幅度不大。

第五章

FANUC 系统数控机床自动换刀装置与辅助装置的装调与维修

数控机床自动换刀装置与辅助装置由 M 功能控制，M 功能是由机床厂家根据相关标准确定的。因此，不同的机床厂家所用的 M 代码是有区别的，在实际装调与维修过程中应以机床说明书为准。

第一节　数控机床自动换刀装置的装调与维修

一、刀库的调整

1．刀库换刀流程

（1）斗笠式刀库换刀流程及换刀过程（见图 5—1、图 5—2）

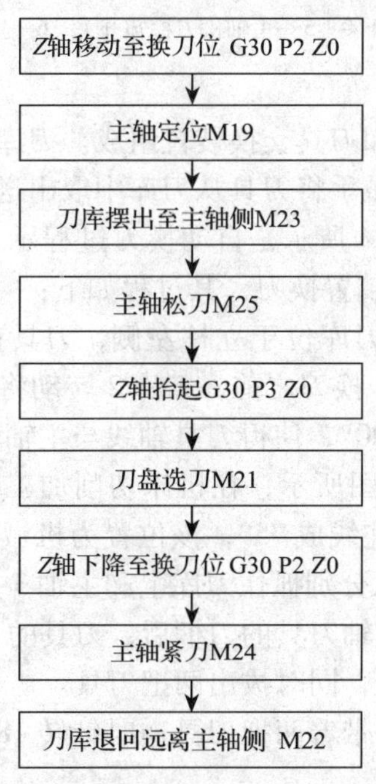

图 5—1　斗笠式刀库换刀流程

注意：在实际加工中并用不到图 5—1 所示流程中的所有指令，只用换刀指令即可。

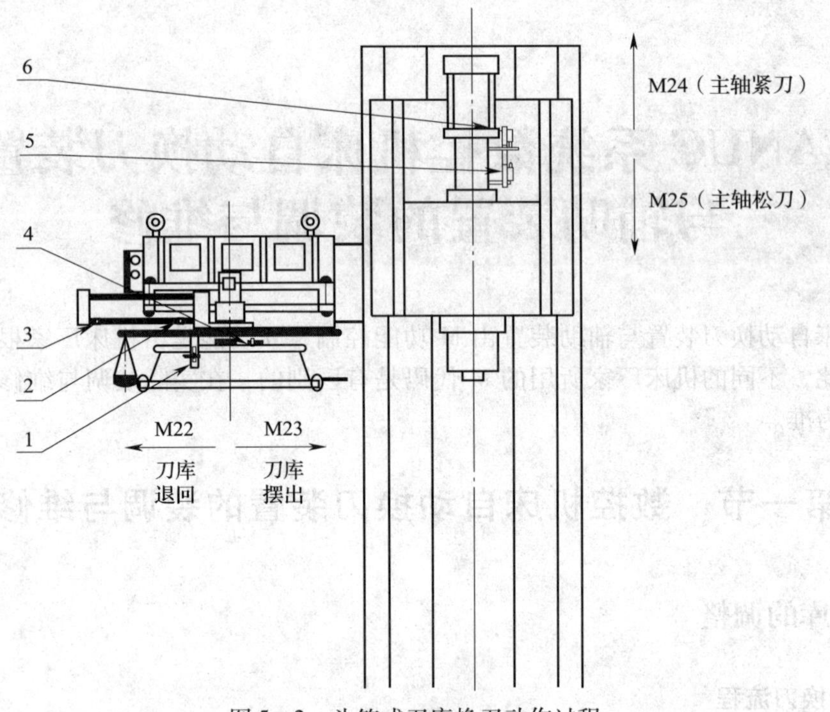

图 5—2　斗笠式刀库换刀动作过程

1—刀库原点检知开关　2—刀库退回检知开关　3—刀库摆出检知开关
4—刀库计数检知开关　5—主轴松刀检知开关　6—主轴紧刀检知开关

（2）机械手式刀库换刀流程

该自动换刀系统由盘式刀库和刀具交换装置组成。刀库安装在机床立柱的一侧，换刀机械手安装在刀库和主轴之间。机械手将刀具从刀库中取出送至机床主轴上，然后将用过的刀具送回刀库（见图 5—3）。图 5—4 所示是自动换刀过程示意图。上一工序加工完毕，主轴处于“准停”位置，由自动换刀装置换刀，其过程如下：

1）刀套下转 90°。本机床的刀库位于立柱左侧，刀具在刀库中的安装方向与主轴垂直（参见图 5—2）。如图 5—4 所示，换刀之前，刀库 2 转动将待换刀具 5 送到换刀位置，之后把带有刀具 5 的刀套 4 向下翻转 90°，使得刀具轴线与主轴轴线平行。

2）机械手转 75°。如 *K* 向视图所示，在机床切削加工时，机械手 1 的手臂中心线与主轴中心到换刀位置的刀具中心的连线成 75°，该位置为机械手的原始位置。机械手换刀的第一个动作是顺时针转 75°，两手爪分别抓住刀库上和主轴 3 上的刀柄。

3）刀具松开。机械手抓住主轴刀具的刀柄后，刀具的自动夹紧机构松开刀具。

4）机械手拔刀。机械手下降，同时拔出两把刀具。

5）交换两刀具位置。机械手带着两把刀具逆时针转 180°（从 *K* 向观察），使主轴刀具与刀库刀具交换位置。

6）机械手插刀。机械手上升，分别把刀具插入主轴锥孔和刀套中。

7）刀具夹紧。刀具插入主轴锥孔后，刀具的自动夹紧机构夹紧刀具。

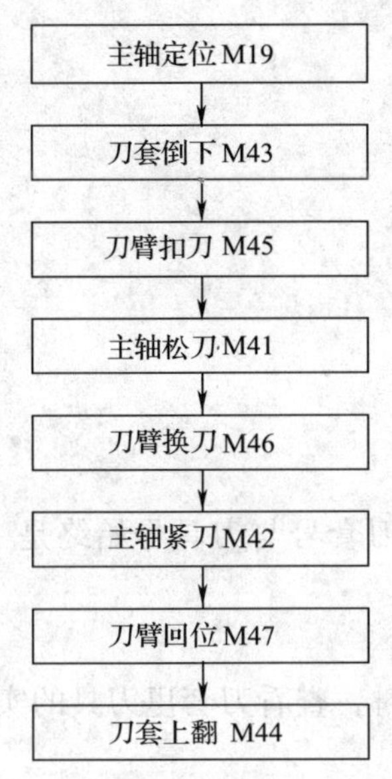

图 5—3　机械手式刀库换刀流程

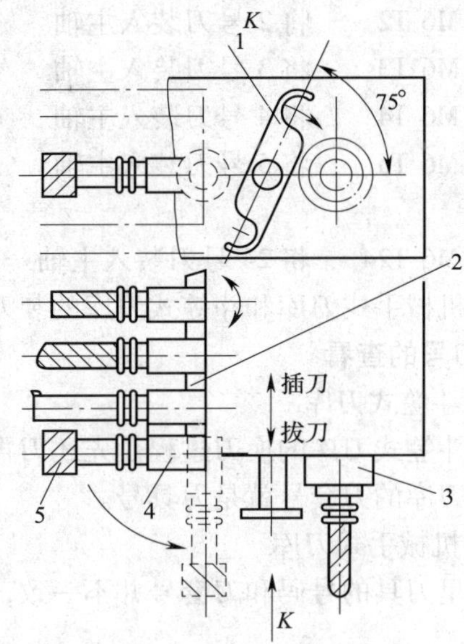

图 5—4　机械手式刀库换刀过程示意图
1—机械手　2—刀库　3—主轴
4—刀套　5—待换刀具

8）液压缸复位。驱动机械手逆时针转 180°的液压缸复位，机械手无动作。

9）机械手逆转 75°。机械手逆转 75°，回到原位置。

10）刀套上转 90°。刀套带着刀具向上翻转 90°，为下一次选刀做准备。

注意：在实际加工过程中，图 5—3 所示的及机械手换刀流程指令是用不到的，只用换刀指令即可。这些指令仅仅是在调试机床时使用。

2. 刀库校准

（1）斗笠式刀库

在 MDI 方式下输入 M20 指令并执行即可。

（2）机械手式刀库

在 MDI 方式下输入 M40 指令并执行即可。

注意：

（1）刀库第一次运行前一定要检查刀库运转方向是否正确，方法如下：在“手动（JOG）模式”下，按“刀库正转”键，刀号逐渐增大为正转，如果反了，调换机床电源进线即可。

（2）第一次使用刀库必须校准。

3. 装刀的方法

装刀的过程可简化为：先调刀，再装刀。

装刀示例：假如要将 T1 装入刀库，先在 MDI 方式下执行 M6 T1 调用 1 号刀，然后把 1 号刀手动装入主轴。再执行 M6 T2 调用 2 号刀，此时 1 号刀被装入刀库的 2 号刀套，然后把 2 号刀手动装入主轴，以此类推，可以将 24 把刀全部装入刀库。其过程可简化为以下步骤：

执行 M6 T1　　将 1 号刀装入主轴

执行 M6 T2　　将 2 号刀装入主轴
执行 M6 T3　　将 3 号刀装入主轴
执行 M6 T4　　将 4 号刀装入主轴
执行 M6 T5　　将 5 号刀装入主轴
……
执行 M6 T24　　将 24 号刀装入主轴

注：机械手式刀库和斗笠式刀库的装刀方法一样。

4. 刀号的查看

（1）斗笠式刀库

由于斗笠式刀库的换刀过程是先还刀再取刀，所以刀套号与刀具号始终是一一对应的，故斗笠式刀库的刀套号就是刀具号。

（2）机械手式刀库

刀套里刀具的号码和刀套号并不一致，操作某机床时，查看刀套里刀具的实际刀号的操作如下。

1）按下 [SYSTEM] →[PMC]→[PMCPRM]→[DATA]→[G. DATA]。

2）通过 [PAGE ↓] 键找到 D100 所在界面，如图 5—5 所示，其含义如下：

PMC PRM (DATA) 001/011 BIN　　PMC RUN

NO.	ADDRESS	DATA	
0100	D0100	0	主轴刀号
0101	D0101	1	
0102	D0102	2	
0103	D0103	3	
0104	D0104	4	
0105	D0105	5	
0106	D0106	6	
0107	D0107	7	
0108	D0108	8	
0109	D0109	9	
	刀仓号	刀具号	

〔C. DATA〕〔G-SRCH〕〔SEARCH〕〔　　〕〔　　〕

图 5—5　刀具号的查看

D100 为主轴刀号。

D101 ~ D124 为刀套号码，是一成不变的，其对应的数字，是该刀套里实际刀具的号码。

5. 刀库的调整

机床在出厂前已经作了精确的调整，并做了几十小时的运转实验，换刀动作是准确可靠的。但如机床因长时间运转或经事故、大修等，造成换刀位置发生变化，刀柄中心与主轴中心不重合或主轴准停位置走失，致使换刀不能正常进行时，应进行相应的位置调整。机床换刀时，刀柄中心与主轴锥孔必须对正，刀柄上的键槽与主轴端面键也必须对正，这两点至关重要。换刀位置的调整包括刀库调整、主轴准停调整、Z 轴高低位置调整。

（1）刀库位置的调整

刀库安装在一个直角弯板上，立柱侧面及弯板上有相应的顶拉机构，所以弯板相对于立柱及刀库相对于弯板在两个垂直的方向上都可以调整。这项调整比较直观简单，但对调整效果同样需要检查，并观察实际运行效果。刀柄中心与主轴中心对正后，还要进行主轴准停位置及 Z 轴换刀高度的调整。

（2）主轴准停调整

2）在“手轮 HND”方式下，将 Z 轴移离换刀点至少 30 mm 以上，以免主轴卡刀键碰撞刀爪。

3）斗笠式刀库：在 MDI 方式下执行 M23 指令，将刀库摆出至主轴侧。

机械手式刀库：将机械手电动机的刹车释放点打开，用扳手转动电机顶部轴端，使机械手旋转 75°至扣刀位。

4）在“手轮 HND”方式下，按下“主轴定位”键，然后将 Z 轴缓慢移至换刀点，观察刀爪的卡刀键与主轴卡刀键是否对正。如果没有对正，将 Z 轴移离换刀点至少 30 mm 以上。

5）参数设置。

①选择 MDI 方式，将“参数写入”改为“1”。

②按 SYSTEM → 参数 →输入→“4031”→按 NO. SRH。

③查找到“主轴定位角度参数”N. 4031，修正此参数值。

6）重复 4）~5）步骤，直到刀爪的卡刀键与主轴卡刀键对正为止。

7）斗笠式刀库：在 MDI 方式下执行 M22 指令，将刀库退回远离主轴侧。

机械手式刀库：用扳手转动电动机顶部轴端，使机械手回到原位（ATC 灯亮），并将机械手电动机的刹车释放点关闭。

8）将 K01. 0 改回“0”。

（3）Z 轴换刀高度的调整

1）机床三轴回参考点。

3）在 HND 方式下按“主轴定向”键。

4）Z 轴机械坐标值的输入。

①斗笠式刀库：在刀库中装一把无拉钉的刀柄，用手轮将 Z 轴升至最高处，在 MDI 方式下执行 M23 指令。将刀库摆出至主轴侧，用手轮缓慢移动 Z 轴，使主轴卡刀键慢慢进入刀柄键槽，并确保主轴不压刀柄。记下此时 Z 轴的机械坐标值，并进行参数设置。

a. 选择 MDI 方式，将“参数写入”改为“1”。

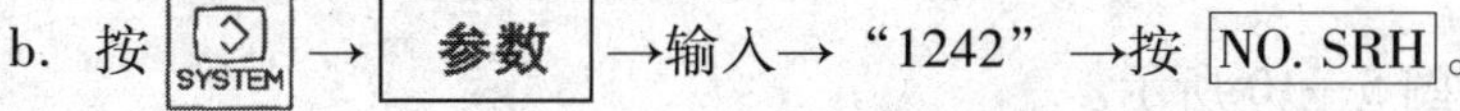

c. 查找到“第三参考点参数”：N. 1242　Z·（输入 Z 轴机械坐标值）。

②机械手式刀库：在主轴中装一把刀柄，将机械手电动机的刹车释放点打开，用扳手转动电动机顶部轴端，使机械手缓慢旋转接近扣刀位，观察机械手刀爪的扣刀环与刀柄的扣刀槽是否一致。如果不一致，用手轮谨慎移动 Z 轴，直到机械手刀爪的扣刀环与刀柄的扣刀槽一致，并且刀爪能够顺利地扣入刀具。记下此时 Z 轴的机械坐标值。

a. 选择 MDI 方式，将“参数写入”改为“1”。

b. 按 SYSTEM → 参数 →输入→“1241”→按 NO. SRH 。

c. 查找到“第二参考点参数”：N. 1241　Z·（输入 Z 轴机械坐标值）。

5）刀库回位。

①斗笠式刀库：用手轮将 Z 轴升至最高处，在 MDI 方式下执行 M22 指令。将刀库退回远离主轴侧并取下无拉钉的刀柄。

②机械手式刀库：用扳手转动电动机顶部轴端，使机械手回到原位（ATC 灯亮），并将机械手电动机的刹车释放点关闭。

6）将 K01. 0 改回“0”。

警告：K01. 0 为刀库保护功能有效，参数修改完成后，一定要将其恢复原值，否则会造成严重事故。

（4）注意事项

1）机械手刀库在进行正常换刀时，不要按面板上的 RESET 键。

2）如果换刀过程中突然停电，机械手卡在刀柄上，应按以下办法处理。

①主轴松刀。

②将机械手电动机的刹车释放点打开（见图 5—6）。

③用扳手转动电动机顶部轴端，使机械手回到原位（ATC 指示灯变亮），注意观察机械手的运动方向，如果转不动，则应反向（见图 5—7）转动。

④将机械手电动机的刹车释放点关闭，重新通电即可。

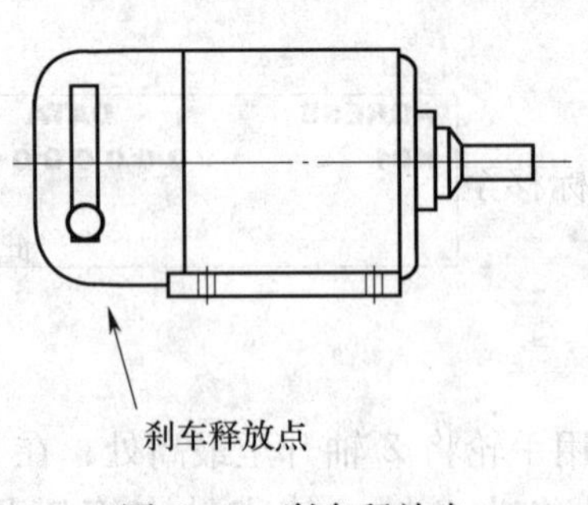

图 5—6　刹车释放点

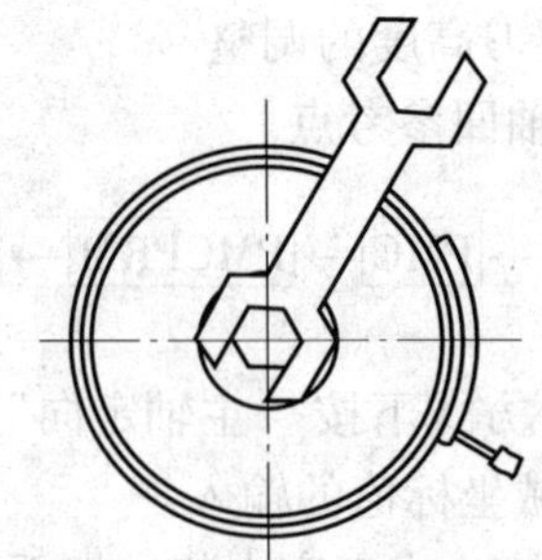

图 5—7　电动机轴端转动方向

二、刀库的连接

刀库的连接如图 5—8 至图 5—10 所示。

3*AC380V50Hz
冷却泵
主轴冷却泵
排屑器电动机
正转
反转
刀库电动机
正转
反转
刀臂电动机
U
V
W
3/B8
Y形2/B8
△形2/E4
F1
F2
F5
F4
F3
1.6–2.5A
U11 V11 W11
U21 V21 W21
U51 V51 W51
U41 V41 W41
U31 V31 W31
KM1
KM2
KM6
KM7
KM4
KM5
KM3
1mm²
黑
U1 V1 W1
U2 V2 W2
U5 V5 W5
U4 V4 W4
U3 V3 W3
1 2 3
4 5 6
7 8 9
10 11 12
13 14 15
M1
M2
M5
M4
M3
M
3~
XB
PE
注意事项：
1. 刀库电动机和刀臂电动机的连接方法：星形接法 电源为380V--2/B8
三角形接法 电源为220V--2/E4
2. 虚线框内的电路为选择项目，机床有对应配置时才进行连接。
3. 每根导线两头必须套线号，压端子，线号要清晰，端子要压牢。
4. 方框内为端子号，方框外为线号，端子号和线号必须与图样一致。
5. 每根导线的线径不小于图纸规定的线径。
电气原理图
某科技
有限公司
FANUC
GSVM立式加工中心
9001/1
标记 处理 分区 更改文件号 签名 年 月 日
设计 标准化
审核
工艺 批准
阶段 件数 重量 比例
共 张 第 张

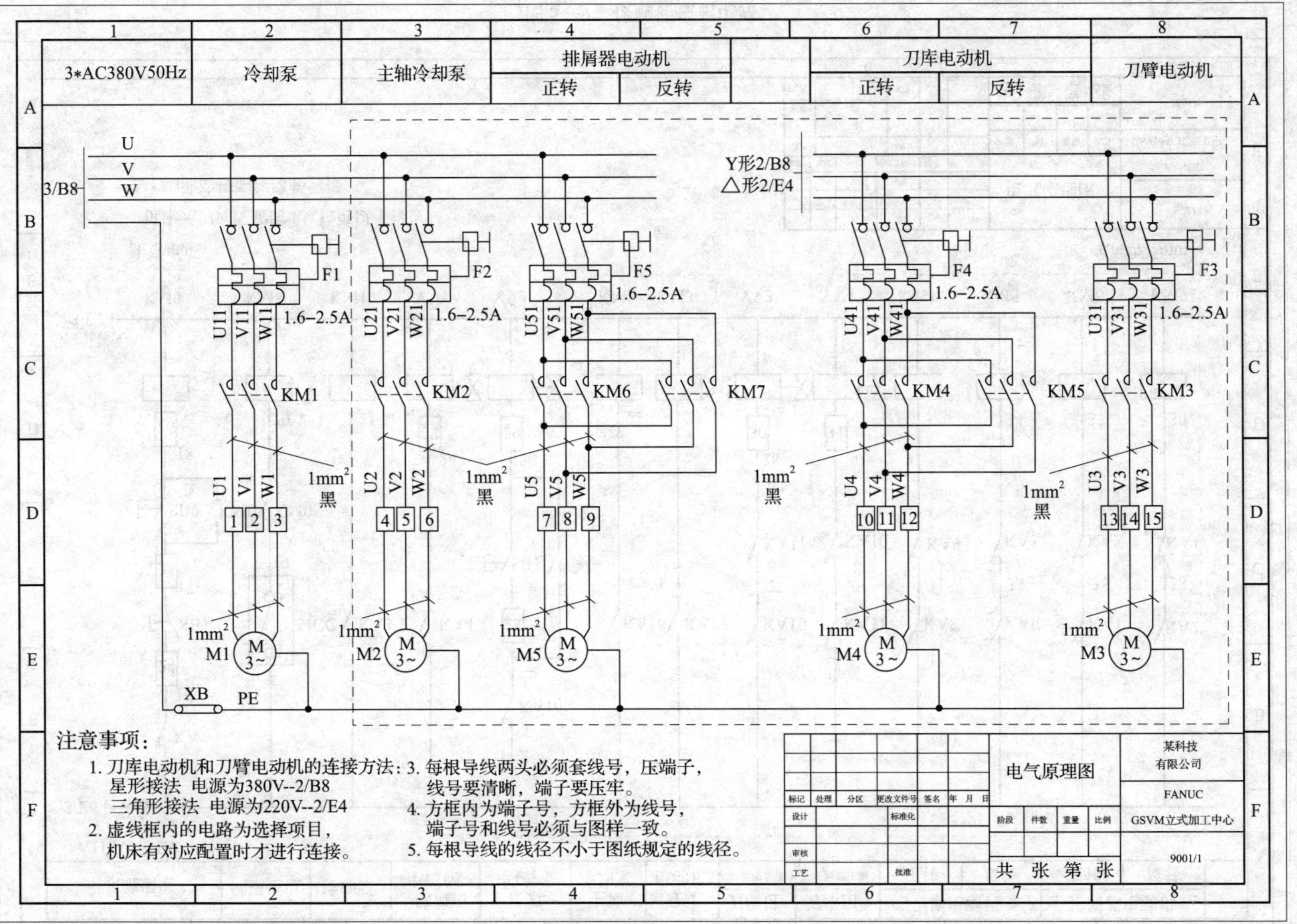

图 5—8 强电图

系统通电
伺服通电
冷却泵
吹屑电磁阀
松刀电磁阀
主轴冷却泵
刀臂电动机
刀库进/刀套水平（圈）
刀库出/刀套垂直（圈）
刀库电动机
正转
反转
排屑器电动机
正转
反转
A110V 50HZ
LB
3/E6
3/E7
N
KA7
SB1
SB2
KM0
MCC
KA3
KA4
KA16
SB3
KA12
KA17
KA10
KA11
KA8
KA9
KA1
KA2
KM0
KM8
KM1
YV1
YV2
KM2
KM3
YV3
YV4
KM4
KM5
KM6
KM7
注意事项：
1.机床无刀库配置时,KA12可以不接。
2.主轴油冷控制线路必须接。
全部0.75mm²
电气原理图
某科技有限公司
FANUC
GSVM立式加工中心
9001/1
标记 处理 分区 更改文件号 签名 年 月 日
设计 标准化
审核
工艺 批准
阶段 件数 重量 比例
共 张 第 张

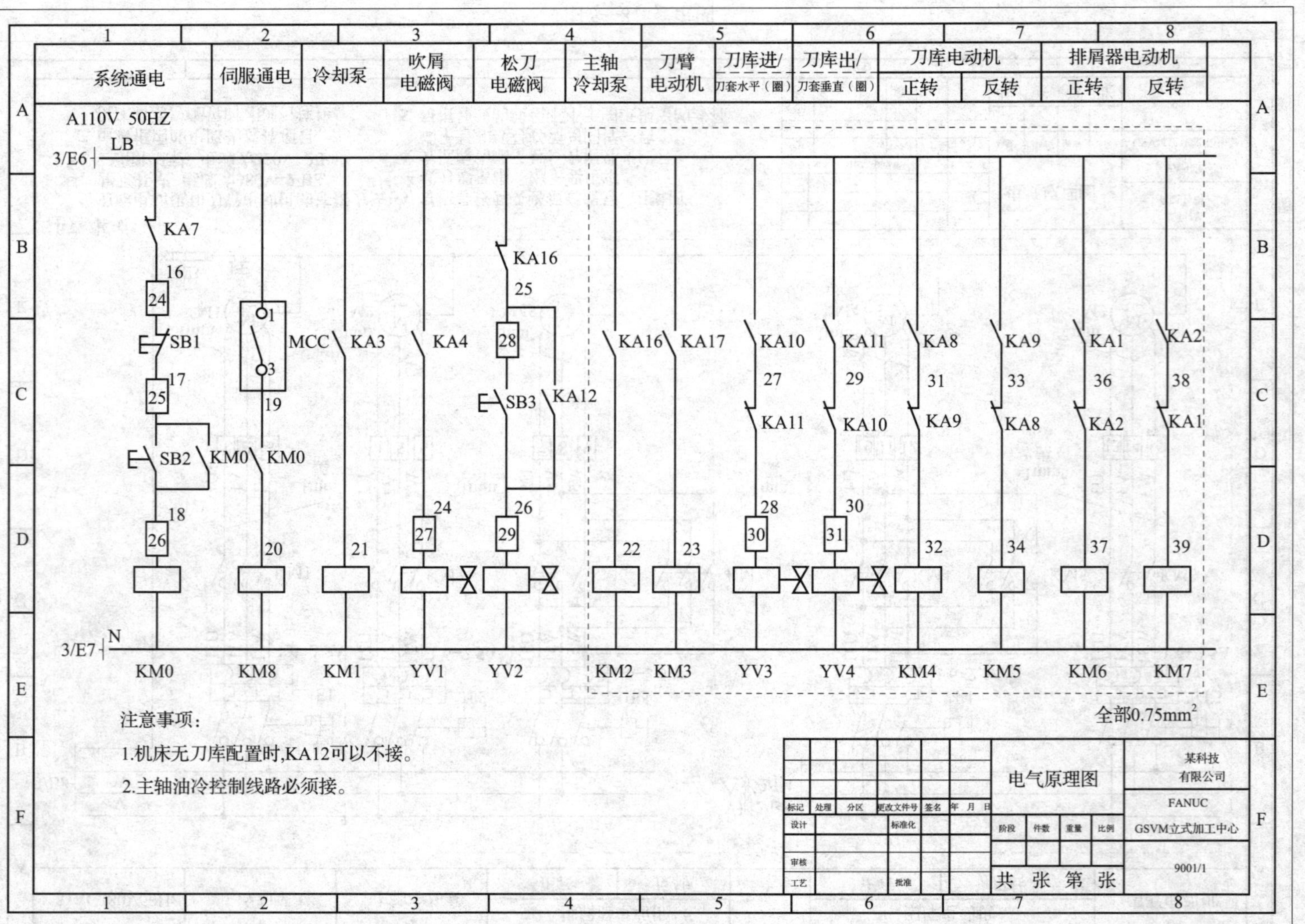

图 5—9 接触器控制电路

首轮斗笠式刀库接线图
49 X7 刀库原点检知
50 X8 刀库计数检知
47 XA 刀库退回检知
46 X9 刀库前进检知
M 0V 电源负
+ 24V 电源正
E 地线
10 B1
11 W1 刀盘电动机
12 Y1
端子排号码
首轮圆盘式刀库接线图
50 1 刀库计数检知
54 2 刀套定位检知
46 3 刀套水平检知
47 4 刀套垂直检知
53 5 ATC刹车检知
52 6 ATC扣刀检知
51 7 ATC原点检知
30 8 刀套抬起电磁阀
N 9 电磁阀公共端
31 10 刀套倒下电磁阀
49 11 刀库原点检知
+ +24V 电源正
M 0V 电源负
13 AU
14 AV 机械手电动机
15 AW
PE 地线
10 MU
11 MV 刀盘电动机
12 MW
端子排号码
众环圆盘式刀库接线图
+ 1 +24V 电源正
M 2 0V 电源负
53 3 ATC刹车检知
51 4 ATC原点检知
52 5 ATC扣刀检知
6
54 7 刀套定位检知
49 8 刀库原点检知
46 9 刀套水平检知
47 10 刀套垂直检知
50 11 刀库计数检知
PE 地线
10 AU
11 AV 刀盘电动机
12 AW
13 MU
14 MV 机械手电动机
15 MW
N 12 电磁阀公共端
30 13 刀套抬起电磁阀
31 14 刀套倒下电磁阀
端子排号码
标记 处理 分区 更改文件号 签名 年 月 日
设计 范华军 标准化
审核
刀库接线图
阶段 件数 重量 比例
共 张 第 张
某科技有限公司
FANUC
GSVM立式加工中心
9001/1

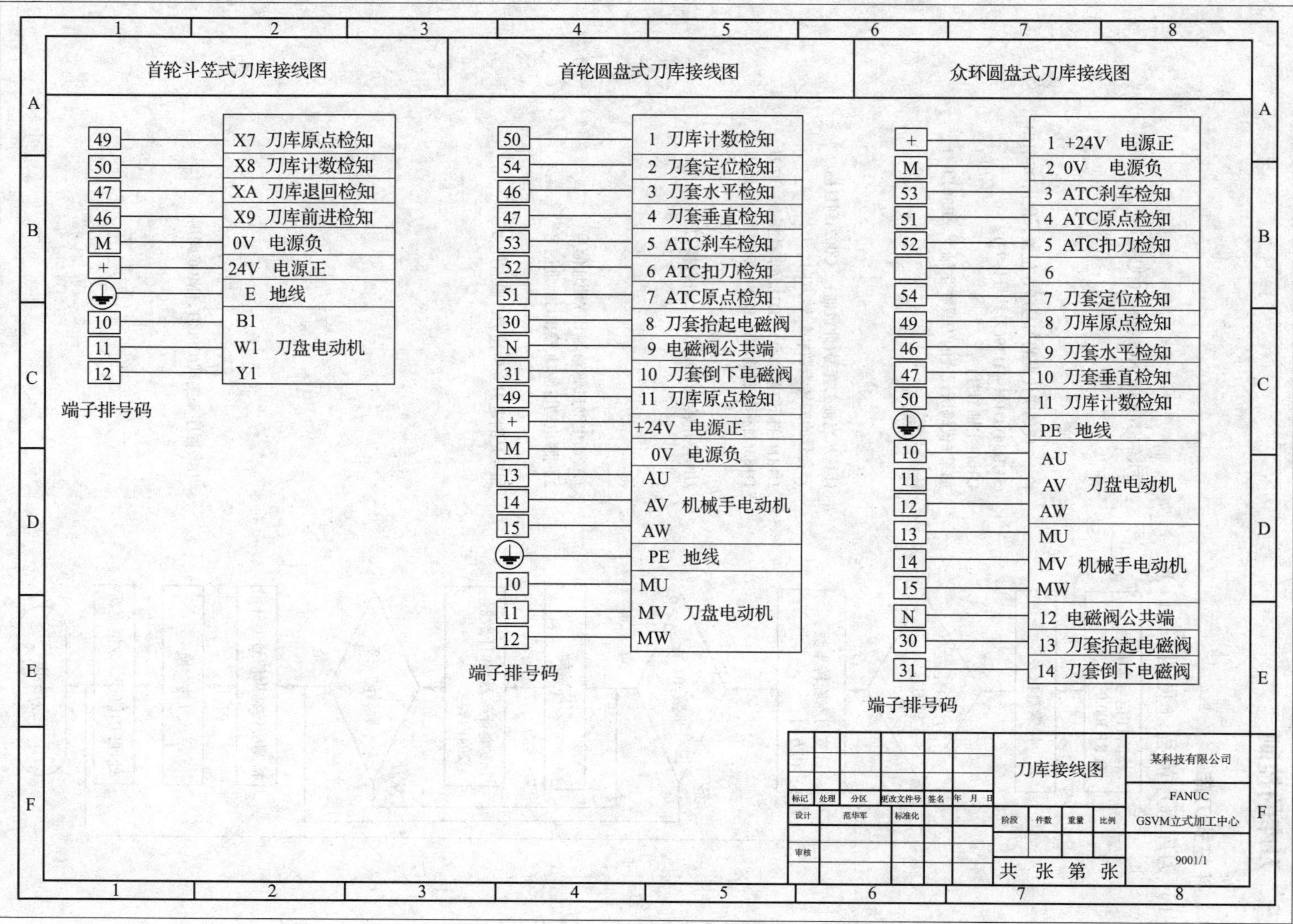

图 5—10 刀库接线图

三、刀库的控制

1. 斗笠式刀库

(1) 刀库程序流程（见图 5—11）

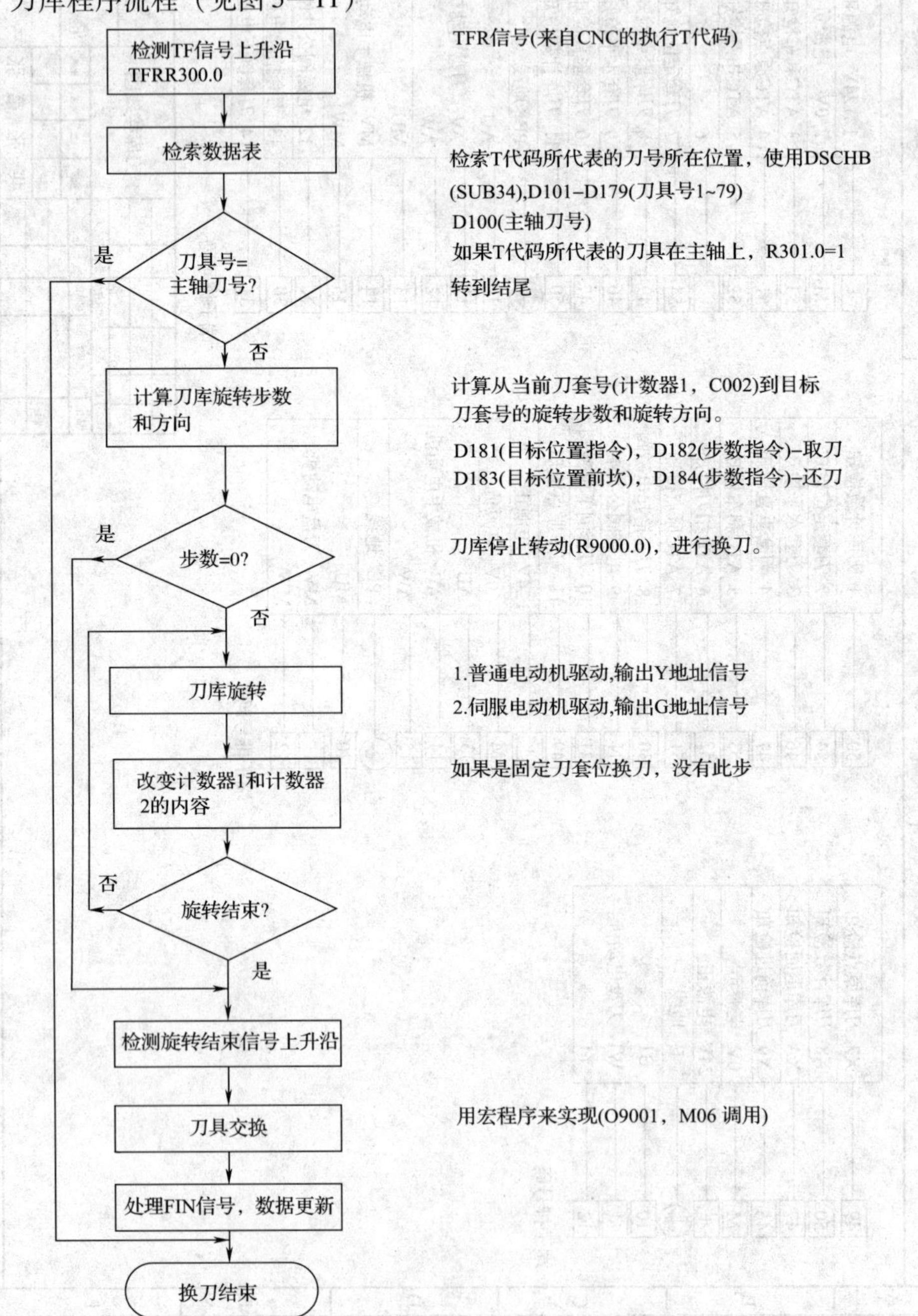

图 5—11　刀库程序流程

（2）相关参数设定

M06 代码调用宏程序：6071～6079，调用 9001～9009 宏程序，例如 6071 设定为 6，则 M06 调用 9001 宏程序。

参考位置：1240～1243，每个轴的第一参考点到第四参考点的坐标值，一般使用第一参考点（参数 1240）作为相关轴的换刀点坐标值。

（3）换刀宏程序

1）换刀各个动作用 M 代码来实现，这样可保证每个步骤按顺序执行。

```
O9001（CHANGE TOOL）;
N1 IF［#1000EQ1］GOTO22;
N2 #199 = #4003;
N3 #198 = #4006;
N4 IF［#1002EQ1］GOTO10;
N5 IF［［#1003EQ1］GOTO7;
N6 GOTO11;
N7 M51;
N8 G21 G91 G30 P2 Z0 M19 ;
N9 GOTO11;
N10 G21 G91 G28 Z0 M19 ;
N11 M50;
N12 M52;
N13 M53;
N14 G91 G28 Z0;
N15 IF［#1001EQ1］GOTO18;
N16 M54;
N17 G91 G30 P2 Z0;
N18 M55;
N19 M56;
N20 M51;
N21 G#199 G#198;
N22 M99;
```

2）M 代码含义。

M50：刀库旋转；

M51：刀库旋转结束；

M52：刀库向右（靠近主轴）；

M53：松刀，吹气；

M54：刀盘旋转；

M55：刀盘夹紧；

M56：刀盘向左（远离主轴）。

（4）安全处理

1）换刀动作每个步骤之间的安全处理：可由宏程序按顺序执行各个 M 代码。

2）宏程序和 PMC 之间的安全保护：使用宏变量#1000～#1015，#1100～#1115等。对应于 PMC 地址：G54.0～G55.7（对应#1000～#1015），F54.0～F55.7（对应#1100～#1115）。

2. 机械手式刀库

（1）刀库程序流程（见图 5—12）

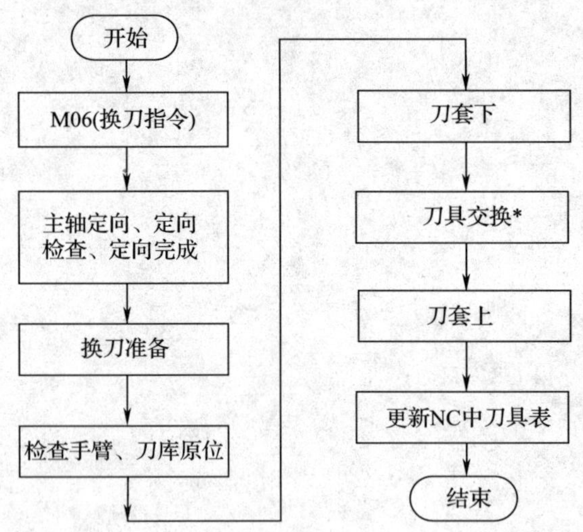

图 5—12 刀库程序流程

（2）M 指令（见表 5—1）

表 5—1 机械手式刀库 M 指令

M 代码	含义	用途
M00	程序控制	程序停止
M01		选择停止
M02		程序结束
M03	启动主轴	启动主轴顺时针转动
M04		启动主轴逆时针转动
M05	主轴停	关主轴

续表

M 代码	含义	用途
M06	刀具控制	换刀
M08	冷却控制	冷却泵打开
M09		冷却泵关闭
M19	主轴准停控制	执行主轴准停
M29	刚性攻螺纹	执行刚性攻螺纹
M30	程序控制	程序结束
M40	刀盘控制	刀库自动初始化
M41	刀具控制	松刀
M42		紧刀
M43	刀套控制	刀套垂直位置
M44		刀套水平位置
M45	换刀控制	换刀电动机第一次启动
M46		换刀电动机第二次启动
M47		换刀电动机第三次启动

（3）机械手式刀库宏程序

```
O9001；
#1103 =0；
G04 X0. 1；
IF［#1002EQl］GOTO 20；
M5；
N1 G91G30 Z0；
N2 M19；
N3 #1100 =1；
N4 IF［#1000EQ1］JGOTO 6；
N5 GOTO 4；
N6 M43；
N7 M45；
N8 M41；
N9 M46；
N10 M42；
N11 M47；
N12 #1102 =1；
N13 M44；
N14 #11101 =1；
```

```
N15 IF [#1001 EQ 1] GOTO20;
GOTO15;
N20 #1100 =0;
N21 #11101 =0;
N22 #11102 =0;
N22 #1103 =1;
N30 M99;
```

四、刀库的维修

【例 5—1】 机械手自动换刀时不换刀。

故障现象：机械手自动换刀时不换刀。

故障检查与分析：JCS－018 立式加工中心采用 FANUC－BESK 7CM 系统。

故障发生后检查机械手的情况，机械手在自动换刀时不能换刀，而在手动时又能换刀，且刀库也能正常转位。同时，机床除机械手在自动换刀时不换刀这一故障外，全部动作均正常，无任何报警。

检查机床控制电路无故障；机床参数无故障；硬件上也无任何警示。考虑到刀库电动机旋转及机械手动作均由变频器控制，故将检查点放在变频器上。观察机械手在手动时的状态，刀库旋转及换刀动作均无误。观察机械手在自动换刀时的状态，刀库旋转时，变频器工作正常，而机械手换刀时，变频器不正常，其工作频率显示由 35 变为了 02，检查 NC 信号已经发出，且变频器上的交流接触器也吸合，测量输入接线端上 X1、X2 的电压在手动和自动时均相同，并且，机械手在手动时，其控制信号与变频无关。因此，判断是变频器设定错误。

从变频器使用说明书上得知：该变频器的输出频率有三种设定方式，即 01、02、03 三种。对 X1、X2 输入端而言，01 方式为 X1 ON X2 OFF，02 方式为 X1 OFF X2 ON，03 方式为 X1 ON X2 ON。

检查 01 方式下，其设定值为 0102，故在机械手动作时输出频率只有 2 Hz，液晶显示屏上也显示为 02。

故障原因：操作者误将变频器设定值修改，致使输出频率太低，而不能驱动机械手工作。

故障处理：将其按说明书重新设定为 0135 后，机械手动作恢复正常。

【例 5—2】 主轴定向后，机械手无换刀动作。

故障现象：主轴定向后，ATC 无定向指示，机械手无换刀动作。

故障检查与分析：JCS－018 立式加工中心采用 FANUC－BESK 7CM 系统，该故障发生后，机床无任何报警产生，除机械手不能正常工作外，机床各部分工作都正常。用人工换刀后机床也能进行正常工作。

根据故障现象分析，认为是主轴定向完成信号未送到 PLC，致使 PLC 没有得到换刀指令。查机床连接图，在 CN1 插座 22 号、23 号上测到主轴定向完成信号。该信号是在主轴定向完成后送至刀库电动机的一个信号，信号电压为 +24 V。这说明主轴定向信号已经送出。

在 PLC 梯形图上看到，ATC 指示灯亮的条件为：①AINI（机械手原位）ON；②ATCP（换刀条件满足）ON。

首先检查 ATCP 换刀条件是否满足。查 PLC 梯形图，换刀条件满足的条件为：①OREND（主轴定向完成）ON；②INPI（刀库伺服定位正常）ON；③ZPZ（Z 轴零点）ON。

以上三个条件均已满足，说明 ATCP 已经为 ON。

其次检查 AINI 条件是否满足。从 PLC 梯形图上看，NINI 满足的条件为：①A75RLS（机械手 75°回行程开关）ON；②INPI（刀库伺服定位正常）ON；③180RLS（机械手 180°回行程开关）ON；④AUPLS（机械手向上行程开关）ON。

检查以上三个行程开关，发现 A75RLS 未压到位。

故障处理：调整 A75RLS 行程开关挡块，使之刚好将该行程开关压好，此时，ATC 指示灯亮，机械手恢复正常工作，故障排除。

第二节　数控机床冷却与润滑系统的装调与维修

一、FANUC 系统润滑系统的装调与维修

图 5—13 为某数控机床润滑系统的电气控制原理图，图 5—14 为该润滑系统控制流程图，图 5—15 为该润滑系统 PMC 控制梯形图。

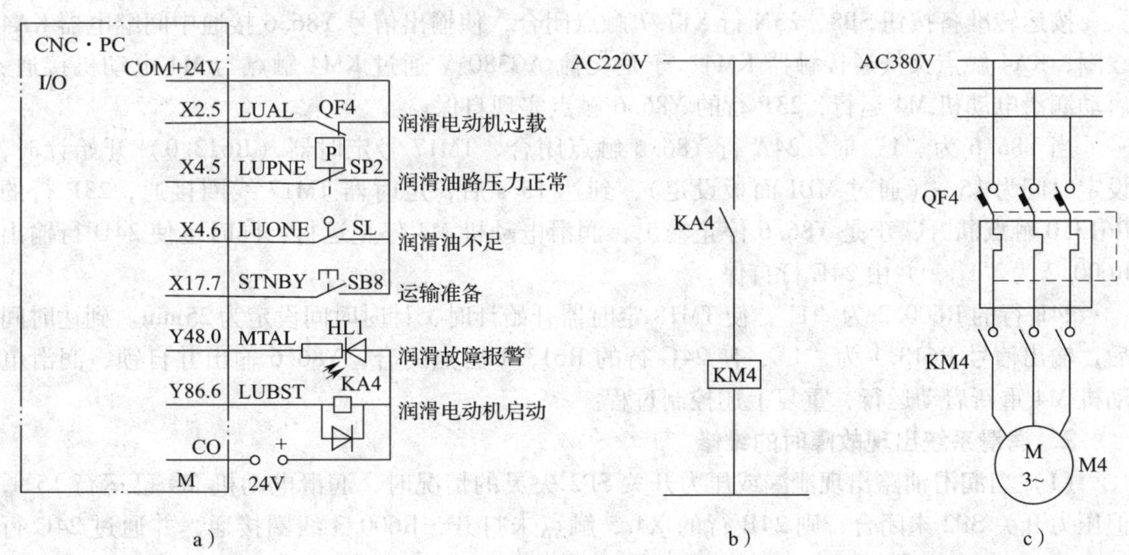

图 5—13　润滑系统电气控制原理图

a）I/O 接口电路　b）继电控制电路　c）主电路

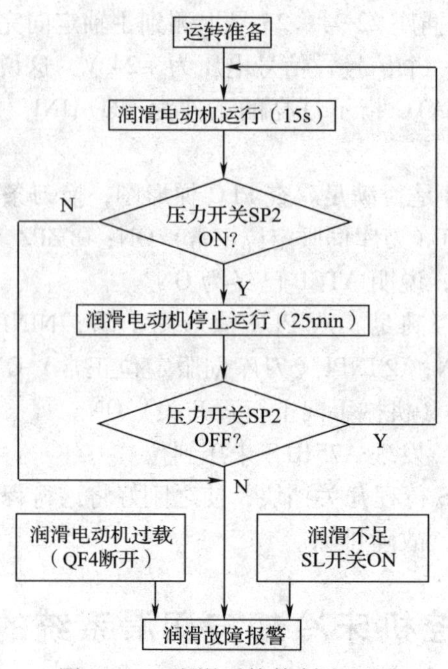

图 5—14　润滑系统控制流程图

从图 5—15 中可知，要处理来自机床侧的 4 个以 X 字母开头的输入地址信号，2 个以 Y 地址开头的输出地址信号，12 个以 R 字母开头的内部继电器以及 4 组以 D 字母开头的固定定时器时间设定地址。梯形图控制顺序简述如下。

1．润滑系统正常工作时的控制程序

按运转准备按钮 SB8，23N 行 X17. 7 触点闭合，使输出信号 Y86. 6 接通中间继电器 KA4 线圈，KA4 触点又接通接触器 KM4，于是交流 AC380 V 通过 KM4 触点与 M4 电动机接通，启动润滑电动机 M4 运行，23P 行的 Y86. 6 触点实现自保。

当 Y86. 6 为“1”时，24A 行 Y86. 6 触点闭合，TM17 号定时器（R613. 0）开始计时，设定时间为 15 s（通过 MDI 面板设定），到达 15 s 后，定时器 TM17 线圈接通，23P 行的 R613. 0 触点断开，于是 Y86. 6 停止输出，润滑电动机 M4 停止运行，同时也使 24D 行输出 R600. 2 为“1”，并由 24E 行自保。

24F 行的 R600. 2 为“1”，使 TM18 定时器开始计时，计时时间设定为 25min。到达时间后，输出信号 R613. 1 为“1”，使 24G 行的 R613. 1 触点闭合，Y86. 6 输出并自锁，润滑电动机 M4 重新启动运行，重复上述控制过程。

2．润滑系统出现故障时的维修

（1）当润滑油路出现泄漏或压力开关 SP2 失灵的情况时，润滑电动机 M4 已运行 15 s，但压力开关 SP2 未闭合，则 24B 行的 X4. 5 触点未打开，R600. 3 线圈接通，并通过 24C 行触点 R600. 3 实现自保。一方面使 24I 行 R616. 7 输出为 1，使 23N 行 R616. 7 触点断开，润滑电动机 M4 停止运转，另一方面 24M 行 R616. 7 触点闭合，使 Y48. 0 输出为 1，接通报警指示灯（发光二极管 HL 亮）并通过 TM02、TM03 定时器控制，使信号灯闪烁报警。

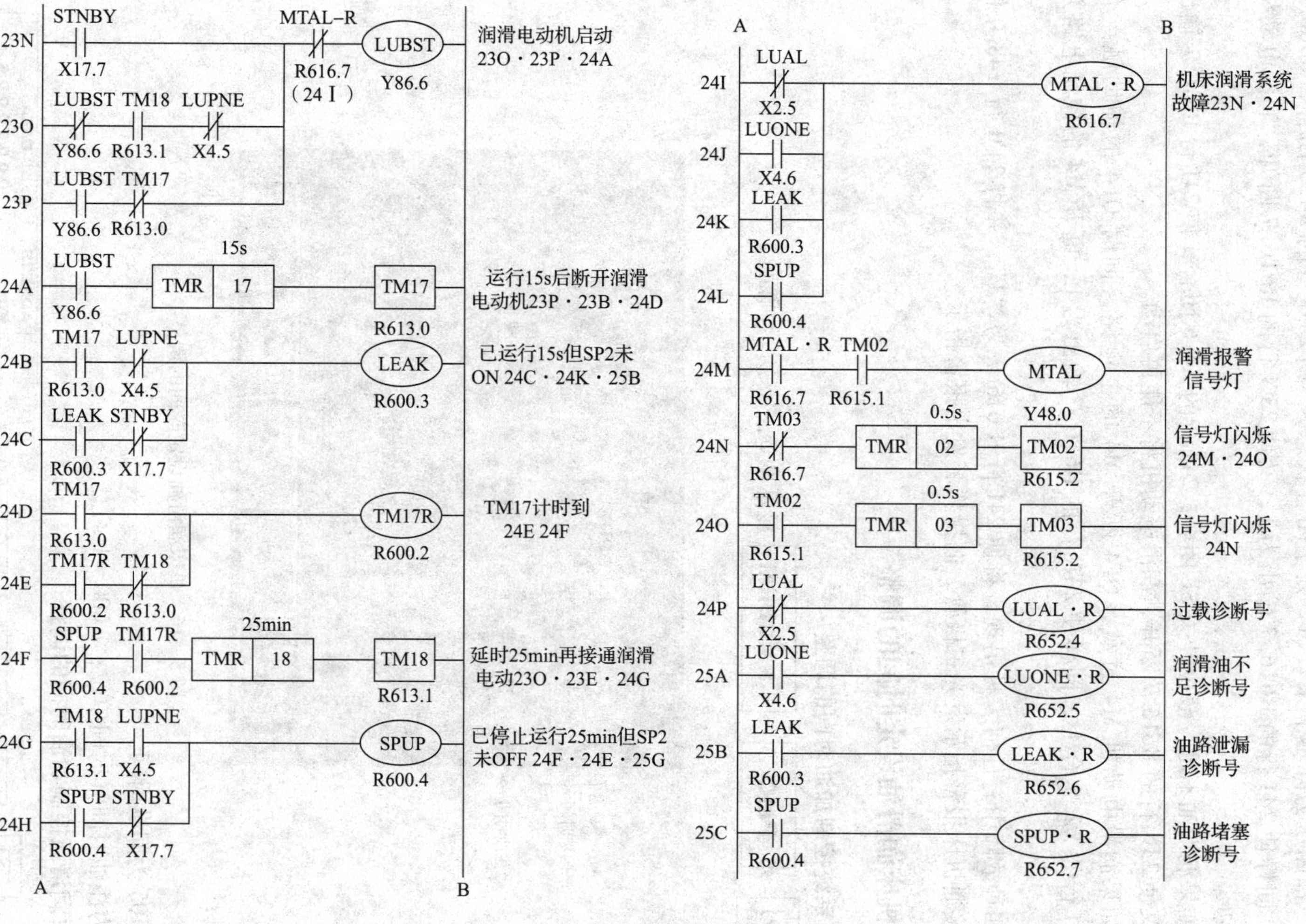

图 5—15　润滑系统的 PLC 控制梯形图

（2）当润滑油路出现堵塞或压力开关失灵的情况时，在润滑电动机 M4 已停止运行 25 min 后，油路压力降不下来（SP2 处于闭合状态），则 24G 行的 X4.5 闭合，R600.4 输出为 1，同样使 24I 行的 R616.7 输出为 1，又使 23N 行的 R616.7 断开，润滑电动机将不再启动。

（3）如果润滑油不足，液位开关 SL 闭合，24J 行的 X4.6 闭合，使 24I 行 R616.7 输出为“1”，又使 23N 行的 R616.7 断开，润滑电动机将不能再启动。

（4）如果润滑电动机 M4 过载，QF4 断开 M4 的主电路，同时 QF4 的辅助触点合上，使 24I 行的 X2.5 合上，同样使 23N 行的 R616.7 输出为 1，断开 M4 的控制电路并同时报警。

上述四种故障中有任何一种出现，将使 24I 行 R 616.7 为“1”，并将 24M 行 Y48.0 信号输出，接通机床报警指示发光二极管，向操作者发出报警指示。

二、机床润滑油设定时间的调整

1. 由系统控制加油时间的调整

按 

显示图 5—16 所示画面。

PMC PRM (TIMER) #001　　　PMC RUN

NO.	ADDRESS	DATA	NO.	ADDRESS	DATA
001	T000	999984	011	T020	0
002	T002	999984	012	T022	0
003	T004	999984	013	T024	0
004	T006	999984	014	T026	0
005	T008	9984	015	T028	0
006	T010	0	016	T030	0
007	T012	0	017	T032	0
008	T014	0	018	T034	0
009	T016	0	019	T036	0
010	T018	0	020	T038	2000

TIMER　COUNTR　KEEPRL　DATA　SETING

图 5—16　机床润滑油设定时间的调整

T0 ~ T05 为间歇时间。

T08 为注油时间（时间单位：1 000≈1 s）。

2. 由润滑泵控制加油时间的调整

（1）按 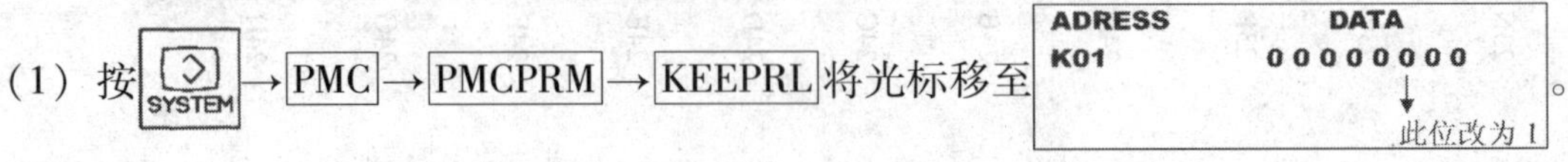

。

（2）按照润滑泵操作说明，调整时间。

三、故障维修实例

【例 5—3】 故障现象：配备 FANUC 0T 系统的某数控车床，其尾座套筒的 PMC 输入地址如图 5—17 所示。当脚踏尾座开关使套筒顶尖顶紧工件时，系统产生报警。

故障分析：在系统诊断状态下，调出 PMC 输入信号，发现脚踏向前开关输入 X04. 2 为“1”，尾座套筒转换开关输入 X17. 3 为“1”，润滑油供给正常，使液位开关输入 X17. 6 为“1”。

调出 PMC 输出信号，当脚踏向前开关时，输出 Y49. 0 为“1”，同时，电磁阀 YV4. 1 得电，这说明系统 PMC 输入、输出状态均正常，分析尾座套筒液压系统，如图 5—18 所示。当电磁阀 YV4. 1 通电后，液压油经溢流阀、流量控制阀和单向阀进入尾座套筒液压缸，使其向前顶紧工件。松开脚踏开关后，电磁换向阀处于中间位置，油路停止供油，由于单向阀的作用，尾座套筒向前时的油压得到保持，该油压使压力继电器常开触点接通，在系统 PMC 输入信号中 X00. 2 为“1”。但检查系统 PMC 输入信号 X00. 2 则为“0”，说明压力继电器有问题，其触点开关损坏。因压力继电器 SP4. 1 触点开关损坏，油压信号无法接通，从而造成 PMC 输入信号为“0”，故系统认为尾座套筒未顶紧而产生报警。

故障处理：更换新的压力继电器，调整触点压力，使其在向前脚踏开关动作后接通并保持到压力取消，故障排除。

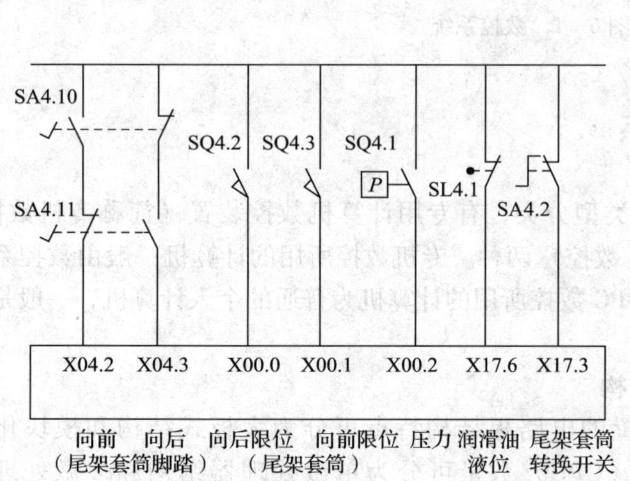

图 5—17 尾座套筒的 PMC 输入地址

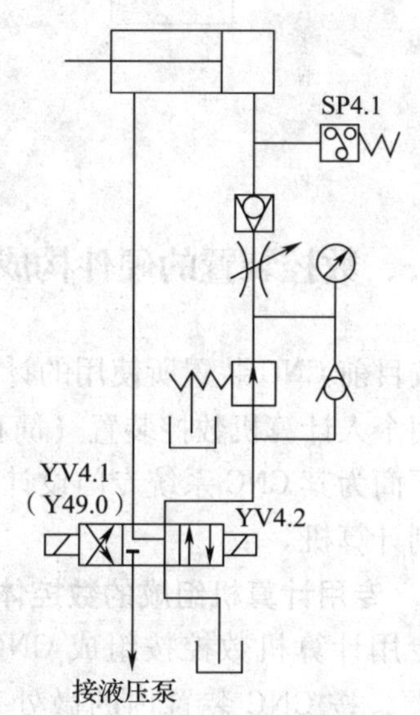

图 5—18 车床尾座套筒液压系统图

第六章

FANUC 数控系统的装调与维修

第一节　概　　述

数控系统由程序（软件）和硬件组成，如图 6—1 所示。

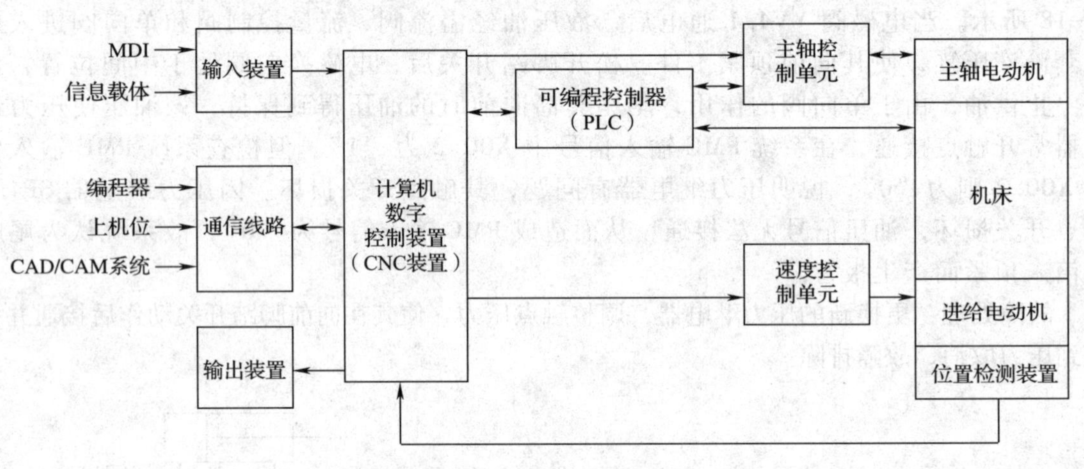

图 6—1　数控系统

一、数控装置的硬件构成体系

按目前 CNC 装置所使用的计算机类型分类，有专用计算机数控装置（简称专机数控）和通用个人计算机数控装置（简称 PC 数控）两种。专机数控所用的计算机一般由数控系统生产厂商为其 CNC 系统专门设计，而 PC 数控所用的计算机为普通的个人计算机，一般是工业控制计算机。

1．专用计算机组成的数控体系结构

专用计算机数控按组成 CNC 装置的电路板结构特点可分为大板式结构和模块化结构两类，按 CNC 装置内的微处理器（CPU）数量可分为单微处理器结构和多微处理器结构两类。

（1）大板式结构和模块化结构

1）大板式结构。大板式结构的特点是：CNC 装置以一块大板为主，称为主板。主板上装有主 CPU 和各轴的位置控制电路等（集成度较高的系统把所有的电路都安装在一块板上），而其他具有一定功能的子板，如 ROM 板、RAM 板和 PLC 板都插在主板上面。FANUC－6 和 FANUC－0、A－B 公司的 8601 系统就是大板式结构的 CNC。

2）模块化结构。其特点是将 CPU、存储器、输入/输出控制、位置检测、显示部件等分别做成插件板（称为硬件模块）式，相应的软件也采用模块结构，固化在硬件模块中。由硬件和软件模块形成的有特定功能的单元，称为功能模块。功能模块间有明确定义的接口，接口是固定的，其规格称为工厂标准或工业标准，各模块彼此间可进行信息交换。各模块间连接的定义，形成了所谓的总线。于是，功能模块以积木形式组成 CNC 装置，使设计简单，试制周期短，调整维护方便，可靠性高（如果某个模块损坏，其他模块可照常工作，有可能进行部分 CNC 功能的操作），有良好的适应性和扩展性。FANUC 系统 15 系列就采用了功能模块化结构。

（2）单微处理器结构和多微处理器结构

1）单微处理器结构。在单微处理器结构的 CNC 中，CPU 通过总线与存储器、位置控制器、可编程序控制器和各种接口相连接，构成 CNC 的硬件支持系统，采取集中控制、分时处理的方式完成 CNC 对存储、插补运算、I/O 控制、CRT 显示等多任务的处理，其结构如图 6—2 所示。采用单微处理器结构的 CNC 有德国 SIEMENS 公司的 SIEMENS 810/820 系列，A－B 公司的 8400 系列等。

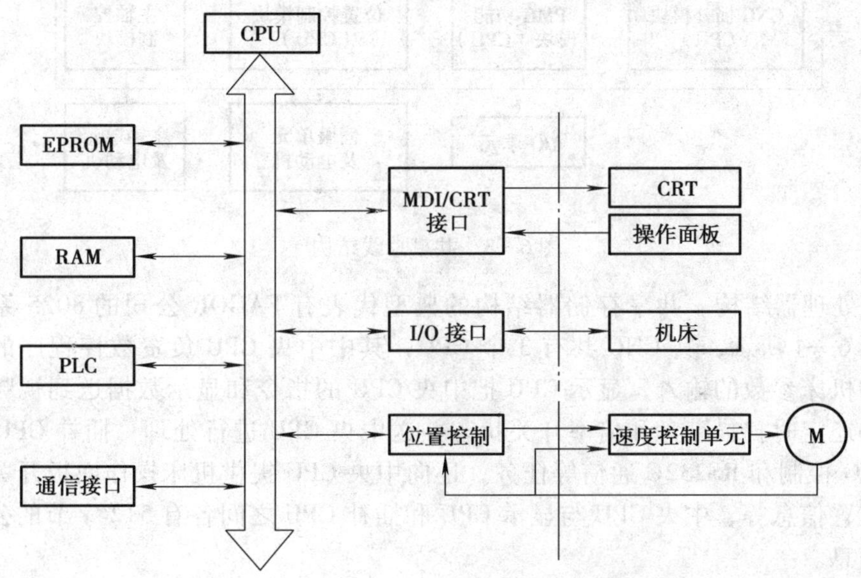

图 6—2　单微处理器结构的 CNC 装置的组成框图

2）多微处理器结构。多微处理器结构的 CNC 装置把机床数字控制这个总任务划分为多个子任务，也称子功能模块。在硬件方面一般采用模块化结构，以多个（两个或两个以上）CPU 配以相应的接口形成多个子系统，每个子系统分别承担不同的子任务，各子系统间协调动作共同完成整个数控任务。子系统之间可采用紧耦合形式，有集中的操作系统，共享资源。也可采用松耦合形式，由多重操作系统有效地实现并行处理。

多微处理器 CNC 区别于单微处理器 CNC 的最显著特点是通信，CNC 的各项任务和职能都是依靠组成系统的各 CPU 之间的相互通信配合完成的。多微处理器结构的 CNC 的典型通信方式有共享总线结构和共享存储器结构两类。

①共享总线多微处理器结构。共享总线多微处理器结构的典型代表是 FANUC 15 系统。它按功能将系统划分为若干个功能模块，其中带有 CPU 的称为主模块，不带 CPU 的称为从模块。根据不同的配置可选用 7 个、9 个、11 个和 13 个功能模块插件板。所有主从模块都插在配有总线插座的机柜内，通过共享总线把各个模块有效地连接在一起，按要求交换各种数据和信息，组成一个完整的实时多任务系统，实现 CNC 的预定功能，其硬件结构如图 6—3 所示。

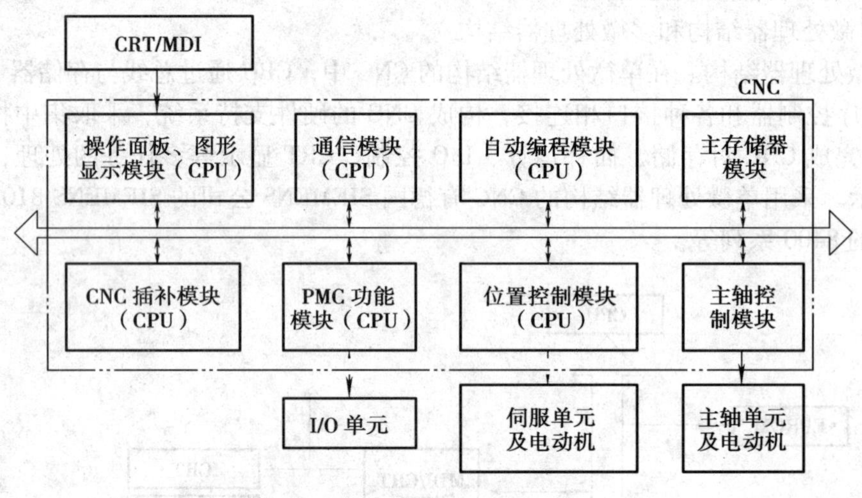

图 6—3　共享总线结构

②多微处理器结构。共享存储器结构的典型代表有 FAGOR 公司的 8025 系统，其硬件结构如图 6—4 所示，其 CNC 共有 3 个 CPU，其中中央 CPU 负责数控程序的编辑、译码、刀具和机床参数的输入，显示 CPU 把中央 CPU 的指令和显示数据送到视频电路进行显示，此外还定时扫描键盘和倍率开关状态并送中央 CPU 进行处理；插补 CPU 运算、位置控制、I/O 控制和 RS232C 通信等任务，还向中央 CPU 提供机床操作面板开关状态及所需显示的位置信息等，中央 CPU 与显示 CPU 和插补 CPU 之间各有 512 字节的公共存储器用于交换信息。

2. 通用个人计算机数控装置

这类 CNC 系统是以工业 PC 机作为 CNC 装置的支撑平台，再由各数控机床制造厂根据需要，插入自己的控制卡和数控软件构成相应 CNC 装置。由于工业标准计算机的生产量常常以百万计，其生产成本很低，也就降低了 CNC 系统的成本。若工业 PC 机出故障，修理及更换均很容易。

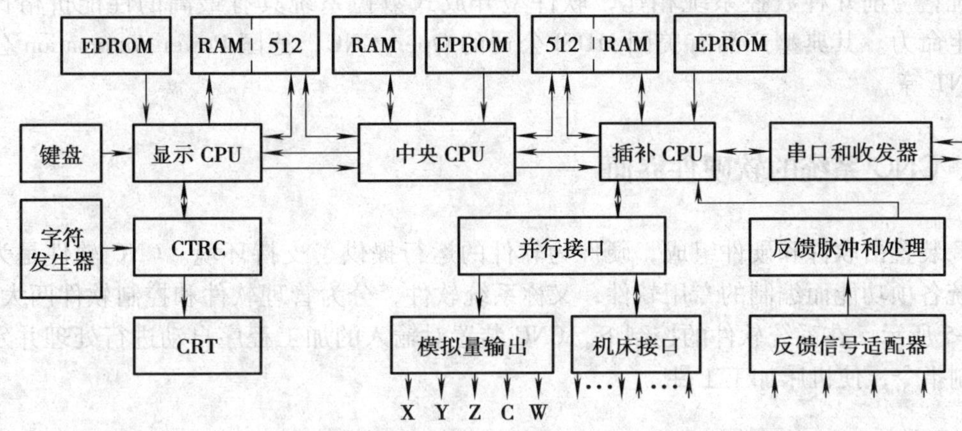

图 6—4 共享存储器结构

3. 装配结构

(1) 封闭式结构

如 FANUC 0 系统、MITSUBISHIM 50 系统、SIEMENS 810 系统等都是专用的封闭体系结构的数控系统。尽管也可以由用户自己开发人机界面，但必须使用专门的开发工具（如 SIEMENS 的 WS800A），耗费的人力较多，而对它的功能扩展、改变和维修，都必须求助于系统供应商。

(2) PC 嵌入 NC 式结构

如 FANUC 18i、FANUC 16i 系统、SIEMENS 840D 系统、Numl060 系统、AB 9/360 等数控系统，是由于一些数控系统制造商不愿放弃多年来积累的数控软件技术，又想利用计算机丰富的软件资源而开发的产品。然而，尽管它也具有一定的开放性，但由于它的 NC 部分仍然是传统的数控系统，其体系结构还是不开放的。因此，用户无法介入数控系统的核心。这类系统结构复杂、功能强大，但价格昂贵。

(3) NC 嵌入 PC 式结构

由开放体系结构运动控制卡 + PC 机构成。这种运动、控制卡通常选用高速 DSP 作为 CPU，具有很强的运动控制和 PLC 控制能力。它本身就是一个数控系统，可以单独使用。它开放的函数库供用户在 Windows 平台下自行开发构造所需的控制系统，因而这种开放结构运动控制卡被广泛应用于制造业的自动化控制中。如美国 Delta Tan 公司用 PMAC 多轴运动控制卡构造的 PMAC - NC 数控系统、日本 MAZAK 公司用 MELDASMAGIC64 构造的 MAZATROL640CNC 等。

(4) 软件型开放式结构

此开放体系结构的数控系统可提供给用户最大的选择和灵活性，它的 CNC 软件全部装在计算机中，而硬件部分仅是计算机与伺服驱动和外部 I/O 之间的标准化通用接口。就像计算机中可以安装各种品牌的声卡、CD—ROM 和相应的驱动程序一样。用户可以在 Windows NT 平台上，利用开放的 CNC 内核开发所需的各种功能，构成各种类型的高性能数控系统，与前几种数控系统相比，软件型开放式数控系统具有最高的性能价格比，因而最有生命力。其典型产品有美国 MDSI 公司的 Open CNC，德国 Power Automation 公司的 PA8000NT 等。

二、CNC 系统的软硬件界面

CNC 装置由软件和硬件组成，硬件为软件的运行提供了支持环境。CNC 软件是为实现 CNC 系统各项功能而编制的专用软件，又称系统软件，分为管理软件和控制软件两大部分，如图 6—5 所示。在系统软件的控制下，CNC 装置对输入的加工程序自动进行处理并发出相应的控制指令，使机床加工工件。

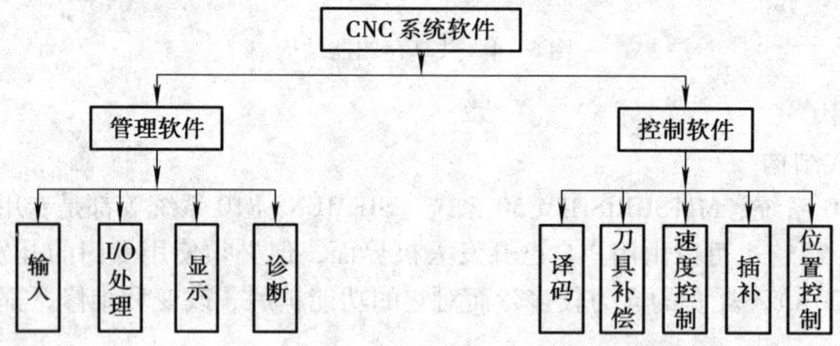

图 6—5　CNC 系统软件框图

随着微电子和计算机技术的发展，以“硬连接”构成的数控系统，逐渐过渡到以软件为主要标志的“软连接”数控系统。即用软件实现机床的逻辑控制、运动控制，具有较强的灵活性和适应性。

图 6—6 说明了目前三种典型 CNC 装置的软件、硬件界面关系。

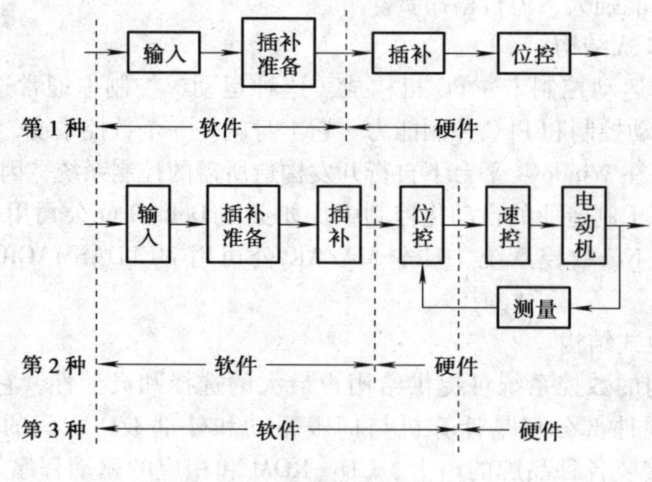

图 6—6　三种典型软硬件界面

三、计算机数控装置软件分析

1. 数控系统的工作过程

数控系统的工作过程如图 6—7 所示。

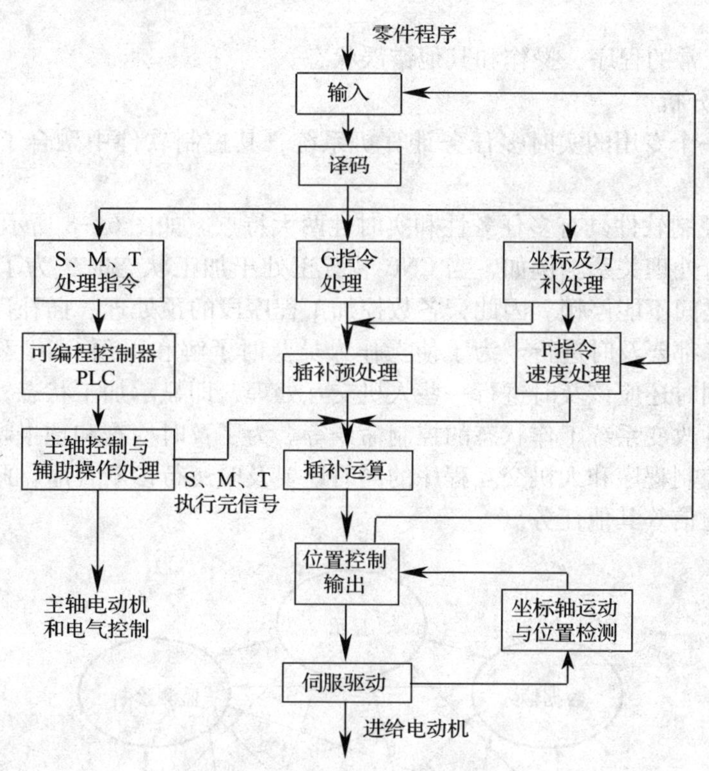

图 6—7 数控系统的工作过程

(1) 输入

输入内容（零件程序、控制参数和补偿数据）。

(2) 译码

以一个程序段为单位，根据一定的语法规则将其解释、翻译成计算机能够识别的数据形式，并以一定的数据格式存放在指定的内存专用区内。

(3) 数据处理

包括刀具补偿，速度计算以及辅助功能的处理等。

(4) 插补

插补的任务是通过插补计算程序在一条曲线的已知起点和终点之间进行“数据点的密化工作”。

(5) 位置控制

在每个采样周期内，将插补计算出的理论位置与实际反馈位置相比较，用其差值去控制进给伺服电动机。

（6）I/O 处理

处理 CNC 装置与机床之间的强电信号输入、输出和控制。

（7）显示

零件程序、参数、刀具位置、机床状态等。

（8）诊断

检查一切不正常的程序、操作和其他错误状态。

2．软件任务分析

CNC 装置是一个专用的实时多任务计算机系统，其控制软件中融合了管理和控制软件两种性质的任务。

CNC 装置的控制软件具有多任务性和实时性两大特点。如图 6—8 所示为 CNC 装置中基本任务之间的并行处理关系。例如，当 CNC 装置正处于加工状态时，为了保证加工的连续性，在各程序段之间不能停顿。因此，各数控加工程序段的预处理、插补计算、位置控制和各种辅助控制任务都要及时进行。为了使操作人员及时了解和干预 CNC 系统工作状态，在执行加工任务的同时还应该及时进行一些人机交互处理，即显示加工状态，接受操作人员通过面板输入的各种改变系统工作状态的控制命令等。为了及时检查和预报硬、软件的各种故障，系统在运行控制程序和人机交互程序的同时还要及时运行诊断程序。此外，系统还可能被要求及时完成通信等其他任务。

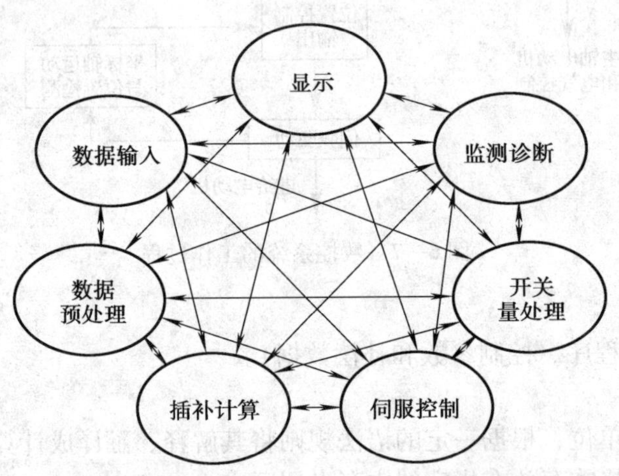

图 6—8　数控系统各基本任务之间的并行处理关系

第二节　FANUC 数控系统的硬件及其故障维修

一、FANUC i 系统控制单元的基本配置

FANUC i 系列机箱共有两种形式，一种是内装式，另一种是分离式。所谓内装式就是

系统线路板安装在显示器背面，数控系统与显示器（LCD 液晶显示器）是一体的，如图 6—9 所示，图 6—10 是内装式 CNC 与 LCD 的实装图。分离式结构如图 6—11 所示，它的系统部分与显示器是分离的，显示器可以是 CRT（阴极摄像管）也可是 LCD（液晶显示器）。以上两种系统的功能基本相同，内装式系统体积小，分离式系统使用更灵活些，如大型龙门镗铣床显示器需要安装在吊挂上，系统更适宜安装在控制柜中，显然更适合采用分离式系统。

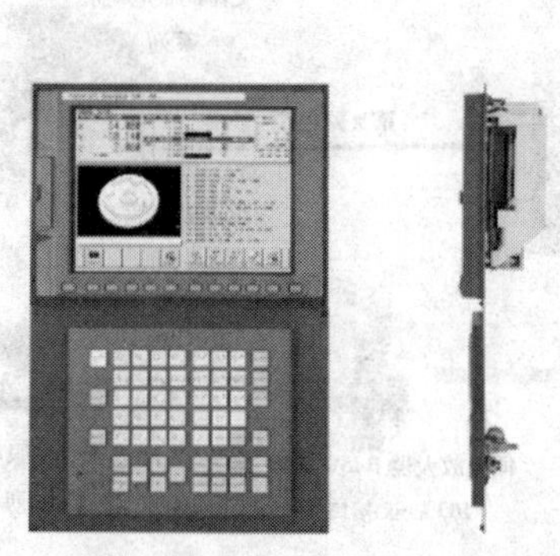

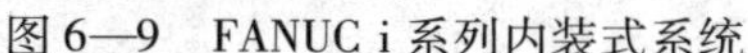

图 6—9　FANUC i 系列内装式系统

图 6—10　内装式 CNC 与 LCD 的实装图

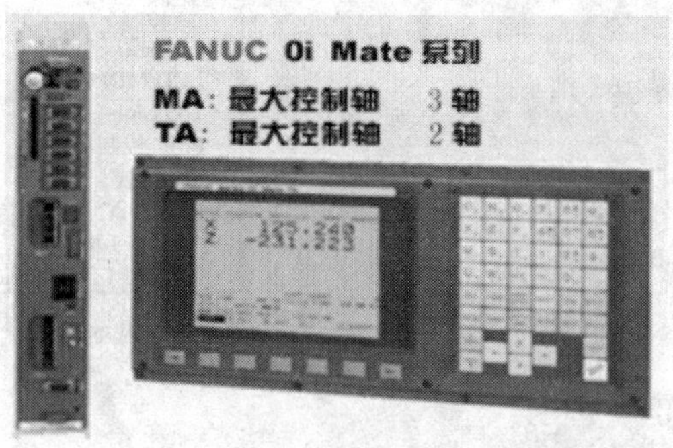

图 6—11　FANUC i 系列分离式系统

无论是内装式结构还是分离式结构，它们均由“基本系统”和“选择板”组成。

基本系统，它可以形成一个最小的独立系统，实现最基本的数控功能。如基本的插补功能（FS16i 可达 8 轴控制，0iC 最多可达 4 轴控制），形成独立加工单元。

图 6—12 所示是 FANUC 0i－TD 系统结构示意图。FANUC 0iD 数控系统主机硬件如图 6—13 所示，图 6—14 所示是其方框图。它包括主印制电路板（PCB），控制单元电源，图形显示板，可编程机床控制器（PMC—M）板，基本轴控制板，I/O 接口板，存储器板，子 CPU 板，扩展的轴控制板和 DNC 控制板等。图 6—15 至图 6—27 所示是控制单元的连接图。上述各部件的代号和功能见表 6—1。

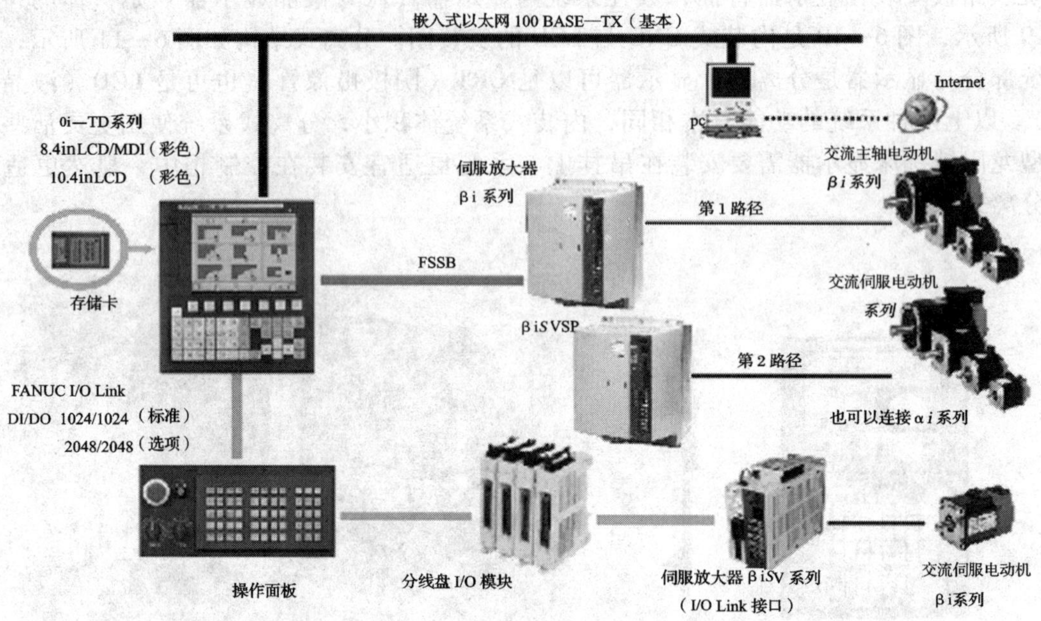

图 6—12 FANUC 0i－TD 系统结构示意图

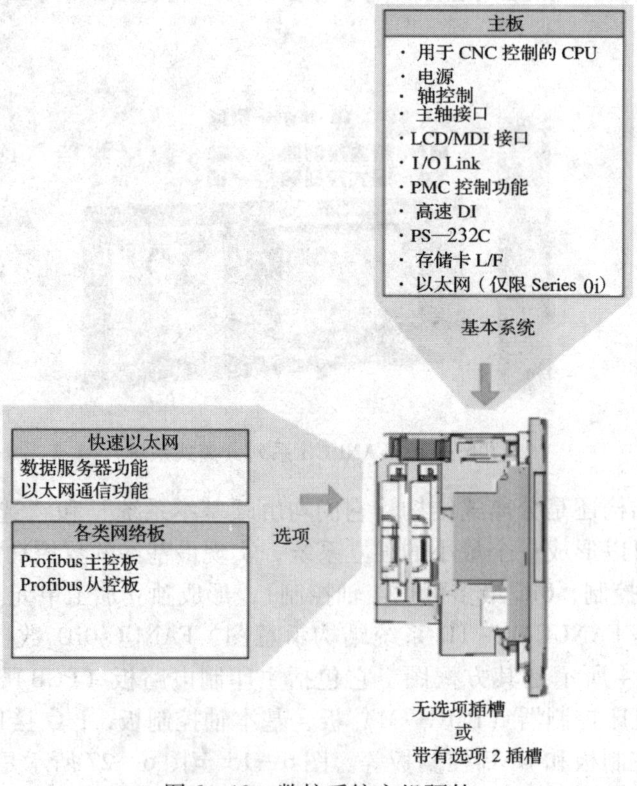

图 6—13 数控系统主机硬件

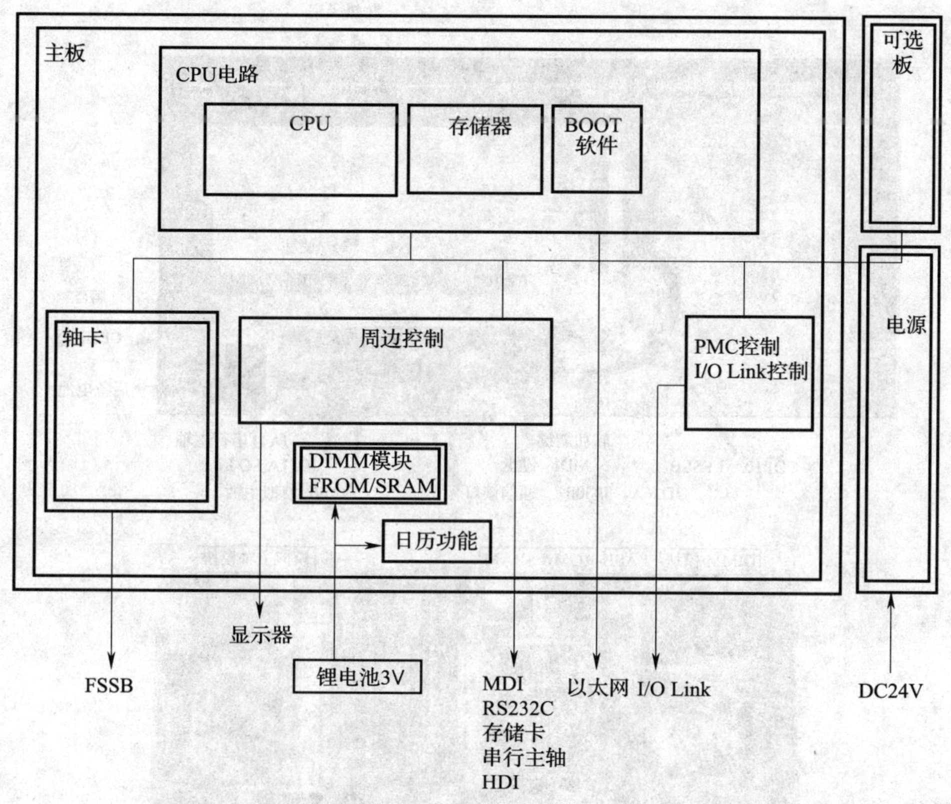

图 6—14 FANUC 0iD 数控系统主机方框图

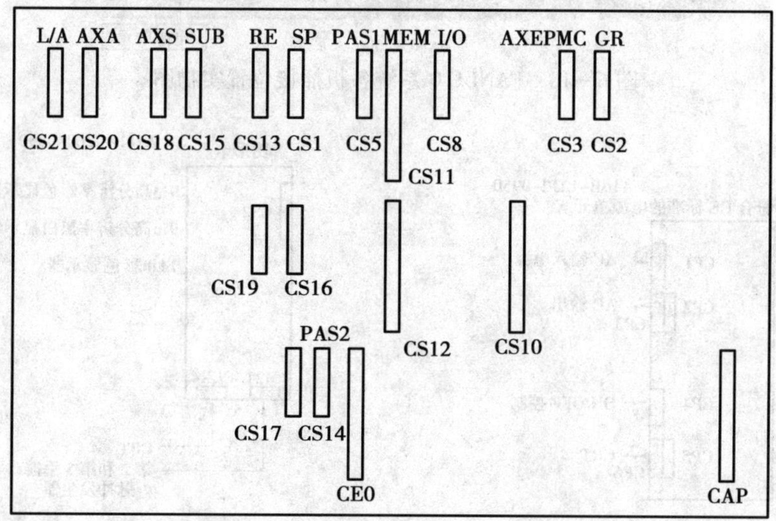

图 6—15 FANUC 0i 系统各板插接位置图

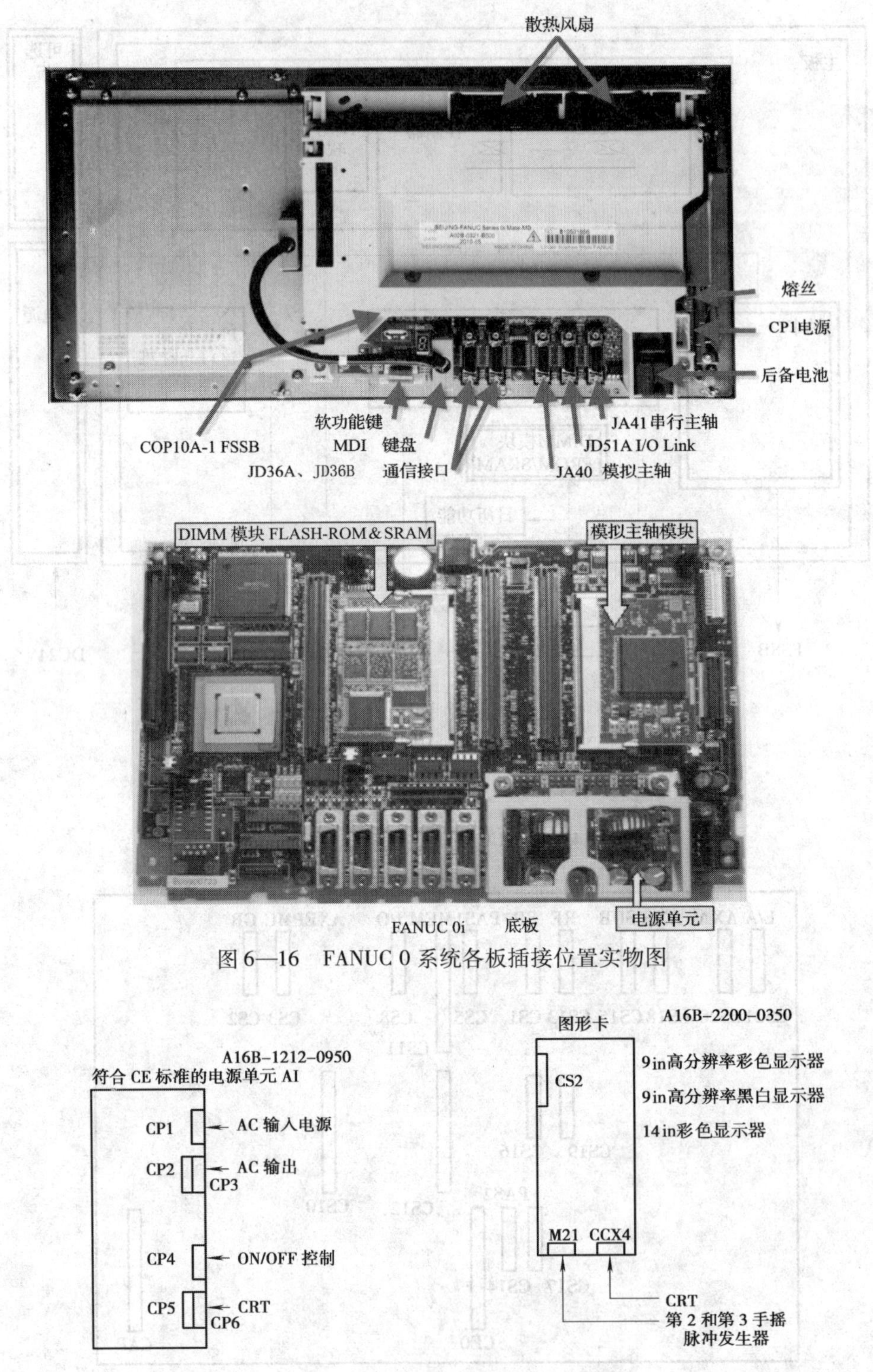

图 6—17 电源单元（CAP）的接线

图 6—18 图形卡（GR）的接线

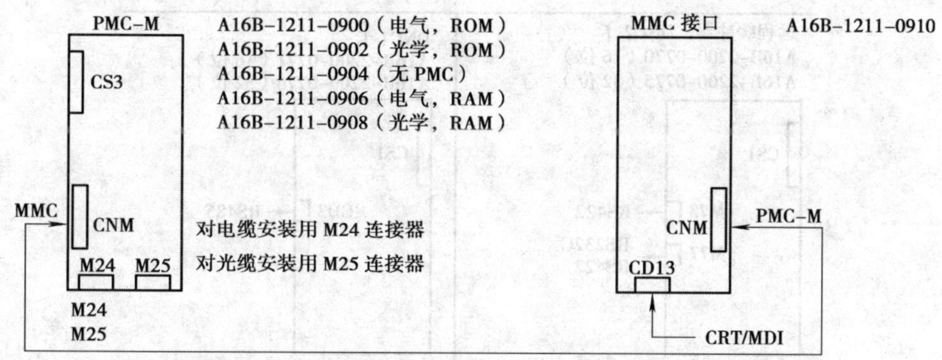

图 6—19　PMC 的接线

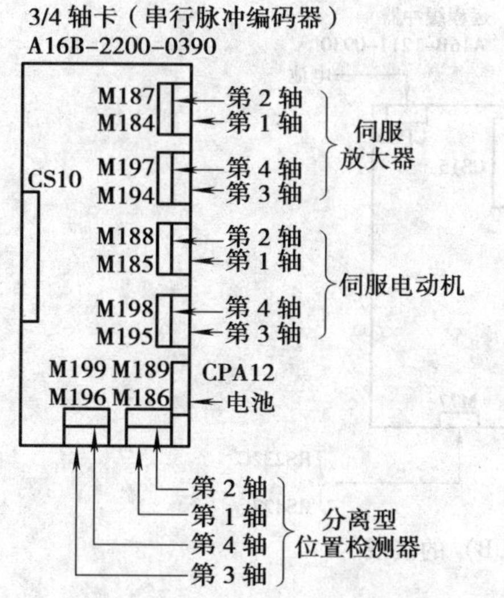

图 6—20　伺服卡（AXE）的接线

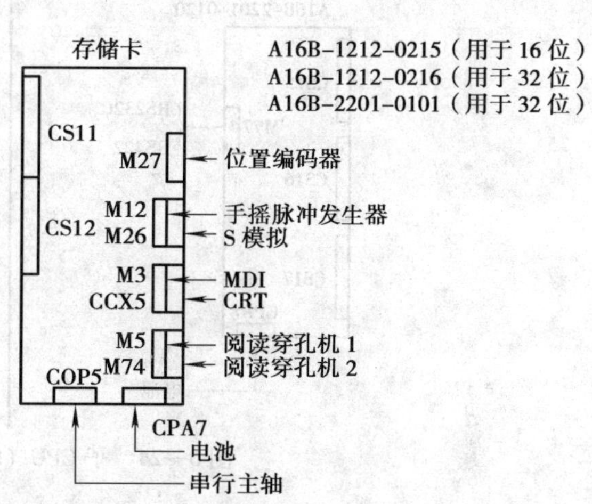

图 6—21　存储卡（MEM）的接线

宏程序盒
64KB
128KB
256KB
512KB
1MB

CS5

OMM: 定制宏程序（黄色标签）
ME：宏程序执行器（白色标签）

64KB	OMM	A02B-0091-C110
	ME	A02B-0091-C111
128KB	OMM	A02B-0091-C112
	ME	A02B-0091-C113
256KB	OMM	A02B-0091-C114
	ME	A02B-0091-C115
512KB	OMM	A02B-0098-C116
	ME	A02B-0098-C117
1MB	OMM	A02B-0098-C118
	ME	A02B-0098-C119

图 6—22　宏程序盒（PAS）的接线

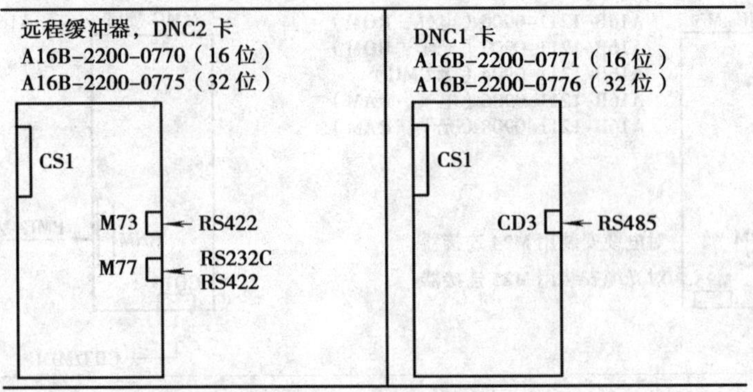

图 6—23　DNC 的接线

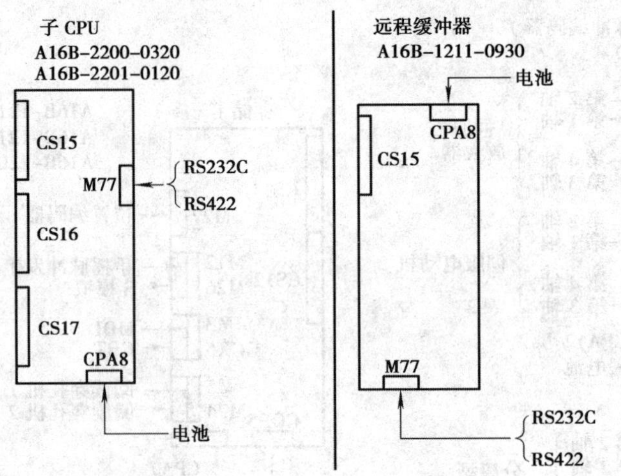

图 6—24　子 CPU（SUB）的接线

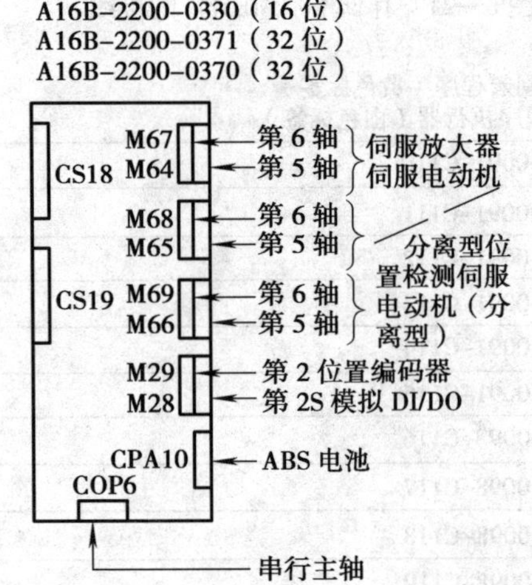

图 6—25　第 5、6 轴伺服卡（AXS）的接线

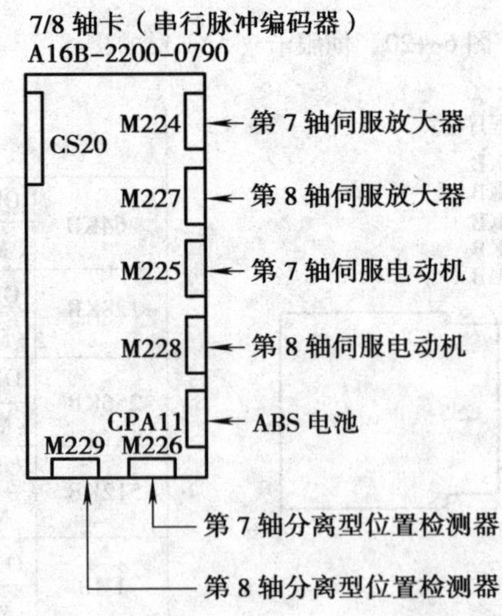

图 6—26　第 7、8 轴伺服卡（AXA）的接线

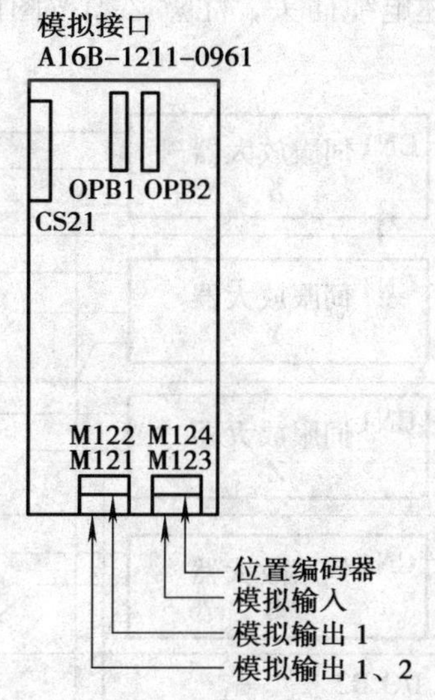

图 6—27 模拟接口（L/A）的接线

表 6—1 控制单元各部件的功能说明

代号	名称	基本功能
M CPU	主板	连接各功能板，故障报警等
A/A1/B2	电源	提供 +5 V，+15 V，-15 V，+24 V，+24E 电源
GR	图形板	提供图形显示功能，第 2、第 3 手摇脉冲发生器接口等
PMC—M	PC 板	PMC—M 型可编程机床控制器，提供扩展的输入/输出板（B2）的接口
AXE	基本轴控制板	提供 *X* 轴、*Y* 轴、*Z* 轴和第 4 轴的进给指令，接收从 *X* 轴、*Y* 轴、*Z* 轴和第 4 轴位置编码器反馈的位置信号
I/O C5，C6，C7	输入/输出接口	通过插座 M1、M18 和 M20 提供输入点，通过插座 M2、M19 和 M20 提供输出点，为 PMC 提供输入/输出信号
MEM	存储器板	接收系统操作面板的键盘输入信号，提供串行数据传送接口和纸带读入接口，第 1 手摇脉冲发生器接口，主轴模拟量和位置编码器接口，存储系统参数，刀具参数和零件加工程序等
SUB	子 CPU	管理第 5、6、7、8 轴的数据分配，提供 RS—232C 和 RS—422 串行数据接口等
AXS	扩展轴控制板	提供第 5、6 轴的进给指令，接收从第 5、6 轴位置编码器反馈的位置信号
AXA	扩展轴控制板	提供第 7、8 轴的进给指令，接收从第 7、8 轴位置编码器反馈的位置信号
I/O B2	扩展的输入/输出接口	通过插座 M61、M78 和 M80 提供输入点，通过插座 M62、M79 和 M80 提供输出点，为 PMC 提供输入/输出信号
DNC2	通信板	提供数据通信接口

图 6—28 所示为控制单元内部电缆连接图。正确的连接电缆是机床正常工作的基本保证，如果在维修过程中插拔过上述电缆插头，注意必须按图恢复原状。

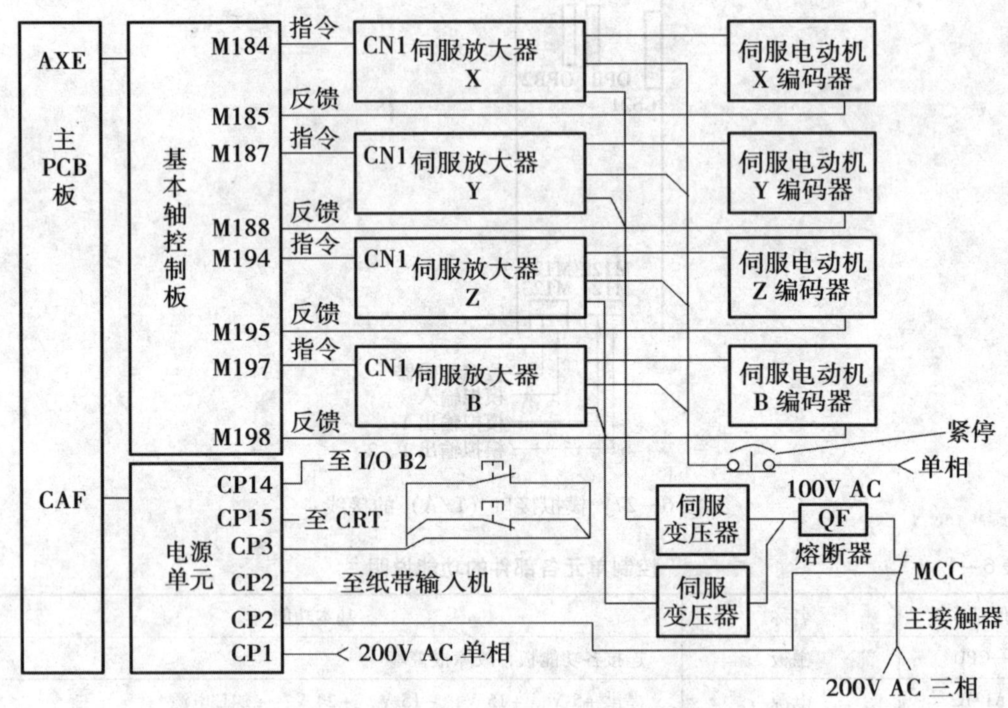

图 6—28　控制单元内部电缆连接图

二、FANUC 0i 系统控制单元的基本构成

该系统由主板和 I/O 两个模块构成。主板模块包括主 CPU、内存、PMC 控制、I/O Link 控制、伺服控制、主轴控制、内存卡 I/F、LED 显示等；I/O 模块包括电源、I/O 接口、通信接口、MDI 控制、显示控制、手摇脉冲发生器控制和高速串行总线等。各部分与机床、外部设备连接插槽或插座如图 6—29 所示。

三、FANUC 0i 系统部件的连接

图 6—30 所示为 FANUC 0i 系统的连接图。系统输入电压为 DC24 V ×（1 + 10%），电流约 7 A。伺服系统和主轴电动机电源均为 AC200 V 电源（不是 220 V，其他系统如 0 系统，系统电源和伺服电源均为 AC200 V）输入。这两个电源的通电及断电顺序是有要求的，不满足要求会出现报警或损坏驱动放大器。原则是要保证通电和断电都在 CNC 的控制之下，其视频信号接口如图 6—31 所示。

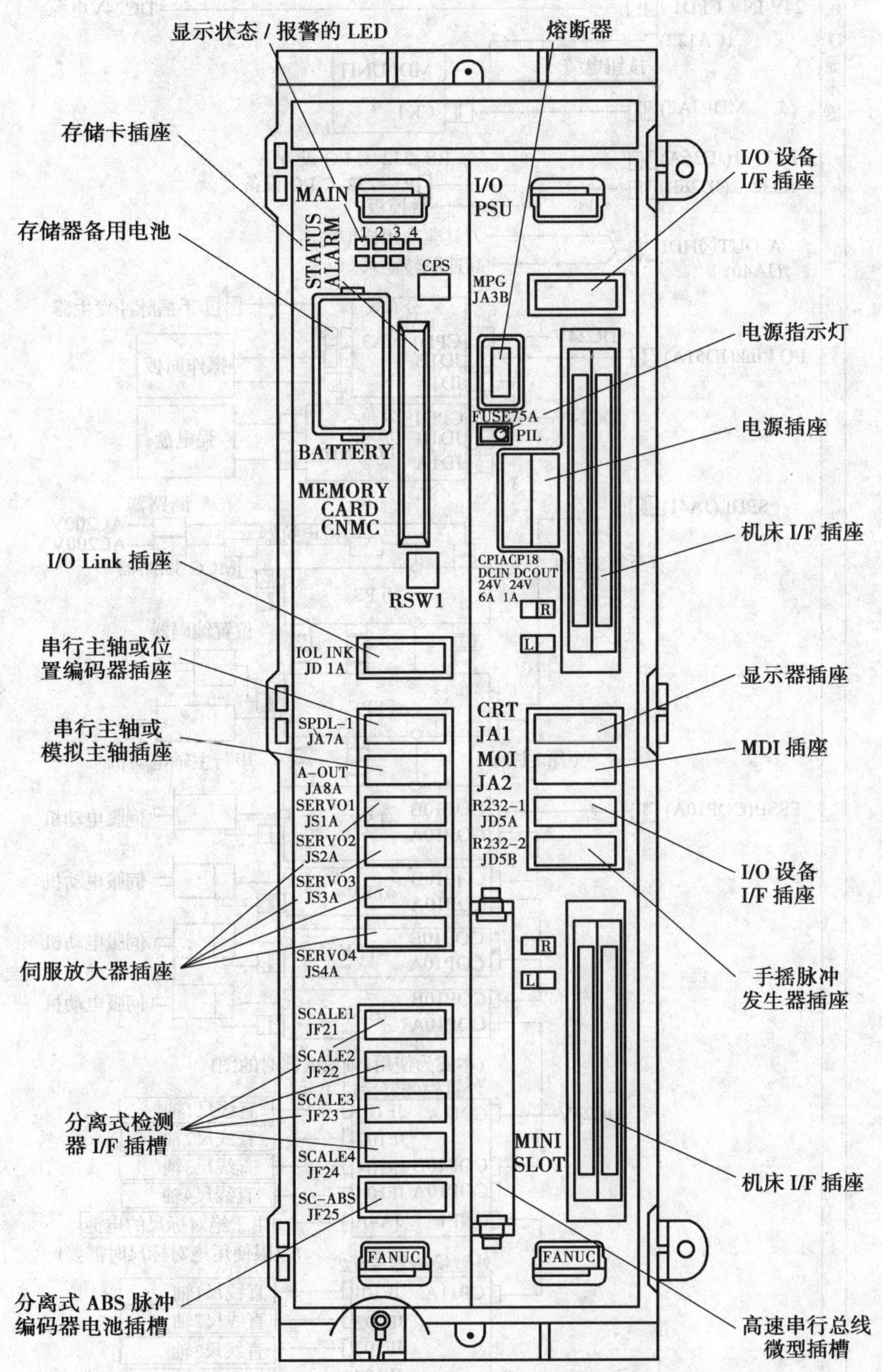

图 6—29 FANUC 0i 系统控制单元

LCD显示器
主板
24V-IN（CPD1）
DC24V电源
(CA122)
按钮电缆
MDI UNIT
MDI(JA2)
CK1
R232-1(JD36A)
RS-232-C I/O 设备
R232-2(JD36B)
RS-232-C I/O 设备
触摸板
A-OUT⊠HDI
(JA40)
刀具驱动用模拟输出
高速跳转输入
分布式I/O板
DC24V
CPD1
JA3
手摇脉冲发生器
I/O Link(JD51A)
JD1B
操作面板
JD1A
DC24V
CPD1
分布式I/O板
I/O UNIT等
JD1B
JD1A
强电盘
SPDL(JA41)
断路器
AC200V
AC电抗器
AC200V
至第3主轴
MCC
断路器
αi PS
位置编码器
αi SP
至第2主轴
串行主轴电动机
FSSB(COP10A)
COP10B
COP10A
αi SV
伺服电动机
COP10B
COP10A
αi SV
伺服电动机
COP10B
COP10A
αi SV
伺服电动机
COP10B
COP10A
αi SV
伺服电动机
(本图为使用1轴放大器时的图)
外置检测器接口单元1
DC24V
CP11A
JF101
直线尺1轴
JF102
直线尺2轴
COP10B
JF103
直线尺3轴
COP10A
JF104
直线尺4轴
CNF1
JA4A
用于绝对标尺的电池
(仅限使用绝对标尺时需要)
外置检测器单元2
CP11A
JF101
直线尺1轴
JF102
直线尺2轴
JF103
直线尺3轴
JF104
直线尺4轴
ETHERNET
(CD38A)
以太网

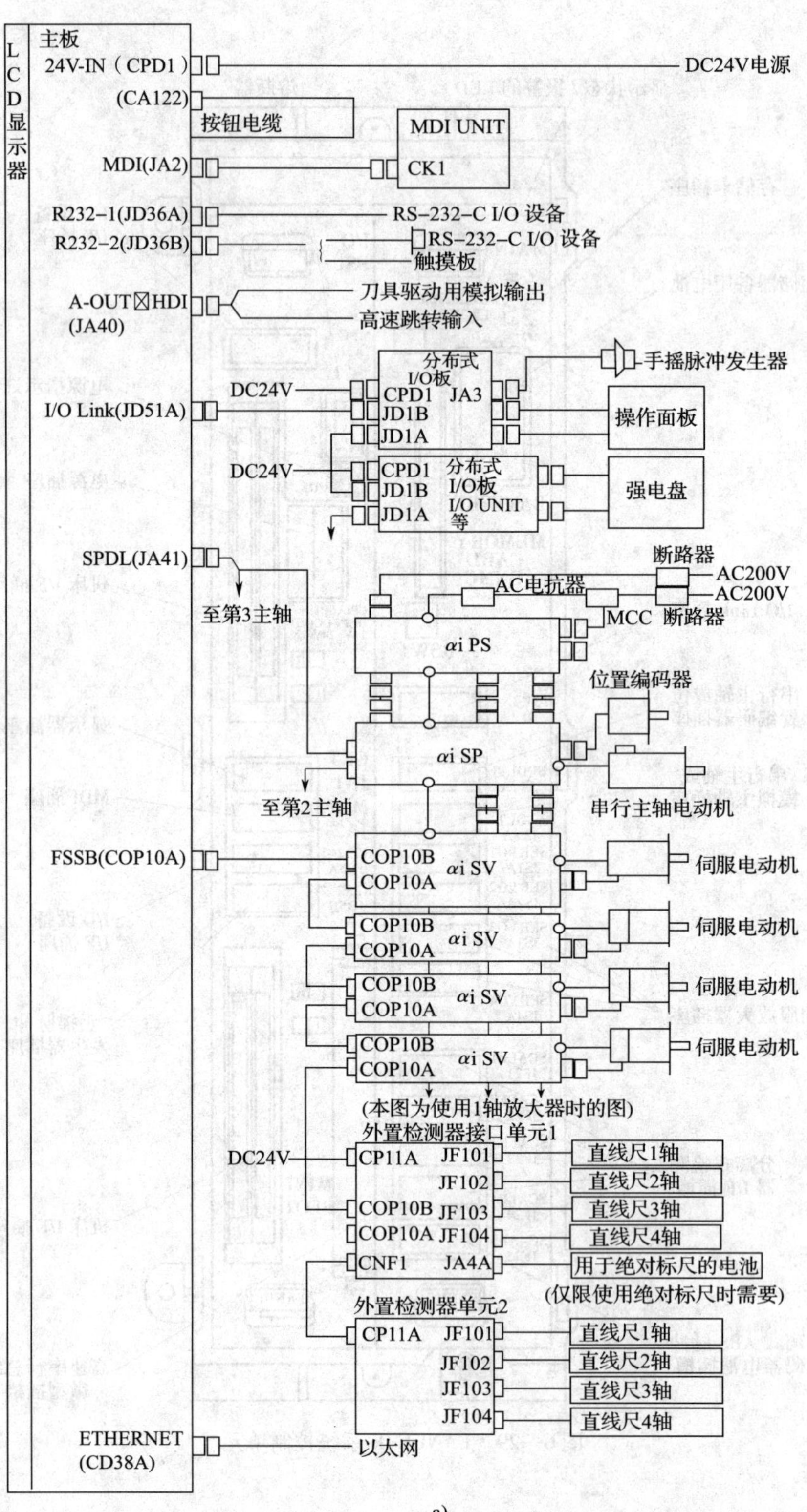

a)

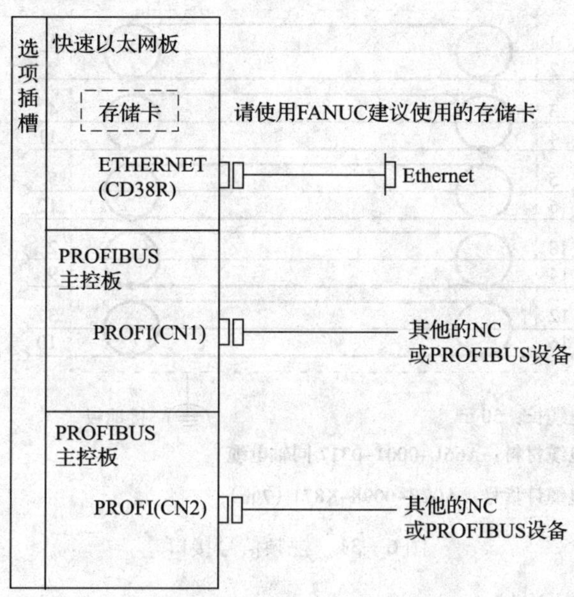

b)

图 6—30　FANUC 0i 系统连接

a）基石板连接图　b）选择板连接图

1. CRT/MDI 单元

（1）视频信号接口

图形卡（GR）的接线如图 6—18 所示，视频信号接口如图 6—31 所示。

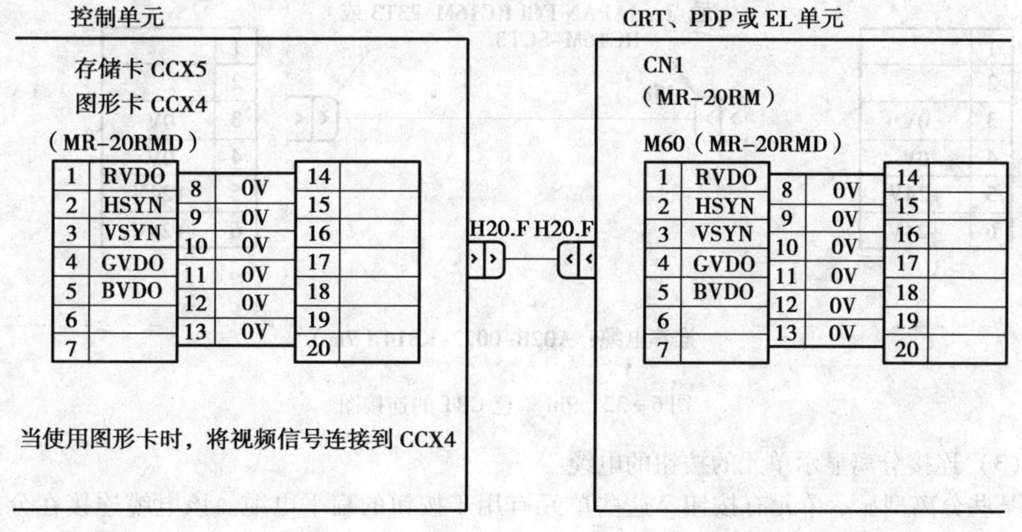

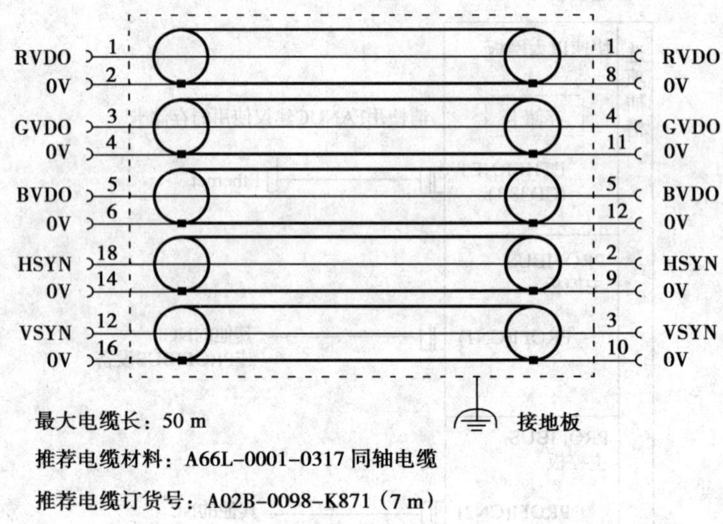

图 6—31　视频信号接口

（2）显示单元电源的连接

不同的显示单元所要求的电源电压不同，图 6—32 与图 6—33 所示为 9in 单色 CRT 与 LCD 的连接图。

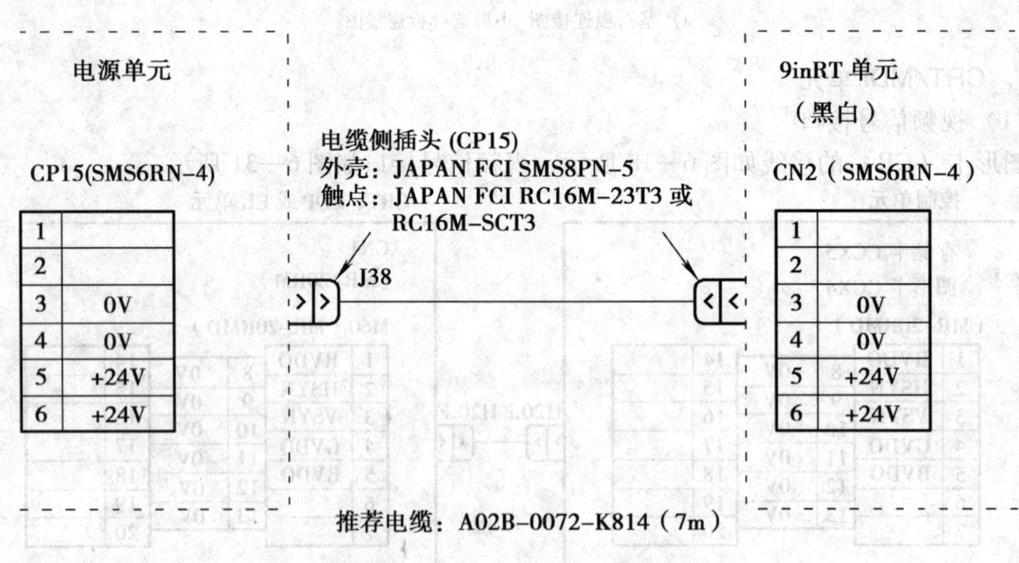

图 6—32　9in 单色 CRT 的连接图

（3）连接分离显示单元的按钮的电缆

某些分离型显示单元有按钮，这些单元有用于按钮的扁平电缆。该电缆连接在分离型 MDI 单元的 KM2 插头上（见图 6—34）。

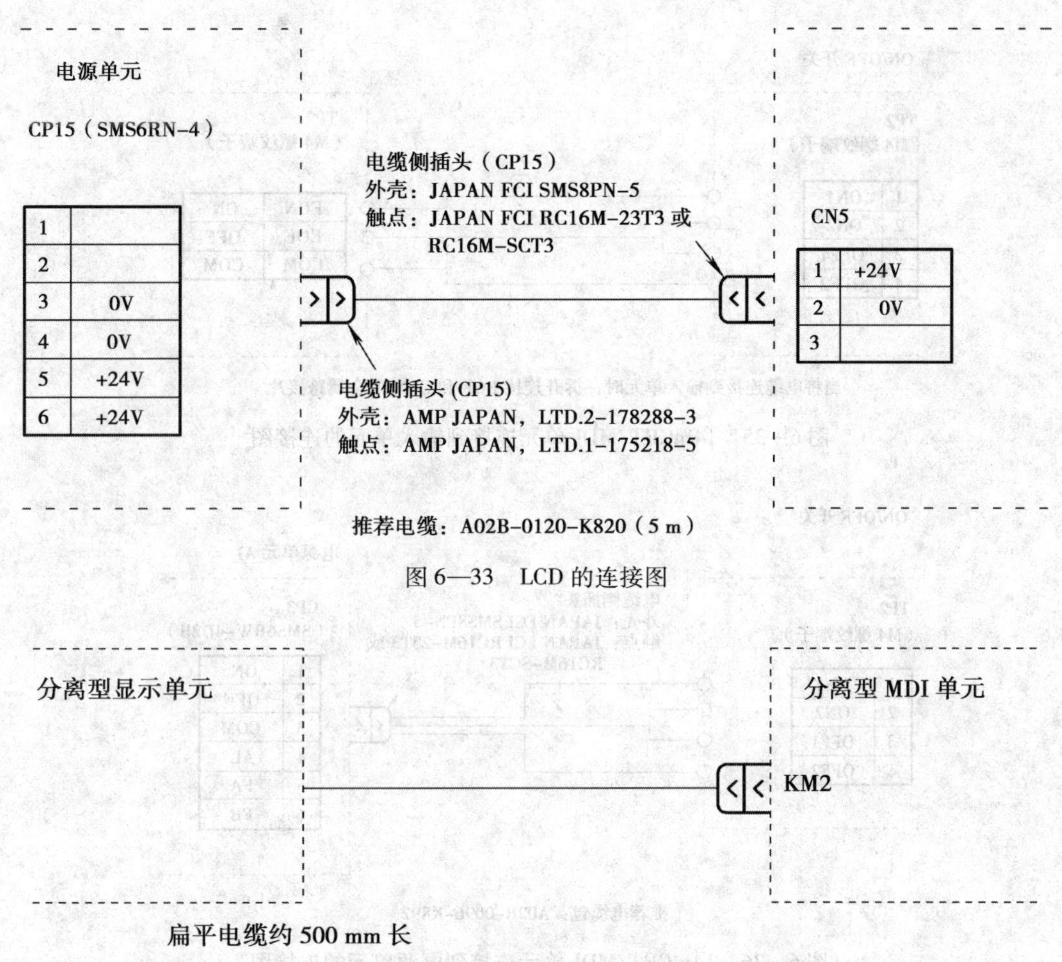

图 6—33　LCD 的连接图

图 6—34　分离型显示单元的连接

（4）显示单元上的 ON/OFF 开关

全键型的 9inCRT/MDI 单元、9inPDP/MDI 单元、7. 2inLCD/MDI 单元和 14inCRT/MDI 单元都具有用于接通和关闭控制单元的 ON/OFF 开关。当开关连接到输入单元或电源单元 AI（内装输入单元）时，可通过按 ON/OFF 开关接通或关闭控制单元。图 6—35 与图 6—36 所示为 14inCRT/MDI 单元连接到输入单元与电源单元的连接图。

（5）LCD 的调节

LCD 具有视频信号微调控制器。控制器要能消除 NC 单元与 LCD 之间的轻微偏移。必须在安装或在更换 NC 的显示单元硬件或电缆时将控制器调整好以消除故障。调节位置如图 6—37 所示，调节方法如下。

1）方式和水平位置的设定。通过调节 SW1，可以按表 6—2 所示改变方式和水平位置。在倒转方式中，黑色字符显示在白色背景中。

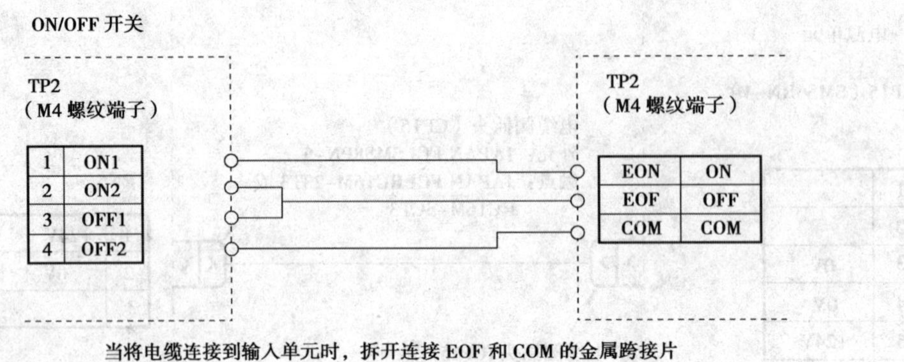

图 6—35　14inCRT/MDI 单元连接到输入单元的连接图

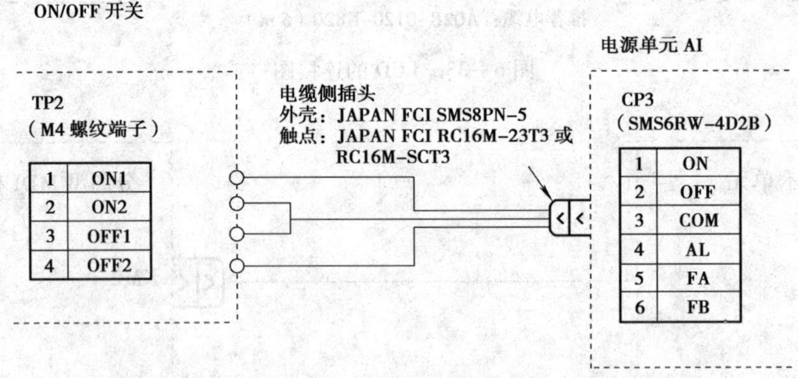

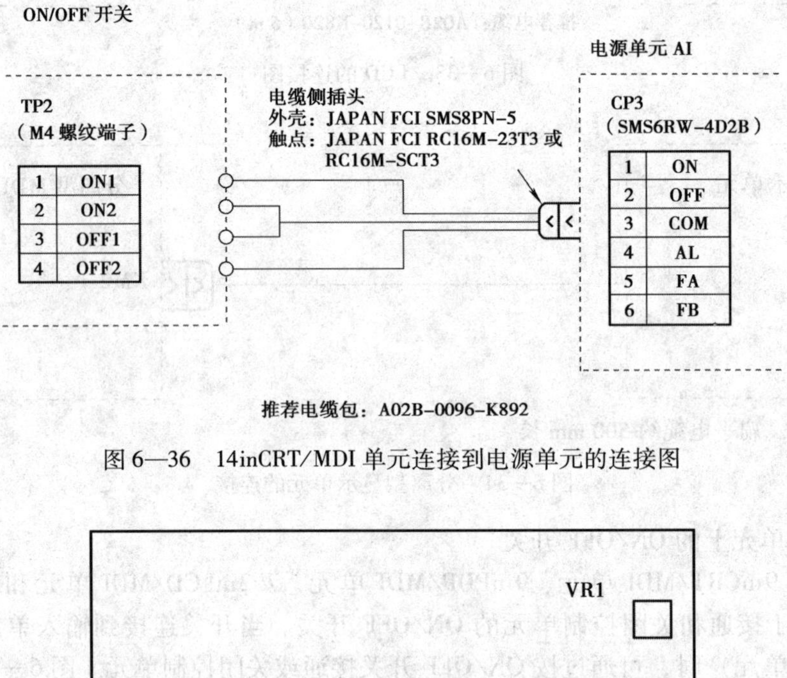

图 6—36　14inCRT/MDI 单元连接到电源单元的连接图

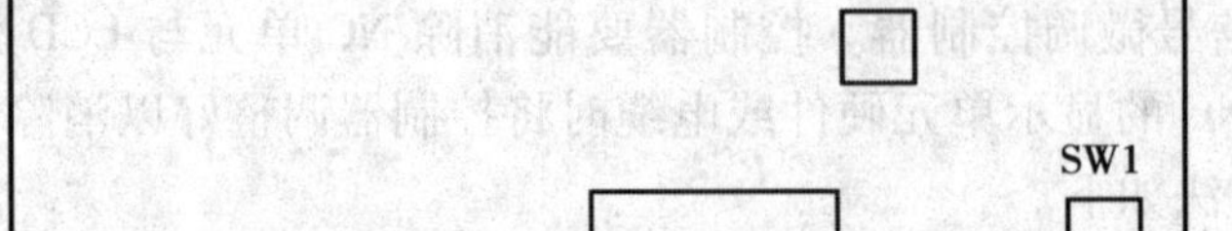

VR1

VRP1

SW1

图 6—37　LCD 的调节

表 6—2 LCD 的调节

方式		8 级灰度	4 级灰度	倒转 8 级灰度	倒转 4 级灰度
水平位置	向右 1 点	0	4	8	C
	标准	1	5	9	D
	向左 1 点	2	6	A	E
	向左 2 点	3	7	B	F

2）设定对比度。对比度是用 VRP1 调节的。

3）消除颤动。通过调节 VR1 来消除颤动。如果没有颤动不要调节 VR1。

（6）MDI 单元接口

如图 6—38 所示。

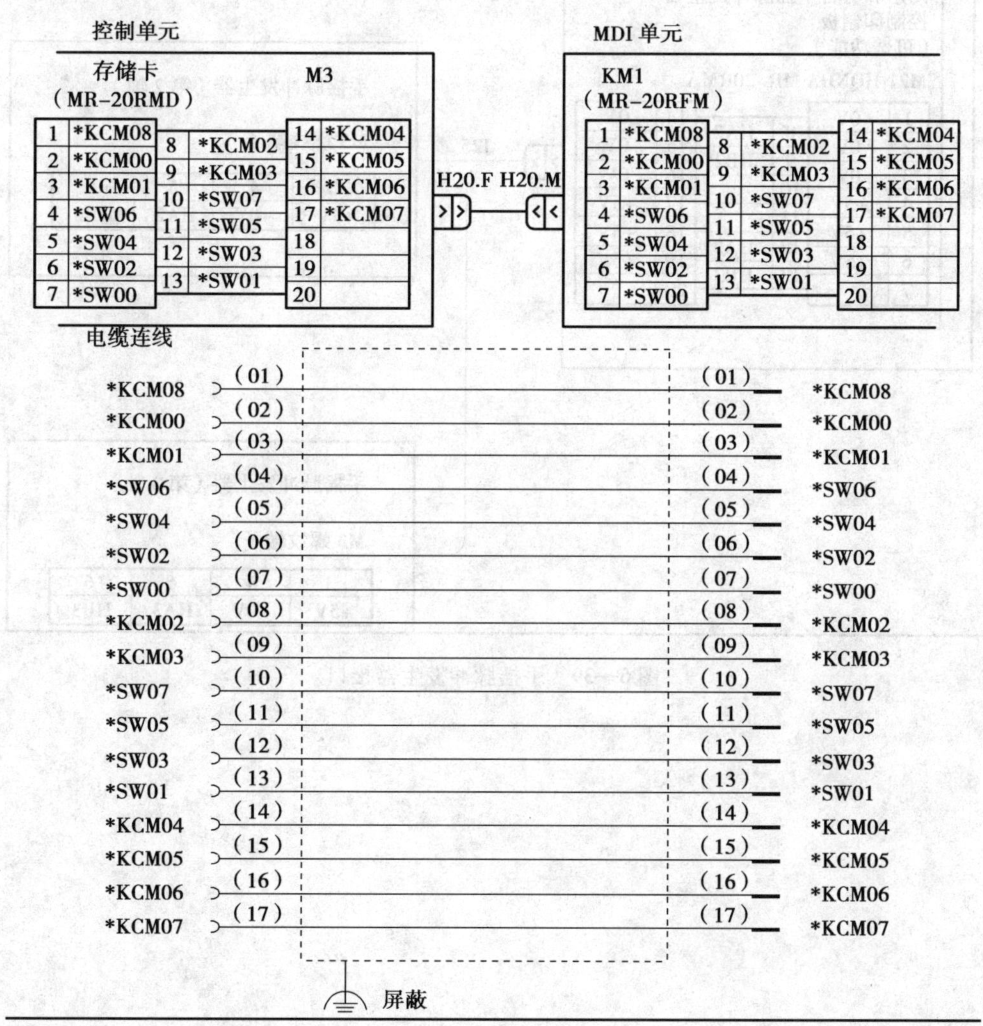

图 6—38 MDI 单元接口

2. 手摇脉冲发生器接口（见图6—39与图6—40）

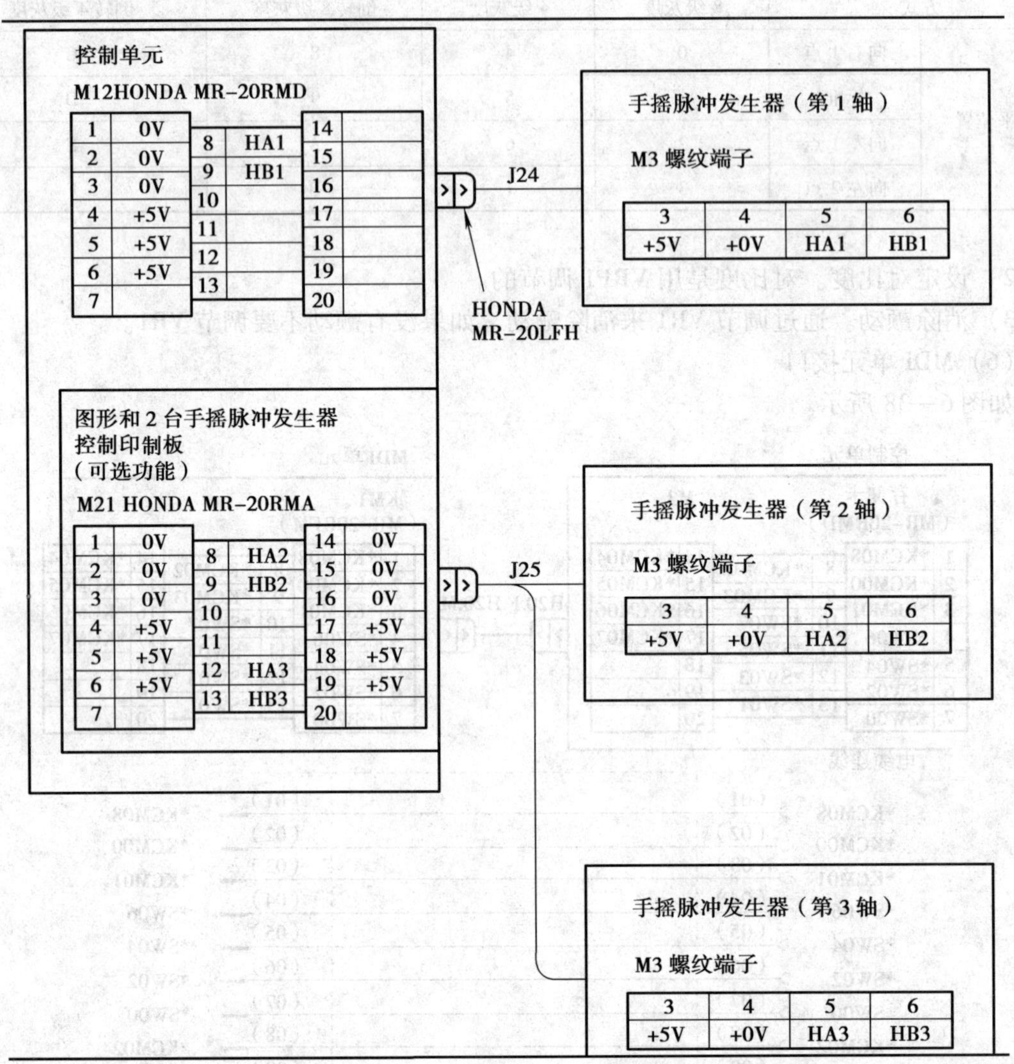

图6—39 手摇脉冲发生器接口

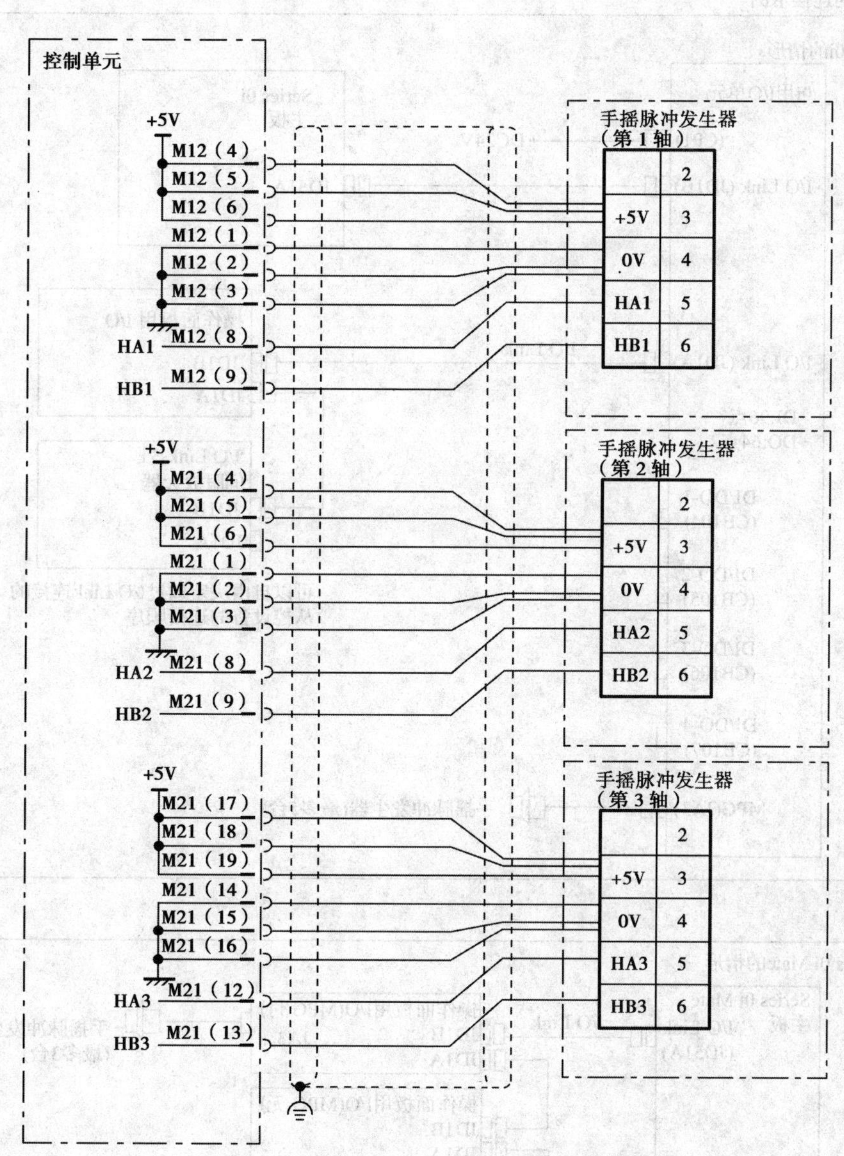

图 6—40　手摇脉冲发生器接口连线图

3. I/O 的连接

标准 I/O 连接图如图 6—41 所示。

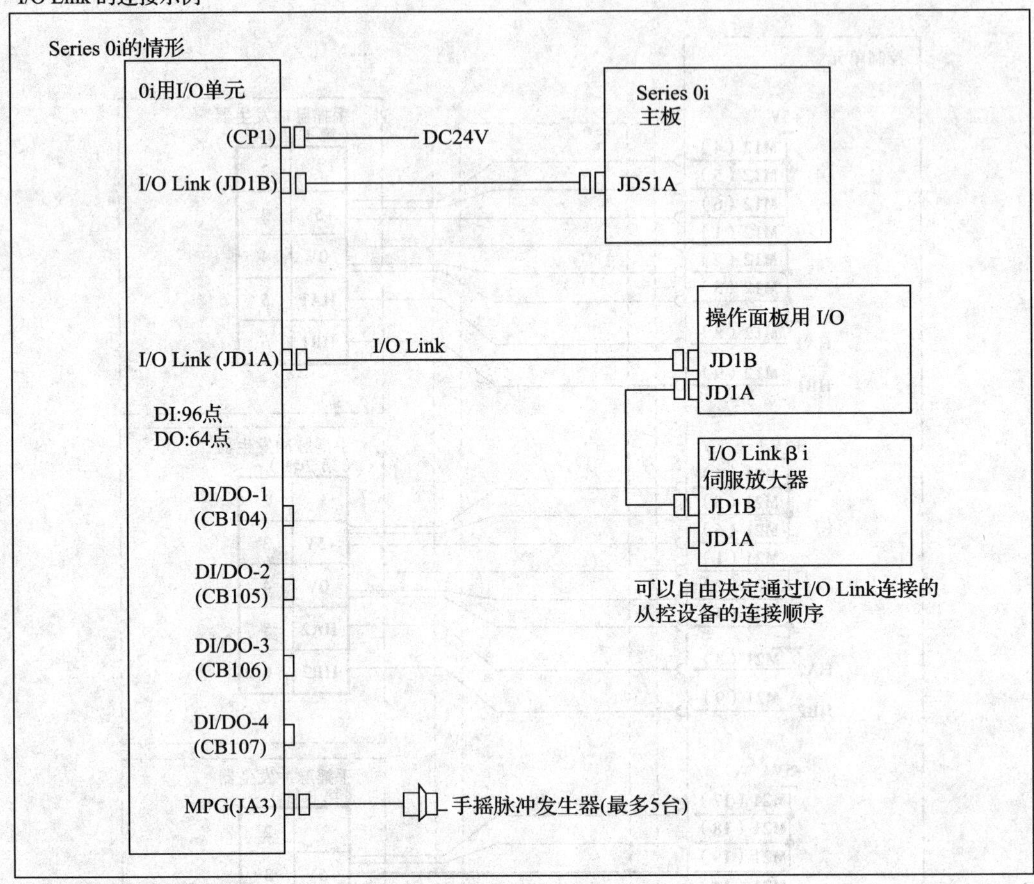

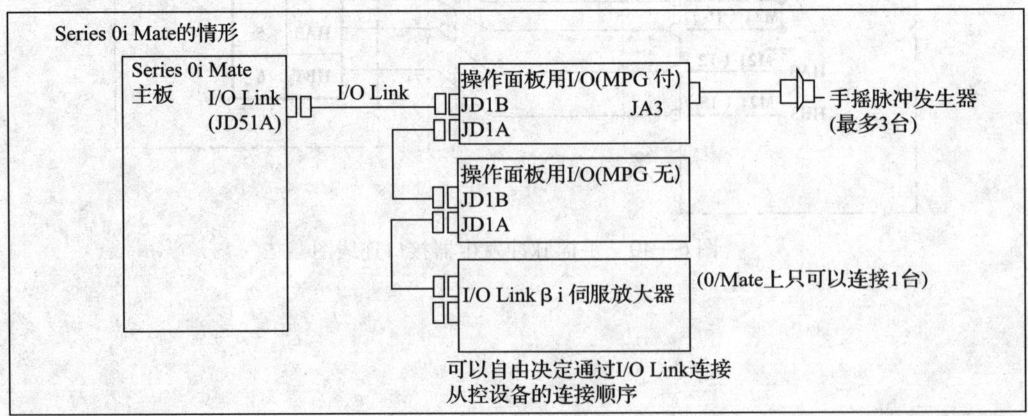

图 6—41　I/O 连接图

四、FANUC 0i 系统远程缓冲器接口

远程缓冲器是用于以高速向 CNC 提供大最数据的可选配置。远程缓冲器通过一个串行接口连接到主计算机或输入/输出装置上（见图 6—42）。表 6—3 列出了远程缓冲器印制电路板的类型。根据它们在控制单元中的位置不同，可将它们分为三类。

图 6—42　FANUC 0i 系统与计算机通信连接图

表 6—3　远程缓冲器类型印制电路板

类型	名称	备注	连接槽
A	SUB CPU 卡	包括在多轴卡中，第 5 轴和第 6 轴可作为 PMC 轴控制	SUB
	控制单元 B 的远程缓冲器	不能连接第 5 轴和第 6 轴	
B	控制单元 A 的远程缓冲器	也可用于 DNC2 接口	扩展连接器　JA1 和 JA2
C	控制单元 B 的远程缓冲器	也可用于 DNC2 接口	SP

1. 远程缓冲器接口 RS－232－C（见图 6—43 与图 6—44）

当使用 FANUC DNC2 接口并将 IBM PC－AT 作为主计算机时，主计算机在转到接收状态时，取消 RS（变为低电压）。因此，在这种情况下，CNC 侧的 CS 必须连接到 CNC 侧的 ER。

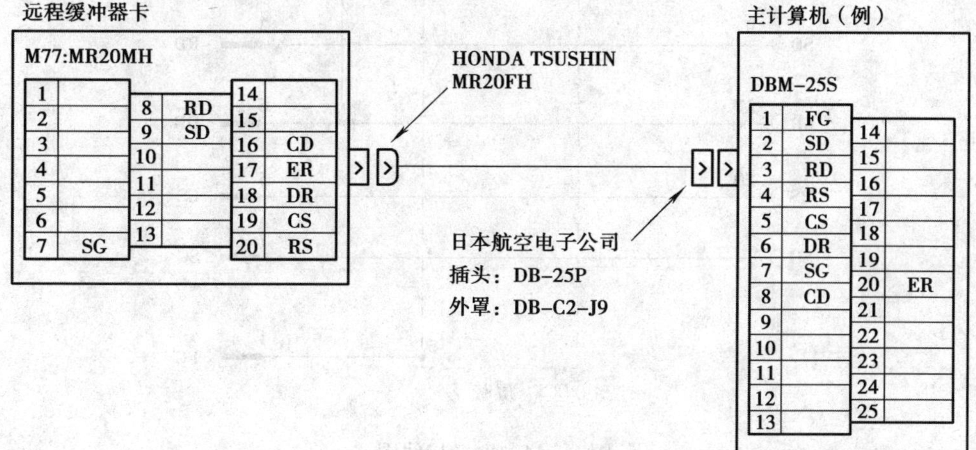

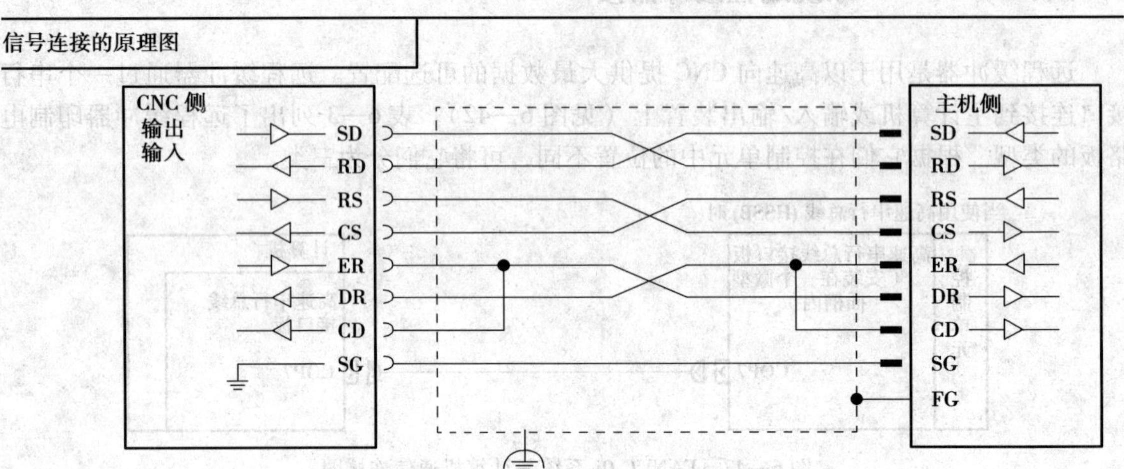

图 6—43　远程缓冲器接口及原理图

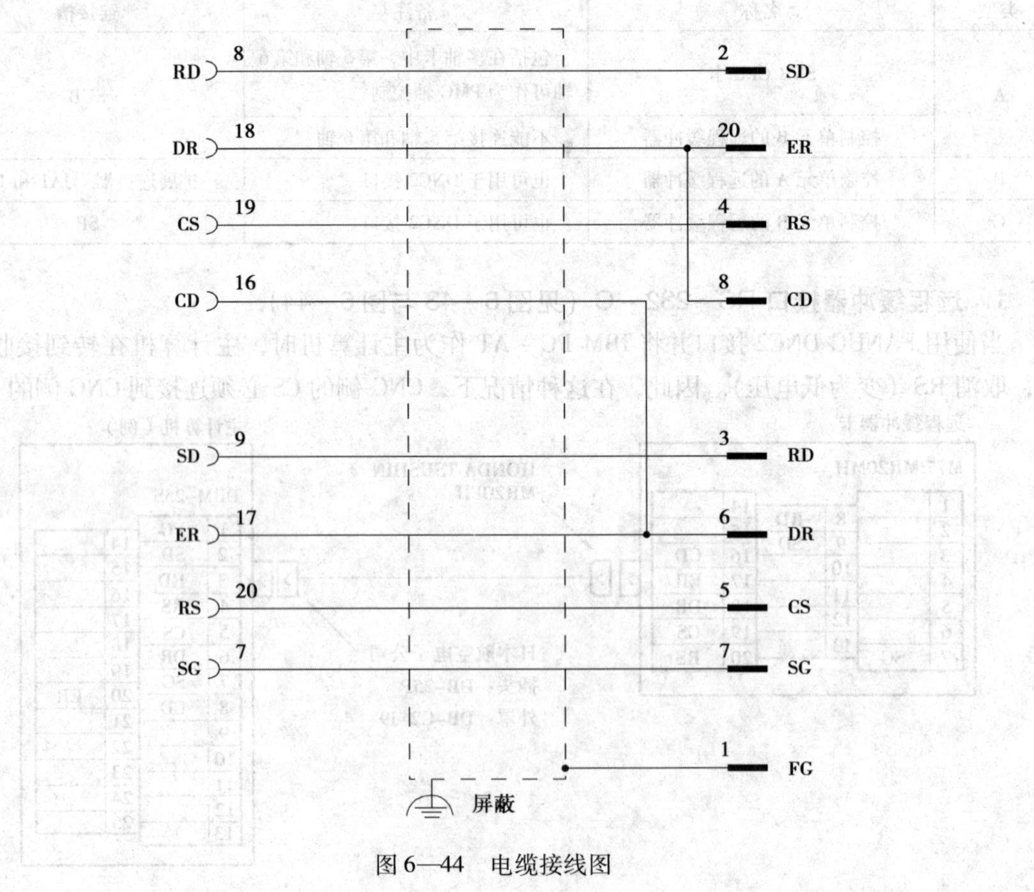

图 6—44　电缆接线图

2．与电池单元的连接（见图 6—45）

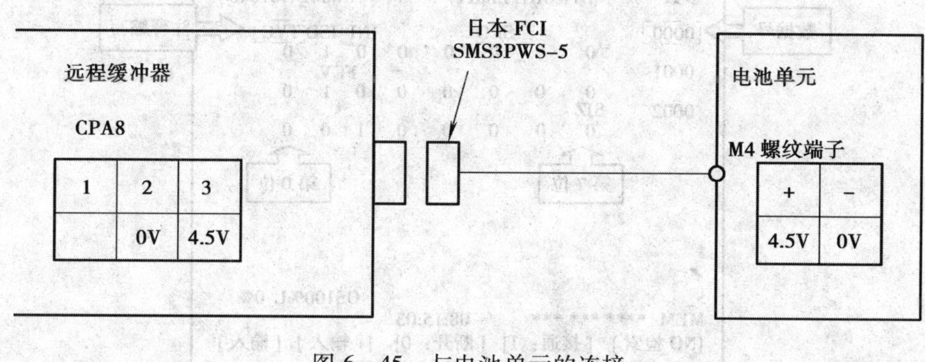

图 6—45　与电池单元的连接

五、数控机床硬件故障维修

【例 6—1】　WY203 型自动换箱数控组合机床 Z 轴一启动，即出现跟随误差过大报警而停机。经检查发现位置控制环反馈元件光栅电缆由于运动中受力而拉伤断裂，造成反馈信号丢失。

【例 6—2】　TC1000 型加工中心启动后出现 114 号报警。经检查发现，Y 轴光栅适配器电缆插头松脱。

第三节　FANUC 数控系统软件的装调

一、参数的分类

1．参数的分类

FANUC 数控系统的参数按照数据的形式大致可分为位型和字型。其中位型又分位型和位轴型，字型又分字节型、字节轴型、字型、字轴型、双字型、双字轴型。位轴型参数允许将参数分别设定给各个控制轴。

位型参数就是对该参数的 0 ~ 7 这八位单独设置“0”或“1”的数据。位型参数的格式如图 6—46 所示。字型参数在参数画面的显示如图 6—47 所示。

2．参数分类情况显示画面的调出步骤

（1）在 MDI 键盘上按 HELP 键。

（2）按 PARAM 键（见图 6—48）就可能看到如图 6—49 所示参数类别画面，该画面共有 4 页，可通过翻页键进行查看该画面与图 6—50 所示的参数数据号画面。

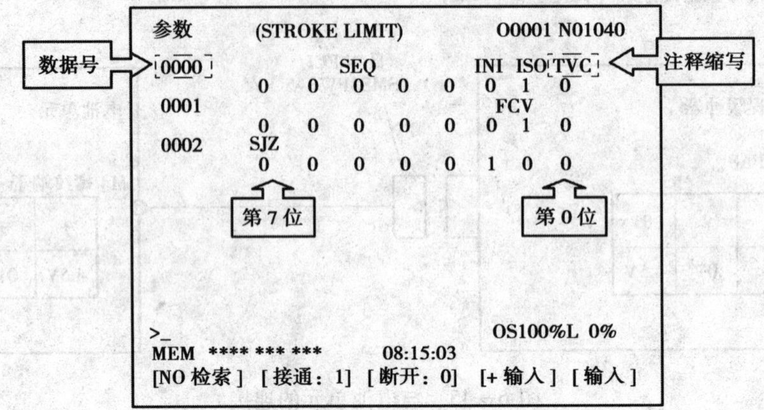

图 6—46　位型参数在参数画面的格式

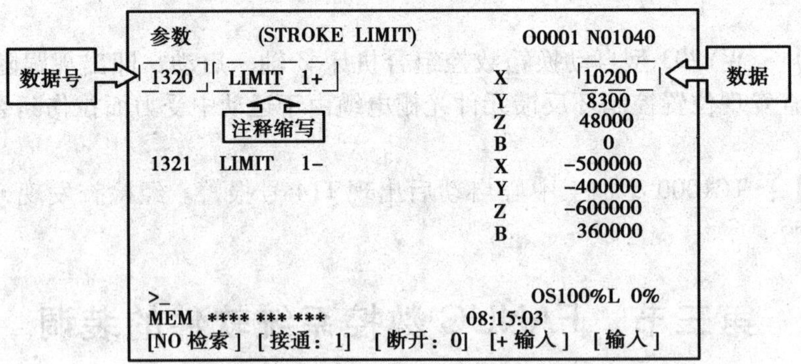

图 6—47　字型参数在参数画面的显示

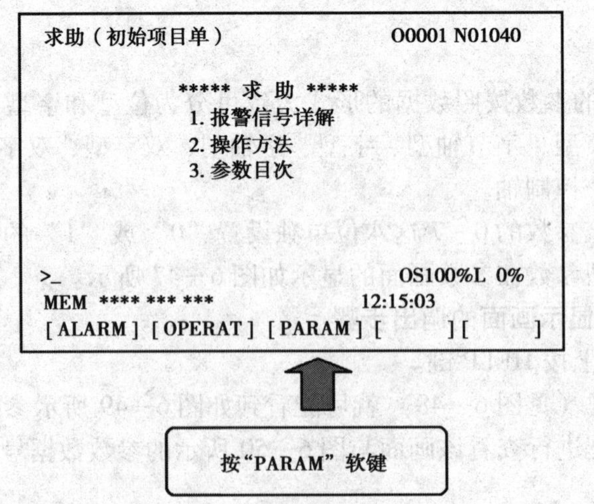

图 6—48　按 PARAM 键

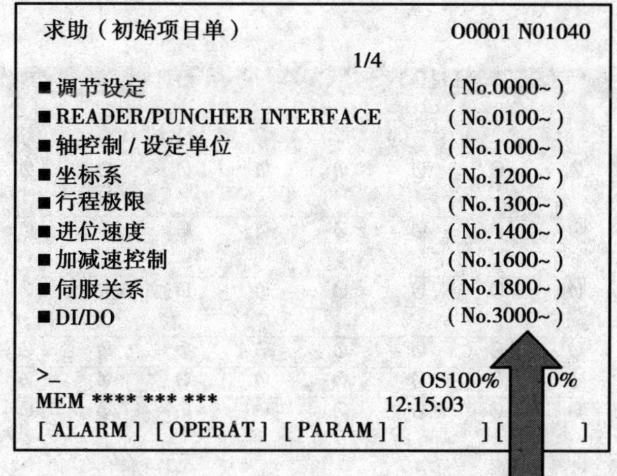

图 6—49 参数类别画面

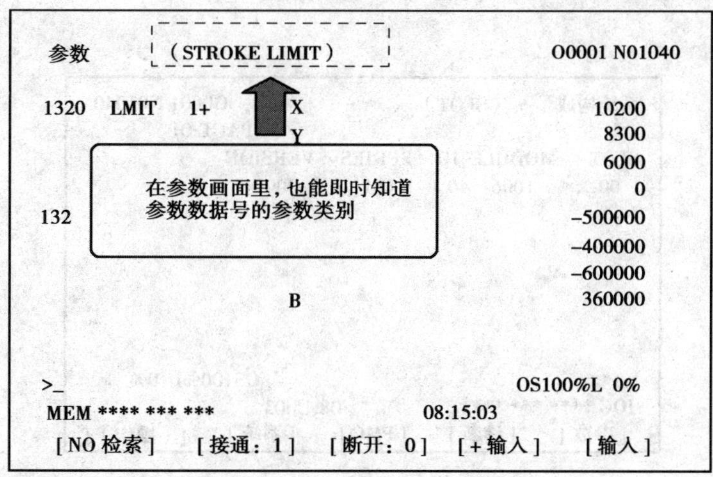

图 6—50 参数数据号的类别画面

二、参数画面的显示和调出

1. 参数画面的显示

（1）在 MDI 键盘上按 SYSTEM 键，就可能看到如图 6—51 所示参数画面。

（2）在 MDI 键盘上按 SYSTEM 键若出现图 6—52 所示的画面，则按返回键，直到出现图 6—51 所示画面。

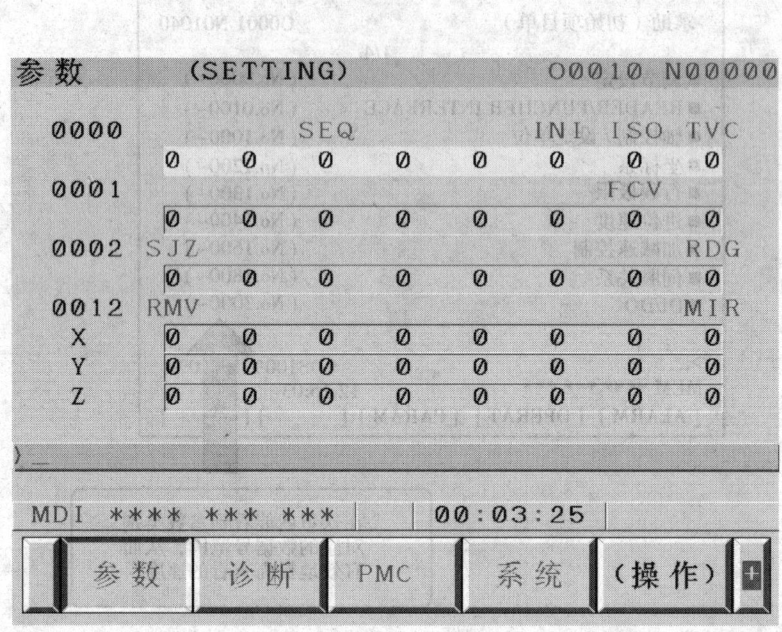

图 6—51　参数画面

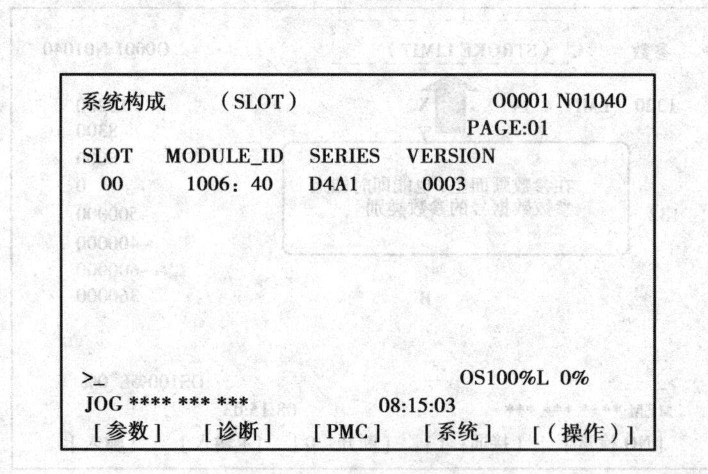

图 6—52　系统构成画面

2. 快速调出参数显示画面

现以查找各轴预设行程检测正方向边界的坐标值为例加以说明（参数数据号为3111）。

（1）在 MDI 键盘上按 SYSTEM 键。

（2）在 MDI 键盘上输入 3111（见图 6—53）。

（3）按 NO 检索便可调出（见图 6—54）。

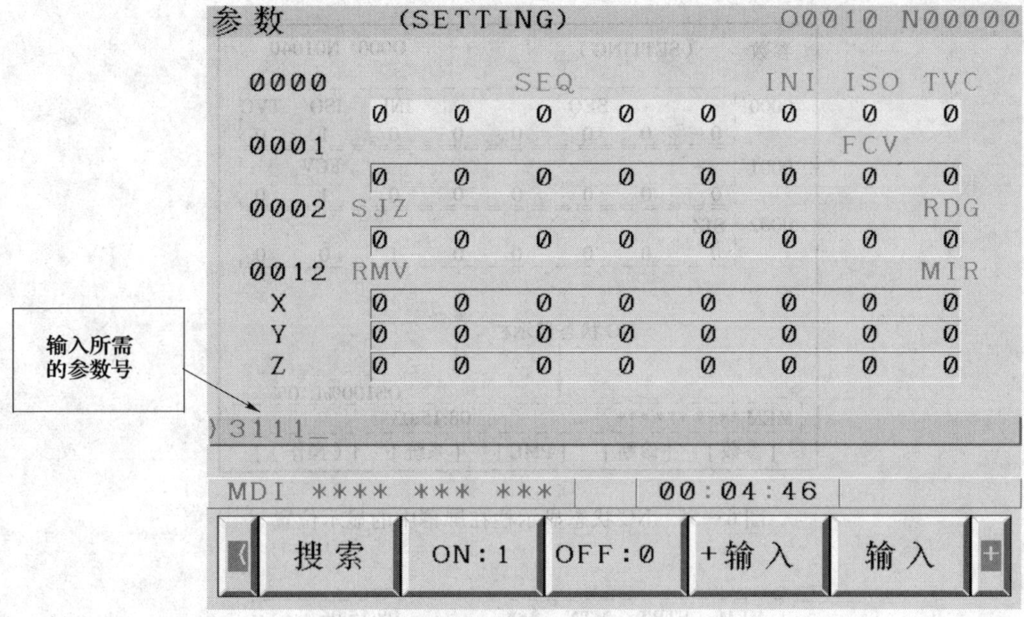

图 6—53　输入参数号

参数 (CRT/MDI/EDIT) O0010 N00000

参数号								
3110						AHC		
	0	0	0	0	0	0	0	0
3111	NPA	OPS	OPM			SVP	SPS	SVS
	0	0	1	0	0	1	1	1
3112								SGD
	0	0	0	0	1	1	0	1
3113								
	0	1	0	0	0	0	0	1
3114								
	0	0	0	0	0	0	0	0

)_

MDI **** *** *** 00:05:29

搜索　ON:1　OFF:0　+输入　输入

图 6—54　调出参数显示画面

3. NC 状态显示

NC 状态显示栏在屏幕中的显示位置如图 6—55 所示。在 NC 状态显示栏中的信息可分为 8 类，如图 6—56 所示。

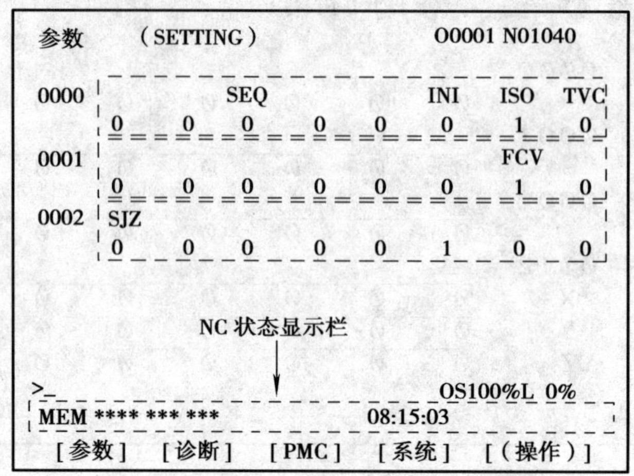

图 6—55 NC 状态显示栏在屏幕中的显示位置

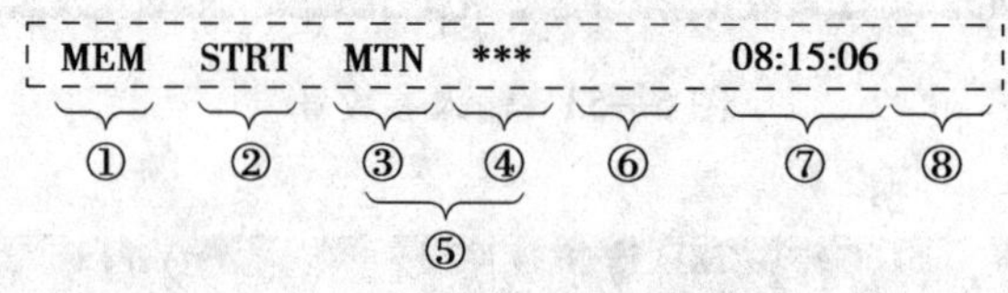

图 6—56 信息分类

三、参数的设定

在进行参数设定之前，一定要清楚所要设定参数的含义和允许的数据设定范围，否则就会有损坏机床的危险，甚至危及人身安全。

1. 准备步骤

（1）将机床置于 MDI 方式或急停状态。

（2）在 MDI 键盘上按 OFFSET SETTING 键。

（3）在 MDI 键盘上按光标键，进入参数写入画面。

（4）在 MDI 键盘上将参数写入的设定从“0”改为“1”（见图 6—57）。

2. 位型参数设定

以 0 号参数为例来介绍位型参数的设定，0 号参数是一个位型参数，其 0 位用于设定是否进行 TV 检查。当设定为“0”时，不进行 TV 检查；当设定为“1”时，进行 TV 检查。设定步骤如下。

（1）调出参数画面（见图 6—58）。

（2）进行设定（见图 6—59）。

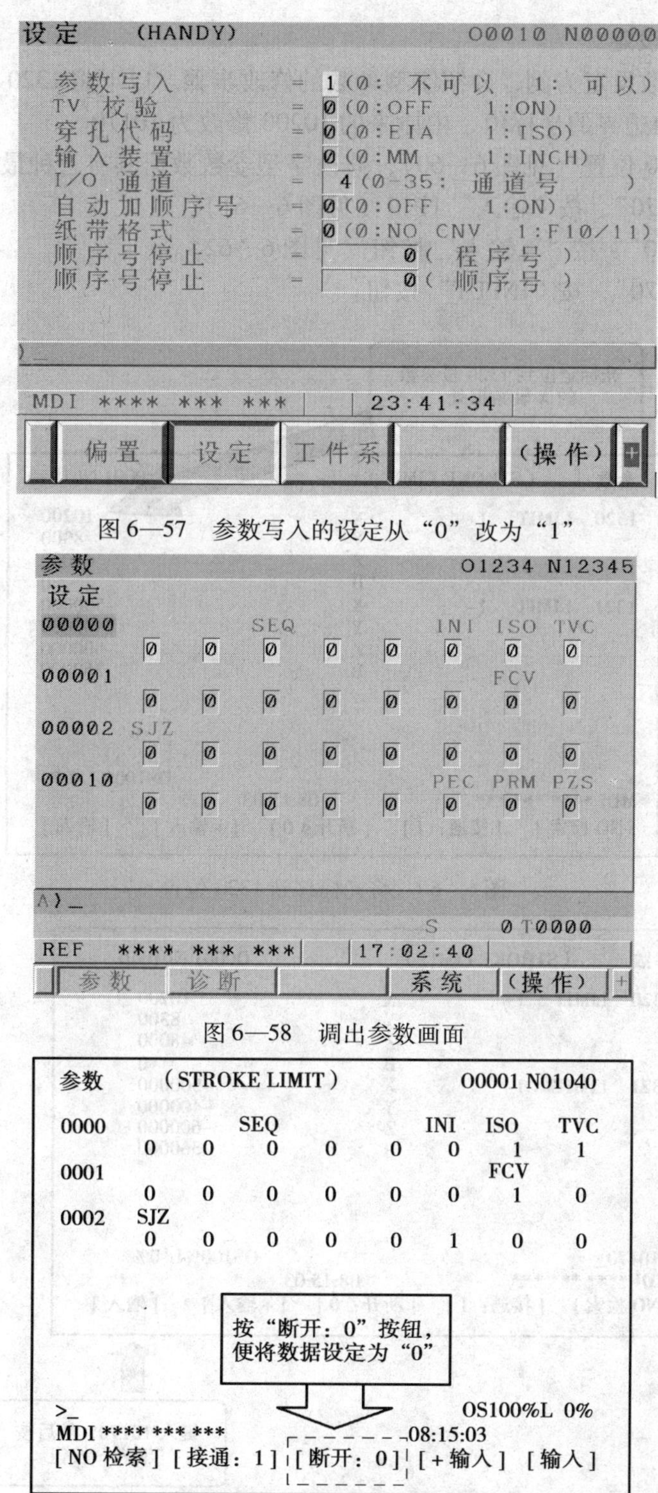

图 6—57 参数写入的设定从“0”改为“1”

图 6—58 调出参数画面

图 6—59 位型参数设定

3. 字型参数的设定

现以1320号参数设定为例，介绍字型参数的修改步骤。以下将1320号参数中X轴存储行程检测1的正方向边界的坐标值，由原来的10200修改为10170。

将光标移到1320位置（见图6—60），修改字型参数数据共有三种最常用的方法。

（1）输入“10170”，按“输入”按钮（见图6—61）。

（2）输入“-30”，按“+输入”按钮（见图6—62）。

（3）输入“10170”，按“INPUT”按钮。

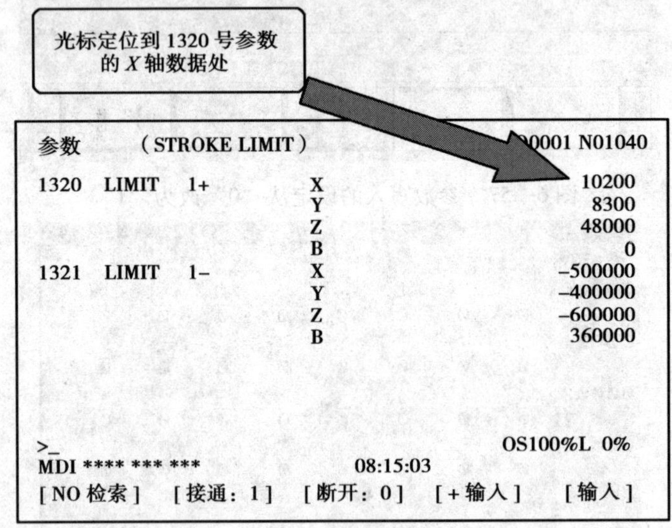

图6—60 将光标移到1320位置

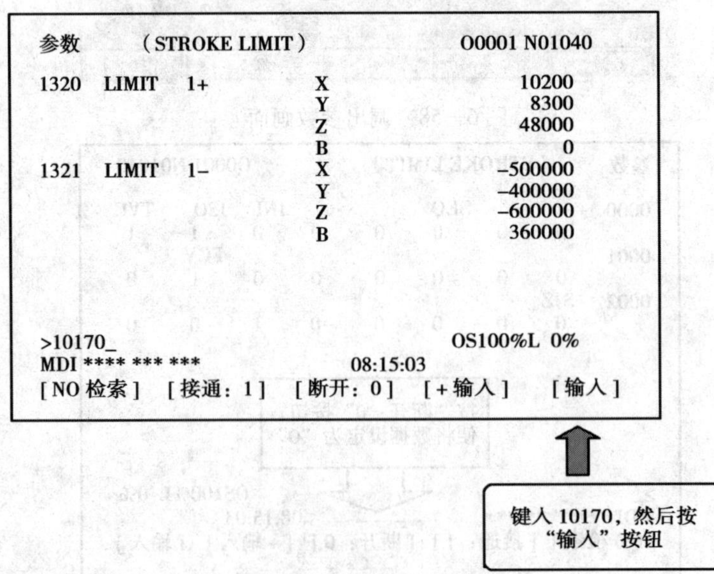

图6—61 输入“10170”按“输入”按钮

```
参数        （STROKE LIMIT）                    O0001 N01040

1320   LIMIT    1+          X                 10200
                            Y                  8300
                            Z                 48000
                            B                     0
1321   LIMIT    1-          X               -500000
                            Y               -400000
                            Z               -600000
                            B                360000

>30_                                        OS100%L  0%
MDI **** *** ***            08:15:03
[NO 检索]   [接通：1]   [断开：0]   [+输入]   [输入]
```

输入“-30”，按“+输入”软键

图 6—62　键入“-30”按“+输入”

有的参数在重新设定完成后，会即时生效。而有的参数在重新设定后，并不能立即生效，而且会出现报警“000 需切断电源”，如图 6—63 所示。此时，说明该参数必须在关闭电源后，重新打开电源方可生效。

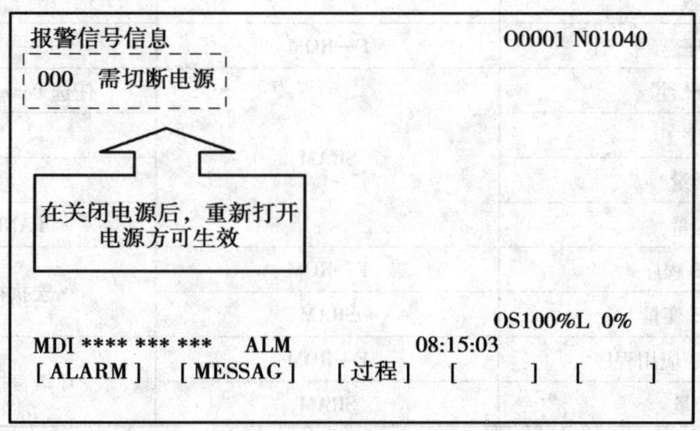

图 6—63　出现“000 需切断电源”报警

在参数设定完成后，最后一步就是将“参数写入”重新设定为“0”，使系统恢复到参数写入为“不可以”的状态，如图 6—57 所示。

第四节　FANUC 数控系统参数的备份与恢复

存储卡除具有进行 DNC 加工及数据备份功能外，FANUC 0i、16/18/21 等系统都支持存储卡通过 BOOT 画面备份数据。常用的存储卡为 CF 卡（Compact Flash），如图 6—64 所示。

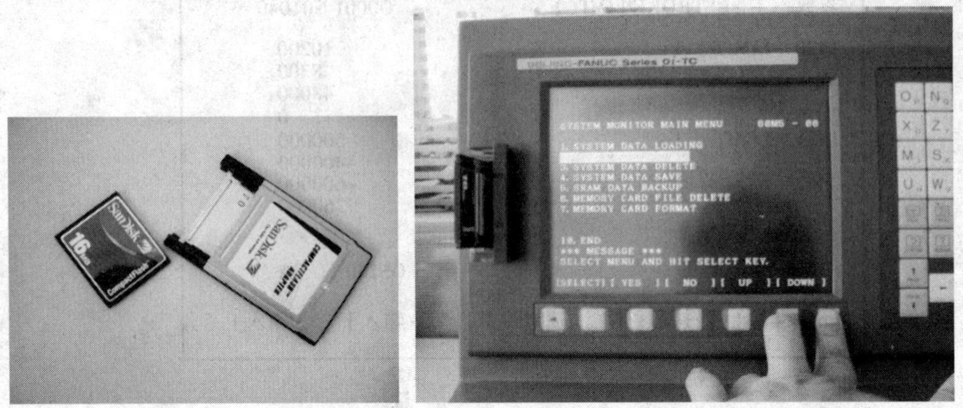

图 6—64　CF 卡

系统数据被分别储存在两个存储区中。F—ROM 中存放系统软件和机床厂家编写的 PMC 程序以及 P—CODE 程序。S—RAM 中存放各种参数、加工程序、宏变量等数据。通过进入 BOOT 画面可以对这两个区的数据进行操作。数据存储区见表 6—4。

表 6—4　数据存储区

数据种类	保存处	备注
CNC 参数	SRAM	
PMC 参数		
顺序程序	F—ROM	
螺距误差补偿量	SRAM	任选 Power Mate i—H 上没有
加工程序		
刀具补偿量		
用户宏变量		FANUC 16i 为任选
宏 P—CODE 程序	F—ROM	宏执行程序（任选）
宏 P—CODE 变量	SRAM	
C 语言执行程序、应用程序	F—ROM	C 语言执行程序（任选）
SRAM 变量	SRAM	

一、基本操作

1．启动

（1）在同时按住右端的按钮（NEXT 键）及左边键的情况下接通电源（见图 6—65）；也可以在按住数字键“6”“7”的同时接通电源，系统出现图 6—66 所示画面。应注意的是，使用按钮启动时，按钮部位的数字不显示。

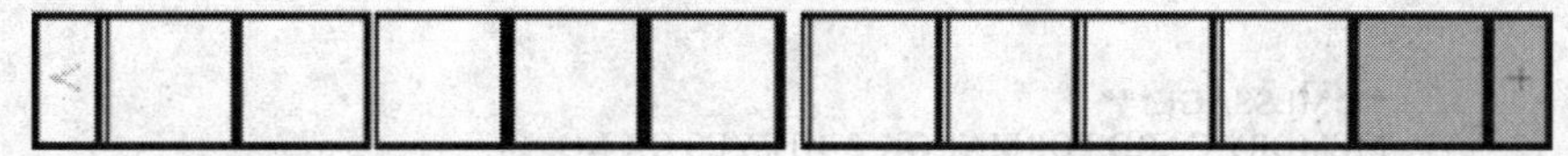

图 6—65　同时按两按钮

```
SYSTEN NONITOR

2. SYSTEM DATA CHECK
3. SYSTEM DATA DELETE
4. SYSTEM DATA SAVE
5. SYSTEM DATA BACKUP
6. SYSTEM DATA FILE DELETE
7. HENORY CARD FORHAT

10.END
***MESSAGE***
SELECT MENU AND HIT SELECT KEY

<1 [SEL 2] [YES 3] [NO 4] [UP 5] [DOWN 6] 7>
```

图 6—66　启动画面

（2）按软键或数字键 1 ~7 可进行不同的操作，其内容见表 6—5，不能把按钮和数字键组合在一起操作。

表 6—5　　**操作表**

软键	数字键	操作
<	1	在画面上不能显示时，返回前一画面
SELECT	2	选择光标位置
YES	3	确认执行
NO	4	确认不执行
UP	5	光标上移
DOWN	6	光标下移
>	7	在画面上不能显示时，移向下一画面

2. 格式化

当存储卡中的内容被破坏时，就需要对储存卡进行格式化。操作步骤如下。

（1）从 SYSTEM MONITOR MAIN MENU 中选择“7. HENORY CARD FORMAT”。

（2）系统显示图 6—67 所示确认画面，应按［YES］键。

```
***MESSAGE***
MEMORY CARD FORMAT OK ? HIT YES OR NO.
```

图 6—67　确认画面

（3）格式化时显示图 6—68 所示信息。

```
*** MESSAGE ***
FORMATTING MEMORY CARD.
```

图 6—68　格式化信息

（4）正常结束时，显示图 6—69 所示信息。此处应按［SELECT］键。

```
*** MESSAGE ***
FORMAT COMPLETE. HIT SELECT KEY.
```

图 6—69　结束信息

二、把 SRAM 的内容存到存储卡（或恢复 SRAM 的内容）

1．SRAM DATA BACKUP 画面显示

（1）启动系统，出现启动画面。

（2）按软键［UP］或［DOWN］，将光标移至“5．SRAM DATA BACKUP”处。

（3）按软键［SELECT］，出现图 6—70 所示的“5．SRAM DATA BACKUP”画面。

```
SRAM DATA BACKUP
[BOARD:MAIN]
1.SRAM BACKUP (SRAM→MEMORY CARD)
2.RESTORE SRAM( MEMORY CARD→SRAM)
 END

SRAM SIZE:1.OMB(BASIC)

*** MESSAGE ***
SELECT MENU AND HIT SELECT KEY

[SELECT] [YES] [NO] [UP] [DOWN]
```

图 6—70　SRAM DATA BACKUP 画面

2．按软键［UP］或［DOWN］选择功能

（1）把数据存到存储卡选择："SRAM BACKUP"。

（2）把数据恢复到 SRAM 选择："RESTORE SRAM"。

3．数据备份/恢复

（1）按按钮［SELECT］。

（2）按按钮［YES］（中止处理按按钮［NO］）。

4．说明

（1）较早的存储卡产品，其容量多为 512KB，SRAM 的数据也是按 512KB 单位进行分割后进行存储/恢复，而较新的存储卡产品，其容量大都在 2G 以上，对于一般的 SRAM 数具就不用进行分割了。

（2）使用绝对脉冲编码器时，将 SRAM 数据恢复后，需要重新设定参考点。

三、使用 M—CARD 分别备份系统数据

1．默认命名

（1）将 20#参数设定为 4，表示通过 M—CARD 进行数据交换（见图 6—71）。

```
参数          (SETTING)                    O0001 N00018

  0020     I/O CHANNEL                              4
  0021                                              0
  0022                                              0
  0023                                              0
  0024                                              0

〉^                                     S       0   T0000
EDIT    ****    ***    ***        17：21：37
〔NO检索〕  〔接通:1〕  〔断开:0〕  〔+输入〕   〔输入〕
```

图 6—71 将 20#参数设定为 4

（2）在编辑方式下选择要传输的相关数据的画面（以参数为例）

1）按下按钮右侧的［OPR］（操作），对数据进行操作（见图 6—72）。

```
EDIT ****  ***  ***       17:13:51
〔 参数 〕〔 诊断 〕〔 PMC 〕〔 系统 〕〔（操 作）〕
```

图 6—72 ［OPR］操作

2）按下右侧的扩展键［?］（见图6—73）。

```
EDIT **** *** ***          17:22:24
(        )( READ  )(PUNCH )(        )(        )
```

图6—73　按右侧的扩展键［?］操作

3）［READ］表示从M—CARD读取数据（见图6—74），［PUNCH］表示把数据备份到M—CARD。

```
EDIT **** *** ***          17:22:39
(        )(        )( ALL   )(        )(NON-0 )
```

图6—74　从M—CARD读取数据

4）［ALL］表示备份全部参数（见图6—75），［NON—0］表示仅备份非零的参数。

```
EDIT **** *** ***          17:22:53
(        )(        )(        )( CAN   )( EXEC )
```

图6—75　备份全部参数

5）执行即可看到［EXECUTE］闪烁，参数保存到M—CAID中。

通过这种方式备份数据，备份的数据以默认的文件名存于M—CARD中。如备份的系统参数默认的文件名为"CNCPARAM"。如将参数100#3 NCR设定为1，可使输出的参数紧凑排列。

2．使用M—CARD分别备份系统数据（自定义名称）

可以通过［ALL IO］画面给备份的数据起自定义的名称。

（1）按下MDI面板上的［SYSTEM］键，然后按下屏幕下方按钮的扩展键［?］，将数次出现图6—76所示画面。

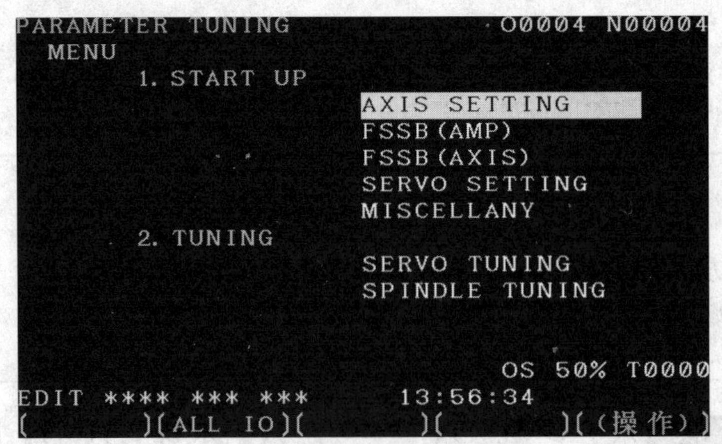

图6—76　按下显示器下面按钮的扩展键［?］显示画面

（2）按下图 6—76 所示的［（操作）］键，出现可备份的数据类型，如图 6—70 所示，以备份参数为例：

1）按下图 6—77 中的［参数］键。

```
READ/PUNCH(PARAMETER)               O0004 N00004
  NO.     FILE NAME               SIZE     DATE
 0001  PD1T256K.000            262272  04-11-15
 0002  HDLAD                   131488  04-11-23
 0003  HDCPY000.BMP            308278  04-11-23
 0004  CNCPARAM.DAT              4086  04-11-22
 0005  MMSSETUP.EXE            985664  04-10-27
 0006  PM-D(P>1.LAD              2727  04-11-15
 0007  PM-D(S>1.LAD              2009  04-11-15

                                    OS 50% T0000
EDIT **** *** ***          13:58:14
( 程式 )( 参数 )( 补正 )(       )((操作))
```

图 6—77　可备份的数据类型

2）按下图 6—77 中的［操作］键，出现图 6—78 所示的可备份的操作类型。

［F READ］为在读取参数时按文件名读取 M—CARD 中的数据。

［N READ］为在读取参数时按文件号读取 M—CARD 中的数据。

［PUNCH］输出参数。

［DELETE］删除 M—CARD 中的数据。

```
READ/PUNCH(PARAMETER)               O0004 N00004
  NO.     FILE NAME               SIZE     DATE
 0001  PD1T256K.000            262272  04-11-15
 0002  HDLAD                   131488  04-11-23
 0003  HDCPY000.BMP            308278  04-11-23
 0004  CNCPARAM.DAT              4086  04-11-22
 0005  MMSSETUP.EXE            985664  04-10-27
 0006  PM-D(P>1.LAD              2727  04-11-15
 0007  PM-D(S>1.LAD              2009  04-11-15

                                    OS 50% T0000
EDIT **** *** ***          13:57:33
(F检索 )(F READ)(N READ)(PUNCH )(DELETE)
```

图 6—78　可备份的操作类型

3）在向 M—CARD 中备份数据时按下图 6—78 所示的［PUNCH］键，出现如图 6—79 所示画面。

```
READ/PUNCH(PARAMETER)              O0004 N00004
  NO.    FILE NAME            SIZE     DATE
 0001 PD1T256K.000          262272 04-11-15
 0002 HDLAD                 131488 04-11-23
 0003 HDCPY000.BMP          308278 04-11-23
 0004 CNCPARAM.DAT            4086 04-11-22
 0005 MMSSETUP.EXE          985664 04-10-27
 0006 PM-D(P>1.LAD            2727 04-11-15
 0007 PM-D(S>1.LAD            2009 04-11-15

PUNCH  FILE NAME=

>HDPRA^                            OS 50% T0000
EDIT **** *** ***       13:59:02
[F名称 ][       ][ STOP ][ CAN  ][ EXEC ]
```

图 6—79　“PUNCH”画面

4）在图 6—80 中输入要传出的参数的名字，例如［HDPRA］，按下［F 名称］即可给定义传出数据的名称，执行即可。

```
READ/PUNCH(PARAMETER)              O0004 N00004
  NO.    FILE NAME            SIZE     DATE
 0001 PD1T256K.000          262272 04-11-15
 0002 HDLAD                 131488 04-11-23
 0003 HDCPY000.BMP          308278 04-11-23
 0004 CNCPARAM.DAT            4086 04-11-22
 0005 HDCPY001.BMP          308278 04-11-23
 0006 HDCPY002.BMP          308278 04-11-23
 0007 MMSSETUP.EXE          985664 04-10-27
 0008 HDCPY003.BMP          308278 04-11-23
 0009 HDPRA                  76024 04-11-23
PUNCH  FILE NAME=

>_                                 OS 50% T0000
EDIT **** *** ***       14:00:03
[F名称 ][       ][ STOP ][ CAN  ][ EXEC ]
```

图 6—80　名称输入画面

通过这种方法备份参数可以给参数起自定义的名字，也可以备份不同机床的多个数据。

3. 备份系统的全部程序

在程序画面备份程序时输入“0—9999”，依次按下［PUNCH］、［EXEC］键可以把全部程序导出到 M—CARD 中（默认文件名 PROGRAM. ALL）。设置 3201#6 NPE 可以把备份的全部程序一次性输入到系统中（见图 6—81）。

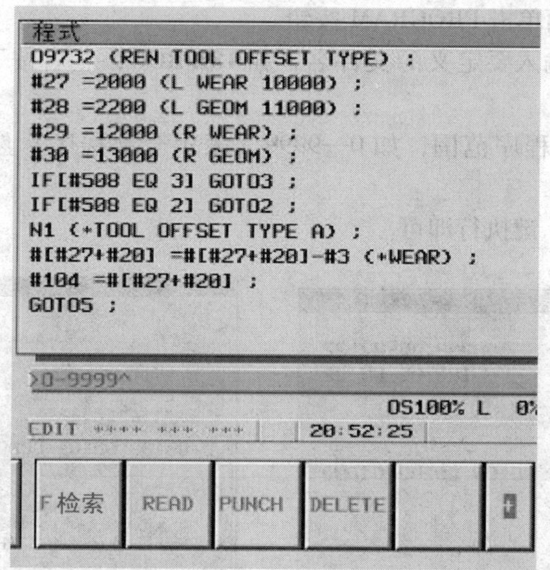

图 6—81 备份全部程序

在此画面选择 10 号文件 PROGRAM. ALL，在程序号处输入“0—9999”可把程序一次性全部传入系统中（见图 6—82）。

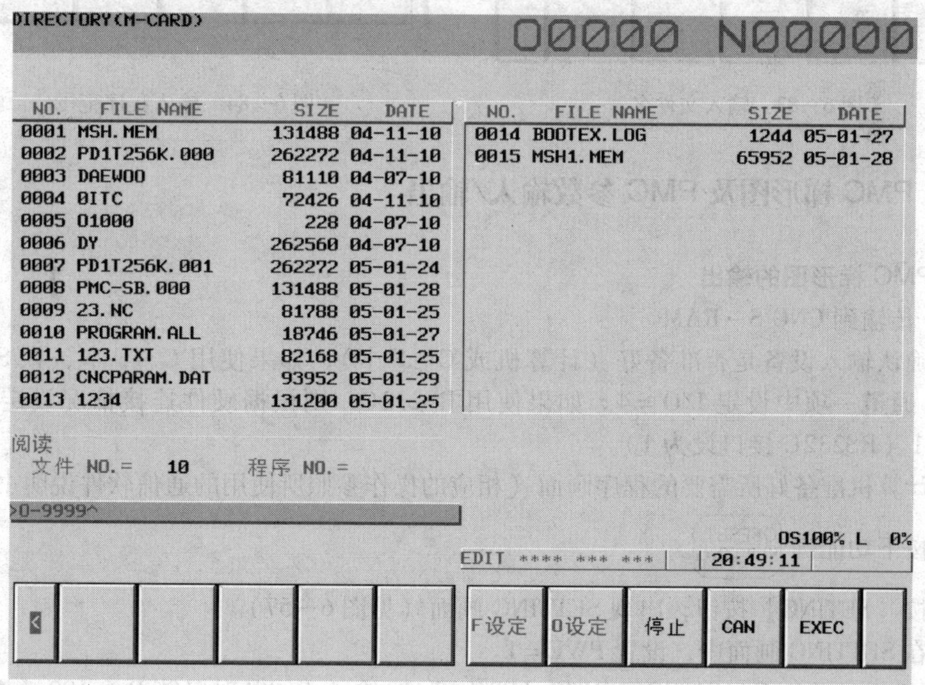

图 6—82 把程序一次性全部传入系统画面

也可给输出的程序自定义名称，其步骤如下：

（1）在 ALL IO 画面单击 PROGRAM 按钮。

（2）选择 PUNCH 输入要定义的文件名，如 18IPROG，然后按下［F 名称］键（见图 6—83）。

（3）输入要传出的程序范围，如 0—9999（表示全部程序）然后按下［O 设定］键（见图 6—84）。

（4）按下［EXEC］键执行即可。

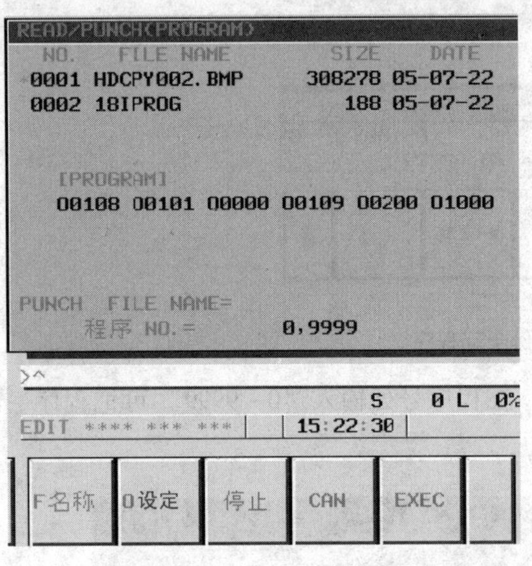

图 6—83 输入文件名

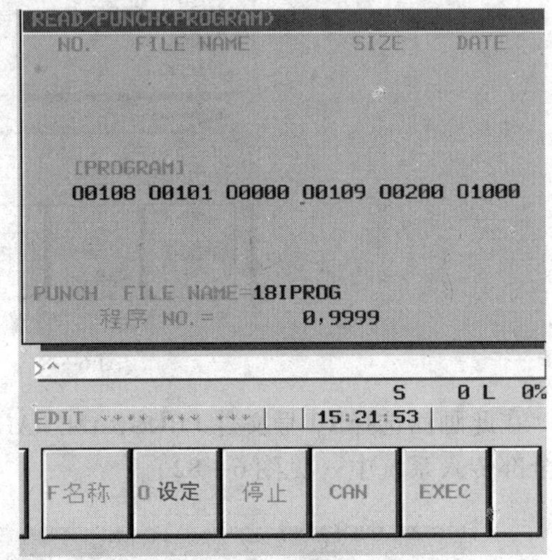

图 6—84 输入程序范围

四、PMC 梯形图及 PMC 参数输入/输出

1. PMC 梯形图的输出

（1）传输到 CNC S－RAM

1）确认输入设备是否准备好（计算机或 C－F 卡），如果使用 C－F 卡，在 SETTING 画面 I/O 通道一项中设定 I/O＝4。如果使用 RS232C，则根据硬件连接情况设定 I/O＝0 或 I/O＝1（RS232C 接口设为 1）。

2）计算机准备好所需要的程序画面（相应的操作参照所使用的通信软件说明书）。

3）按下功能键 OFFSET SETTING。

4）按［SETING］按钮，出现 SETTING 画面（见图 6—57）。

5）在 SETTING 画面中，设置 PWE＝1。

当画面提示“PARAMETER WRITE（PWE）”时输入 1。出现报警 P/S 100（表明参数可写）。

6）按 SYSTEM 键。

7）按  中的［PMC］键，出现图 6—85 所示 PMC 画面。

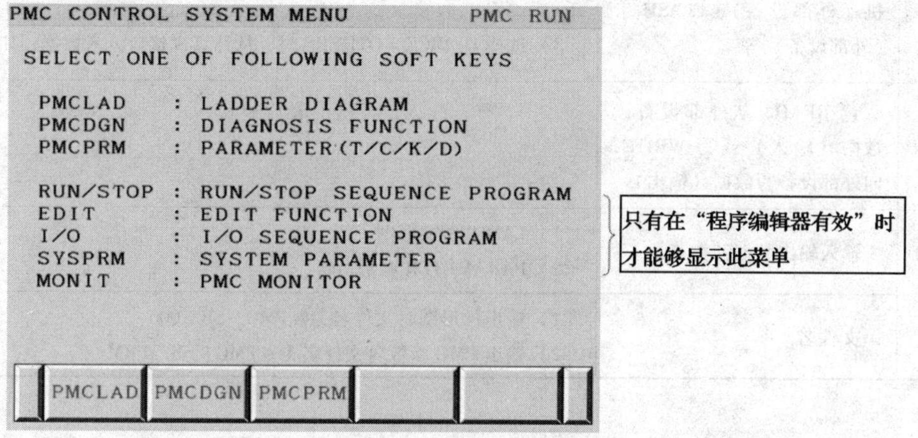

图 6—85 PMC 画面

8）按下最右边的 ▷ 按钮（菜单扩展键）出现图 6—86 所示子菜单。

图 6—86 子菜单

9）按子菜单中的［I/O］键出现图 8—87 所示画面，图 6—87 的说明见表 6—6。

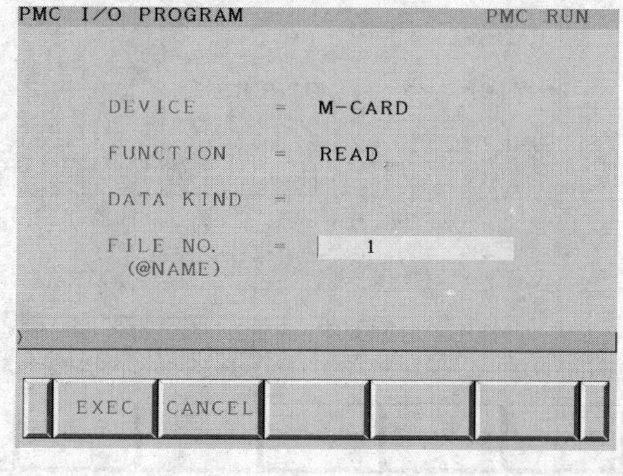

图 6—87 I/O 画面

表 6—6　　　　I/O 画面说明

项目	说明	备注
DEVICE	输入/输出装置，包含 F-ROM（CNC 存储区）、计算机（外部设备）、FLASH 卡（外部设备）等	1）如图 6—88 所示 2）选择 DEVICE = M-CARD 时，从 C-F 卡读入数据，如图 6—87 所示 3）选择 DEVICE = OTHERS 时，从计算机接口读入数据，如图 6—89
FUNCTION	读 READ，从外部设备读数据（输入）或写 WRITE，向外部设备写数据（输出）	
DATA KIND	输入输出数据种类	1）LADDER 梯形图 2）PARAMETER 参数
FILE NO.	文件名	1）输出梯形图时文件名为@ PMC-SB. 000 2）输出 PMC 参数时文件名为@ PMC-SB. PRM

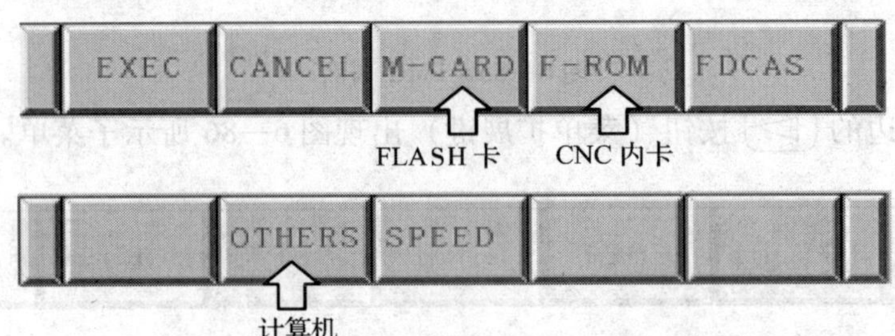

图 6—88　各种 I/O 装置对应操作键

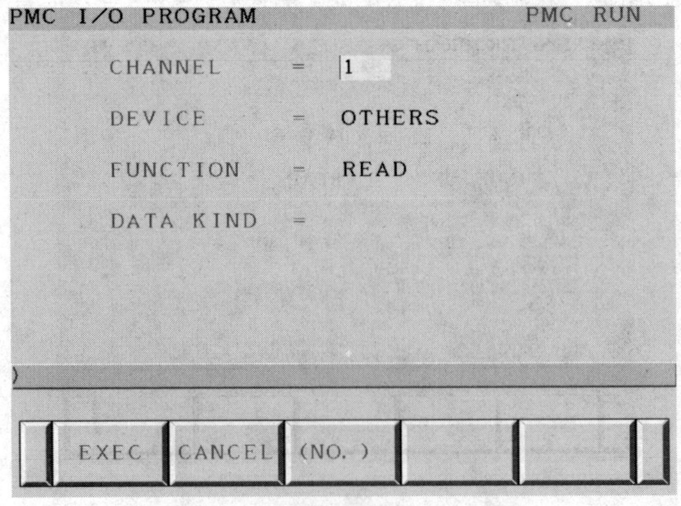

图 6—89　从计算机接口读入数据

10）按“EXEC”按钮，梯形图和PMC参数被传送到CNC S－RAM中。

（2）将S－RAM中的数据写到CNC F－ROM中

1）首先将PMC画面控制参数修改为WRITE TO F－ROM（EDIT）＝1（见图6—90）。

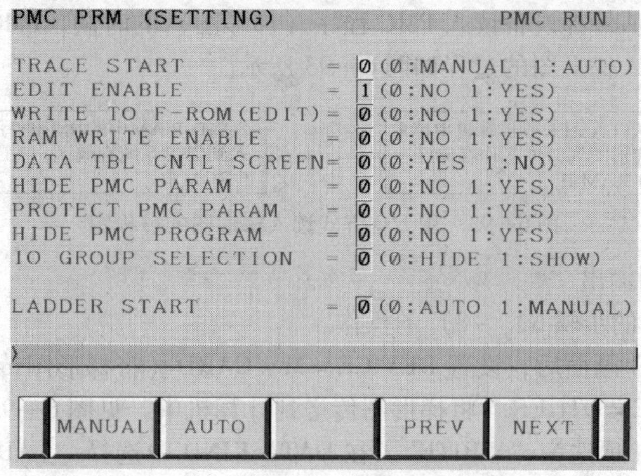

图6—90 修改参数

2）重复（1）中的步骤6）～8）进入图6—91所示界面，并设置DEVICE＝F－ROM（CNC系统内的F－ROM），FUNCTION＝WRITE。

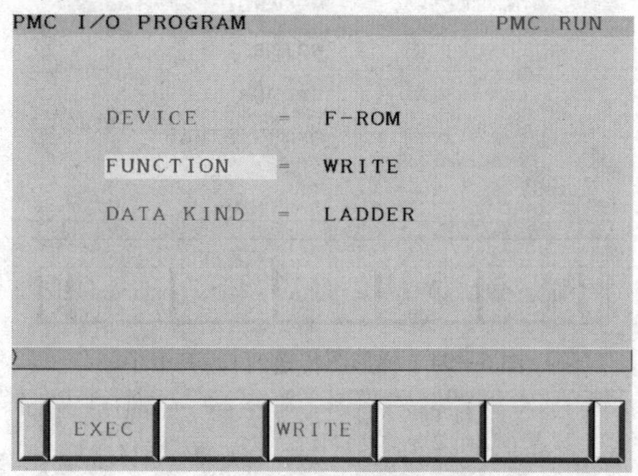

图6—91 设置

3）按执行［EXEC］键，将S－RAM中的梯形图写入F－ROM中。数据正常写入后会出现图6—92所示画面。

图6—92 完成操作

注意：

①如果不执行读入的梯形图（PMC 程序），关闭电源再打开电源后该梯形图会丢失，所以一定要将 S－RAM 中的数据写到 CNC F－ROM 中，将梯形图写入系统的 F－ROM 存储器中。

②按照上述方式从外部设备读入 PMC 程序（梯形图）的时候，PMC 参数也一同读入。

③用 I/O 方式读入梯形图的过程如图 6—93 所示。

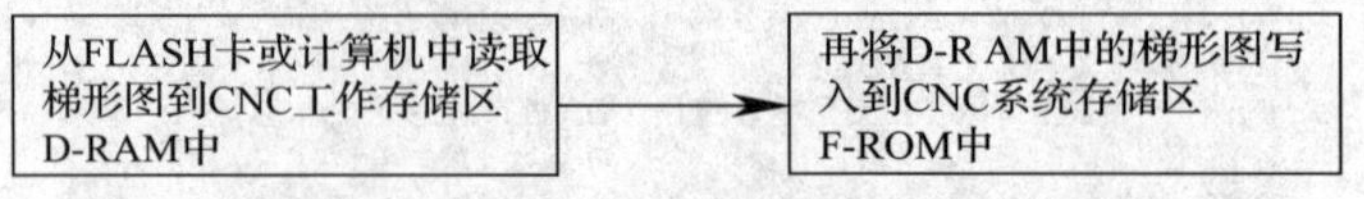

图 6—93　用 I/O 方式读入梯形图的过程图

（3）PMC 梯形图输出

1）执行（1）中的步骤 6）～8）的操作。

2）出现 PMC I/O 画面后，设置 DEVICE＝M－CARD（将梯形图传送到 C－F 卡中，见图 6—94）或 DEVICE＝OTHER（将梯形图传送到计算机中，见图 6—95）。

3）将 FUNCTION 项选为“WRITE”，在 DATA KIND 中选择“LADDER”，如图 6—94、图 6—95 所示。

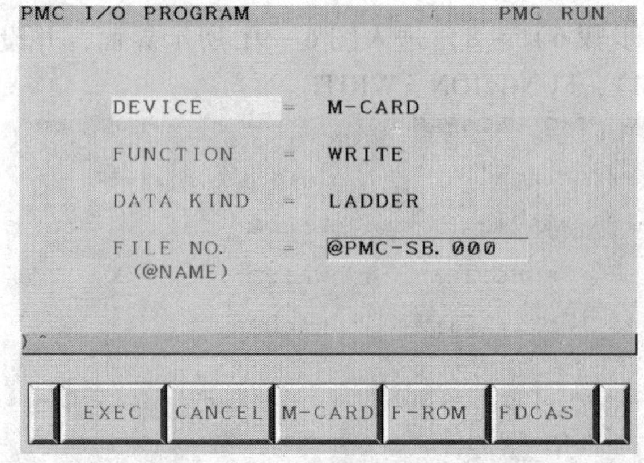

图 6—94　梯形图传送到 C－F 卡中

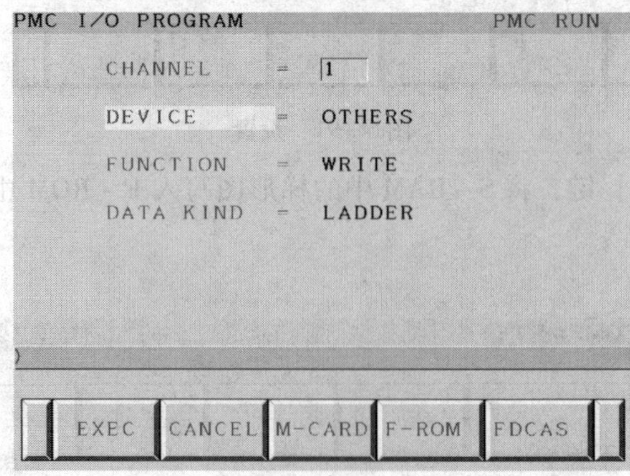

图 6—95　将梯形图传送到计算机中

4）按“EXEC”软键，将 CNC 中的 PMC 程序（梯形图）传送到 C－F 卡或计算机中。

5）正常结束后会出现图 6—92 所示画面。

2. PMC 参数输出

（1）执行（1）中的步骤 6）～8）的操作。

（2）出现 PMC I/O 画面后，设置 DEVICE＝M－CARD（将参数传送到 C－F 卡中，见图 6—96）或 DEVICE＝OTHERS（将参数传送到计算机中，见图 6—97）。

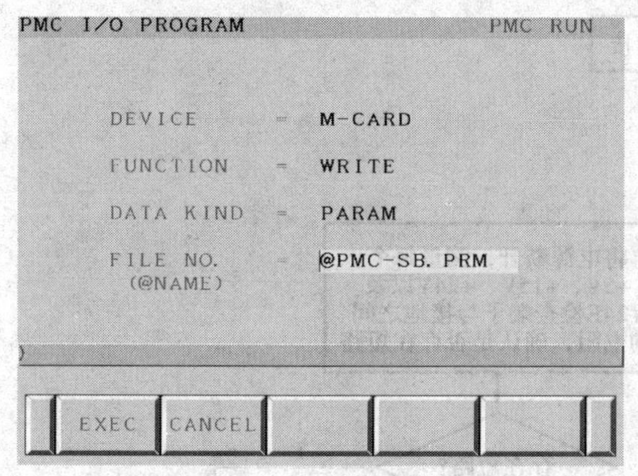

图 6—96 参数传送到 C－F 卡

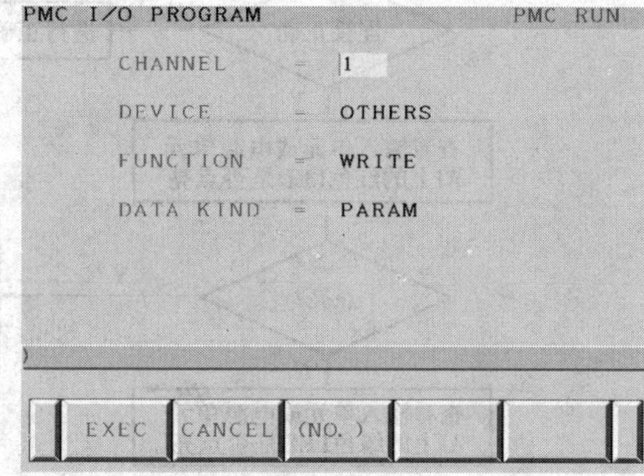

图 6—97 参数传到计算机

（3）将 FUNCTION 项选为“WRITE”，在 DATA KIND 中选择“PARAM”。

（4）按“EXEC”软键，将 CNC 中的 PMC 参数（梯形图）传送到 C－F 卡或计算机中。

（5）正常结束后会出现 6—92 所示画面。

五、从 M—CARD 输入参数

从 M—CARD 输入参数时选择［READ］。使用这种方法再次备份其他机床相同类型的参数时，之前备份的同类型的数据将被覆盖。

第五节 FANUC 数控系统典型故障的排除

一、FANUC 系统的典型故障诊断与维修

1. 系统无显示的故障诊断

系统无显示的故障可以按图 6—98 所示步骤对系统进行检查，其中元件、插头的编号与 FANUC－0 相对应，对于其他 FANUC 系统，可根据实际系统中的编号对照进行检查。

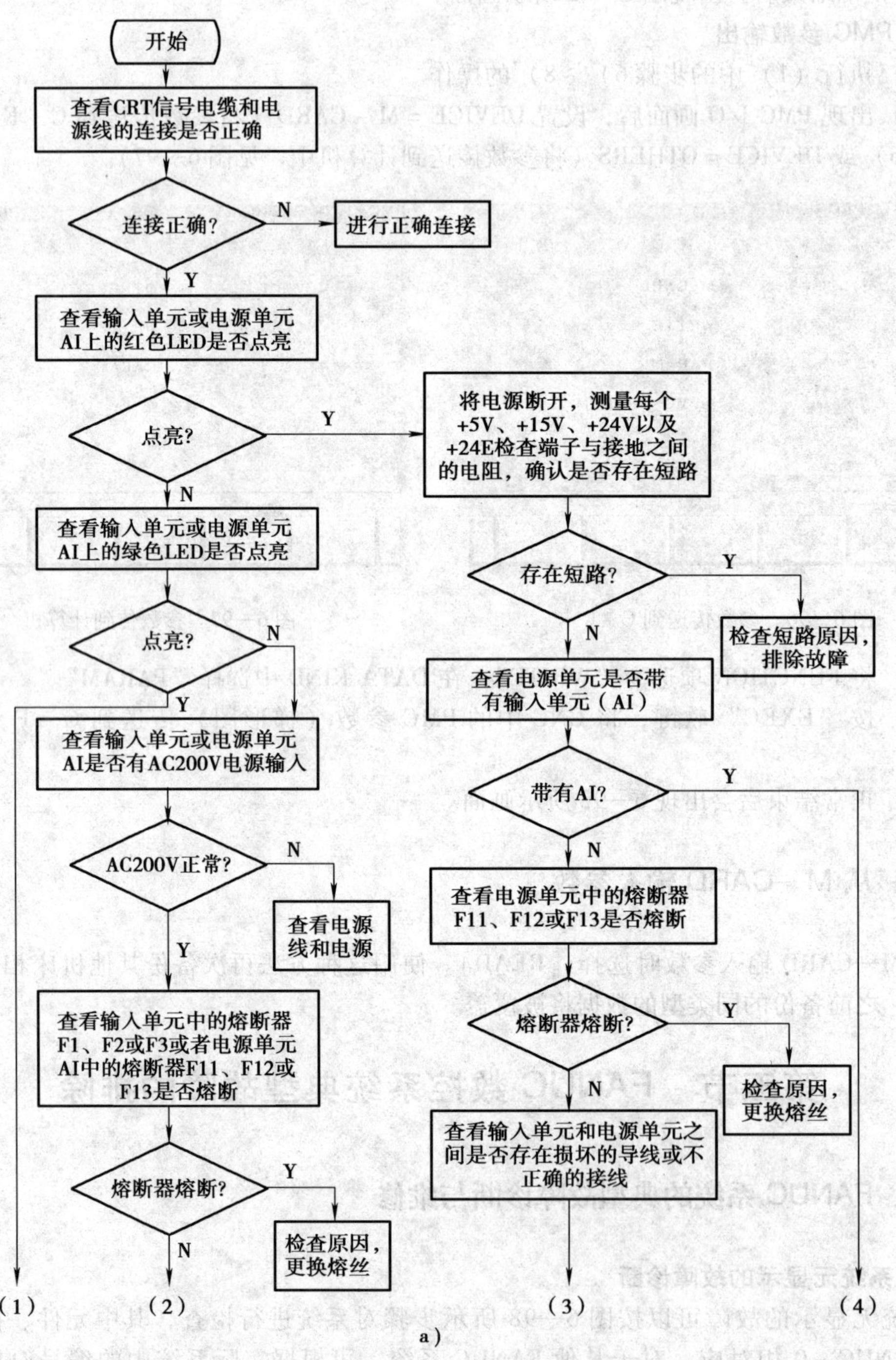
开始
查看CRT信号电缆和电源线的连接是否正确
连接正确?
N
进行正确连接
Y
查看输入单元或电源单元AI上的红色LED是否点亮
点亮?
Y
将电源断开，测量每个+5V、+15V、+24V以及+24E检查端子与接地之间的电阻，确认是否存在短路
N
查看输入单元或电源单元AI上的绿色LED是否点亮
存在短路?
Y
检查短路原因，排除故障
点亮?
N
Y
查看电源单元是否带有输入单元（AI）
查看输入单元或电源单元AI是否有AC200V电源输入
带有AI?
Y
N
AC200V正常?
N
查看电源单元中的熔断器F11、F12或F13是否熔断
查看电源线和电源
Y
熔断器熔断?
Y
查看输入单元中的熔断器F1、F2或F3或者电源单元AI中的熔断器F11、F12或F13是否熔断
N
检查原因，更换熔丝
查看输入单元和电源单元之间是否存在损坏的导线或不正确的接线
熔断器熔断?
Y
N
检查原因，更换熔丝
（1）
（2）
（3）
（4）

a）

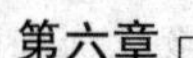

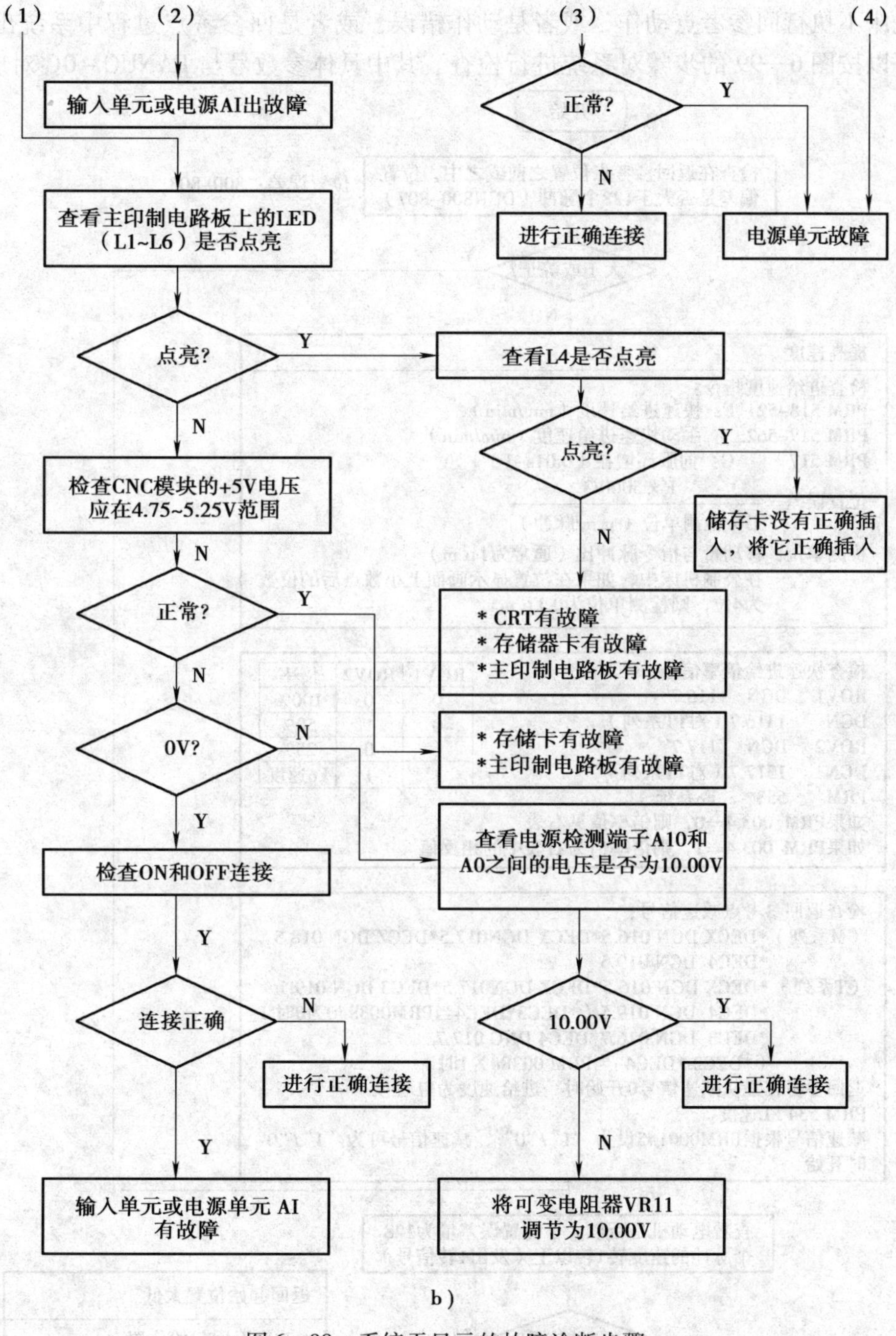

（1）

（2）

输入单元或电源AI出故障

查看主印制电路板上的LED（L1~L6）是否点亮

点亮?

Y → 查看L4是否点亮

点亮? Y → 储存卡没有正确插入，将它正确插入

N → * CRT有故障
* 存储器卡有故障
*主印制电路板有故障

N → 检查CNC模块的+5V电压应在4.75~5.25V范围

N

正常? Y → * 存储卡有故障
*主印制电路板有故障

N

0V? N → 查看电源检测端子A10和A0之间的电压是否为10.00V

10.00V Y → 进行正确连接

N → 将可变电阻器VR11调节为10.00V

Y → 检查ON和OFF连接

Y

连接正确 N → 进行正确连接

Y → 输入单元或电源单元 AI 有故障

（3）

正常? Y → 电源单元故障

N → 进行正确连接

（4）

b）

图 6—98　系统无显示的故障诊断步骤

2. 不能回参考点的故障诊断

(1) 不能回参考点的故障诊断

指机床不执行回参考点动作，或者是动作错误，或者是回参考点过程中系统出现报警。这时，可以按图 6—99 的步骤对系统进行检查。其中具体参数号与 FANUC－0C 对应。

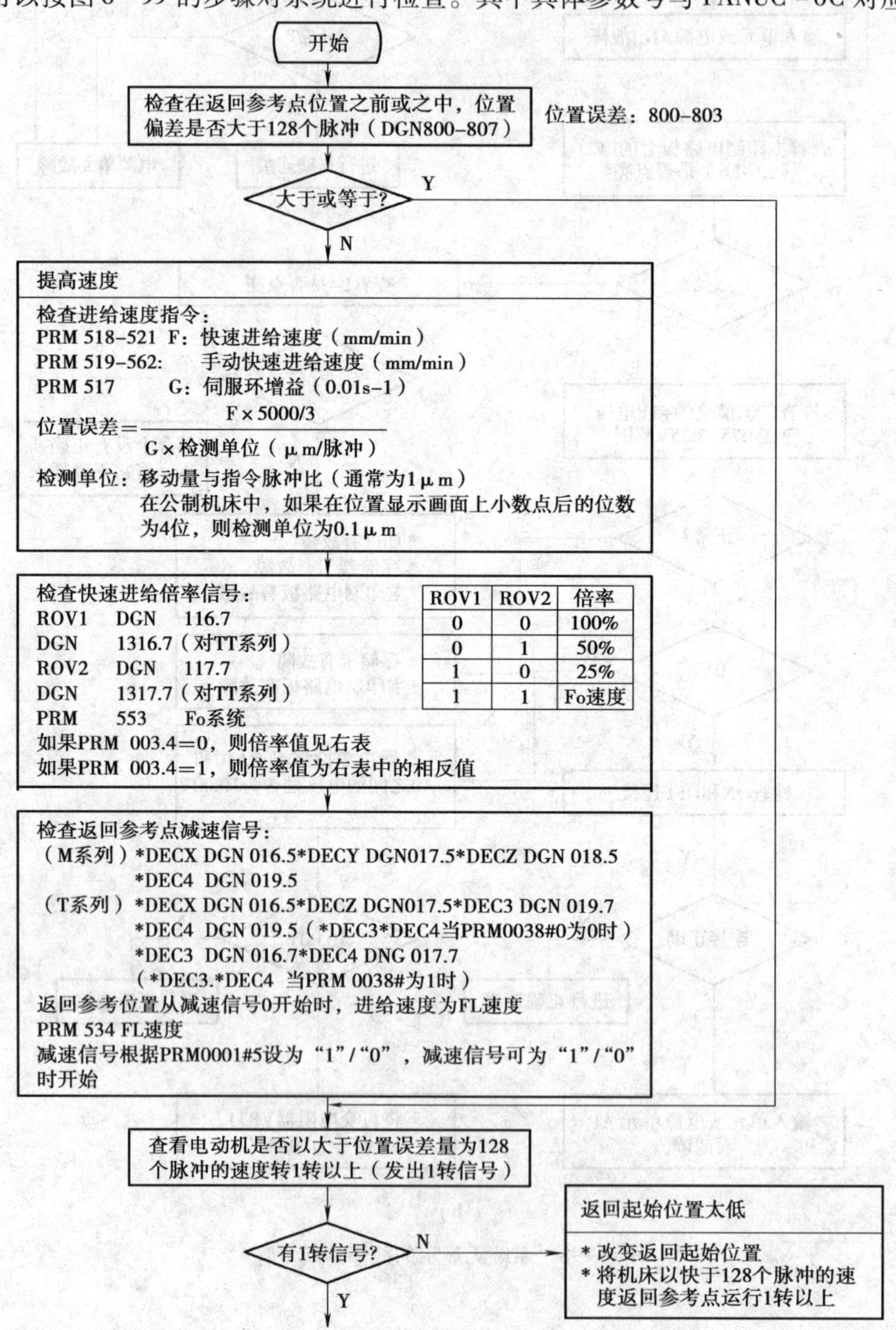

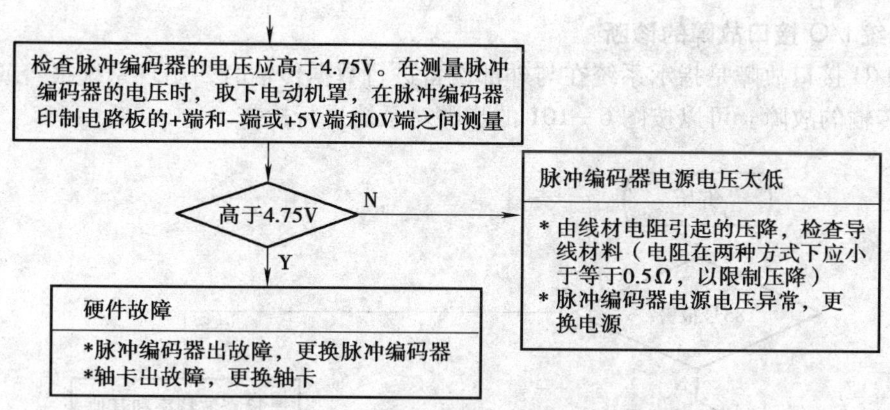

图 6—99　回参考点不能进行的故障诊断步骤

（2）回参考点位置不正确的故障诊断

指机床可以执行回参考点动作，但是参考点定位位置出现错误。这时，可以按图 6—100 的步骤对系统进行检查。

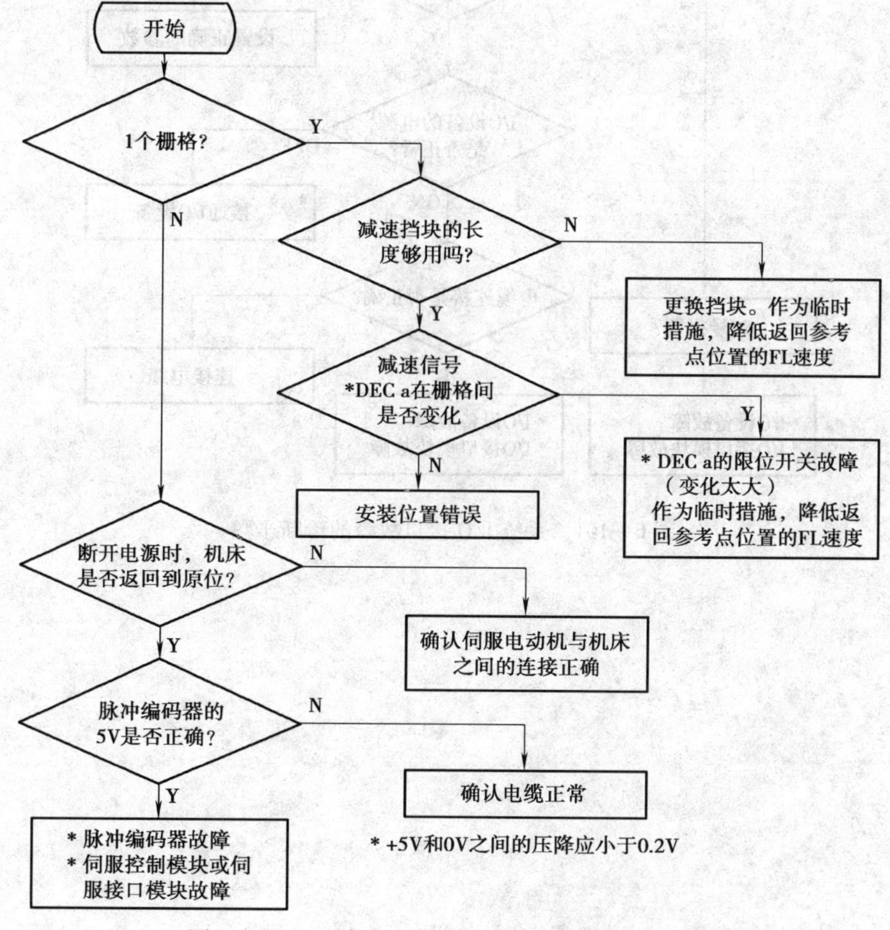

图 6—100　回参考点位置不正确的故障诊断步骤

3．系统 I/O 接口故障的诊断

系统 I/O 接口故障是指示系统在与外部设备进行数据传输时，出现系统报警或数据不能进行正常传输的故障。可以按图 6—101 的步骤对系统进行检查。

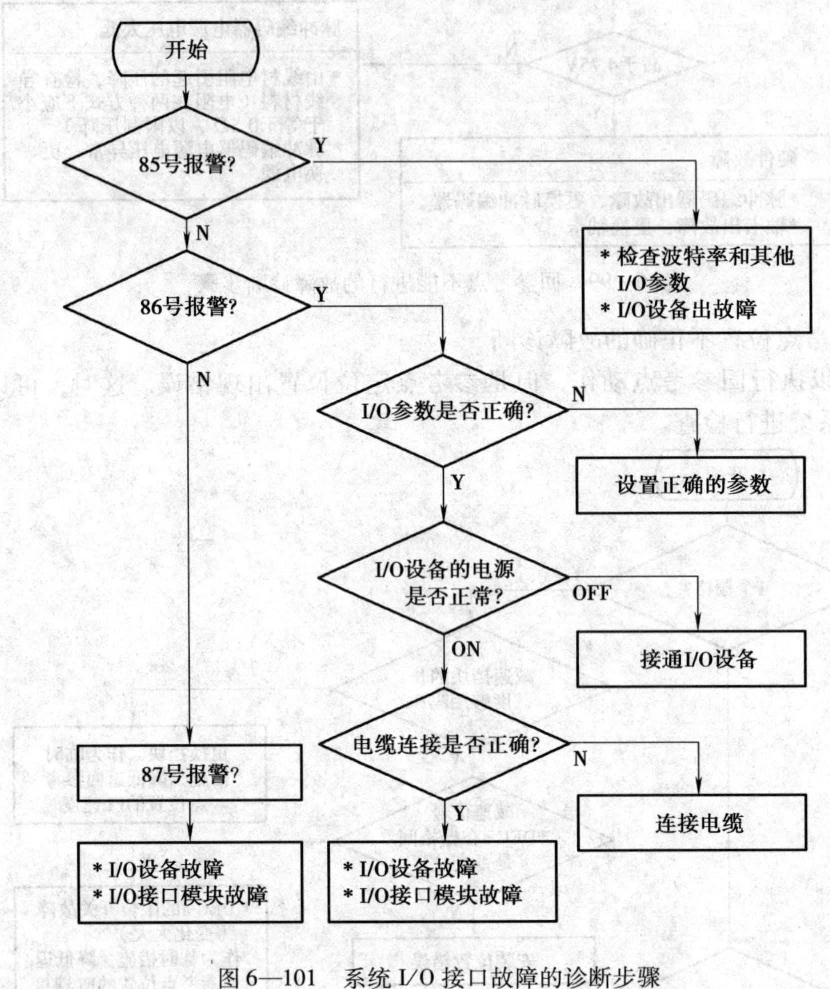

图 6—101　系统 I/O 接口故障的诊断步骤

4. 手动/手摇脉冲发生器或增量进给操作失败的故障（见图 6—102）

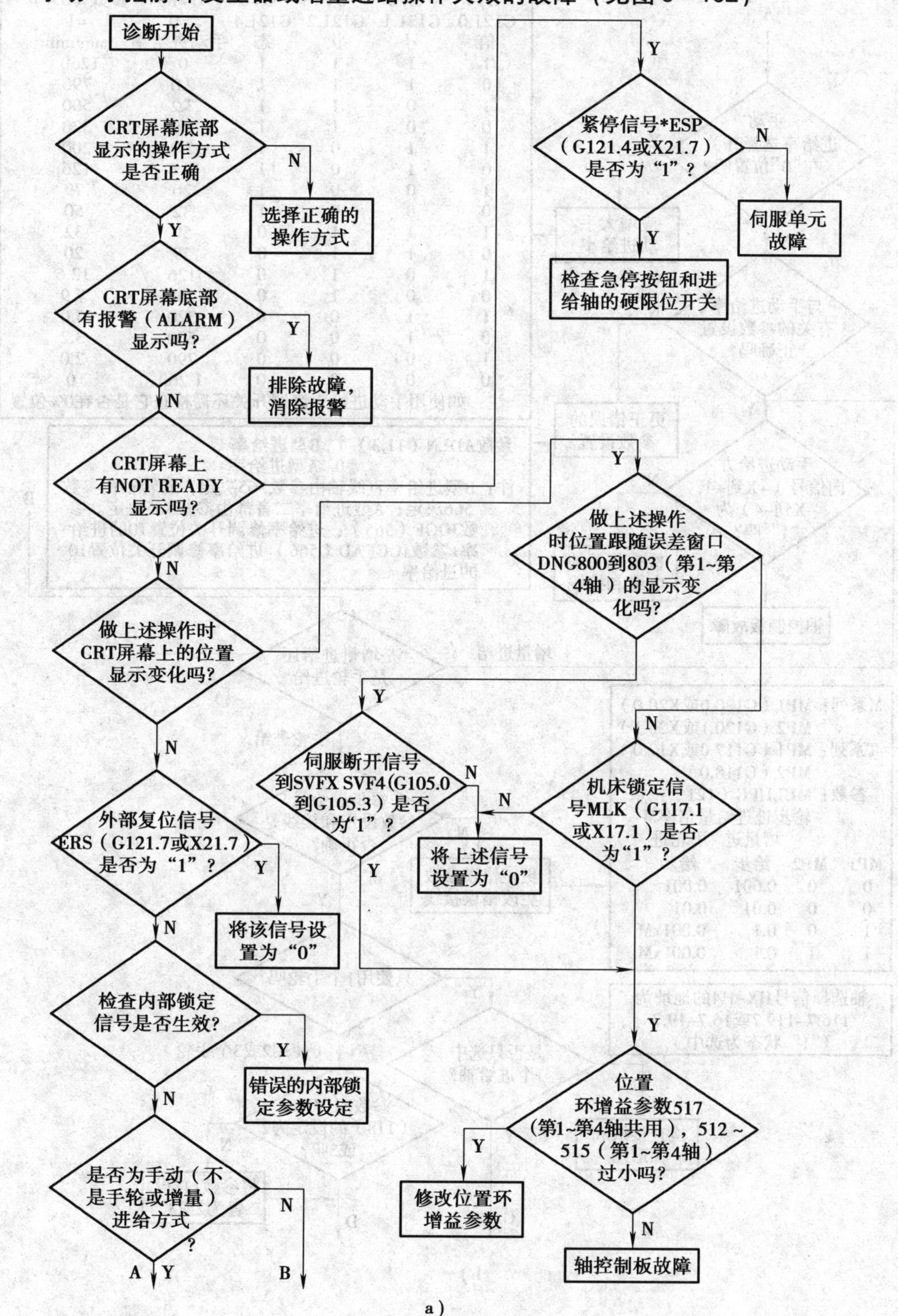

a）

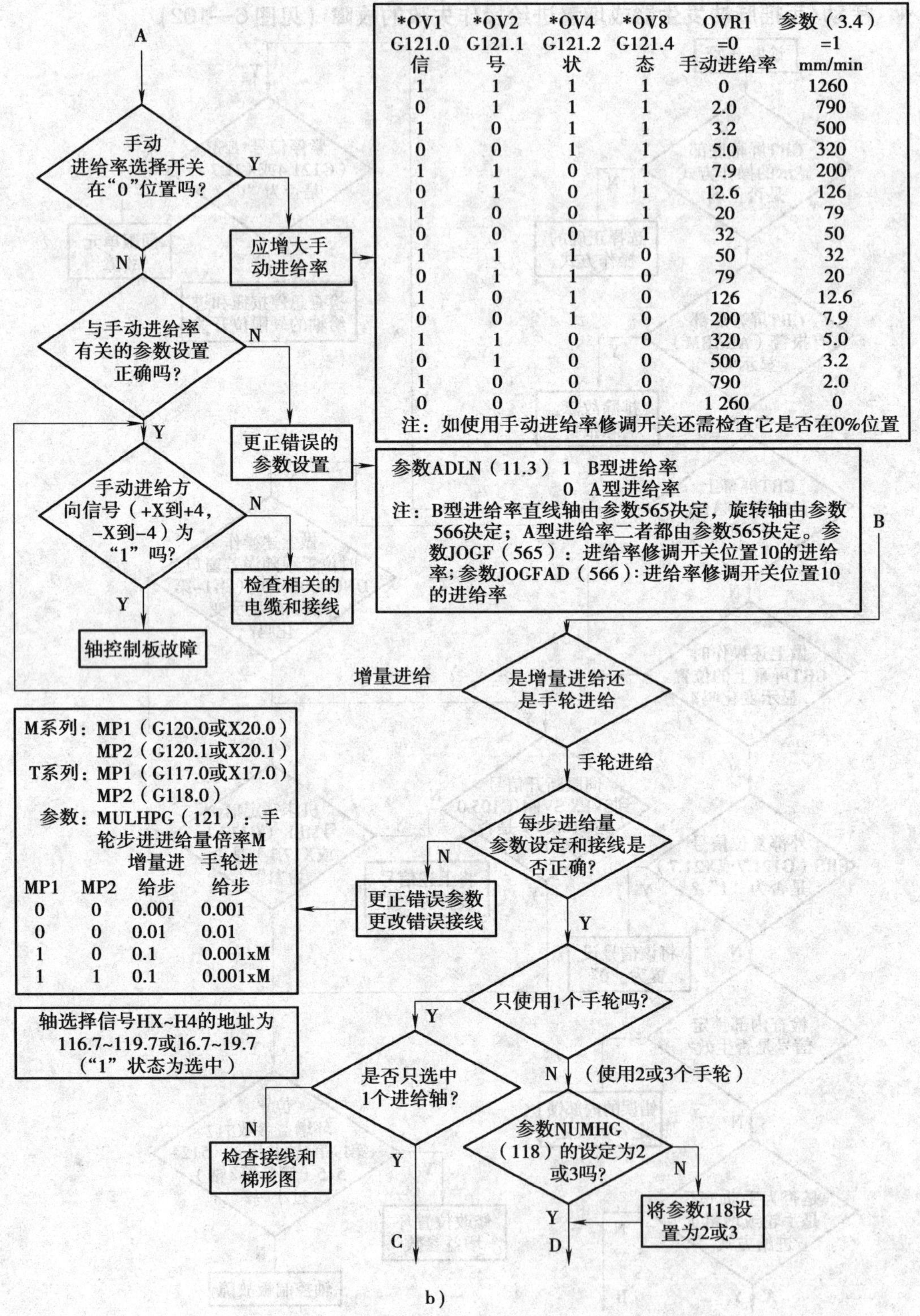
A
手动进给率选择开关在“0”位置吗？
Y
应增大手动进给率
N
与手动进给率有关的参数设置正确吗？
N
更正错误的参数设置
Y
手动进给方向信号（+X到+4，-X到-4）为“1”吗？
N
检查相关的电缆和接线
Y
轴控制板故障
*OV1 G121.0 信
*OV2 G121.1 号
*OV4 G121.2 状
*OV8 G121.4 态
OVR1 =0 手动进给率
参数（3.4）=1 mm/min
1 1 1 1 0 1260
0 1 1 1 2.0 790
1 0 1 1 3.2 500
0 0 1 1 5.0 320
1 1 0 1 7.9 200
0 1 0 1 12.6 126
1 0 0 1 20 79
0 0 0 1 32 50
1 1 1 0 50 32
0 1 1 0 79 20
1 0 1 0 126 12.6
0 0 1 0 200 7.9
1 1 0 0 320 5.0
0 1 0 0 500 3.2
1 0 0 0 790 2.0
0 0 0 0 1 260 0
注：如使用手动进给率修调开关还需检查它是否在0%位置
参数ADLN（11.3） 1 B型进给率
0 A型进给率
注：B型进给率直线轴由参数565决定，旋转轴由参数566决定；A型进给率二者都由参数565决定。参数JOGF（565）：进给率修调开关位置10的进给率；参数JOGFAD（566）：进给率修调开关位置10的进给率
B
增量进给
是增量进给还是手轮进给
手轮进给
每步进给量参数设定和接线是否正确？
N
更正错误参数 更改错误接线
Y
M系列：MP1（G120.0或X20.0）
MP2（G120.1或X20.1）
T系列：MP1（G117.0或X17.0）
MP2（G118.0）
参数：MULHPG（121）：手轮步进进给量倍率M
MP1 MP2 增量进给步 手轮进给步
0 0 0.001 0.001
0 0 0.01 0.01
1 0 0.1 0.001xM
1 1 0.1 0.001xM
轴选择信号HX~H4的地址为116.7~119.7或16.7~19.7（“1”状态为选中）
只使用1个手轮吗？
Y
是否只选中1个进给轴？
N
检查接线和梯形图
Y
C
N （使用2或3个手轮）
参数NUMHG（118）的设定为2或3吗？
N
将参数118设置为2或3
Y
D

b）

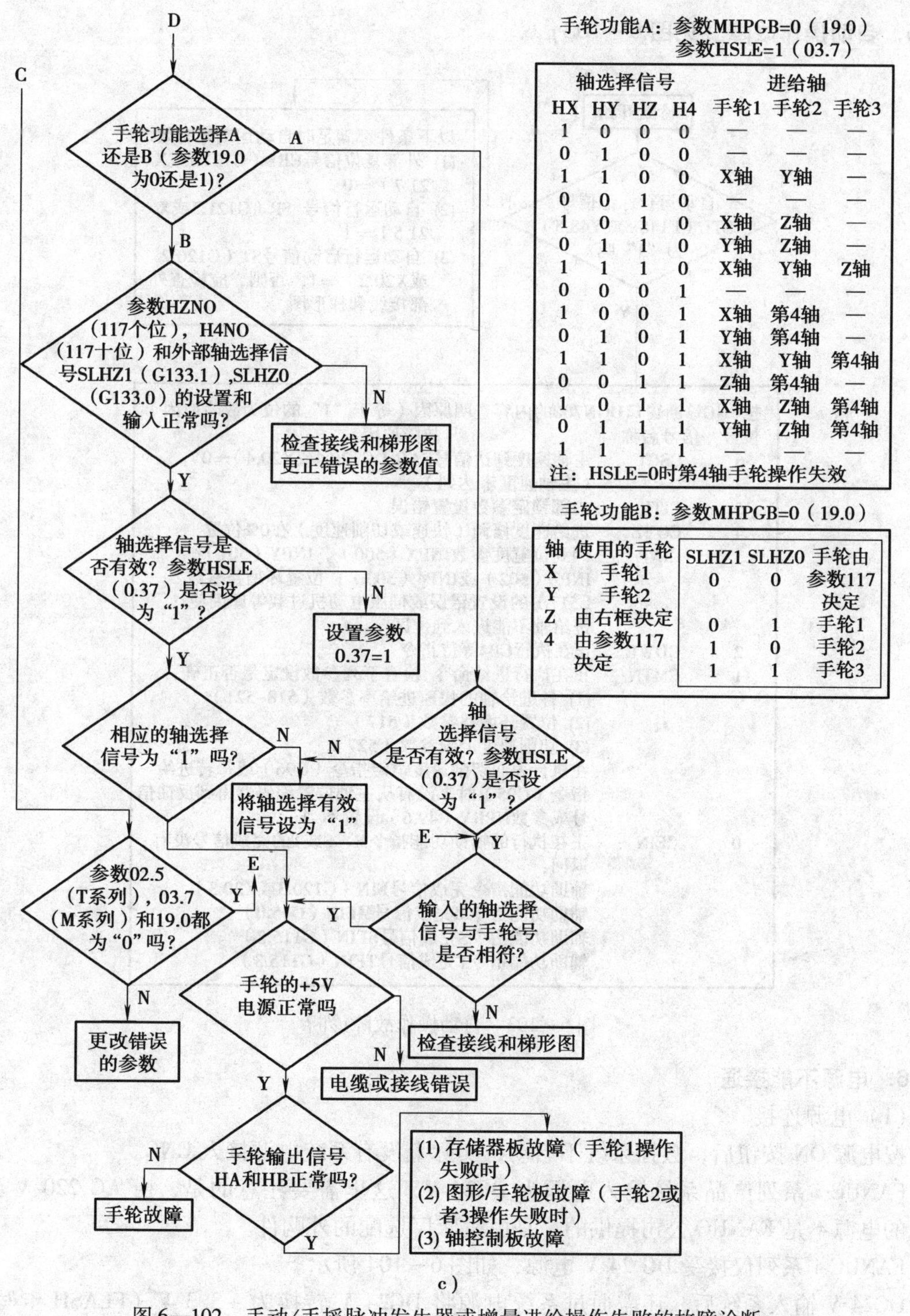

手轮功能A：参数MHPGB=0（19.0）
参数HSLE=1（03.7）

轴选择信号				进给轴		
HX	HY	HZ	H4	手轮1	手轮2	手轮3
1	0	0	0	—	—	—
0	1	0	0	—	—	—
1	1	0	0	X轴	Y轴	—
0	0	1	0	—	—	—
1	0	1	0	X轴	Z轴	—
0	1	1	0	Y轴	Z轴	—
1	1	1	0	X轴	Y轴	Z轴
0	0	0	1	—	—	—
1	0	0	1	X轴	第4轴	—
0	1	0	1	Y轴	第4轴	—
1	1	0	1	X轴	Y轴	第4轴
0	0	1	1	Z轴	第4轴	—
1	0	1	1	X轴	Z轴	第4轴
0	1	1	1	Y轴	Z轴	第4轴
1	1	1	1	—	—	—

注：HSLE=0时第4轴手轮操作失效

手轮功能B：参数MHPGB=0（19.0）

轴	使用的手轮
X	手轮1
Y	手轮2
Z	由右框决定
4	由参数117决定

SLHZ1	SLHZ0	手轮由
0	0	参数117决定
0	1	手轮1
1	0	手轮2
1	1	手轮3

图6—102　手动/手摇脉冲发生器或增量进给操作失败的故障诊断

5. 自动操作故障（见图6—103）

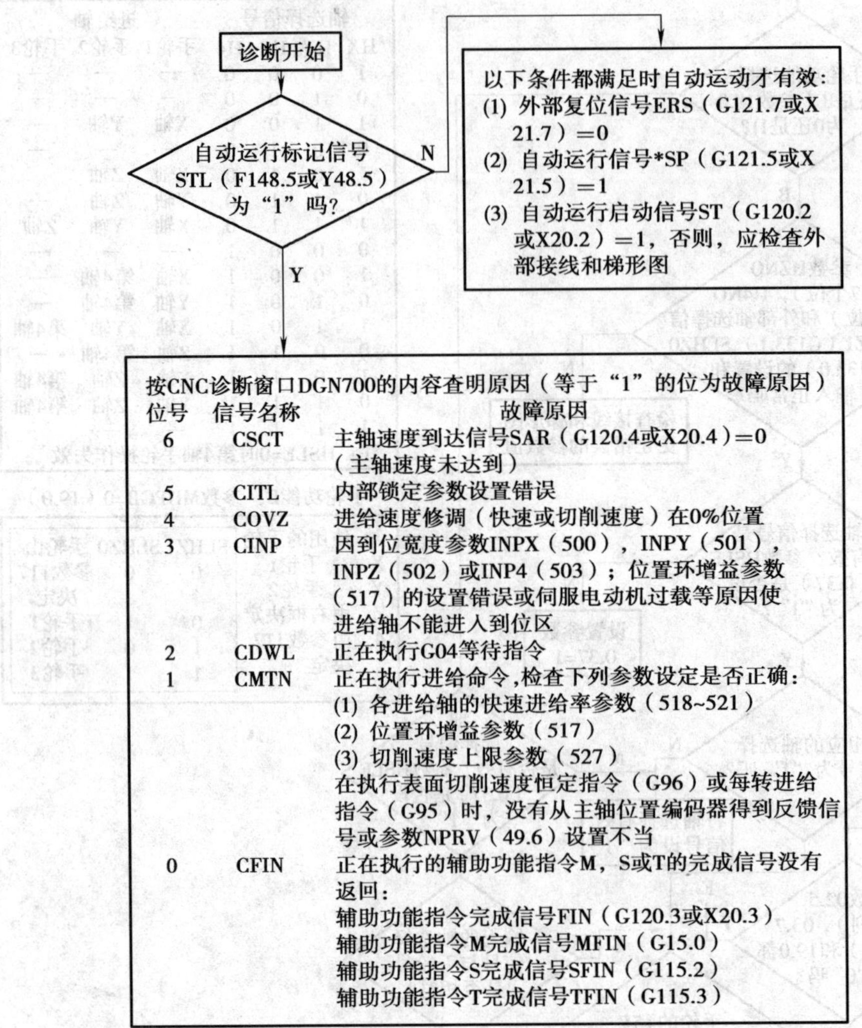

图6—103　自动操作故障诊断

6. 电源不能接通

(1) 电源连接

按电源 ON 按钮后，数控系统不启动，实际上没有系统电源接入 CNC。

FANUC i 系列产品系统输入电源为 DC24 V，这里需要注意的是，由 AC 220 V 到 DC 24 V的电源不是 FANUC 公司提供的，是由机床厂选配的外购件。

FANUC i 系列仅接受 DC 24 V 电源，如图 6—104 所示。

DC24 V 输入系统后，还需通过系统电源将 DC24 V 转换为 +3.3 V（FLASH 卡写入电压）、+5 V（线路板 IC 工作电压）、+／-12 V、+／-15 V，如图 6—105 所示。

在该电源前端有一个快速熔断器，当外部电压过高时立即熔断，保护系统硬件。

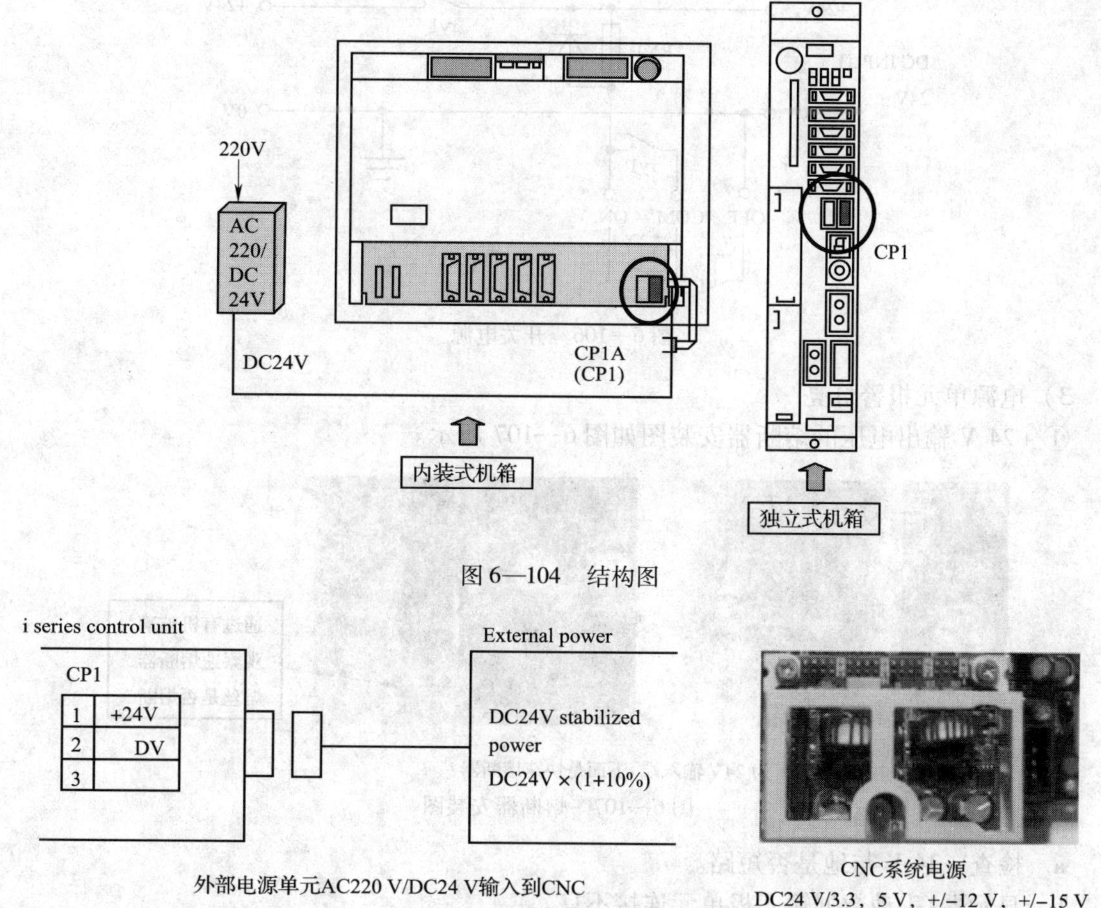

图 6—104 结构图

图 6—105 CNC 系统电源的连接

（2）故障原因

1）当电源打不开时，如果电源指示灯（绿色）不亮，则可能为以下故障：

①电源单元的熔丝熔断，是由输入高电压引起，或者是由于电源单元本身的元器件损坏。

②输入电压低，应检查进入电源单元的电压，电压的允许值为 AC200V ×（1 + 10%）、50 Hz/60 Hz ± 1 Hz；或 AC220 V ×（1 + 10%）、60 Hz ± 1 Hz。

③AC220 V/DC24 V 电源单元不良。

④外部 24 V 短路，电阻过小，引起短路电流过大，电源保护或损坏。

2）电源指示灯亮，报警灯也消失，但打不开电源，故障原因是电源 ON 的条件不满足。FANUC 推荐 ON/OFF 电路如图 6—106 所示。电源 ON 的条件有以下三个：

①电源 ON 按钮闭合后断开。

②电源 OFF 按钮闭合。

③外部报警接点打开。

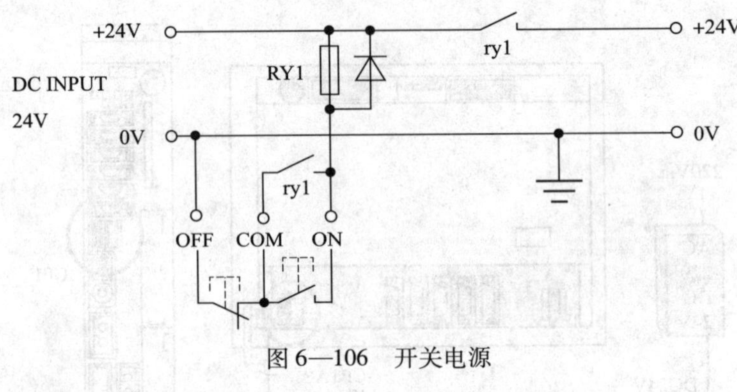

图 6—106　开关电源

3）电源单元报警灯亮

① +24 V 输出电压的熔断器安装图如图 6—107 所示。

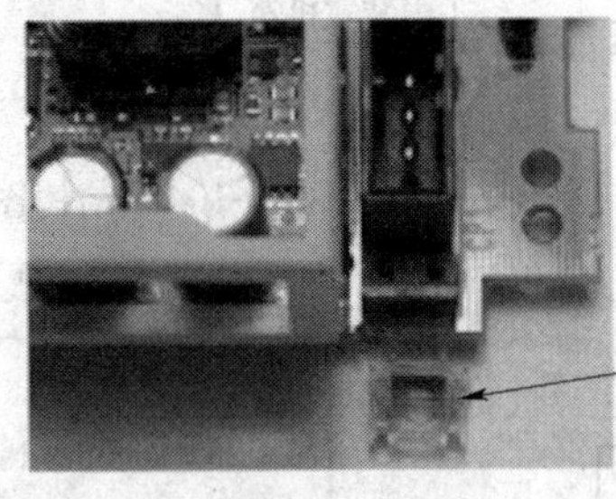

通过有机玻璃观察速熔断器熔丝是否熔断

CP1 为 24V 输入端，下面是快速熔断器

图 6—107　熔断器安装图

a. 检查 +24 V 与地是否短路。

b. 显示器/手动数据输入板单元连接不良。

②电源单元不良

a. 把电源单元所有输出插头拔掉，只留下电源输入线和开关控制线。

b. 把机床整个电源关掉，把电源控制部分整体拔掉。

c. 再开电源，此时如果电源报警灯熄灭，那么可以认为电源单元正常，报警是由于外部负载引起的，而如果电源报警灯仍然亮，则为电源单元损坏。

③ +24E（外部 24 V 电源）的熔丝熔断。+24E 电源是供外部输入/输出信号用的，应检查外部输入/输出回路是否对 0 V 短路，若短路则说明外部输入/输出开关引起 +24E 短路或系统 I/O 板不良。如图6—108所示。

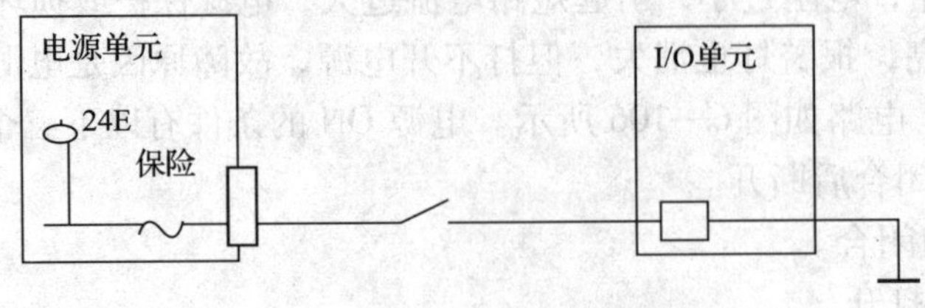

图 6—108　输入/输出回路

④ +5 V 的负荷电压短路。检查方法是把系统所带的 +5 V 电源负荷一个一个地拔掉，每拔一次，必须关电源再开电源。FANUC i 系列 5 V 用电设备如图 6—109 所示。

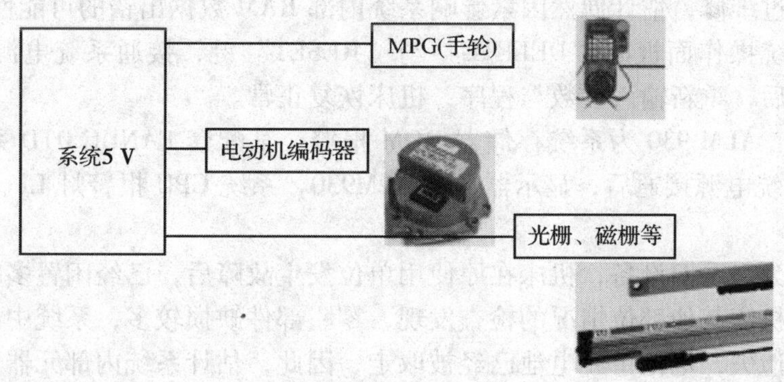

图 6—109　5 V 用电设备

当拔掉任意一个 +5V 电源负载后，电源报警灯熄灭，那么，可以证明该负载及其连接电缆出现故障。

注意：当拔掉电动机编码器的插头时，如果是绝对位置编码器，还需要重新回零，机床才能恢复正常。

⑤系统各印制板有短路。应用万用表测量 +5V，±15V、+24D 与 0V 之间的电阻。必须在电源关断的状态下测量。

a. 把系统各印制板逐个拔下，每拔下一个印制板就打开电源，确认报警灯是否再亮。

b. 如果当某一印制板拔下后，电源报警灯不亮，就证明该印制板有故障，应更换该印制板。

c. 当用计算机与 CNC 系统进行通信作业时，如果 CNC 通信接口烧坏，有时也会使系统电源打不开。

二、故障维修实例

【例 6—3】　某配套 FANUC 0TD 系统的数控车床（二手设备），在完成强电线路维修，更换电源单元电池，系统电源正常后，开机显示器显示乱码。

由于该机床为二手设备，已经长时间没有使用，维修时电池单元的电池已经完全失效，估计系统内部 RAM 数据已经出错。因此，必须对系统 RAM 进行初始化处理。

同时按住系统操作面板的“DELETE”与“RESET”键，接通系统电源，对系统的参数、用户程序存储器进行总清理，系统显示报警页面。继续操作系统面板上的其他功能键，系统页面显示恢复正常。

【例 6—4】　某配套 FANUC 0C 系统的加工中心，系统电源接通后，显示器系统发出 ALM911 报警，显示页面不能正常转换。

FANUC 0 系列系统出现 ALM911 报警的原因是系统 RAM 出现奇偶校验错误，这一报警多发生于系统电池失效或不正确的更换电池之后，但偶尔也有因电池的安装不良，外部干扰，以及电池单元连线碰壳、连接点脱落等因素影响 RAM 数据。由于机床故障前曾经对机床其他电器进行过维修，估计偶然因素影响系统内部 RAM 数据出错的可能性较大。

同时按住系统操作面板的“DELETE”与“RESET”键，接通系统电源，对系统 RAM 进行初始化处理后，重新输入参数与程序，机床恢复正常。

【例 6—5】 ALM 930 为系统存储器 ROM 报警。某配套 FANUC 0TD 系统的数控车床（二手设备），系统电源接通后，显示器显示 ALM930，系统 CPU 报警灯 L1、L2 亮，显示页面不能转换。

由于该机床为二手旧设备，机床在原使用单位发生故障后，已经闲置多时，并经过多次维修与转手。对机床其他部位情况的检查发现，零、部件缺损较多，系统中电源单元的熔断器等部件都已经遗失，电池单元电池已经被取走，因此，估计系统内部元器件已存在缺损。

考虑到系统报警 ALM930 与系统存储器卡有关，维修时对存储器板进行了检查，发现系统内部控制程序 ROM 已经全部被取走。根据系统的主板与存储器板的型号，重新配置系统 ROM 后，系统显示恢复正常。

【例 6—6】 加工中心机床，电源无法正常通电，电源单元红灯亮（电源报警）。

经初步诊断为 24E 短路引起系统无法通电，处理方法为将 I/O 模块逐个摘除进行测试，当摘除到第 1 个输入模块后，电源 24 V 正常，进一步检查该模块上的输入输出点，最终发现 X9.2（*Z* 轴回零减速开关）对地短路，更换开关并整理线路后，故障排除。

第七章

SIEMENS 系统数控机床的装调与维修

第一节　SIEMENS 系统 PLC 的装调与维修

一、PLC 在 SIEMENS 系统数控机床中的应用

1. 切削液控制（COOLING 子程序）

SIEMENS802D 数控系统的冷却控制定义为子程序 44，可以通过操作面板（MCP）的冷却启、停键控制其运行或停止，或通过零件程序中的编程指令 M07（2 号切削液开）/M08（1 号切削液开）和 M09（切削液停止）来控制其运行和停止。当冷却泵电动机过载或冷却液储柜里的冷却液液面过低时，冷却液泵电动机将被禁止运行，并输出报警信息：ERR1 为冷却电动机过载；ERR2 为冷却液液面低。该子程序的局部变量定义如下所述（见图 7—1）。

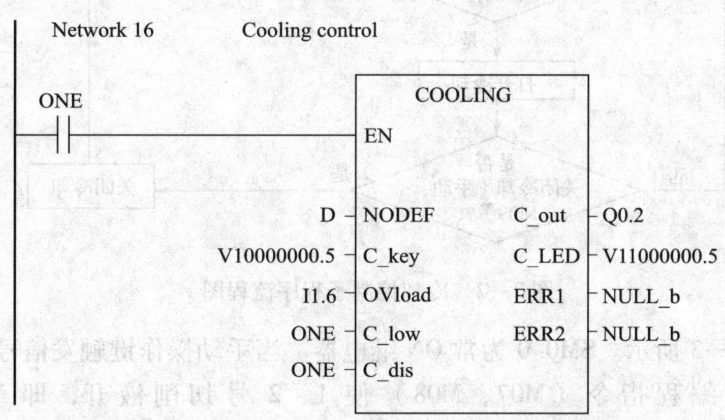

图 7—1　调用冷却控制子程序

输入信号：手动操作键触发信号（C_ key）　L2. 0

冷却电动机过载（OVload）　L2. 1（接有常闭触点）

冷却液面低（C_ low）　L2. 2（接有常闭触点）

冷却禁止（C_ dis）　L2. 3

输出信号：冷却液输出（C_ out）　L2. 4

冷却液输出状态显示（C_ LED）　L2. 5

错误信息：冷却电动机过载（ERR1）　L2. 6

冷却液液位低（ERR2）　L2. 7

占用的全局变量（系统变量）：MB151 作为存储冷却液开关状态的存储器。流程图如图 7—2 所示。

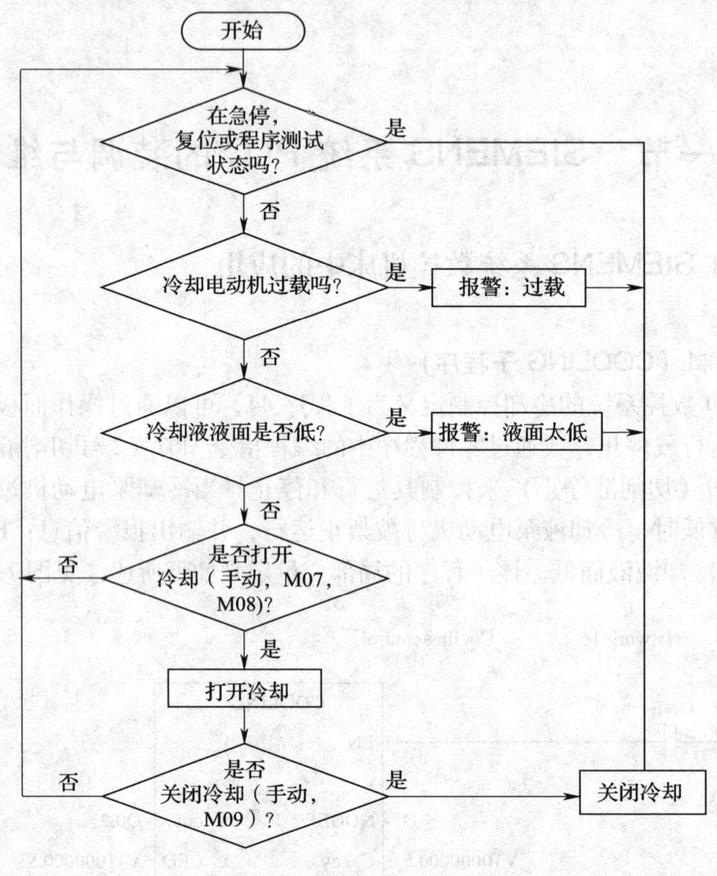

图 7—2　冷却控制子程序流程图

梯形图如图 7—3 所示。SM0. 0 为常 ON 继电器。当手动操作键触发信号（L2. 0）接通，或零件程序中的编程指令（M07、M08）使 1、2 号切削液开，即 V25001000. 7 或 V25001001. 0 接通，则前沿微分指令接通一个扫描周期，使得 M151. 2 置位并保持。在手动操作键（L2. 0）复位后，M151. 0 呈接通状态。因此有网络 3 的 L2. 4、L2. 5 同时接通，冷却液泵电动机开始运转并显示冷却液呈输出状态。当再次按下手动操作键后放松按钮（L2. 0），或零件程序中的编程指令（M09）使切削液停止，则后沿微分指令接通一个扫描周期，使得 M151. 2 复位并保持。所以 M151. 0 也随之复位，网络 3 的 L2. 4、L2. 5 同时断开，冷却液泵电动机停止运转并且冷却液输出状态显示也停止。

冷却液泵电动机在工作过程中，如果有急停响应（V27000000. 1 为接通状态）、系统复位（V30000000. 7 为接通状态）、程序测试有效（V33000001. 7 为接通状态）、电动机过载

（L2. 1 为断开状态）和液位低（L2. 2 为断开状态）时，也会复位 M151. 2 并保持。并且网络 3 的 L2. 6 或 L2. 7 会接通并显示相应的报警信息。

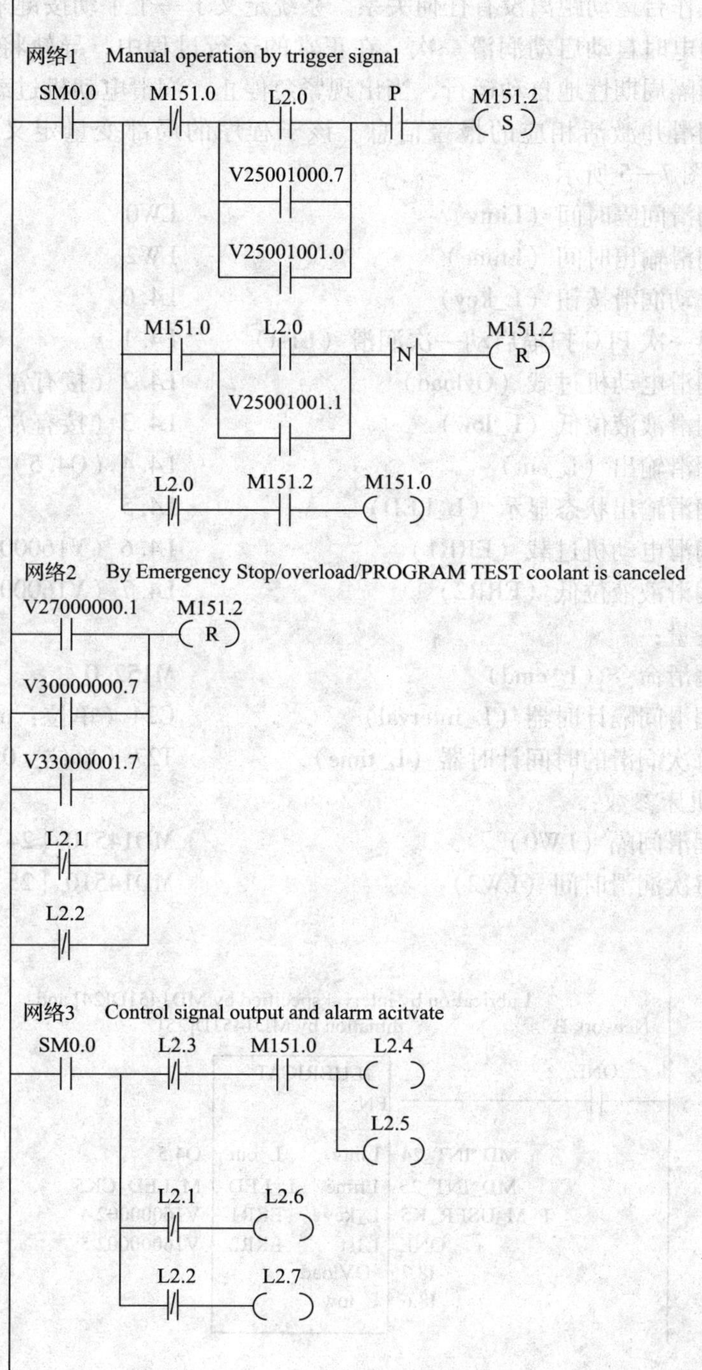

图 7—3 冷却控制子程序

2. 导轨润滑控制（LUBRICATE 子程序）

SIEMENS 802D 数控系统的导轨润滑控制是根据程序给定的时间间隔和给定的润滑时间进行的，与机床工作台运动距离没有任何关系。系统定义了一个手动按键来启动润滑，并且可以在机床每次通电时自动启动润滑一次。在正常的运行过程中，导轨将按照 PLC 控制程序所设定的时间间隔周期性地自动运行，当出现紧急停止、润滑电动机过载或润滑液液位低的情况时，停止润滑并激活相应的报警信息。该子程序的局部变量定义如下所述（见图 7—4）。流程图如图 7—5 所示。

输入信号：润滑间隔时间（Lintv） LW0
润滑输出时间（Ltime） LW2
手动润滑按钮（L_key） L4. 0
第一次 PLC 扫描启动一次润滑（L1st） L4. 1
润滑电动机过载（Ovload） L4. 2（接有常闭触点）
润滑液液位低（L_low） L4. 3（接有常闭触点）

输出信号：润滑输出（L_out） L4. 4（Q4. 5）
润滑输出状态显示（L_LED） L4. 5

错误信息：润滑电动机过载（ERR1） L4. 6（V16000002. 4）
润滑液液位低（ERR2） L4. 7（V16000002. 5）

占用的全局变量：
润滑命令（L_cmd） M152. 0
润滑间隔计时器（L_interval） C24（单位：min）
每次润滑的时间计时器（L_time） T27（单位：0. 01 s）

相关的 PLC 机床参数：
润滑间隔（LW0） MD14510［24］
每次润滑时间（LW2） MD14510［25］

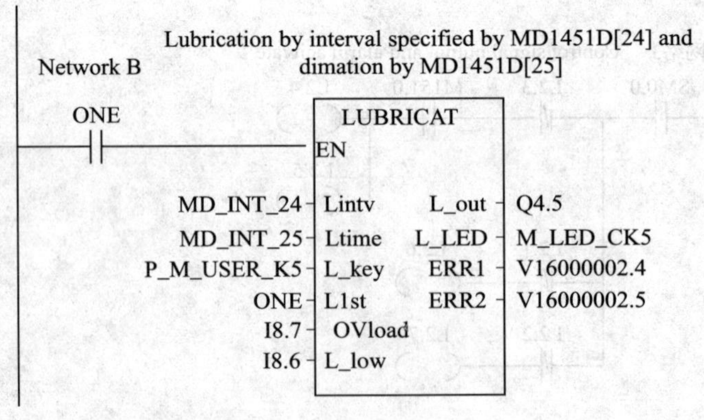

图 7—4　调用导轨润滑控制子程序

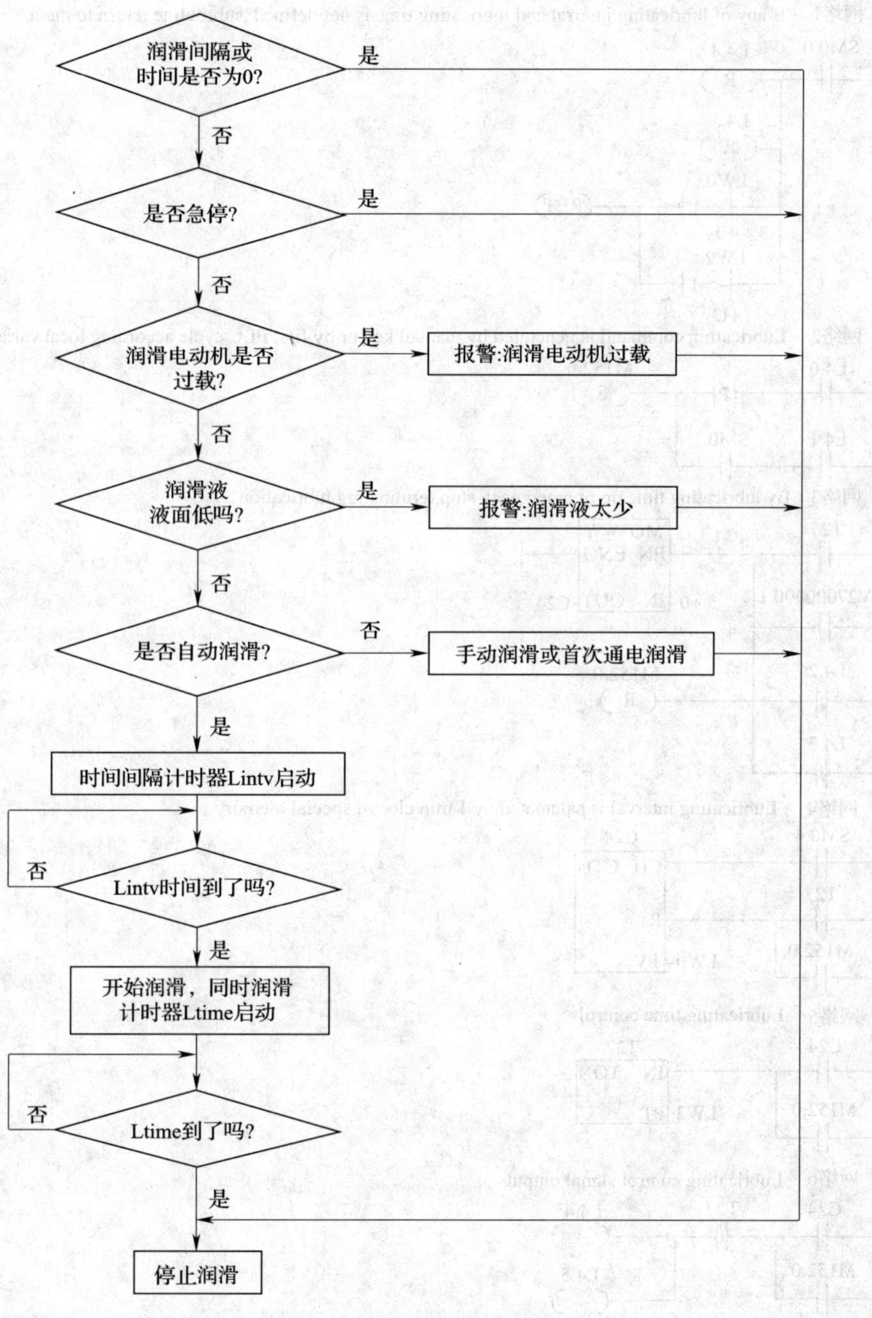

图 7—5　导轨润滑控制流程图

梯形图如图 7—6 所示，SM0. 0 为常 ON 继电器。系统通电后 PLC 的第一个扫描循环首先对 I4. 4、I4. 5 进行复位，即润滑输出和润滑输出状态显示清零。并且判断存储润滑间隔时间和存储润滑工作时间的局部变量寄存器是否赋值，如果已经赋值，即 LW0 和 LW1 里的数据大于零，则继续扫描下面的润滑控制程序；否则返回主程序。

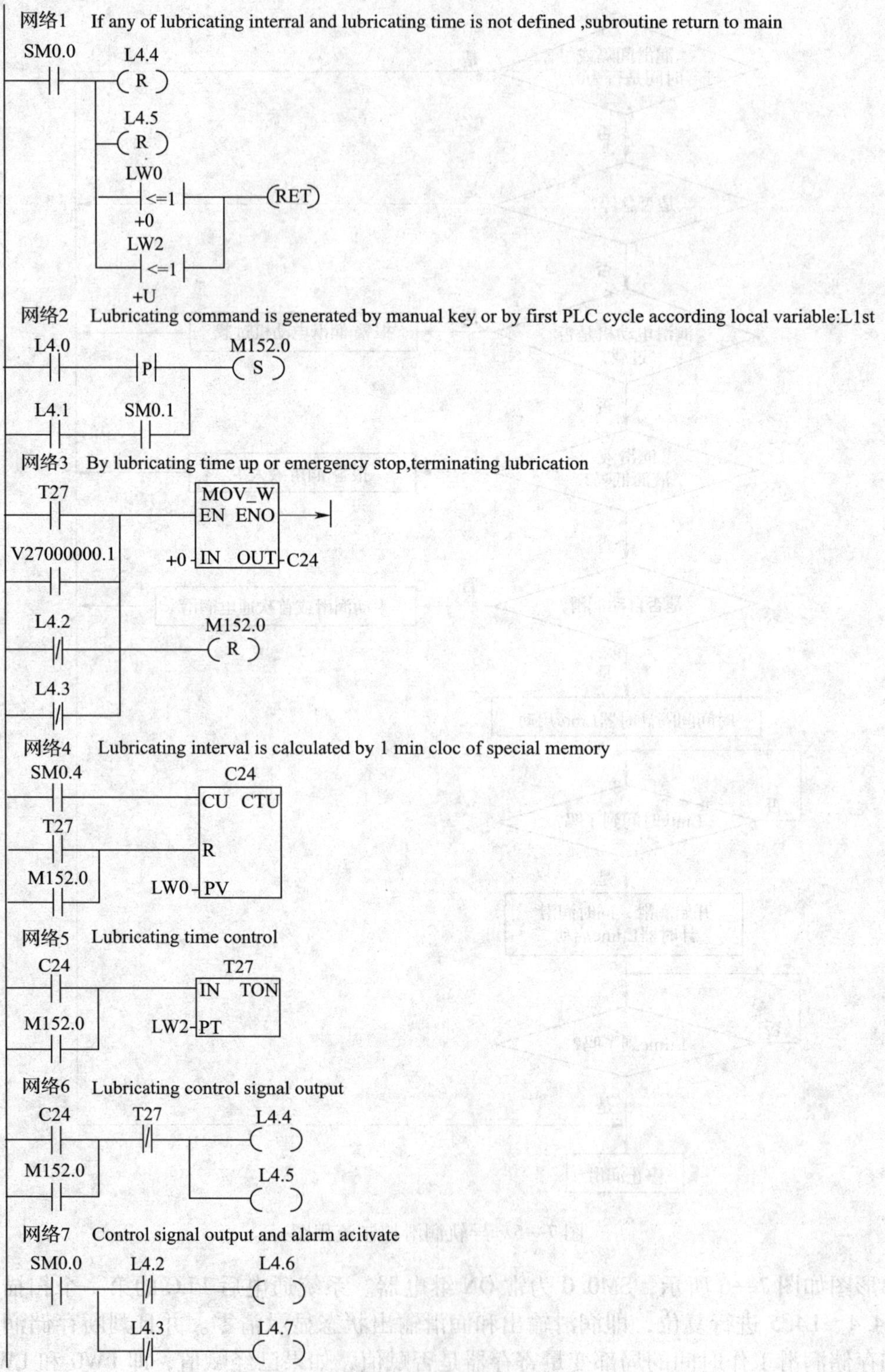

网络1　If any of lubricating interral and lubricating time is not defined ,subroutine return to main

SM0.0　L4.4 (R)　L4.5 (R)　LW0 <=I +0　LW2 <=I +U　(RET)

网络2　Lubricating command is generated by manual key or by first PLC cycle according local variable:L1st

L4.0　P　M152.0 (S)　L4.1　SM0.1

网络3　By lubricating time up or emergency stop,terminating lubrication

T27　MOV_W EN ENO　V27000000.1　+0 IN OUT C24　L4.2　M152.0 (R)　L4.3

网络4　Lubricating interval is calculated by 1 min cloc of special memory

SM0.4　C24 CU CTU　T27　R　M152.0　LW0 PV

网络5　Lubricating time control

C24　T27 IN TON　M152.0　LW2 PT

网络6　Lubricating control signal output

C24　T27　L4.4　M152.0　L4.5

网络7　Control signal output and alarm acitvate

SM0.0　L4.2　L4.6　L4.3　L4.7

图 7—6　导轨润滑控制子程序

当以手按动润滑控制按钮时，L4.0 接通的上升沿会置位润滑命令继电器 M152.0；或者是方式选择使得 L4.1 呈接通状态，而 SM0.1 的状态在 PLC 第一扫描周期呈“1”，以后全为“0”，这样也会在 PLC 第一扫描周期置位 M152.0。M152.0 的接通会使 C24 润滑间隔时间计时器清零，接通润滑输出计时器 T27，且接通 L4.4、L4.5，即接通润滑输出和输出状态显示继电器，导轨开始做通电的第一次润滑。

当润滑输出计时器 T27 计时时间到，其常闭触点断开，切断润滑输出和输出状态指示；其常开触点接通使 M152.0 复位，并且使润滑间隔计时器呈复位状态，C24 常开触点呈断开状态，T27 也随即呈复位状态，其常开触点又断开。则 C24 在 SM0.4 这个 60 s 周期的脉冲继电器的触发作用下开始计数，一直计到 LW2 里的设定值，C24 的常开触点接通，再次启动润滑输出计时器 T27，再次进行润滑输出。如此不断循环下去。

当 V27000000.1 的状态为“1”时，即有紧急停止信号，或者是有润滑电动机过载或润滑油液位低的信号时，复位 M152.0，并且给 C24 赋零值，立即停止润滑。并且如果是润滑电动机过载或润滑油液位低的情况，接通 L4.6 或 L4.7，使得 V16000002.4 或 V16000002.5 的状态为“1”，激活 700020 号或 700021 号报警。

3. 就近换刀方向的判断（TOOL_ DIR 子程序）

TOOL_ DIR 子程序实现的功能就是在给出了刀位总数、编程刀号及当前刀号的条件下，判断出就近换刀的旋转方向及预停刀位。如图 7—7 所示。该子程序的局部变量定义如下（见图 7—8）。

序号	编程刀号	当前刀号	预停位置	方向
	LD4	LD8	LD12(LD36)	
1	2	10	1	正
2	6	10	7	反
3	10	2	11	反
4	6	2	5	正
5	3	6	4	反
6	11	6	10	正

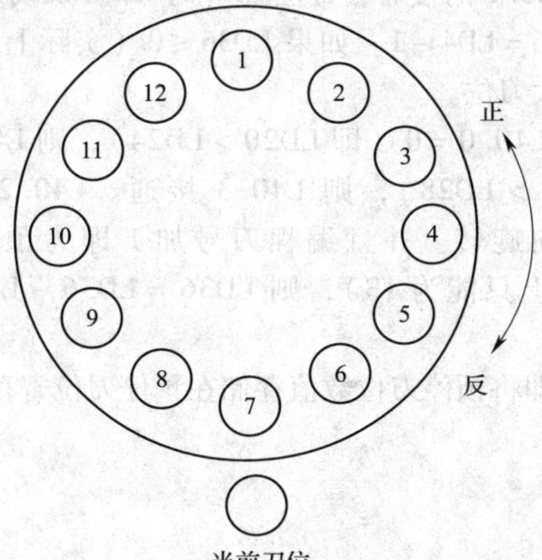

图 7—7　就近换刀方向的判断示意图

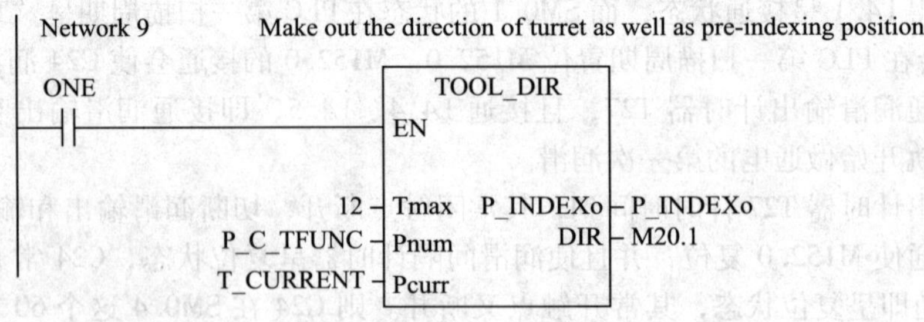

图 7—8　调用就近换刀方向的判断控制子程序

输入信号：	刀位总数（Tmax）	LD0
	编程刀号（Pnum）	LD4
	当前刀位（Tcurr）	LD8
输出信号：	预停刀位（P_ INDX0）	LD12（在就近找刀方向上，目标到位的前一个刀位）
	换刀方向（DIR）	L16.0（“1”正向 CW；“0”反向 CCW）

梯形图如图 7—9 所示。SM0.0 为常 ON 继电器，LD0 = 12，即最大刀位数为 12。对其进行右移一位操作，使得 LD24 = 6；LD28 = LD24 - LD0 = -6；LD32 = LD0 + 1 = 13；LD12 = 0。当编程刀号（LD4 里的值）大于等于 LD32 的值 13 时，则编程刀号超出范围，返回主程序。

SM0.0 为常 ON 继电器，LD20 = LD4 - LD8，即 LD20 为编程刀号与当前刀号的差值，如果该差值为 0，即当前刀号就是编程刀号，那么不需要旋转，返回主程序。

如果 LD20≥0，并且 LD20≤LD24，则 L40.0 接通；或者 LD20≤0，并且 LD20≤LD28，则 L40.1 接通。L40.0 或 L40.1 的接通会置位 L16.0，即刀架或刀库正向旋转。并且编程刀号减 1 即为预停刀位，LD36 = LD4 - 1。如果 LD36≤0（实际上只能为 0），则 LD36 = 12 + LD36，即预停刀位就是最大刀位。

如果 LD20≥0，并且 L40.0 = 0（即 LD20 > LD24），则 L40.2 接通；或者LD20≤0，并且 L40.1 = 0（即 LD20 > LD28），则 L40.3 接通。L40.2 或 L40.3 的接通会复位 L16.0，即刀架或刀库反向旋转。并且编程刀号加 1 即为预停刀位，LD36 = LD4 + 1。如果 LD36≥LD32（实际上只能为 13），则 LD36 = LD36 - LD0，即预停刀位就是最小刀位。

最后，LD12 = LD36，即将预停刀位数值存储在预停刀位寄存器 LD12 中。

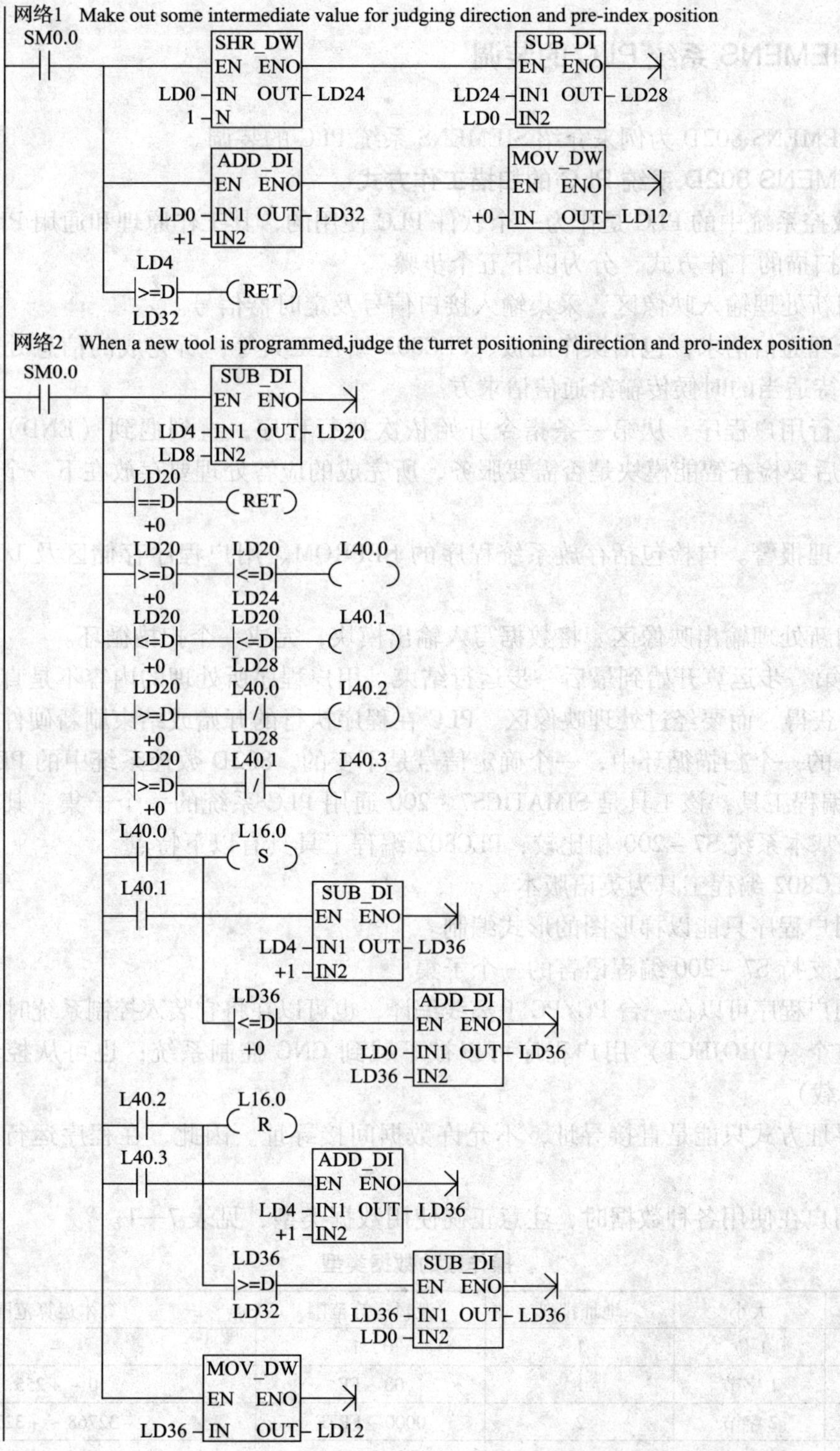

网络1 Make out some intermediate value for judging direction and pre-index position

网络2 When a new tool is programmed,judge the turret positioning direction and pro-index position

图 7—9 就近换刀方向的判断控制子程序

二、SIEMENS 系统 PLC 的装调

现以 SIEMENS 802D 为例来介绍 SIEMENS 系统 PLC 的装调。

1. SIEMENS 802D 系统 PLC 的扫描工作方式

802D 数控系统中的 PLC 是作为一个软件 PLC 使用的，其工作原理和通用 PLC 相同，也是采用循环扫描的工作方式，分为以下五个步骤。

（1）刷新处理输入映像区，采集输入接口信号及定时器信号。

（2）处理通信请求，包括操作面板、PLC802 编程工具等；所完成的信息处理应答信息存储起来等待适当的时候传输给通信请求方。

（3）执行用户程序。从第一条指令开始依次执行程序，直到遇到（END）结束指令。执行完程序后要检查智能模块是否需要服务，所完成的应答处理要存放在下一个扫描阶段的缓冲区中。

（4）处理报警。自检包括存放系统程序的 EEPROM、用户程序存储区及 I/O 模块的状态检查。

（5）刷新处理输出映像区。将数据写入输出模块，完成一个扫描循环。

PLC 从第一步运算开始到最后一步运行结束，用户程序所处理的内容不是直接从硬件的输入或输出获得，而要经过处理映像区。PLC 在程序执行的开始或结束刷新硬件的输入和输出。在 PLC 的一个扫描循环中，一个确定信号是不变的。802D 数控系统中的 PLC 编程工具为 PLC802 编程工具，该工具是 SIMATICS7－200 通用 PLC 系统的一个子集，其中包含了子程序库。与基本系统 S7－200 相比较，PLC802 编程工具具有以下特点。

（1）PLC802 编程工具为英语版本。

（2）用户程序只能以梯形图的形式编制。

（3）仅支持 S7－200 编程语言的一个子集。

（4）用户程序可以在一台 PG/PC 上离线编译，也可以在将它装入控制系统时自动编译。

（5）整个（PROJECT）用户程序可以被下载到 CNC 控制系统；也可从控制系统装回 PG/PC（上载）。

（6）寻址方式只能是直接寻址，不允许数据间接寻址。因此，在程序运行期间会拒绝编程错误。

（7）用户在使用各种数据时，注意正确使用数据类型，见表 7—1。

表 7—1　　操作数的数据类型

数据类型	大小	地址排列	逻辑运算范围	算术运算范围
BOOL	1 位	1	0，1	－
BYTE	1 字节	1	00 ~ FF	0 ~ +255
WORD	2 字节	2	0000 ~ FFFF	−32768 ~ +32768
DOUBLEWORD	4 字节	4	00000000 ~ FFFFFFFF	−2147483648 ~ +2147483647
REAL	4 字节	4	－	$\pm 10^{-37} \sim 10^{38}$

802D 控制系统最多能存储 6 000 条指令和 1 500 个符号。影响 PLC 内存容量的因素有指令条数、符号名称数及长度和注释数及长度。

802D 数控系统的内置 PLC 的程序结构一般采用结构化的程序设计方法。分为主程序和子程序两大类，子程序可以有 7 级嵌套。PLC 的循环周期是机床生产商根据需要设定的，可以是控制器内部插补循环周期的整数倍，并且不同实时要求的子程序可以设定不同的循环周期。

2. SIEMENS 802D 数控系统内置 PLC 接口地址的分配

802D 数控系统的内置 PLC 的操作数（即可操作的继电器）共分为 9 类，其地址范围见表 7—2。其中的 V、I、Q、M 四种继电器可以按位、字节、字和双字来寻址；SM 可以按位、字节来寻址；T、C 可以按位和字来寻址；AC 可以按字节、字和双字来寻址；常量可以按字节、字和双字来寻址。

表 7—2　802D 数控系统内置 PLC 的操作数

操作数地址符	说明	范围
V	数据	V10000000.0 ~ V79999999.7
T	定时器	T0 ~ T15（100 ms）；T16 ~ T31（10 ms）
C	计数器	C0 ~ C31
I	数字输入映像区	I0.0 ~ I17.7
Q	数字输出映像区	Q0.0 ~ Q11.7
M	标志位	M0.0 ~ M255.7
SM	特殊标志位	SM0.0 ~ SM0.6
AC	累加器	AC0 ~ AC3（双字）
L	局部数据	L0.0 ~ L51.7

V 地址是 NC 与 PLC 的接口信号的数据存储区域，其地址的结构见表 7—3，地址范围为 V10000000.0 ~ V79999999.7。

表 7—3　NC 与 PLC 的接口信号的数据存储地址结构

类型标记（模块号）	区号（通道）	分区	分支	位址
00 （10 ~ 79）	00 （00 ~ 99）	0 （0 ~ 9）	000 （000 ~ 999）	符号 （8 位）

T、C 分别为定时器和计数器。定时器有 100 ms 和 10 ms 两种定时精度，其地址范围分别为 T0 ~ T15（100 ms）；T16 ~ T31（10 ms），并且既可以用做一般的接通延时定时器（TON），也可以用做具有积算功能的定时器（TONR）。计数器既可以用做加计数器，又可以用做加减计数器，其地址范围为 C0 ~ C31。

I 地址是 PLC 的输入信号映像区，其地址范围为 I0.0 ~ I17.7；Q 地址是 PLC 的输出信号映像区，其地址范围为 Q0.0 ~ Q11.7。这两类地址是 802D 数控系统输入输出模块 PP72/48 的地址。该模块可以提供 72 个数字输入信号和 48 个数字输出信号，每个模块有 3 个独立的 50 芯插槽，每个插槽有 24 个数字输入信号和 16 个数字输出信号。输出信号的输出驱动能力为 0.25 mA。802D 系统最多可以配置两个 PP 模块。其具体的分配关系见表 7—4 和表 7—5。

表 7—4　PP1 输入/输出接口模块的逻辑地址和接口端子号的对应关系（模块 1 的地址为 9）

端子	X111	X222	X333	端子	X111	X222	X333
1	0V（DICOM）			24	I2.5	I5.5	I8.5
2	DC 24V 输出 *			25	I2.6	I5.6	I8.6
3	I0.0	I3.0	I6.0	26	I2.7	I5.7	I8.7
4	I0.1	I3.1	I6.1	27/29	无定义		
5	I0.2	I3.2	I6.2	28/30	无定义		
6	I0.3	I3.3	I6.3	31	Q0.0	Q2.0	Q4.0
7	I0.4	I3.4	I6.4	32	Q0.1	Q2.1	Q4.1
8	I0.5	I3.5	I6.5	33	Q0.2	Q2.2	Q4.2
9	I0.6	I3.6	I6.6	34	Q0.3	Q2.3	Q4.3
10	I0.7	I3.7	I6.7	35	Q0.4	Q2.4	Q4.4
11	I1.0	I4.0	I7.0	36	Q0.5	Q2.5	Q4.5
12	I1.1	I4.1	I7.1	37	Q0.6	Q2.6	Q4.6
13	I1.2	I4.2	I7.2	38	Q0.7	Q2.7	Q4.7
14	I1.3	I4.3	I7.3	39	Q1.0	Q3.0	Q5.0
15	I1.4	I4.4	I7.4	40	Q1.1	Q3.1	Q5.1
16	I1.5	I4.5	I7.5	41	Q1.2	Q3.2	Q5.2
17	I1.6	I4.6	I7.6	42	Q1.3	Q3.3	Q5.3
18	I1.7	I4.7	I7.7	43	Q1.4	Q3.4	Q5.4
19	I2.0	I5.0	I8.0	44	Q1.5	Q3.5	Q5.5
20	I2.1	I5.1	I8.1	45	Q1.6	Q3.6	Q5.6
21	I2.2	I5.2	I8.2	46	Q1.7	Q3.7	Q5.7
22	I2.3	I5.3	I8.3	47/49	DOCOM **		
23	I2.4	I5.4	I8.4	48/50	DOCOM **		

* 可以作为输入信号的公共端子。

** 数字输出公共端子，连接 DC24 V 电源。

表 7—5　PP2 输入/输出接口模块的逻辑地址和接口端子号的对应关系（模块 2 的地址为 8）

端子	X111	X222	X333	端子	X111	X222	X333
1	0V（DICOM）			24	I11.5	I14.5	I17.5
2	DC 24V 输出 *			25	I11.6	I14.6	I17.6
3	I9.0	I12.0	I15.0	26	I11.7	I14.7	I17.7
4	I9.1	I12.1	I15.1	27/29	无定义		
5	I9.2	I12.2	I15.2	28/30	无定义		
6	I9.3	I12.3	I15.3	31	Q6.0	Q8.0	Q10.0
7	I9.4	I12.4	I15.4	32	Q6.1	Q8.1	Q10.1
8	I9.5	I12.5	I15.5	33	Q6.2	Q8.2	Q10.2
9	I9.6	I12.6	I15.6	34	Q6.3	Q8.3	Q10.3
10	I9.7	I12.7	I15.7	35	Q6.4	Q8.4	Q10.4
11	I10.0	I13.0	I16.0	36	Q6.5	Q8.5	Q10.5
12	I10.1	I13.1	I16.1	37	Q6.6	Q8.6	Q10.6
13	I10.2	I13.2	I16.2	38	Q6.7	Q8.7	Q10.7
14	I10.3	I13.3	I16.3	39	Q7.0	Q9.0	Q11.0
15	I10.4	I13.4	I16.4	40	Q7.1	Q9.1	Q11.1
16	I10.5	I13.5	I16.5	41	Q7.2	Q9.2	Q11.2
17	I10.6	I13.6	I16.6	42	Q7.3	Q9.3	Q11.3
18	I10.7	I13.7	I16.7	43	Q7.4	Q9.4	Q11.4
19	I11.0	I14.0	I17.0	44	Q7.5	Q9.5	Q11.5
20	I11.1	I14.1	I17.1	45	Q7.6	Q9.6	Q11.6
21	I11.2	I14.2	I17.2	46	Q7.7	Q9.7	Q11.7
22	I11.3	I14.3	I17.3	47/49	DOCOM **		
23	I11.4	I14.4	I17.4	48/50	DOCOM **		

* 可以作为输入信号的公共端子。

** 数字输出公共端子，连接 DC 24 V。

M 为标志位继电器，即中间继电器，其地址范围为 M0.0 ~ M255.7。SM 为特殊标志位继电器，其地址范围为 SM0.0 ~ SM0.6，具体含义见表 7—6。

AC 为累加器地址，地址范围为 AC0 ~ AC3。L 为局部变量地址，地址范围为 L0.0 ~ L51.7，在子程序中自动分配使用。

表 7—6　　SM 特殊标志位继电器

特殊标志位	说　明
SM0.0	逻辑“1”信号
SM0.1	第一个 PLC 周期“1”，随后为“0”
SM0.2	缓冲数据丢失：只有第一个 PLC 周期有效（“0”为数据正常，“1”为数据丢失）
SM0.3	系统再启动：第一个 PLC 周期为“1”，随后为“0”
SM0.4	60 s 脉冲（交替变化：30 s“0”，然后 30 s“1”）
SM0.5	1 s 脉冲（交替变化：0.5 s“0”，然后 0.5 s“1”）
SM0.6	PLC 周期循环（交替变化：一个周期为“0”，一个周期为“1”）

3. SIEMENS 802D 系统 PLC 的调整

（1）SIEMENS 802D 系统 PLC 的基本操作

SIEMENS 802D 的操作面板和系统面板如图 7—10 所示。

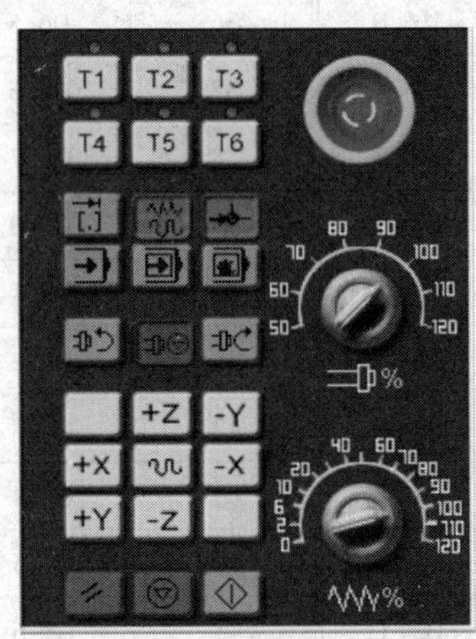

a)

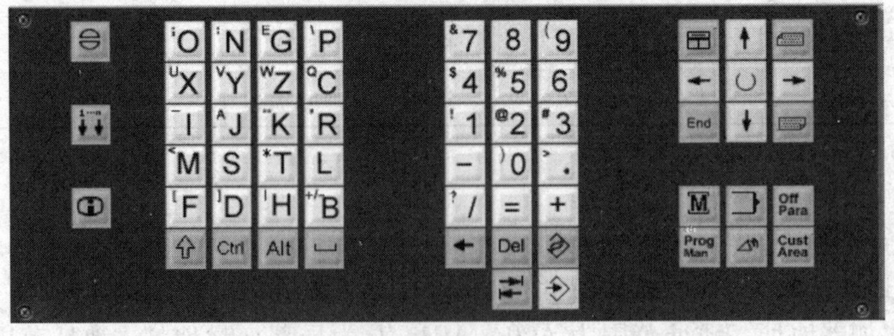

b)

图 7—10　802D 的操作面板和系统面板

a）SIEMENS 802D 操作面板　b）SIEMENS 802D 系统面板

1）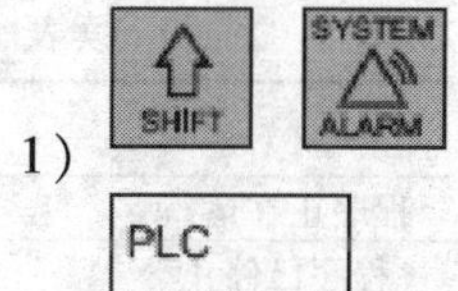

在系统操作区中按下软键［PLC］。

2）PLC program

打开保存在永久存储器中的项目（见图 7—11）。其结构说明见表 7—7，组合按键的应用见表 7—8。

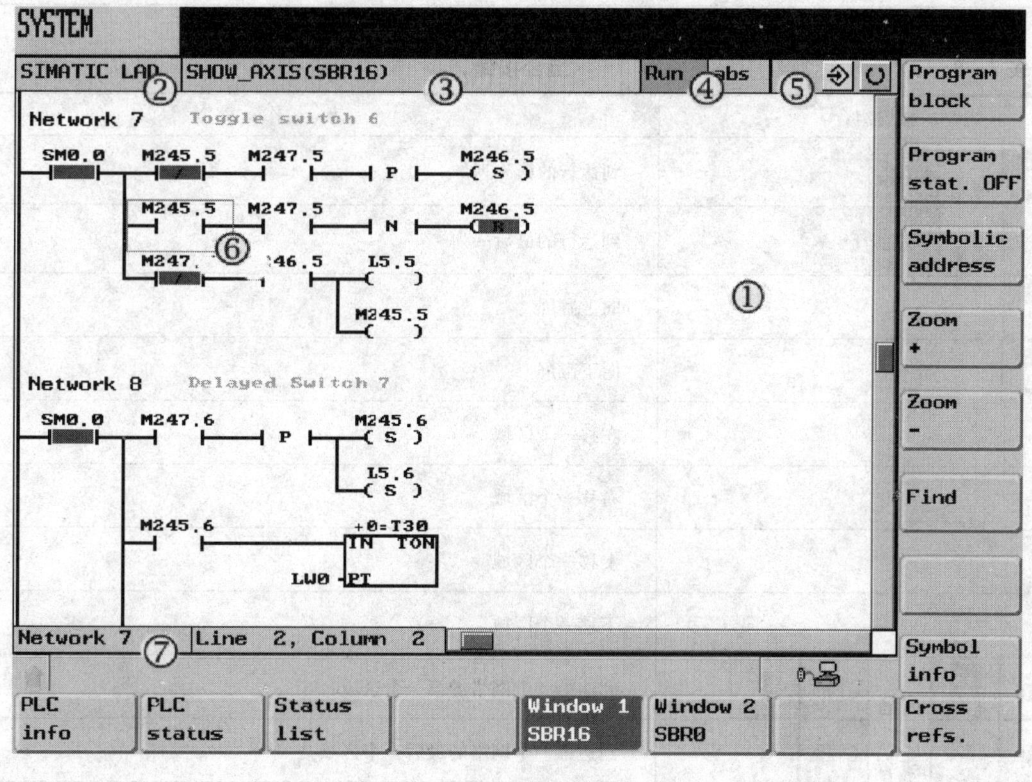

图 7—11 画面结构

表 7—7 画面结构的图例说明

图形单元	说明
①	应用区域
②	所支持的 PLC 编程语言
③	有效程序段的名称
④	程序状态

续表

图形单元	说明	
④	Run	程序正在运行
	Stop	程序已停止
	应用区域状态	
	sym	符号显示
	abs	绝对值显示
⑤		有效按键显示
⑥	焦点	接受光标所选中的任务
⑦	提示行	在“查找”时显示提示信息

表 7—8　　组合按键

按键组合	动　作
NEXT WINDOW 或者 CTRL ←	到达行的第一列
END 或者 CTRL →	到达行的最后一列
PAGE UP	向上翻屏
PAGE DOWN	向下翻屏
←	左移一个区域
→	右移一个区域
↑	上移一个区域
↓	下移一个区域
CTRL NEXT WINDOW 或者 CTRL ↑	到达第一个网络的第一个区域
CTRL END 或者 CTRL ↓	到达第一个网络的最后一个区域
CTRL PAGE UP	在同一个窗口中打开下一个程序块
CTRL PAGE DOWN	在同一个窗口中打开上一个程序块
SELECT	选择按键的功能取决于输入焦点所在的位置 · 表格行：显示完整的文本行 · 网络标题：显示网络注释 · 指令：显示完整的操作信息
INPUT	输入焦点位于指令上时，显示包含注释在内的所有操作信息

3）按下“连接”按钮即可进入系统的通信参数设定界面，进行必要的通信设定，如图7—12 所示。

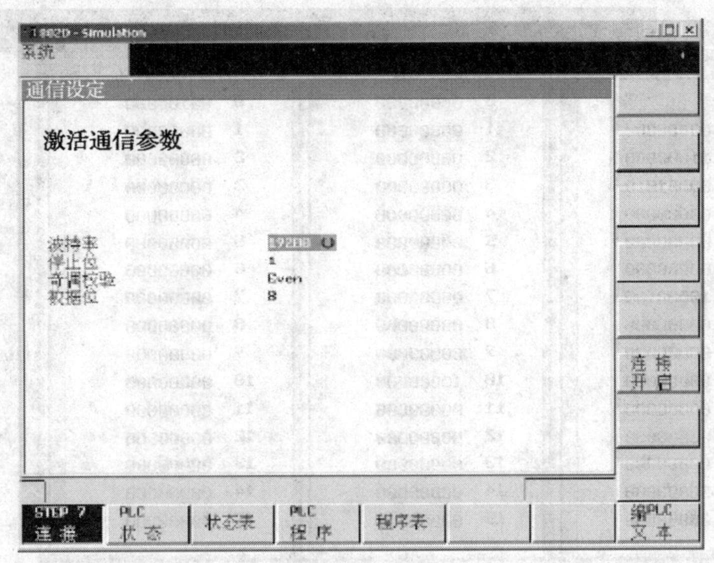

图 7—12　通信参数设定

4）按下“PLC 状态”按钮即可进入查看 PLC 资源状态的管理界面，只要用 MDA 操作面板输入想要查看的字地址、字节地址或位地址，屏幕就会显示出相应地址的状态信息。如图 7—13 所示。

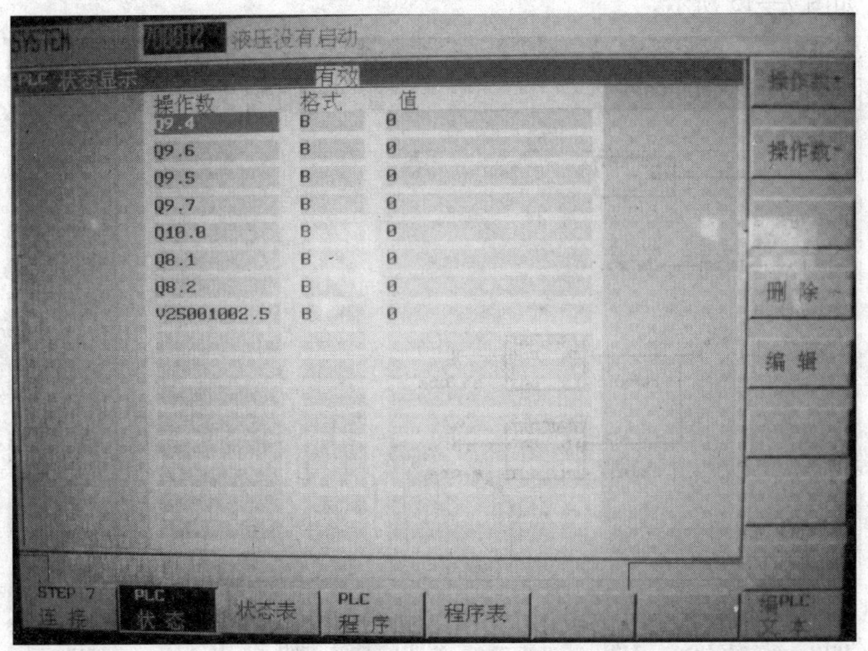

图 7—13　PLC 的资源状态

5）按下“状态表”按钮即可进入查看 PLC 所有资源状态的列表，用 MDA 的“▲”“▼”键可以查看所有地址的状态信息。如图 7—14 所示。

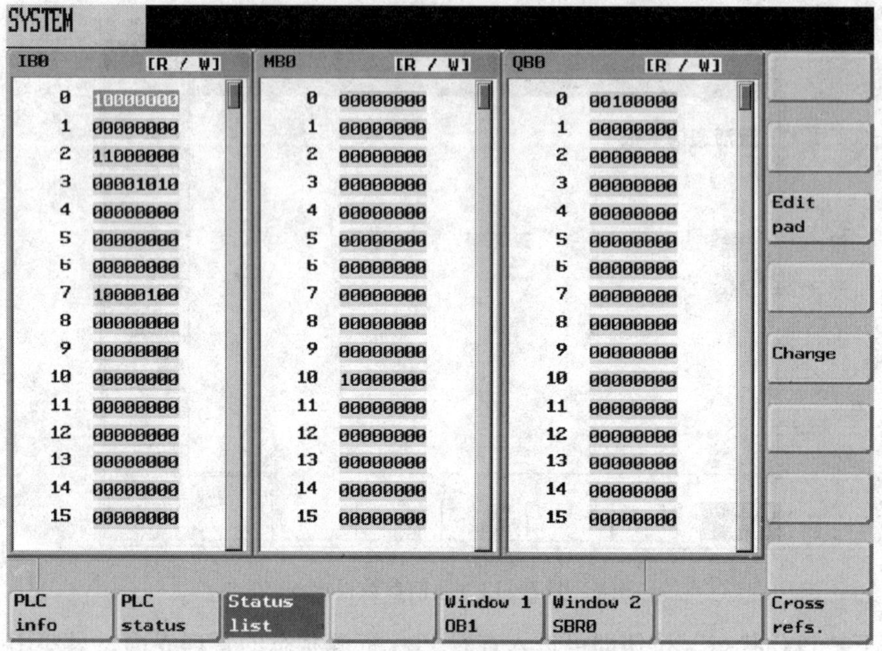

图 7—14 PLC 全部的资源状态

6）按下“PLC 程序”按钮即可进入 PLC 程序的管理界面，默认的情况下是以绝对地址来显示的。如图 7—15 所示。

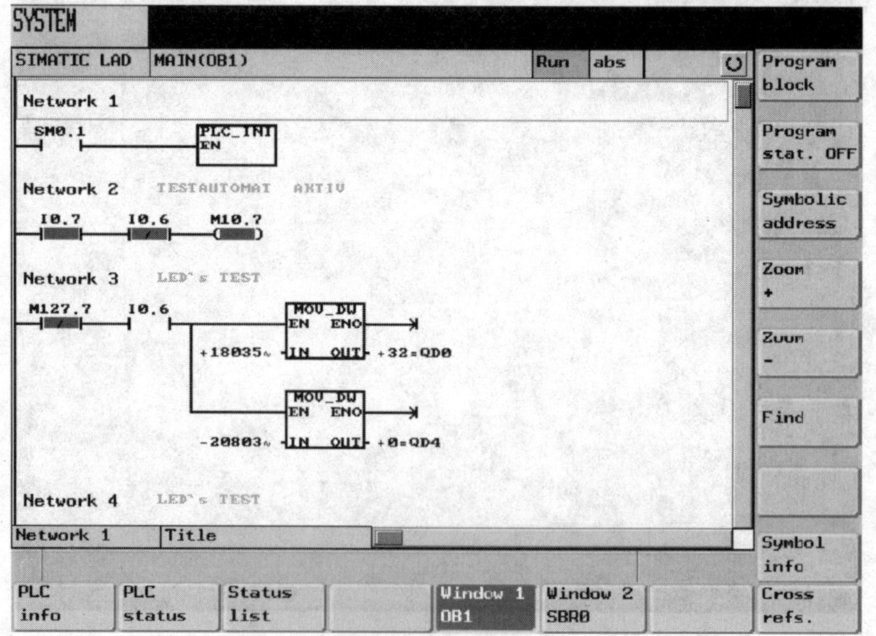

图 7—15 以绝对地址显示的 PLC 程序

7）按下“程序块”按钮即可进入子程序选择界面，用 MDA 的“▲”“▼”键可以选择所需要的子程序模块，如图 7—16 所示。

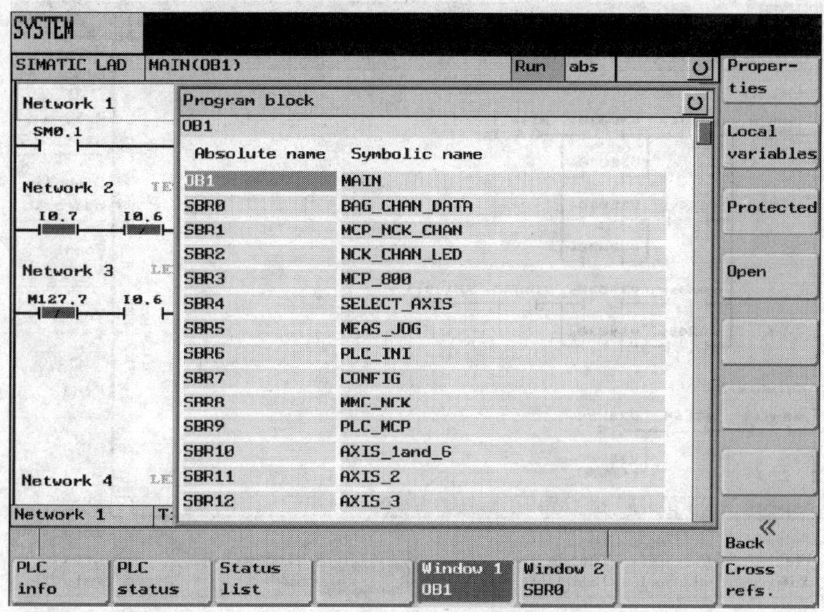

图 7—16 子程序选择界面

8）在该管理界面如果按下“局部变量”按钮，则可进入查看所选择子程序里所用的变量信息的界面，如图 7—17 所示。

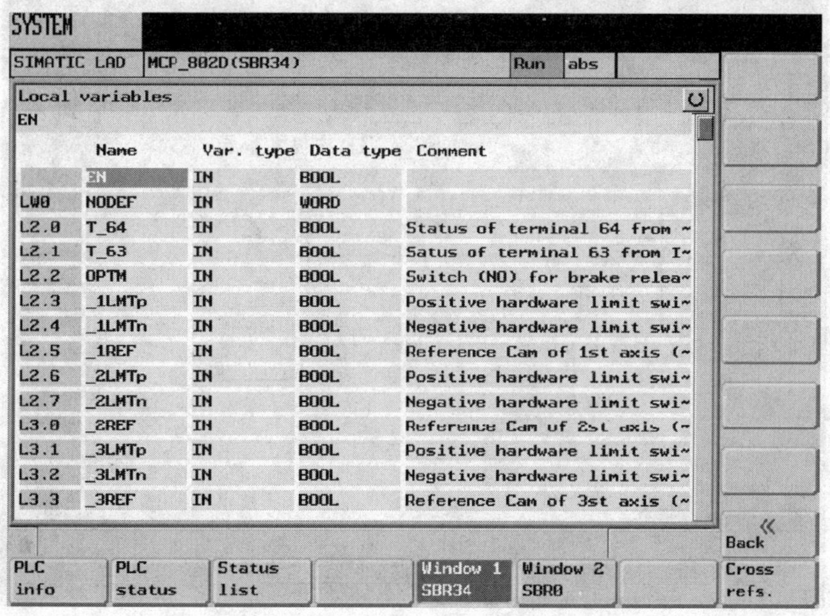

图 7—17 子程序的变量信息

9）如果在子程序选择界面按下“打开”按钮，则可进入查看所选择的子程序信息。默认的情况下也是以绝对地址来显示的。如图 7—18 所示。

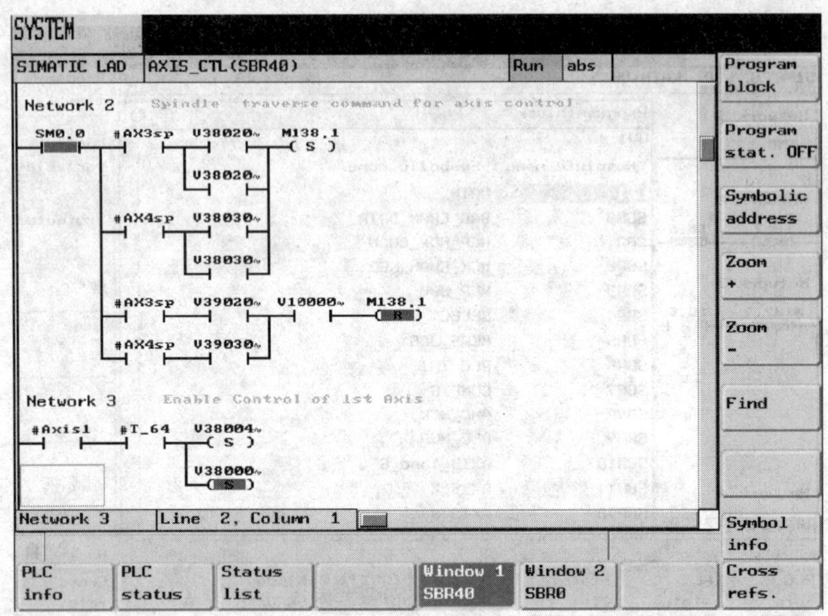

图 7—18　以绝对地址显示的子程序

10）按下“程序关闭”按钮时，PLC 呈非实时监控状态。屏幕上显示的仅仅是控制程序，如图 7—19 所示。

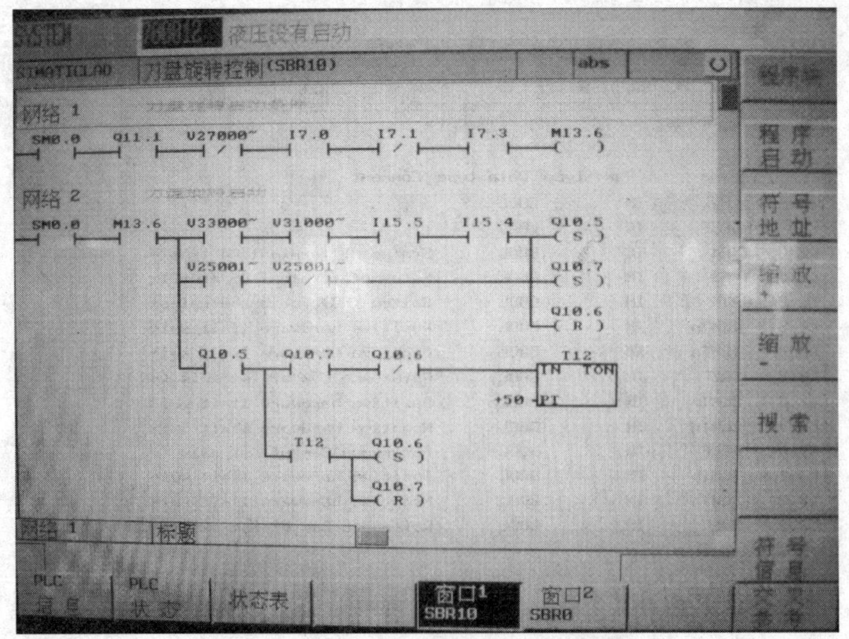

图 7—19　非实时监控状态的控制程序

11）按下“程序启动”按钮时，返回到对 PLC 的监控运行状态。如图 7—18 所示。按下“符号地址”按钮时，屏幕将以符号地址的方式显示程序，如图 7—20 所示。

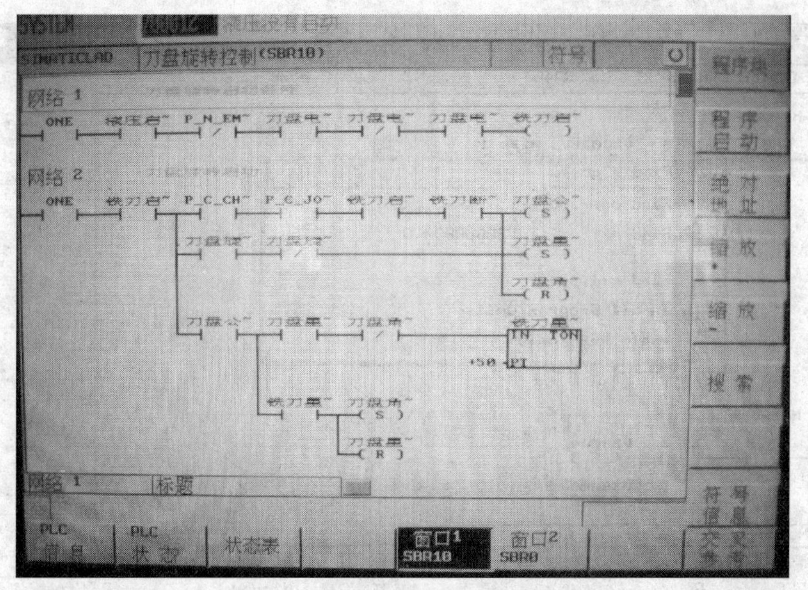

图 7—20　以符号地址显示的子程序

12）按下“绝对地址”按钮时，屏幕将返回以绝对地址的方式显示程序，如图 7—18 所示。“缩放 +”“缩放 -”用于调节所显示程序的字符大小，图 7—21 所示是按下“缩放 +”时的绝对地址显示状态。

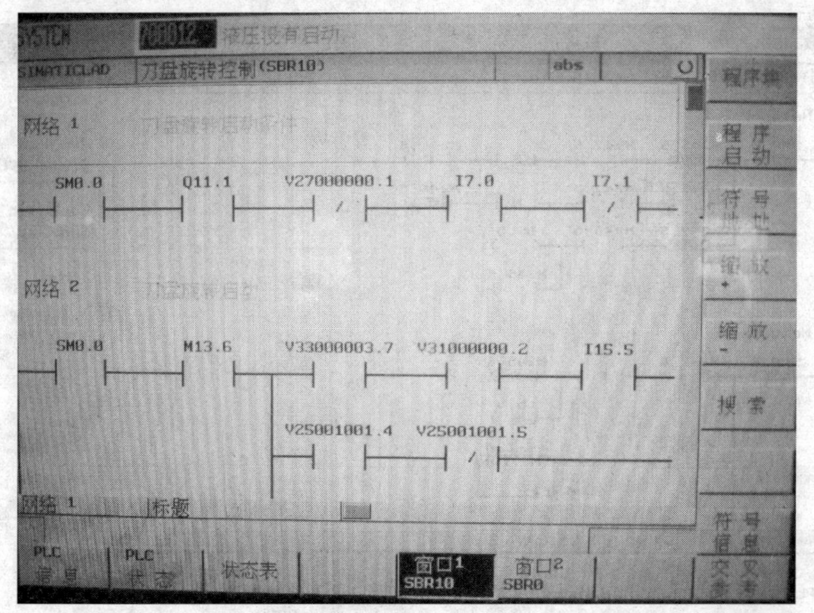

图 7—21　放大显示的程序

13）如果想要在一个大的子程序中查找一个确定地址的信息，可以使用搜索功能。按下“搜索”按钮，则会调出搜索界面，如图7—22所示。

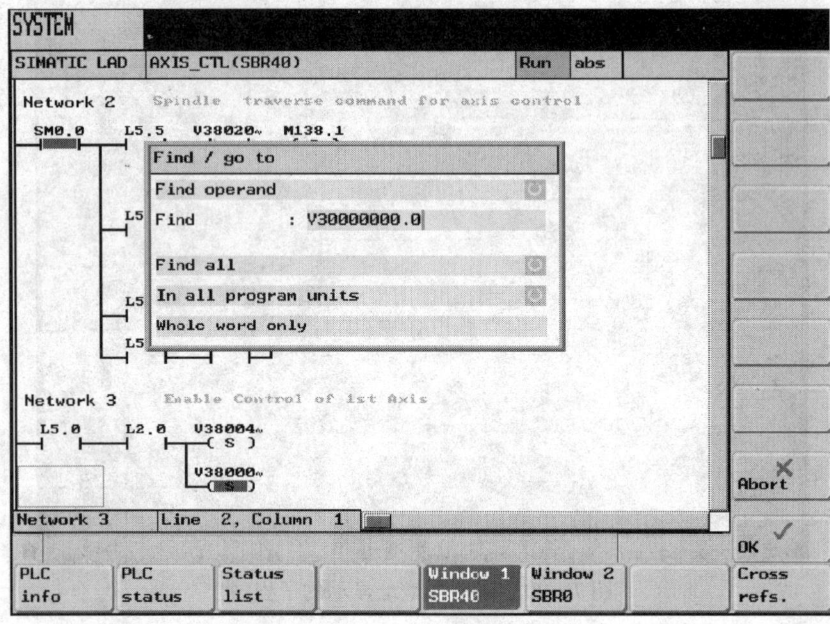

图7—22　搜索界面

①此时可以用MDA操作面板输入所要查找的地址，确认以后就会显示出与该地址的相关程序网络，并且标识框会自动指示在M245.5接点。例如查找M245.5的结果界面如图7—23所示。

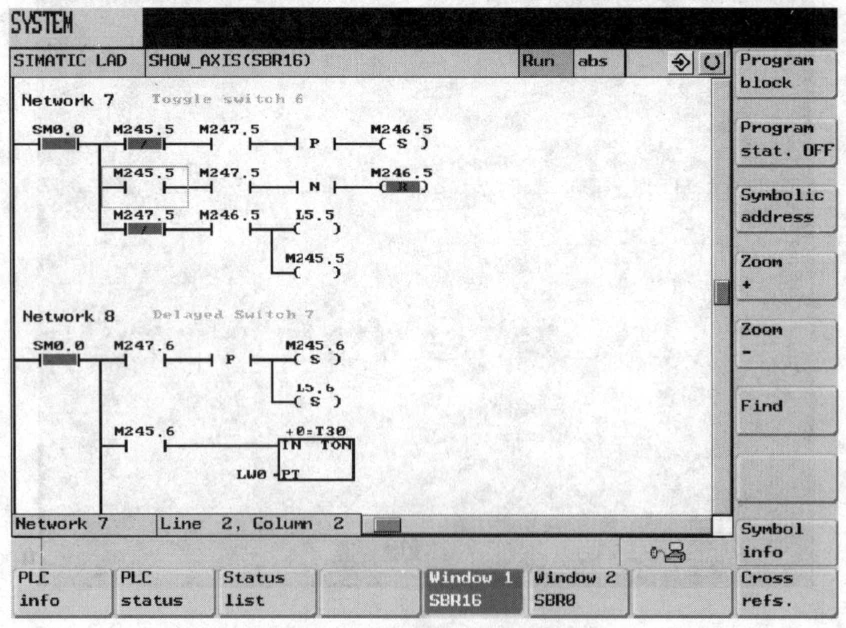

图7—23　查找M245.5的搜索结果

②此时如果按下“继续搜索”则会搜索到 M245.5 的下一个相关程序网络。如果按下“符号信息”按钮，则会显示确定程序网络的符号地址的相关信息，如图 7—24 所示。

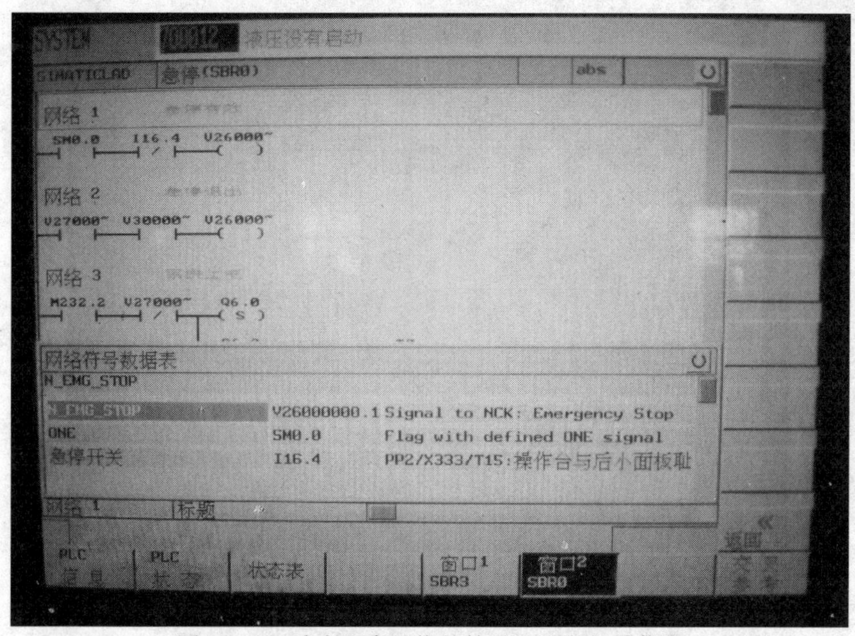

图 7—24　确定程序网络的符号地址的相关信息

14）如果要查询某一确定地址在网络中的信息，则按下“交叉参考”按钮，界面显示状态如图 7—25 所示。

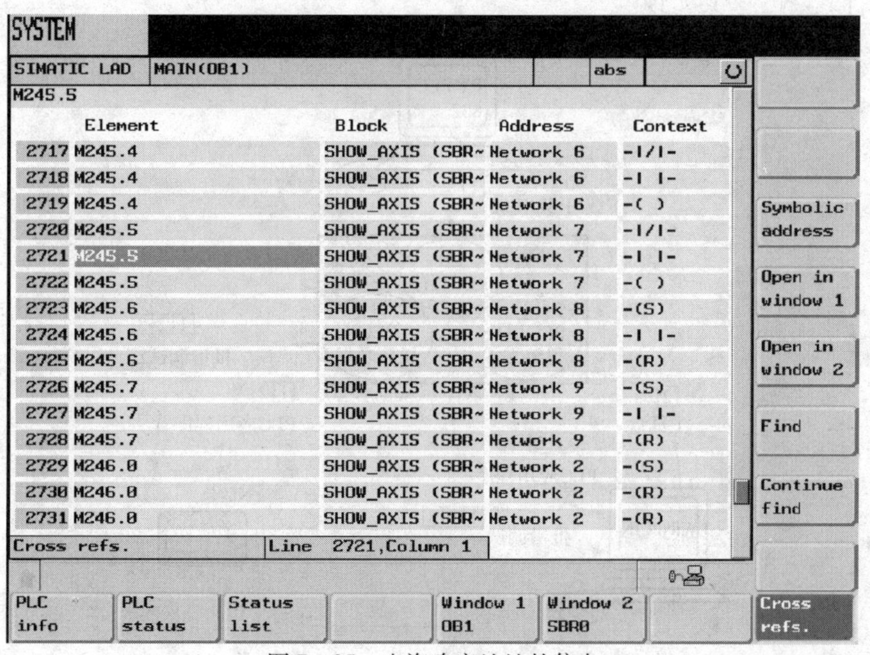

图 7—25　查询确定地址的信息

15）按下 MDA 的 ALARM 键，会进入报警文本界面，如图 7—26 所示。可以根据该界面的报警显示来诊断故障。

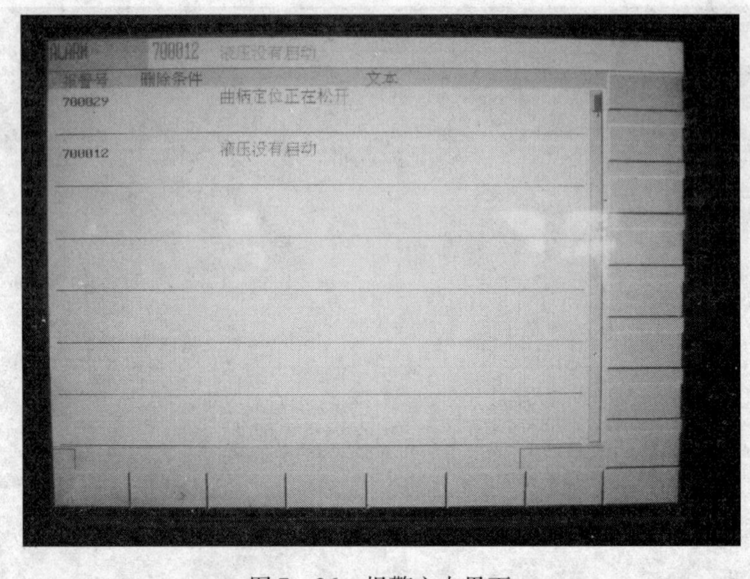

图 7—26　报警文本界面

（2）SIEMENS 802D 系统 PLC 的编辑

1）下载/上载/复制/比较 PLC 应用程序。用户可以在控制系统里保存、复制或用另一个 PLC 项目覆盖 PLC 应用程序。如图 7—27 所示，可以通过 PLC 802 编程工具、WINPCIN（二进制文件）、NC 卡来实现。

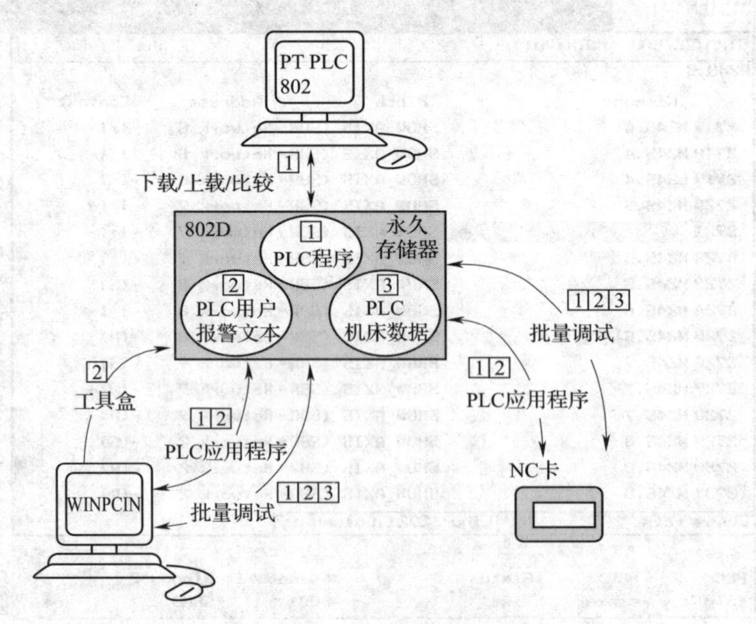

图 7—27　控制系统中的 PLC 应用程序

①下载。此项功能是向控制系统的永久存储器（加载存储器）中写入传输数据。

a. 用 PLC 802 编程工具下载 PLC 项目（Step7 连接）。

b. 用工具 WINPCIN（PLC 机床数据、PLC 程序和用户报警文本）数据输入或 NC 卡进行批量调试。

c. 使用工具 WINPCIN 或者 NC 卡（PLC 程序和用户报警文本）模拟批量调试数据输入，运行 PLC 应用程序。读入所装载的 PLC 用户程序，将在下一次控制系统启动时从永久存储器传输到工作存储器中，并从这一刻起，在控制系统中生效。

②上载。PLC 应用程序可用 PLC 802 编程工具以及 WINPCIN 工具或者 NC 卡从控制系统的永久存储器中上载。

a. 用 PLC 802 编程工具上载 PLC 项目（Step7 连接）。将控制系统中的程序读出，使用 PLC 802 编程工具重新编制当前程序。

b. 用工具 WINPCIN（PLC 机床数据、PLC 程序和用户报警文本）数据输出或 NC 卡进行“启动数据”批量调试。

c. 用工具 WINPCIN 或 NC 卡读出 PLC 应用程序（PLC 程序信息和用户报警文本）数据输出，比较 PLC 802 编程工具中的程序和存储在控制系统的永久存储器（加载存储器）中的程序。

2）应用 PLC 编程软件（Programming Tool PLC 802）的编辑

①启动 PLC 编程软件（见图 7—28）。

图 7—28　启动 PLC 编程软件

②PLC Programming Tool PLC 802 的基本操作。基本操作界面如图 7—29 所示。在 802D 的工具盒内提供了 PLC 子程序库和实例程序。其进入方式如图 7—30 所示。子程序库提供了各种基本子程序，利用 PLC 子程序库可使 PLC 应用程序的编辑大为简化。PLC 子程序库包含了一个说明文件及铣床实例程序、车床实例程序、机床面板仿真程序、子程序库（无主程序 OB1 的 PLC 程序）四个 PLC 项目文件。

802D 在以下情况下必须进入联机方式：需下载 PLC 项目文件（计算机→802D）或上载 802D 内部的项目文件（802D→计算机），或联机调试时，PLC 编程软件的协议需选择 802D（PPI），并且和 802D 系统设定正确且匹配的通信参数。

三、故障诊断与维修实例

【例 7—1】　故障现象：某配套 SIEMENS 802D 系统的四轴四联动数控铣床，开机后，发现操作面板上“NC. ON”指示灯不亮，但开机过程正常，无报警，手动回参考点时 CRT

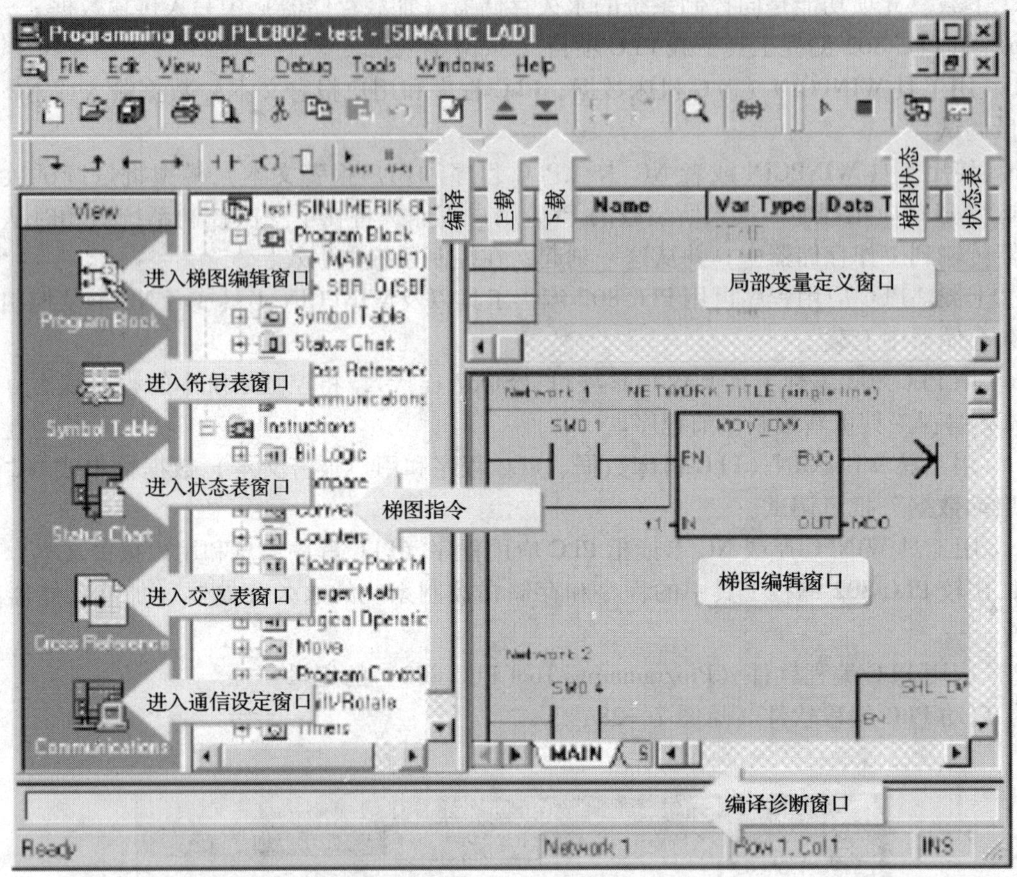

图 7—29　PLC Programming Tool PLC 802 的基本操作界面

图 7—30　PLC 子程序库的进入方式

显示：坐标轴无使能。机床无法工作。

分析及处理过程：该机床此前工作一直很稳定，且从表面上看这两个故障没有直接的联系，故首先要排除指示灯不亮的故障。经测量，指示灯管脚两端无电压，而且没有发现线路上有开路或短路现象。查看 PLC 状态表，“NC. ON” 指示灯输出信号为 “Q1. 4 = 1”，同时又发现机床自动润滑输出信号为 “Q0. 5 = 1” 时，润滑电动机并不工作。经检查，线路没有问题，因此怀疑 PLC I/O 单元可能已损坏。更换同类机床的 PLC I/O 单元，更换后机床工作正常。由此可见，包括“坐标轴无使能”在内的一系列故障均为 PLC I/O 单元损坏引起。经检测，发现该单元上一个熔丝已烧断，从而导致了故障的产生。

【例 7—2】 故障现象：配备 SIEMENS 820 数控系统的某加工中心，产生 7035 号报警，查阅报警信息为工作台分度盘不回落。

故障分析：在 SIEMENS 810/820S 数控系统中，7 字头报警为 PLC 操作信息或机床厂设定的报警，指示 CNC 系统外的机床侧状态不正常。处理方法是，针对故障的信息，调出 PLC 输入/输出状态与拷贝清单对照。工作台分度盘的回落是由工作台下面的接近开关 SQ25、SQ28 来检测的，其中 SQ28 检测工作台分度盘旋转到位，对应 PLC 输入接口 I10.6，SQ25 检测工作台分度盘回落到位，对应 PLC 输入接口 I10.0。工作台分度盘的回落是由输出接口 Q4.7 通过继电器 KA32 驱动电磁阀 YV06 动作来完成。

从 PLC STATUS 中观察，I10.6 为“1”，表明工作台分度盘旋转到位，I10.0 为“0”，表明工作台分度盘未回落，再观察 Q4.7 为“0”，KA32 继电器不得电，YV06 电磁阀不动作，因而工作台分度盘不回落产生报警。

故障处理：手动 YV06 电磁阀，观察工作台分度盘是否回落，以判断故障在输出回路还是在 PLC 内部。

【例 7—3】 配备 SINUMEIK 810 数控系统的双工位、双主轴数控机床，如图 7—31 所示。

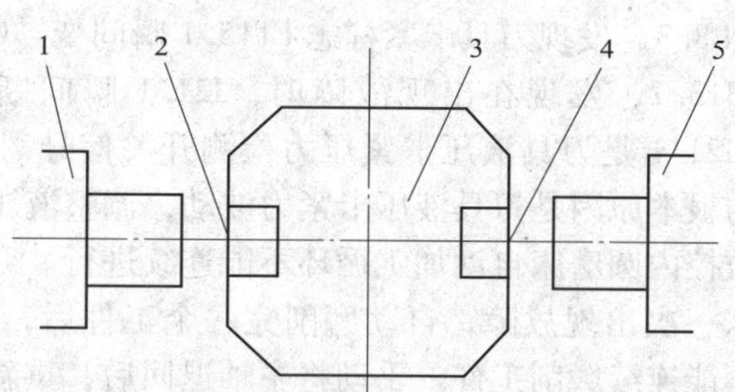

图 7—31 双工位、双主轴示意图

1—主轴Ⅰ 2—工位Ⅰ 3—回转工作台 4—工位Ⅱ 5—主轴Ⅱ

故障现象：机床在 AUTOMATIC 方式下运行，工件在Ⅰ工位加工完，Ⅰ工位主轴还没有退到位且旋转工作台正要旋转时，Ⅱ工位主轴停转，自动循环中断并出现报警，且报警内容表示Ⅱ工位主轴速度不正常。

两个主轴分别由 B1、B2 两个传感器来检测转速，对主轴传动系统的检查，没有发现问题。用机外编程器观察梯形图的状态，如图 7—32 所示。

图 7—32 中，F112.0 为Ⅱ工位主轴启动标志位，F111.7 为Ⅱ工位主轴启动条件，Q32.0 为Ⅱ工位主轴启动输出，I12.1 为Ⅱ工位主轴刀具卡紧检测输入，F115.1 为Ⅱ工位刀具卡紧标志位。

在编程器上观察梯形图的状态，出现故障时，F112.0 和 Q32.0 状态都为“0”，因此主轴停转，而 F112.0 为“0”是由于 B1、B2 检测主轴速度不正常所致。动态观察 Q32.0 的变

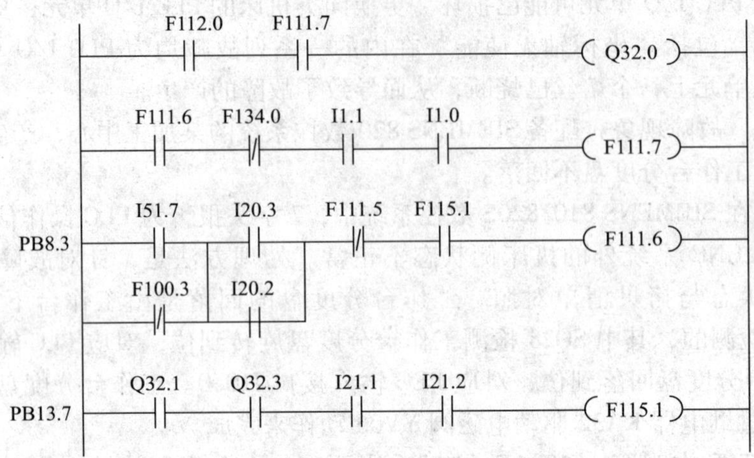

图 7—32　双工位、双主轴 PLC 梯形图

化，发现故障没有出现时，F112.0 和 F111.7 都闭合，而当故障出现时，F111.7 瞬间断开，之后又马上闭合，Q32.0 随 F111.7 的断开其状态变为“0”，在 F111.7 闭合的同时，F112.0 的状态也变成了“0”，这样 Q32.0 的状态保持为“0”，主轴停转。B1、B2 由于 Q32.0 随 F111.7 瞬间断开，测得速度不正常而使 F112.0 状态变为“0”。主轴启动的条件 F111.7 受多方面因素的制约，从梯形图上观察，发现 F111.6 的瞬间变“0”引起 F111.7 的变化，向下检查梯形图 PB8.3，发现刀具卡紧标志 F115.1 瞬间变“0”，促使 F111.6 发生变化，继续跟踪梯形图 PB13.7，发现在出现故障时，I21.1 瞬间断开，使 F115.1 瞬间变“0”，最后使主轴停转。I21.1 是刀具液压卡紧压力检测开关信号，它的断开指示刀具卡紧力不够。由此诊断故障的根本原因是刀具液压卡紧力波动，调整液压使之正常，故障排除。

【例 7—4】　一台数控内圆磨床自动加工循环不能连续进行。

故障现象：这台机床一次出现故障，自动磨削完一个工件后，主轴砂轮不退回进行修整，使自动循环中止，不能连续磨削工件。手动将主轴退回后，重新启动自动循环，还可以磨削一个工件，但磨削完还是会停止循环，不能连续磨削工件。

故障分析与检查：分析机床的工作原理，这台机床对工件的磨削可分为两种方式，一种是单件磨削，磨削完一个工件后主轴砂轮退回，修整后停止加工程序；另一种是连续磨削，磨削完一个工件后，主轴砂轮退回修整，同时自动上下料装置工作，用新工件换下磨削完的工件，修整砂轮后，主轴进给再进行新一轮磨削。机床的工作状态用机床操作面板上的转钮开关来设定，PLC 程序扫描转钮开关的状态，根据不同的扫描结果执行不同的加工方式。检查机床的工作状态设定开关的状态，根据不同的扫描结果执行不同的加工方式。检查机床的工作状态设定开关的位置，没有问题。检查校对加工程序，也没有发现问题。用编程器监视 PLC 程序的运行状态，发现主轴退回的原因是机床的工作状态既不是连续也不是单件。继续检查发现反映机床连续工作状态的 PLC 输入 I7.0 为“0”，根据机床电气原理图，其接法如图 7—33 所示。K28 为工作状态设定开关，是一刀三掷开关，第一位置接入 I7.0，为连续工作方式，第二位置空闲，第三位置为单件加工方式，接入 PLC 输入 I7.1。但无论怎样扳动这只开关，I7.1 始终为“0”。而将转钮开关拨到第三位置时，PLC 的 I7.1 变成 1，设定为单件循环，启动循环，单件磨削加工正常完成，没有问题。因此怀疑转钮开关有问题，但断电检查开关，没有发现问题，开关正常，而在通电检查发现直到 PLC 的接口板，I7.0 的电平变化都是正确的。为了进一步确认故障，将转钮开关的第一位置接到 PLC 的备用 I/O 口 I3.0 上，这时拨动转钮开关，I3.0 的状态变化正常，说明 PLC 接口板上的 I7.0 的输入接口损坏。

故障处理：因为手头没有 PLC 接口板的备件，为了使机床能正常运行，将转钮开关的第一位置连接到 PLC 的备用接口 I3.0 上，如图 7—34 所示，然后修改机床的 PLC 程序，将程序中所有的 I7.0 更改成 I3.0，这时机床恢复正常。

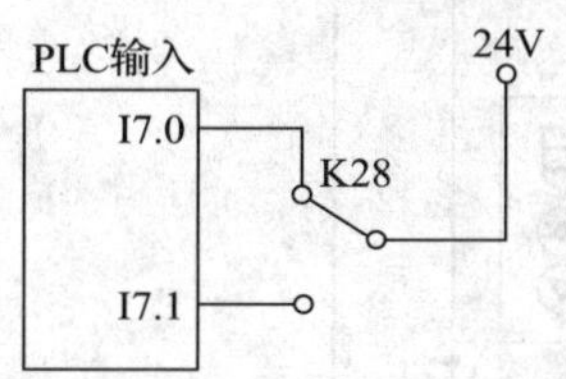

图 7—33　原设定开关连接图

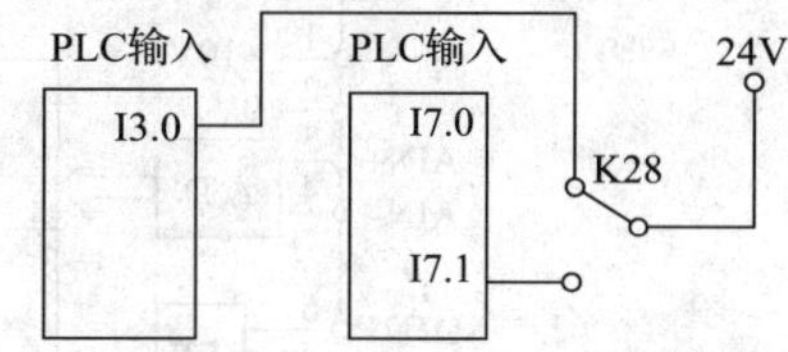

图 7—34　使用 PLC 备用输入点的设定开关连接图

【例 7—5】　一台数控机床出现 6017 号报警“Slide Axis Moter Temperature”（滑台轴电动机超温）。

故障现象：这台机床有一段时间经常出现 6017 号报警，指示伺服系统超温，关机再开机床还可以工作。

故障分析与检查：因为 6017 号报警指示的是伺服电动机超温，为此检查伺服系统。这台机床的伺服系统采用的是 SIEMENS 6SC610 系统，对伺服系统进行检查，发现 N1 板上第一轴的电动机超温报警，也就是 *X* 轴伺服电动机超温报警，但检查 *X* 轴伺服电动机并没有发现过热，检查电路连接时发现 *X* 轴伺服电动机的反馈电缆插头有些松动。

故障处理：将插头紧固后，机床再也没有出现这个故障报警。

第二节　SIEMENS 主轴伺服系统的故障诊断与维修

一、变频调速

部分数控机床（包括数控改造机床）的主轴使用通用变频器进行调速。所谓的“通用”包含两方面的含义：一是与通用三相异步电动机配套使用，实现交流异步电动机的变频调速；二是具有多种可选择的功能，通过不同的组合，可实现各种不同性质负载的调速。通用变频器控制正弦波的产生是以恒电压频率比（*U/F*）保持磁通不变为基础，经过 SPWM 调制驱动主电路，产生 U、V、W 三相交流电，驱动普通三相异步电动机，通过调整频率达到改变电动机转速的目的。

1. SIEMENS Micro Master 420 型变频器

Micro Master 420 是西门子公司的一种采用模块化设计的多功能标准变频器。采用数字微处理器和磁通电流控制（FCC）技术，可以有效地改善动态响应特性。具有 3 个数字量输入，1 个模拟量输入，1 个模拟量输出，1 个继电器输出。具有 7 个固定频率，4 个跳转频率，可进行编程。带有斜坡函数发生器，使启动和制动都能保持平滑。

如图 7—35 所示为 Micro Master 420 型变频器结构框图。从结构框图中可以看出，变频器由中央处理单元 CPU、输入、输出、交流整流变直流、直流逆变为交流等部分组成。

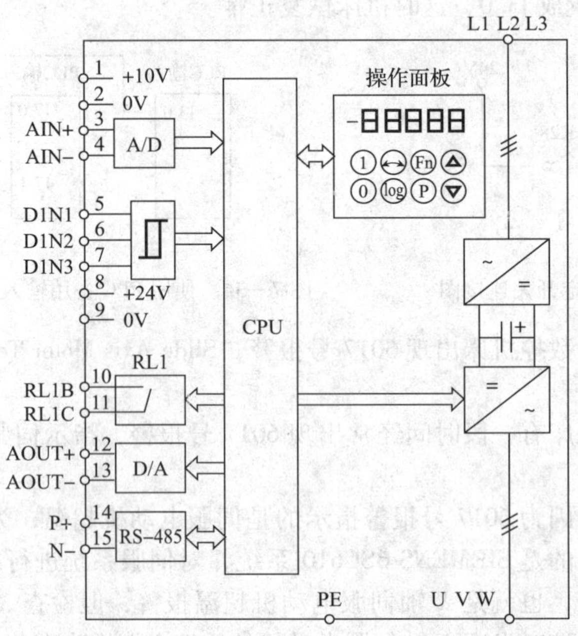

图 7—35　Micro Master 420 型变频器

输入部分有开关量和模拟量，若开关量 DIN1 端有 +24 V 电压（变频器内部电源），表示变频器启动电动机向一个方向旋转，无 +24 V 电压表示电动机停止；若开关量 DIN2 端有 +24 V电压表示变频器控制电动机向另一个方向旋转。开关量 DIN3 是确认控制端，和其他输入信号配合进行控制。AIN + 和 AIN − 是变频器的模拟量输入端，信号来自数控系统输出的 0 ~ +10 V 模拟信号，模拟信号的大小决定了主轴电动机的转速。有的型号的变频器可接收数控系统的 ±10 V 模拟信号，有的型号变频器可以接收数控系统的数字信号。操作面板上各种功能键用于设置变频器的各种参数，数码管用于显示变频器的各种参数及状态，若变频器出现故障，通过数码管能够显示故障代码。

输出部分也有开关量和模拟量，开关量 RL1B 与 RL1C 是报警输出端，当变频器内部产生故障时，通过这两个输出端切断电源或产生声光报警。AOUT + 与 AOUT − 是变频器模拟信号输出，用于级连控制。P + 与 N − 用于变频器与外部进行串行通信，通过外部设备编辑修改变频器的各种参数。L1 、L2 、L3 为动力电源输入端，经过三相桥式整流变为直流电，通过 SPWM 调制，产生 U、V、W 三相交流电，输入到三相异步电动机。

2. 变频器的参数及故障诊断

(1) 变频器参数的预置设定

变频器与主轴电动机配套使用时，需根据主轴加工特性要求，通过变频器操作面板，对电动机的额定功率、工作电压、工作电流、控制方式、最小频率、最大频率、斜坡上升和下降时间等参数进行设定，使电动机工作在较好的状态。

(2) 变频器的故障显示

当主轴电动机、变频器、电源等发生故障或出现异常时，变频器显示板上的指示灯或发光二极管显示故障状态，同时变频器操作面板显示故障代码。

(3) 变频器的故障诊断（以 SIEMENS Micro Master 420 型变频器为例）

1) 过电压。故障现象为绿色 LED 闪亮，故障代码为 F0002。

故障分析与处理：原因之一是电源电压过高，超出额定电压 +10%，检查电源电压，并加装稳压电源；原因之二是降速过快，负载处于再生发电状态，检查 P1121 减速时间是否设定得太小，电压控制器参数 P1240 是否正确，采取正确调整及优化参数的措施。

2) 欠电压。故障现象为绿色 LED 和黄色 LED 同时闪亮，故障代码为 F0003。

故障分析与处理：电源方面，电源电压过低，低于额定电压 15%，检查电源电压，并加装稳压电源；主电源掉电或缺相，用万用表检查缺相原因并排除故障。

主电路方面，整流器件损坏，检查主电路整流二极管，若损坏则按技术规格更换新的元件；限流电阻长时间接入电路，根据电路原理图分析检查限流电阻没有切除的原因。

3) 过电流。故障现象为黄色 LED 闪亮，故障代码为 F0001。

故障分析与处理：非短路性原因方面，电动机严重过载，检查机械传动结构的灵活性，检查电动机功率与变频器功率匹配情况，采取排除机械故障与调整参数的措施；电动机加速过快，检查电动机的参数是否正确，增加斜坡上升时间 P1120 参数值或降低 P1310、P1311、P1312 参数值，采取正确调整及优化参数的措施。

短路性原因方面，负载侧短路，检查电动机绕组是否有匝间或相间短路，采取增加电气绝缘强度措施；负载侧接地，检查电动机的电源线是否接地，增加绝缘强度；变频器逆变桥同一桥臂的上下两晶体管同时导通，根据主控电路原理图检查更换晶体管。

(4) 变频器的测量

1) 测绝缘。断开电源和电动机连线，所有输入端和输出端短接在一起，用兆欧表测量绝缘电阻。

2) 测电流。因变频器的输入和输出电流都含有各种高次谐波，所以应选用电磁式仪表测量电流。

3) 测电压。输入端的电压可用任意类型的仪表测量，输出端的电压是方波脉冲，含有许多高次谐波成分，故应选用整流式仪表进行测量。

4）测波形。用示波器观察主电路的电压和电流波形时，必须使用高压探头。如使用低压探头，需用互感器或其他隔离器件进行隔离。

变频器的冷却方式都采用风扇强迫冷却，应经常注意冷却风扇的运行状况，保持滤网和散热器的清洁。在调试与维修时，由于电压较高，每次关机后，必须等电源显示灯完全熄灭后，方可触摸接线部分。另外对变频器的接线要考虑屏蔽及隔离的措施，既要防止电源、外界干扰源对变频器的干扰，也要防止变频器对其他电气设备的干扰。通常要在变频器的电源输入端加装滤波器。

二、SIEMENS 系统主轴伺服系统的故障诊断与维修

1．6SC650 系列交流主轴伺服系统的故障诊断与维修

（1）6SC650 系列主轴驱动器主要组成部件

6SC650 系列交流主轴驱动器在结构上，根据其功率大小分为两种规格，即小功率的 6SC6502/3（输出电流 20/30 A）系列，其功率部件直接安装在功率模块 A1 上：大功率的 6SC6504 至 6SC6520 系列（输出电流 40 ~ 200 A），其功率部件安装在散热器上，散热器直接装配在机柜内壁。整个驱动器主要组成见表 7—9。

表 7—9　6SC650 系列交流主轴驱动器的组成

组成	说明
控制器模块 N1	用于对驱动器的调节与控制，主要包括两只 CPU（80186）及必要的软件（5 片 EPROM）。在驱动器中，主要作用是形成整流主回路的触发脉冲控制信号，以及进行矢量变换计算，产生 PWM 调制信号
输入/输出（I/O）模块 U1	通过 U/F 转换器用于进行各种模拟信号的处理
电源模块 G01 和电源控制模块 G02	G01 和 G02 用于产生控制电路所需的各种辅助电源电压，在 G02 上还可以输出各种继电器信号（如超温、速度、监视等信号），以便 NC 或 PLC 进行控制
C 轴驱动模块选件 A73	控制交流主轴驱动系统在低速下（0.01 ~ 375 r/min）进行位置控制，此时主轴电动机必须装备 18 000 脉冲/r 的正弦和余弦编码器
主轴定向准停模块 A74（选件）	主轴驱动系统在不使用 NC 的位置控制功能的前提下，实现主轴的定向准停控制。主轴位置给定可由内部参数设定或通过接口从外部输入 16 位位置给定信号
主轴定向准停与定位模块 A75（选件）	集成了 A73 与 A74 功能的组件，同时具有 A73 与 A74 的功能
整流模块 A0	安装在机架上，主要为主电路晶闸管及相应的阻容保护电路
功率晶体管模块 A1	安装在机架上，主要为逆变晶体管及相应的阻容保护电路

（2）6SC650 系列主轴驱动器的软件更换与引导

在驱动器第一次安装或是更换驱动器、更换软件后，6SC650 主轴驱动器需要进行软件的重新引导，其步骤如下：

1）将控制器模块 N1 上的写入保护设定端 S1 开路（LED3 亮）。

2）记录原有的参数 P12 ~ P98 的值，对于使用 C 轴或主轴定向准停的驱动器，还需记录 P105 ~ P150，P157、P158、P195 的值。

3）设定下列参数（软件版本 10 以上的驱动器不必进行本步骤）：

P51 设定为：0004H。

P97 设定为：0000H。

P52 设定为：0001H。

4）当 P52 自动恢复到 0000H 后，切断驱动器电源（软件版本 10 以上的驱动器不必进行本步骤）。

5）若需要安装或更换驱动器上的 4 只 EPROM（2 只用于驱动电路处理器，2 只用于控制处理器）。

6）安装控制器模块，确认后重新接通驱动器电源，显示器上将显示参数 P95。

7）进行如下的参数设定：

P95：输入驱动器代号。

P96：输入电动机代号。

P98：输入脉冲编码器每转脉冲数（通常为 1024）。

P97：输入 0001H。

8）将 P51 参数设定为 0004H，输入上述第 2 步中记录的数值。

9）将 P52 设定为 0001H，使参数写入存储器，并关机。

10）重新装上写入保护设定端 S1，开机后驱动器即可正常工作。

（3）6SC650 系列主轴驱动器的状态指示与监控

6SC650 系列主轴驱动器可通过选择不同的显示参数，在显示器上显示驱动器的工作状态，维修时常用的状态显示参数及含义如下。

1）工作方式显示参数 P0。参数 P0 为驱动器正常工作时自动选择的显示参数，其 6 位状态显示代表着不同的含义，具体如下。

①左边第 1 位（■□□□□□）：无显示。

②左边第 2 位（□■□□□□）：内部继电器状态显示。7 段及小数点的每一段显示代表不同的内部继电器（见图 7—36），当相应位亮时，代表继电器输出为“1”。在 6SC650 中内部继电器的意义可以通过参数进行定义，因此在不同机床中具有不同的含义，当参数为标准设置时，其含义见表 7—10。

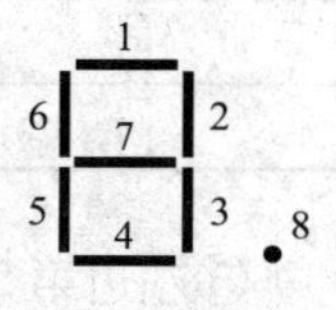

图 7—36 内部继电器显示

③左边第 3 位（□□■□□□）：驱动器工作状态显示。其含义见表 7—11。

表 7—10　　内部继电器状态显示

段　号	定义参数	含　义
1	P23 - P26	$n_{act} < n_x$
2	P63	电动机过热
3	P145	主轴到达位置 2
4	P21	$\mid n_{act} \mid < n_{min}$
5	P144	主轴到达位置 1
6	P47	$\mid M_d \mid > M_{dx}$
7	P27	$n_{act} = n_{set}$
8	P53	准备好/故障

表 7—11　　第三位的显示含义

显示	含　义
	系统等待启动，尚缺少左边第 4 位指示的条件
	工作在转速控制方式，全部条件均已满足
	工作在主轴定向准停方式，全部条件均已满足
	工作在位置环闭环工作方式
	工作在 C 轴控制方式
	工作在变频工作方式

④左边第 4 位（□□□■□□）：启动条件指示。其含义见表 7—12。

表 7—12　　第四位的显示含义

显示	含义
	端子 63 未使能
	端子 663 未使能
	端子 65 未使能
	端子 81 使能错误
	给定端子使能错误
	电动机工作方式
	发电机工作方式

⑤左边第 5 位（□□□□■□）：通常无显示。

⑥左边第 6 位（□□□□□■）：实际传动级选择指示显示，1 ~ 8 代表实际选择的传动级。

2）参数 P001 ~ P010 的状态显示

显示参数 P001 ~ P010 为驱动器（电动机）实际工作状态显示，其含义见表 7—13。

表 7—13 驱动器（电动机）实际工作状态显示一览表

参数号	含 义	单 位	范围
P001	给定转速	%	-100 ~ 100
P002	实际转速	r/min	-16 000 ~ 16 000
P003	转矩极限	%	-180 ~ 180
P004	M_d/M_{dmax} （P/P_{max}）	%	0 ~ 100
P006	直流母线电压	V	0 ~ 999
P007	直流母线电流	A	-300 ~ 300
P008	直流母线功率	kW	-160 ~ 160
P009	电网频率	Hz	0 ~ 100
P010	定子温度	℃	0 ~ 150

（4）6SC650 系列主轴驱动器故障的辅助诊断

1）控制模块 N1。控制器模块上的发光二极管功能和测试点主要有 DAU1/DAU2/DAU3/I_D/M 等，指示灯有 LED1、LED2、LED3，如图 7—37 和图 7—38 所示。图中测量端 DAU1 ~ DAU3 为通用测量端，其输出测量值是可变的，它可以通过参数 P66、P68、P76 进行选择，测量端 I_D 为固定的直流母线电流测量端，它可用于直流母线给定电流的测量。状态指示灯 LED1、LED2、LED3 的含义如下：

LED1：编码器 A 相反馈信号指示。

LED2：编码器 B 相反馈信号指示。

LED3：EEPROM 写入保护指示。

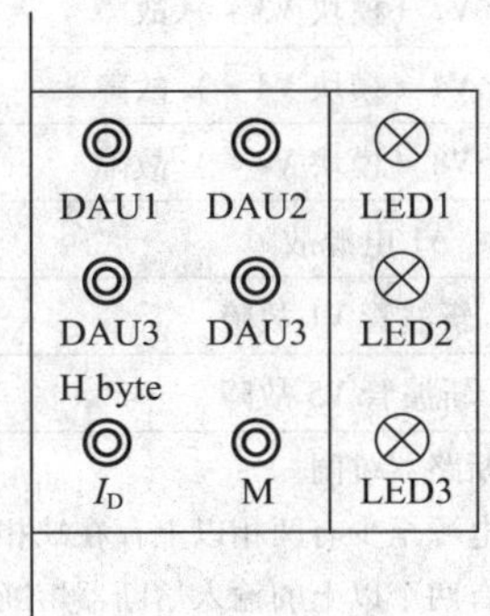

图 7—37 控制模块的状态指示

图 7—38 I/O 模块的状态指示

2）I/O 模块 U1。I/O 模块上测试点与指示灯如图 7—38 所示，其含义如下：

I_R：电动机 R 相电流。

I_S：电动机 S 相电流。

I_T：电动机 T 相电流。

I_D：直流母线电流。

I_{WR}：电动机总电流（三相电流实际值 I_R、I_S、I_D的整流平均值）。

M：参考地。

对于不同规格的驱动器，实际电流 I_R、I_S、I_D、I_T与测量电压的关系，见表 7—14。

3）6SC650 系列主轴驱动器的故障诊断。6SC650 系列主轴驱动器的故障诊断见表 7—15。

表 7—14　　实际电流与测量电压对照表

主　机	I_R、I_S、I_T	I_D	主　机	I_R、I_S、I_T	I_D
6SC6502	5 V 对应 45 A	10 V 对应 45 A	6SC6508	5 V 对应 180 A	10 V 对应 180 A
6SC6503	5 V 对应 70 A	10 V 对应 70 A	6SC6512	5 V 对应 333 A	10 V 对应 333 A
6SC6504	5 V 对应 90 A	10 V 对应 90 A	62C6520	5 V 对应 500 A	10 V 对应 500 A
6SC6506	5 V 对应 180 A	10 V 对应 180 A			

表 7—15　　6SC650 系列主轴驱动器的故障诊断

项目			说明
大功率晶体管故障的诊断	未使用晶体管故障诊断功能 PT0 显示 0000H 以外的参数		1）功率模块 A1 不良 2）电源模块 G01/G02 不良 3）I/O 模块 U1 不良
	晶体管监视功能生效	PT0 显示	含义
		0001H	晶体管 V2（模块 V2＊）故障
		0002H	晶体管 V6（模块 V2＊）故障
		0004H	晶体管 V3（模块 V3＊）故障
		0008H	晶体管 V7（模块 V3＊）故障
		0010H	晶体管 V4（模块 V4＊）故障
		0020H	晶体管 V8（模块 V4＊）故障
		00FFH	A1 电源故障
		0040H	斩波管 V1 故障
		0080H	斩波管 V5 故障
驱动器面板故障的诊断	数码管均不亮		①主电路进线断路器跳闸 ②主回路进线电源至少有两相以上存在缺相 ③驱动器至少有两个以上的输入熔断器熔断 ④电源模块 A0 中的电源熔断器熔断 ⑤显示模块 H1 和控制器模块 N1 之间连接故障 ⑥辅助控制电压中的 5 V 电源故障 ⑦控制模块 N1 故障
	显示 888888		①控制器模块 N1 故障 ②控制模块 N1 上的 EPROM 安装不良或软件出错 ③输入/输出模块中的“复位”信号为“1”
	显示报警信号		见表 7—16

表 7—16　　6SC650 系列驱动器故障一览表

故障代码	故障名称	故障原因
F－01	电源故障	a）脉冲电源 U4－X117→G02－X117 未接好 b）电源缺相 c）主回路进线熔断器 F1、F2 或 F3 熔断 d）A0 模块上的 F4、F5 或 F6 熔断 e）A0 模块故障 f）U1 模块故障
F－02	相序不正确	输入电源的相序不正确
F－11	转速控制器输出最大，但无实际转速反馈	a）电动机测量系统电缆连接不良 b）编码器连接不良 c）编码器故障 d）电动机电枢与驱动器连接不良 e）电动机处于机械制动状态 f）U1 模块故障 g）触发电路或 EPROM 故障 h）驱动电路中的电源故障 i）直流母线熔断器熔断 j）未进行新的软件引导
F－12	驱动器过电流	a）电动机与驱动器匹配不正确 b）驱动器上存在短路或接地故障 c）电流检测电路互感器 U12、U13 故障 d）驱动器内电缆连接不良 e）U1 模块故障 f）hN1 模块故障 g）功率晶体管模块故障 h）转矩极限定值设定不正确
F－14	电动机过热	a）电动机过载 b）电动机电流设定过大（如：P－96 参数中电动机代码设定错误） c）电动机上的热敏电阻故障 d）电动机风扇故障 e）U1 模块故障 f）电动机绕组匝间短路
F－19	温度传感器不良	a）电动机上的热敏电阻不良 b）传感器接线断开 c）环境温度低于－20℃ d）U1 模块故障

续表

故障代码	故障名称	故障原因
F－15	驱动器过热	a）驱动器过载（电动机与驱动器匹配不正确） b）环境温度太高 c）热敏电阻故障 d）风扇故障 e）断路器 Q1 或 Q2 跳闸
F－40	驱动器内部电源故障	a）＋10 V 电源故障 b）＋15 V 电源故障 c）－10 V 电源故障 d）＋5 V 电源故障 e）＋24 V 电源故障 f）G01 模块故障 g）G02 模块故障 h）U1 模块故障 i）电动机某相对地短路（对地电阻 <10 kΩ）
F－41	直流母线过电压	a）电网电压过高 b）A0 模块、G01 模块或 U1 模块上的电压测量回路故障 c）直流母线电容器故障； d）直流母线斩波管 V1 或 V5 故障 e）电动机与驱动器匹配不正确 f）二极管 V9 或 V10（仅 6SC6512 和 6520）故障 g）在再生制动工作状态时出现外部停电 h）电动机某相对地短路 i）编码器或连线不良 j）参数设定不正确（P－176 过大）
F－42	直流母线过电流	a）驱动器过载 b）A0 模块故障（仅 6SC6502 和 6503） c）互感器 U11 有故障 d）斩波管 V1、V2 故障 e）晶体管故障；直流母线中存在短路 f）功率晶体管（V1～V8）存在故障 g）U1 模块故障 h）参数设定不正确（P－176 过大） i）N1 模块故障
F－48	P24EX 过载	提供给外部的＋24 V 电源过载

续表

故障代码	故障名称	故障原因
F－51	直流母线过电压	N1 模块故障；当其他原因引起直流母线过电压时，显示故障信息 F－41
F－52	直流母线欠压	a）电网电压过低或瞬间中断 b）A0 模块故障（只对 6SC6502 和 6503） c）G01 模块（G02）模块故障 d）U1 模块故障
F－53	直流母线充电故障	a）晶体管触发脉冲线连接不良 b）A0 模块故障 c）G02 模块故障 d）G01 模块故障 e）U1 模块故障；N1 模块故障
F－54	电网频率不正确	a）频率波动过大 b）A0 模块故障 c）U1 模块故障 d）N1 模块故障
F－55	设定值错误	写入 EEPROM 的参数超过极限值或需软件引导
F－61	超过电动机最高频率	参数 P－29 中的电动机转速极限值设定不正确
F－71	控制处理器 EEPROM 低字节与总和校验错误	N1 模块上的 EPROMD82 故障
F－72	控制处理器 EEPROM 高字节与总和校验错误	N1 模块上的 EPROMD80 故障
F－73	触发电路处理器 EEPROM 低字节与总和检验错误	N1 模块上的 EPROMD78 有故障
F－74	触发电路处理器 EEPROM 高字节与总和检验错误	N1 模块上的 EPROMD76 故障
F－75	EEPROM 总和校验错误	a）EEPROM 存在错误或需要软件引导 b）EEPROMD74 故障
F－77	无初始脉冲	a）N1 模块接插不良 b）U1 模块接插不良 c）U1 模块故障

续表

故障代码	故障名称	故障原因
F－78	I/O 程序执行时间超过	EEPROM D74 故障（需要软件引导或更换 EEPROM）
F－81	直流母线电压过高	a）G02 模块故障 b）A0 模块故障 c）U1 模块故障
F－82	主回路进线过电流	a）A1 模块故障 b）G01 模块故障，G02 模块故障
F－56	电网频率计数故障	a）N1 模块故障 b）U1 模块故障 c）G01 模块故障
F－57	锁相电路中频率检测故障	N1 模块故障
F－P1	不能达到的位置设定值	a）主轴定向准停或 *C* 轴无法到达指定的位置 b）A73/A74 模块故障 c）编码器连接不良 d）参数设定不当
F－P2	缺少零脉冲	主轴定向准停缺少零脉冲信号

2. 611A 系列交流主轴驱动系统的故障诊断与维修

（1）611A 主轴驱动器的状态指示与监控

611A 主轴驱动器维修时常用的状态显示参数及含义如下：

1）工作方式显示参数 P0。参数 P0 为驱动器正常工作时自动选择的显示参数，其 6 位液晶显示代表的含义如下：

①左边第 1 位（■□□□□□）：无显示。

②左边第 2 位（□■□□□□）：内部继电器状态显示。7 段及小数点的每一段显示代表不同的内部继电器，当相应位亮时，代表继电器输出为“1”。在 611A 中，内部继电器的意义可以通过参数进行定义，因此在不同机床中具有不同的含义。当参数为标准设置时，其含义见表 7—17。

表 7—17　　内部继电器状态显示

段号	端子号	定义参数	标准设置	段号	端子号	定义参数	标准设置
1	A41	P244	$\|n_{act}\| < n_x$	5			无定义
2	A51	P245	电动机过热	6	A21	P242	$\|M_d\| < M_{dx}$
3	A61	P246	P186 定义	7	A11	P241	$n_{act} = n_{set}$
4	A31	P243	$\|n_{act}\| < n_{min}$	8	672/674	P53	准备好/故障

③左边第 3、4、5 位的状态显示及含义见表 7—18。

表 7—18　　左边几位的显示说明

位数	显示	含义
左边第 3 位		系统等待启动，尚缺少左边第 4 位指示的条件
		工作在转速控制方式，全部条件均已满足
		工作在电流控制方式，全部条件均已满足
		工作在主轴定向准停方式
		工作在位置环闭环工作方式
		工作在 C 轴控制方式
		工作在变频工作方式

位数	显示	含义
左边第 4 位		端子 63 未使能
		端子 663 未使能
		端子 65 未使能
		端子 81 使能错误
		给定端子使能错误
		电动机工作方式
		发电机工作方式
左边第 5 位		Y 形联结
		△形联结

④左边第 6 位（□□□□□■）：实际传动级选择指示显示。1 ~ 8 代表实际选择的传动级。

2）参数 P001 ~ P010 的状态显示

显示参数 P001 ~ P010 为驱动器（电动机）实际工作状态显示，其含义见表 7—19。

表 7—19　　驱动器（电动机）实际工作状态显示一览表

参数号	含　义	单　位	范　围
P001	给定转速	r/min	-16 000 ~ 16 000
P002	实际转速	r/min	-16 000 ~ 16 000
P003	电动机电枢电压	V	0 ~ 500
P004	M_d/M_{dmax}（P/P_{max}）	%	0 ~ 100
P006	直流母线电压	V	0 ~ 700
P007	电动机电流	A	0 ~ 150
P008	实际容量	kV · A	0 ~ 100
P009	实际功率	kW	0 ~ 100
P010	转子温度	℃	0 ~ 150

（2）611A 系列交流主轴驱动器的故障诊断

611A 主轴驱动器常见的故障及引起故障的原因见表 7—20。

表 7—20　　611A 主轴驱动器常见的故障及引起故障的原因

故障	说明
开机时显示器无任何显示	a）输入电源至少有两相缺相 b）电源模块至少有两相以上输入熔断器熔断 c）电源模块的辅助控制电源故障 d）驱动器设备母线连接不良 e）主轴驱动模块不良 f）主轴驱动模块的 EPROM/FEPROM 不良
电动机转速低（≤10r/min）	此故障通常是由于主轴电动机相序接反引起的，应交换电动机与驱动器的连线
主轴驱动器正常显示	驱动器的报警可以通过 6 位液晶显示器的后 4 位进行显示。发生故障时，显示器的右边第 4 位显示“F”，右边第 3 位、第 2 位为报警号，右边第 1 位显示“三”时，代表驱动器存在多个故障；通过操作驱动器上的“+”键，可以逐个显示存在的全部故障号。驱动器常见的报警号以及可能的原因见表 7—21

表 7—21　　驱动器常见的报警号以及可能的原因

报警号	内　容	原　因
F07	FEPROM 数据出错	a）若报警在写入驱动器数据时发生，则表明 FEPROM 故障 b）若开机时出现本报警，则表明上次关机前进行了数据修改。但修改的数据未存储；应通过设定参数 P52 = 1 进行参数的写入操作
F08	永久性数据丢失	FEPROM 故障，产生了 FEPROM 数据的永久性丢失，应更换驱动器控制模块
F09	编码器出错 1（电动机编码器）	a）电动机编码器未连接 b）电动机编码器电缆连接不良 c）测量电路 1 故障，连接不良或使用了不正确的设备
F10	编码器出错 2（主轴编码器）	当使用主轴编码器定位时。测量电路 2 上的设备连接不良或参数 P150 设定不正确
F11	速度调节器输出达到极限值，转速实际值信号错误	a）电动机编码器未连接 b）电动机编码器电缆连接不良 c）编码器故障 d）电动机接地不良 e）电动机编码器屏蔽连接不良 f）电枢线连接错误或相序不正确 g）电动机转子故障 h）测量电路故障或测量电路模块连接不良

续表

报警号	内　容	原　因
F14	电动机过热	a）电动机过载 b）电动机电流过大，或参数 P96 设定错误 c）电动机温度检测器件故障 d）电动机风机故障 e）测量电路故障 f）电枢绕组局部短路
F15	驱动器过热	a）驱动器过载 b）环境温度太高 c）驱动器风机故障 d）驱动器温度检测器件故障 e）参见 F19 说明
F17	空载电流过大	电动机与驱动器不匹配
F19	温度检测器件短路或断线	a）电动机温度检测器件故障 b）温度检测器件连线断 c）测量电路 1 故障
F79	电动机参数设定错误	参数 P159 ~ P176 或 P219 ~ P236 设定错误
FP01	定位给定值大于编码器脉冲数	参数 P121 ~ P125、P131 设定错误
FP02	零位脉冲监控出错	编码器或传感器无零脉冲
FP03	参数设定错误	参数 P130 的值大于 P131 设定的编码器脉冲数

三、SIEMENS 主轴伺服系统的故障维修实例

【例 7—6】 故障现象：某采用 SIEMENS 810M 的立式加工中心，配套 6SC6502 主轴驱动器，在机床运行过程时，出现主轴驱动器无显示故障。

分析与处理过程：根据 6SC6502 维修说明，显示器上所有数码管均不亮，可能的故障原因如下：

（1）主电路进线断路器跳闸。

（2）主回路进线电源至少有两相以上缺相。

（3）驱动器至少有两个以上的输入熔断器熔断。

（4）电源模块 A0 中的电源熔断器熔断。

（5）显示模块 H1 和控制器模块 N1 之间连接故障。

（6）辅助控制电压中的 5 V 电源故障。

（7）控制模块 N1 故障。

根据以上故障可能的原因，逐一检查，并通过更换备用板，确认驱动器全部模块均正常；驱动器电源输入正确。测量驱动器辅助控制电压 DC170 V 正常，但 DC30 V、DC5 V 为“0”。

由于整个驱动器中的全部模块均已经互换进行确认，因此故障原因只可能是驱动器机架不良。直接更换机架再次进行试验，故障排除，主轴工作正常。

为了确认故障部位，在拆下机架后进行认真检查，发现该机架上的总线板 30 脚（DC30 V 总线）绝缘不良，对地电阻只有 20 kΩ，从而引起了辅助电源的保护线路动作，使驱动器出现以上故障。

【例 7—7】 故障现象：某采用 SIEMENS 810M 的立式加工中心，配套 6SC6502 主轴驱动器，在调试时，出现主轴驱动器显示 888888，主轴不能正常工作。

分析与处理过程：6SC650 系列主轴驱动器的所有数码均显示 888888，其常见的故障原因有：

（1）控制器模块 N1 故障。

（2）控制器模块 N1 上的 EPROM 安装不良或软件出错。

（3）输入/输出模块中的“复位”信号为“1”。

考虑到驱动器是第一次使用，在出厂前已经经过出厂检验，故控制器模块 N1 故障的可能性较小；检查 EPROM 安装正确；驱动器也未加入“复位”信号，因此排除了以上可能的原因。

根据驱动器工作原理，打开驱动器仔细检查，发现驱动器内部 30 V 控制电压仅为20 V，直流母线 DC170 V 预充电电压为 130 V，由此判定故障是由于驱动器辅助控制电压不正常引起的。检查驱动器内部直流整流模块 V14 的连接，发现三相整流桥的 AC120 V 进线中有一相连线脱落。重新连接后，故障排除，主轴可以正常工作。

第三节　SIEMENS 进给伺服系统的故障诊断与维修

一、SIEMENS 进给伺服系统的故障诊断与维修

1. 6RA26 系列直流伺服系统的故障诊断与维修

（1）6RA26 系列直流伺服驱动器简介

6RA26 系列直流伺服驱动器主回路采用晶闸管三相全控反并联桥式整流电路，逻辑无环流双闭环调速，电流环为内环，速度环为外环。系统速度环与电流环均采用 P、I 独立可调的比例—积分（PI）调节器，改变比例系数 P 不会影响积分常数 I，反之亦然，为系统调整提供了方便，其组成见表 7—22。

表 7—22　　6RA26 系列直流伺服驱动器的组成

组成	说明
调节器板 A2	包括速度调节器、电流调节器、触发脉冲控制、速度/电流反馈信号的输入回路等
电源与触发控制板 A3	包括驱动器的直流控制电源、触发同步信号、锯齿波与触发脉冲控制、调节器封锁等部分的控制线路
触发脉冲变压器板 A4	安装有 12 只触发脉冲变压器以及相应的阻容吸收元器件
功率板	安装有 12 只晶闸管（6 对）与相应的阻容吸收元器件
励磁控制与调节板 A01、A02	与 1GS 系列他励直流伺服电动机配套使用
速度给定积分控制板 A1	用在大功率的伺服驱动器，通过加速度调节器的调节，可以改变速度给定信号的斜坡上升时间

（2）6RA26 系列直流伺服驱动器的检测与调整

6RA26 系列直流伺服驱动器设计有较多的调整电位器，用于调节伺服驱动器参数与动、静态性能，这些电位器的作用与通常情况下的调整值见表 7—23，还设有调整、设定与检测端，其含义见表 7—24。

表 7—23　　6RA26 系列直流伺服驱动器电位器调整表

代　号	作　用	安装位置	通常调整值
R149	电流显示增益	A2	5 刻度
R85	最大电流给定值	A2	9 刻度
R218	电流限幅值调节 1	A2	9 刻度
R225	电流限幅值调节 2	A2	0 刻度
R41	速度调节器积分时间	A2	5 刻度
R27	速度调节器比例增益	A2	5 刻度
R28	速度反馈增益	A2	6 刻度
R31	速度调节器零点漂移调节	A2	5 刻度
R126	电流调节器积分时间	A2	4 刻度
R110	电流调节器比例增益	A2	4 刻度
R179	最低转速调节	A2	0 刻度
R231	加速度调节器零点漂移调节	A1	5 刻度
R8	加速度调节器加速时间调节	A1	0 刻度

续表

代　号	作　用	安装位置	通常调整值
R192	最大显示电流调节	A1	8.5 刻度
R62	速度显示增益调节	A1	5 刻度
R279	实际速度显示值调节	A1	0 刻度
R4	弱磁调速转换点调节	A01	6 刻度
R10	励磁调节器比例增益	A01	2 刻度
R13	最小励磁电流调节	A01	9 刻度
R77	最大励磁电流调节	A01	2 刻度

表 7—24　　6RA26 系列直流伺服驱动器的调整与设定

	代　号	作　用	安装位置	通常调整值
设定端	R5、R6、R7	电源频率调整	A3	50 Hz 时取消
	V - W 设定端	电源频率调整	A01	50 Hz 时短接
	CE - CF 设定端	电源频率调整	A2	50 Hz 时断开
	AA - AB 设定端	励磁电压调节	A02	220 V 时短接
	AC - AB 设定端	励磁电压调节	A02	220 V 时断开
	V - W 设定端	驱动器准备好/故障信号转换	A3	根据需要选择
	S1 转换开关	速度/电流调节器转换	A2	设定速度调节器
检测端	端子 26、28、30	驱动器控制电源输入	A3	380 V（与 1U、1 V、1W 同相位）
	端子 1U、1 V、1W	主回路电源输入	功率板	380 V（与 26、28、30 同相位）
	端子 31、32	励磁电源输入	A2	380 V 或 220 V
	端子 10	驱动器内部 -24 V 检测端	A3	-24 V
	端子 7	驱动器内部 +24 V 检测端	A3	+24 V
	端子 15	驱动器内部 0 V 检测端	A3	0 V
	端子 44	驱动器内部 -15 V 检测端	A3	-15 V
	端子 45	驱动器内部 +15 V 检测端	A3	+15 V
	端子 71	驱动器内部 0 V 检测端	A3	0 V

（3）6RA26 系列直流伺服驱动器的状态指示（见表 7—25）

表 7—25　　6RA26 系列直流伺服驱动器的状态指示

状态指示	作用	说明	备注
V79	指示故障	故障指示灯 V79 安装于电源与触发控制板 A3 上，当指示灯亮时代表驱动器存在故障	
V78	指示封锁延时	200 ms 延时封锁指示灯 V78 安装于电源与触发控制板 A3 上，当指示灯亮时代表驱动器处于“停止”状态	
V103	指示封锁	调节器释放状态指示灯 V103 安装于电源与触发控制板 A3 上，当指示灯亮时代表驱动器处于“封锁”状态	
V56	正组处在工作状态	调节器工作状态指示灯 V56 安装于调节器板 A2 上，当指示灯亮时代表驱动器主回路 SCR 的正组处在工作状态。坐标轴静止时，由于闭环调节作用，正组工作状态指示灯 V56 与反组工作状态指示灯 V55 交替闪烁	
V55	反组处在工作状态	调节器反组工作状态指示灯 V55 安装于调节器板 A2 上，当指示灯亮时代表驱动器主回路 SCR 的反组处在工作状态	
V6	指示速度到达	当实际伺服电动机转速与给定转速相等时，指示灯亮；同时，伺服驱动器内部速度到达继电器动作，驱动器输出速度到达触点信号。在加减速过程中，由于实际转速与给定速度不同，指示灯不亮，速度到达信号为“0”	伺服驱动器使用 A1 速度给定积分控制板
V7	指示驱动器过电流	当驱动器在加减速时，即使驱动器输出电流大于给定电流，指示灯也不亮。但当加减速过程结束，并经 200 ms 延时后，若实际输出电流仍然大于给定电流，则指示灯亮，驱动器内部继电器动作，并输出过电流触点信号	
V8	指示驱动器处在欠速状态	当驱动器在运行过程中，由于某种原因，使电动机实际转速低于给定速度时，指示灯亮，且驱动器内部继电器动作，并输出驱动器“欠速”触点信号	

（4）6RA26 系列直流伺服驱动器的常见故障（见表 7—26）

表 7—26　　6RA26 系列直流伺服驱动器的常见故障

故障	原　因
V79 亮	a）电源相序接反 b）电源缺相或相位不正确 c）电源电压低于额定值的 80%
V78 亮	a）电枢回路或励磁（1GS 系列他励直流伺服电动机）回路断线 b）速度反馈信号断线 c）测速发电机故障 d）励磁电流太小（1GS 系列他励直流伺服电动机） e）驱动器的控制端 63 未加入使能信号 f）驱动器的控制端 64 未加入使能信号
V103 亮	驱动器的控制端 64 未加入使能信号
电动机转速过高	a）电动机电枢极性接反，使速度环变成了正反馈 b）测速发电机极性接反，使速度环变成了正反馈 c）他励伺服电动机的励磁回路的输入电压过低 d）速度给定输入电压过高
电动机运转不稳，速度时快时慢	a）伺服单元参数调整不当，调节器未达到最佳工作状态 b）由于干扰、连接不良引起的速度反馈信号不稳定 c）测速发电机安装不良，或测速发电机与电动机轴的连接不良 d）伺服电动机的电刷磨损 e）电枢绕组局部短路或对地短路 f）速度给定输入电压受到干扰或连接不良
电动机启动时间太长或达不到额定转速	a）伺服单元的给定滤波器参数调整不当 b）伺服单元的励磁回路参数调整不当，励磁电流过低 c）电流极限调节过低
输出转矩达不到额定值	a）伺服单元的电流极限调节过低 b）速度调节器的输出限幅值调整不当 c）伺服单元的励磁回路参数调整不当 d）伺服电动机制动器未完全松开 e）电枢线连接不良，接触电阻太大
伺服电动机发热	a）伺服单元的电流极限调节过高 b）伺服单元的励磁回路参数调整不当，励磁电流过高 c）伺服电动机制动器未完全松开 d）绕组局部短路或对地短路

2. 6SC610 系列模拟交流伺服系统的故障诊断与维修

（1）6SC610 系列伺服驱动系统的基本组成（见表 7—27）

表 7—27　　6SC610 系列伺服驱动系统的基本组成

组成	说明
伺服变压器	将外部三相交流 380 V 电压变为伺服驱动器的三相交流 165 V 输入电压
整流模块（V12，V15，V25）	将三相交流 165 V 输入电压变为直流 210 V 直流母线电压
滤波电容器模块（C0）	进行直流母线的滤波和储存电动机制动时的能量回馈，根据驱动器配置的不同，电容器的数目与容量有所不同
直流母线电压控制模块（G10，G20）	使多余的能量通过放电电阻释放。根据驱动器配置的不同有两种规格：G10 适用于峰值功率 30 kW，持续功率 0.3 kW 以下的驱动器，组件安装在电源模块 G0 板上；G20 适用于峰值功率 90 kW，持续功率 0.9 kW 以下的驱动器，组件单独安装，在机箱中占据一个模块位置
电源模块（G0）	产生控制部件所需的各种辅助控制电压，并对各种电压信号进行监控；此外还负责与 NC 进行信号交换
调节器模块（N1，N2）	该模块主要完成驱动器的速度与电流调节。模块的转速给定指令来自 CNC（±10 V 模拟量）；速度反馈信号来自伺服电动机内置式测速发电机；两者在速度调节器进行比较，产生电流给定指令信号。电流调节器根据速度调节器的输出与功率模块检测的电流实际值，产生占空比可变的 PWM 控制信号，并根据转子位置检测器的位置，进行三相电流的分配。一个调节器模块最多可安装 3 个坐标轴的调节器组件，每个机箱中可安装两个调节器模块
功率模块（A **）	功率模块负责将来自调节器的 PWM 控制信号进行功率放大。根据伺服电动机的不同，功率模块分为 3 A、8 A、20 A、30 A、40 A、70 A、90 A 等规格，在结构上又有单轴、双轴与三轴之分

（2）6SC610 系列伺服驱动系统常见故障及处理

1）6SC610 伺服驱动器上的故障指示灯（见表 7—28）。

表 7—28　　6SC610 伺服驱动器上的故障指示灯

指示灯		故障指示	说明
电源模块（G0）	V1	驱动器发生报警（Σ故障）	
	V2	驱动器 ±15 V 辅助电源故障	
	V3	直流母线过电压	
	V4	驱动器端子 63/64 未加使能信号	
调节器模块	V1（V5、V9）	测速反馈报警	由上到下依次为 V1（V5、V9），V2（V6、V10），V3（V7、V11），V4（V8，V12）。其中，V1、V2、V3、V4 为第一轴：V5、V6、V7、V8 为第二轴；V9、V10、V11、V12 为第三轴
	V2（V6、V10）	速度调节器达到输出极限	
	V3（V7、V11）	驱动器过载报警（I^2t 监控）	
	V4（V8，V12）	伺服电动机过热	

2）在不同的故障情况下，故障指示灯的显示及可能的故障原因见表 7—29。

表 7—29　　6SC610 伺服驱动器故障

故障现象	显　示	含　义	可能原因
电动机不转	G0 - V4 亮	端子 63、64 无使能信号	未加使能或 R20、R21 未接通
	所有指示灯不亮		电源未加入或电源有故障
	G0 - V1 亮 G0 - V2 亮 G0 - V3 亮	±15 V 故障，或直流母线电压过高	供电电压过高 负载惯性过大 电流极限调整不当
	G0 - V1 亮 N* - V2 亮	转速监控电路报警	测速发电机或测速反馈电缆故障
	G0 - V1 亮 N0 - V2* 亮	速度调节器输出达到极限	电枢线断 机械负载过大 电动机和驱动器之间的电缆连接不良 功率模块故障，调节器和功率模块之间的带状电缆有故障 电动机相序连接不正确
电动机运行中断	G0 - V1 亮 G0 - V3 亮	直流母线在制动过程中产生过电压	负载惯量过大 电流极限与电动机不匹配 电动机转速超过额定转速 直流母线电压控制器过载 垂直轴无平衡
	G0 - V1 亮 N* - V3 亮	加减速时间超过极限值（200 ms）	电流极限值设定太低 负载惯量过大
	N* - V4 亮 或 N* - V3 亮	I^2t 监控电动机过载	加/减速过于频繁 伺服电动机故障 机械负载太重
电动机运行不平稳			伺服电动机不良 速度调节器比例增益 P 太低 由于屏蔽不当或“地线”错误，引起干扰
熔断器熔断	F10、F110 或 F310 断		功率模块故障
	F247 断		电源模块或直流母线电压控制线路故障

3. 611A 系列模拟交流伺服驱动系统的故障诊断与维修

（1）611A 系列伺服驱动系统的基本组成

611A 系列产品为 SIEMENS 公司在 6SC610 基础上改进的模拟型交流伺服驱动产品，驱动器直流母线电压为 600 V/625 V，可以直接与 380 V/400 V 电网连接。伺服进给轴最大输出转矩可达 185 N · m，额定转速为 1 500 ~ 8 000 r/min；主轴最大输出功率可达 76 kW，最高转速可达到 18 000 r/min，组成见表 7—30。

表 7—30　611A 交流伺服驱动器主要组成

<table>
<tr><th colspan="2">组成</th><th colspan="2">说明</th></tr>
<tr><td rowspan="2">电源模块</td><td>非受控电源模块（UE）</td><td>主回路采用二极管整流，通过制动电阻释放因电动机制动、电源波动产生的能量，保持直流母线电压基本不变，一般用于小功率且制动能量较小的场合</td><td rowspan="2">电源模块由整流电抗器（内置式或外置式）、整流模块、预充电控制电路、制动电阻以及相应的接触器、检测、监控电路组成
有预充电控制与浪涌电流限制环节，预充电完成后自动闭合主回路接触器，提供 DC600 V/625 V 直流回线电压</td></tr>
<tr><td>可控电源模块（I/R）</td><td>主回路采用晶体管整流，PWM 闭环控制，它可以通过再生制动方式，将直流母线上的能量回馈电网，用于大功率、制动频繁、回馈能量大的场合</td></tr>
<tr><td colspan="2">进给驱动模块</td><td colspan="2">由逆变主回路、速度调节器、电流调节器、使能控制电路和轴监控电路等部分组成。在结构上，可以分为控制模块与功率模块两大部分，并分单轴模块与双轴两种类型</td></tr>
<tr><td colspan="2">主轴驱动模块</td><td colspan="2">主轴驱动模块可以与 SIEMENS、IPH6、IPH4、IPH2 主轴电动机配套，构成交流主轴驱动系统</td></tr>
</table>

（2）611A 系列伺服驱动系统的状态显示（见表 7—31）

表 7—31　611A 系列伺服驱动系统的状态显示

<table>
<tr><td rowspan="8">电源模块的状态显示［电源模块（UE 或 I/R）设有 6 个状态指示灯（LED）］</td><td colspan="4">V1—○ ○—V2
V3—○ ○—V4
V5—○ ○—V6</td></tr>
<tr><td>指示灯</td><td>显示</td><td colspan="2">说明</td></tr>
<tr><td>V1</td><td>SPP（红）</td><td>辅助控制电源 +15 V 故障指示灯</td><td rowspan="6">当电源模块直流母线预充电完成，监控模块电源模块无故障时，（UNIT）灯亮，其余指示灯灭，同时“准备好”继电器吸合，并输出触点信号</td></tr>
<tr><td>V2</td><td>5 V（红）</td><td>辅助控制电源 +5 V 故障指示灯</td></tr>
<tr><td>V3</td><td>EXT（绿）</td><td>电源模块未加“使能”指示灯</td></tr>
<tr><td>V4</td><td>UNIT（黄）</td><td>电源模块“准备好”指示灯</td></tr>
<tr><td>V5</td><td>≈（红）</td><td>电源模块电源输入故障指示灯</td></tr>
<tr><td>V6</td><td>UZK（红）</td><td>直流母线过电压指示灯</td></tr>
<tr><td rowspan="2">标准进给驱动模块</td><td>H1</td><td>红</td><td colspan="2">轴故障，表明驱动器出现故障</td></tr>
<tr><td>H2</td><td>红</td><td colspan="2">电动机/电缆连接故障，表明监控电路检测到伺服电动机出现故障</td></tr>
</table>

续表

带扩展接口的进给驱动模块状态显示			参数板未插入驱动器
			脉冲使能（端子663）、速度控制使能（端子65）信号未加入
			脉冲使能（端子663）未加入，速度控制使能（端子65）信号已加入
			脉冲使能（端子663）已加入，速度控制使能（端子65）信号未加入
			脉冲使能、速度控制使能信号已加入
		1	I^2t 监控，驱动器连续过载
		2	转子位置检测器故障
		3	伺服电动机过热
		4	测速发电动机故障
		5	速度控制器达到输出极限，引起 I^2t 报警
		6	速度控制器达到输出极限
		7	实际电动机电流为零，电动机线连接不良

（3）611A 系列伺服驱动器故障常见诊断（见表7—32）

表7—32　611A 系列伺服驱动器故障常见诊断

故障现象	原因
V4 指示灯不亮	①直流母线电压过高 ②+5 V 电压太低 ③输入电源电压过低或缺相 ④与电源模块相连接的轴驱动模块存在故障
H1（轴故障）指示灯亮	①速度调节器到达输出极限 ②驱动模块超过了允许的温升 ③伺服电动机超过了允许的温升 ④电动机与驱动器电缆连接不良
H2 指示灯亮	①测速反馈电缆连接不良 ②伺服电动机内装式测速发电机故障 ③伺服电动机内装式转子位置检测故障

4. 611 U/Ue 系列数字式交流伺服驱动系统的故障诊断与维修

（1）611U/Ue 数字式交流伺服驱动系统基本组成

SIEMENS 611U/Ue 用于进给驱动的伺服驱动模块有单轴与双轴两种结构形式，带有 PROFIBUS DP 总线接口。驱动器内部带有 FEPROM（non－volatile data memory，非易失可擦写存储器），用于存储系统软件与用户数据，驱动器的调整、动态优化可以在 Windows 环境下，通过 Simo Comu 软件自动进行。驱动器由整流电抗器（或伺服变压器）、电源模块（NE module）、功率模块（Power　module）、611 控制模块等组成；电源模块自成单元，功率模块、611 控制模块、PROFIBUS DP 总线接口模块组成轴驱动单元。各驱动器单元间共用 611 直流母线与控制总线，并通过 PROFIBUSDP 总线，与 SIEMENS 802D/810D/840D 系统相连接，组成数控机床的伺服驱动系统。其中电源模块与进给模块的示意图如图 7—39 所示，控制模块如图 7—40 所示。

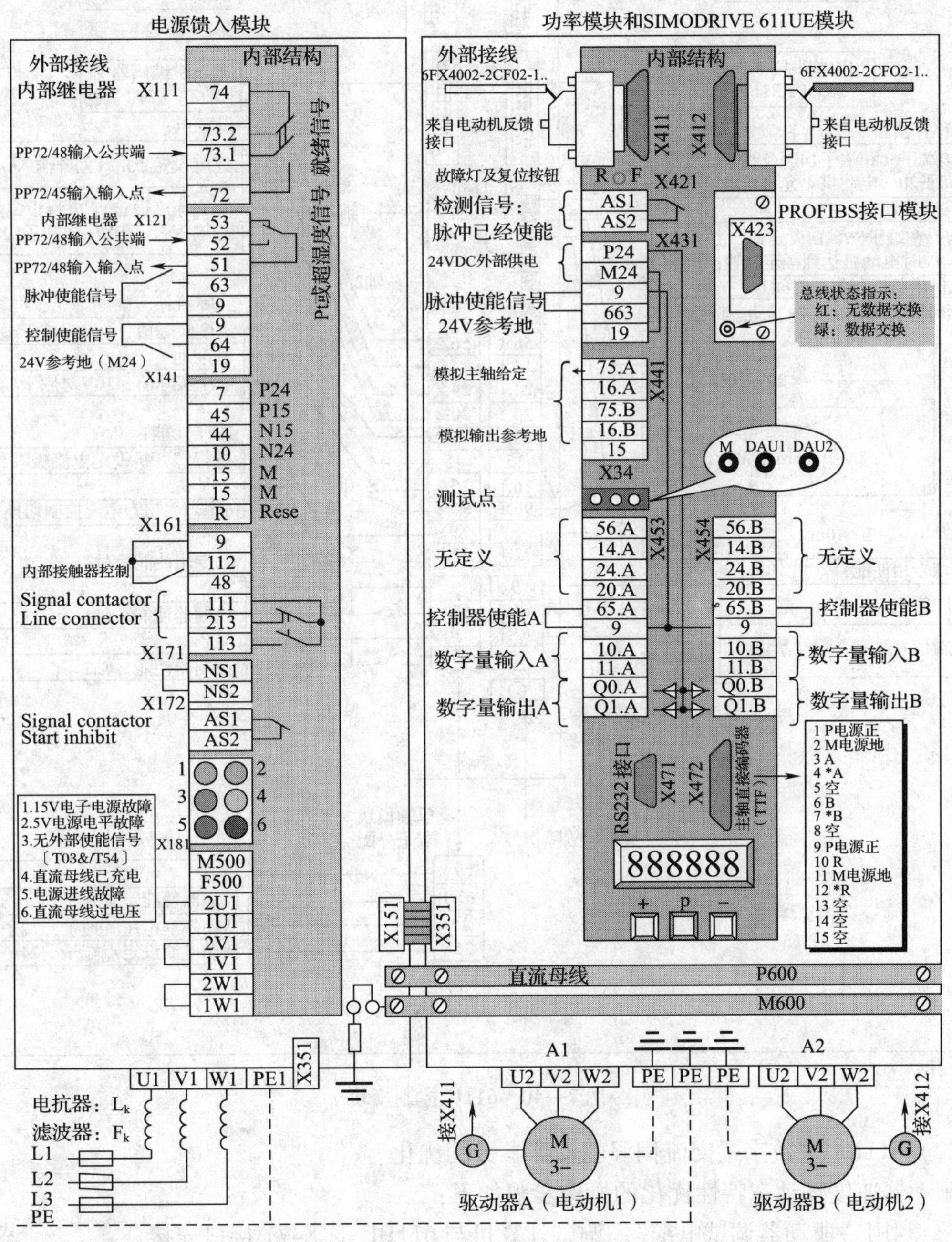

图 7—39　611U 电源模块与进给模块示意图

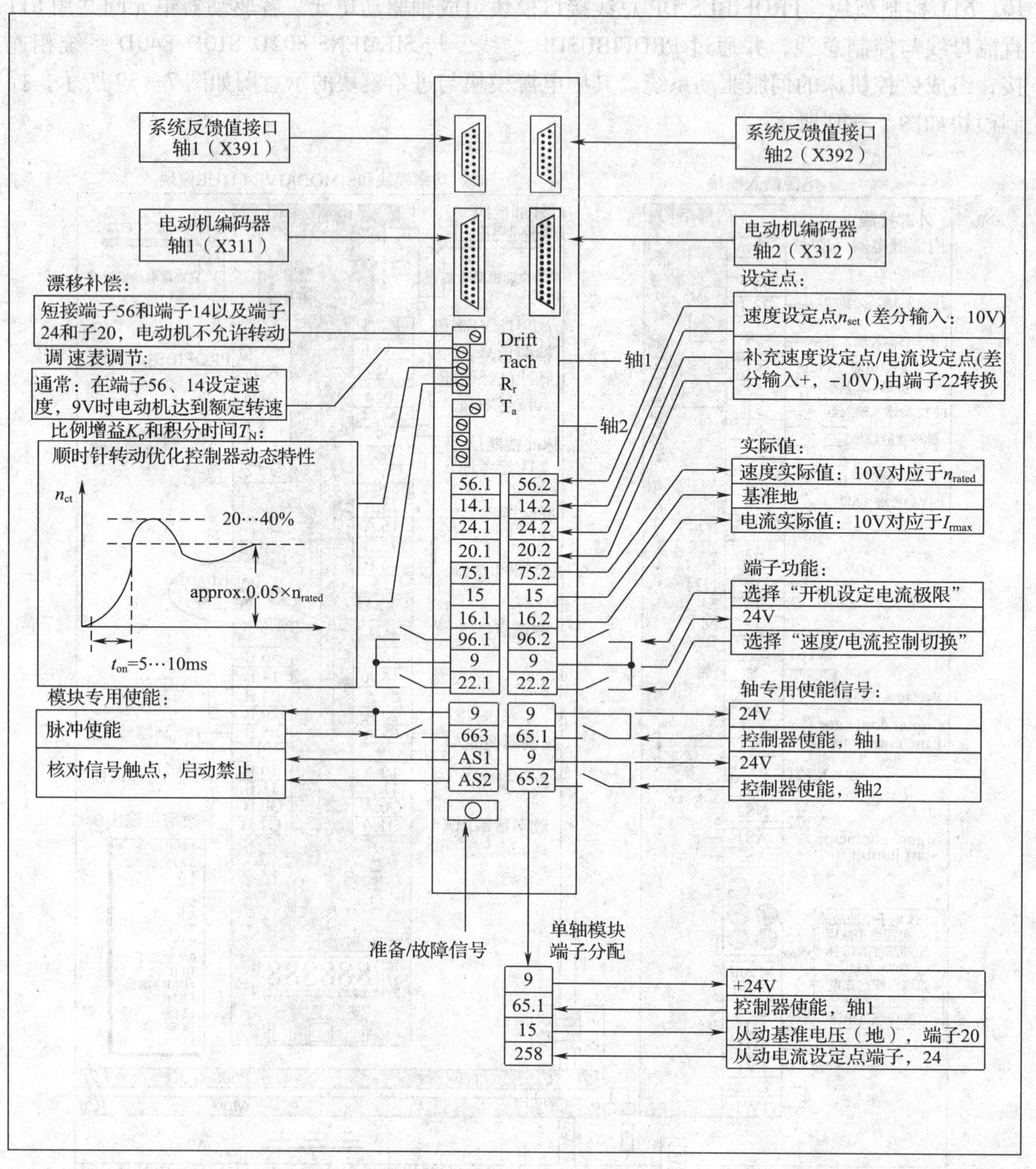

图 7—40　611U 控制模块

（2）611U/Ue 数字式交流伺服驱动器参数的优化

驱动器速度环动态特性优化的操作步骤如下：

1）利用“驱动器调试电缆”，调试计算机与 611UE 的 X471 接口连接。

2）如果需要对带制动的电动机进行优化，应设定对应的 NC 通用参数，如：对于 802D

为 MDl4512［18］的第 2 位为“1”（优化完毕后恢复“1”）。

3）接通驱动器的使能信号（电源模块端子 T48、T63 和 T64 与 T9 接通）并将坐标轴移动到工作台的中间位置，因为驱动器优化时，电动机将自动旋转约两转。

4）运行工具软件 Simo ComU。

5）选择联机方式。

6）选择“PC”控制方式，并通过“OK”确认。

7）选择控制器子目录（Controller）。

8）选择“None of these”。

9）选择自动速度控制器优化：“Execute automatic speed controller setting”。

10）进入优化后，选择“Execute steps 1～4”（1～4 步）自动执行以下优化过程：

①分析机械特性一（电动机正转，带制动电动机的制动器应松开）。

②分析机械特性二（电动机反转，带制动电动机的制动器应松开）。

③电流环测试（电动机静止，带制动电动机的制动器应夹紧）。

④参数优化计算。

当执行完“b”后，Simo ComU 会出现提示：“电流环优化，垂直轴的电动机制动器一定要夹紧，以防止坐标轴下滑”，此时对于带制动电动机必须夹紧制动器，以防止坐标轴的下滑。

（3）611U/Ue 数字式交流伺服驱动器的初始化

驱动器的初始化设定，其操作步骤如下（以 802D 系统为例）。

1）利用“驱动器调试电缆”，调试计算机与 611UE 的 X471 接口连接。

2）接通驱动器电源，此时 611UE 的状态显示为“A1106”，表示驱动器没有反馈安装正确的数据；同时驱动器上 R/F 红灯、总线接口模块上的红灯亮。

3）从 Windows 的“开始”菜单中找出驱动器调试软件 Simo ComU，并运行。

4）选择驱动器与计算机的联机方式。

5）进入联机画面后，计算机自动进入参数设定画面，在软件的提示下进行以下参数设定：

①命名轴名：例如：XK7136－X。

②根据模块的类型与安装位置输入 PROFIBUS 总线地址，不同位置的总线地址见表 7—33。

表 7—33　611U 模块 PROFIBUS 地址表

611U 第一单轴模块	10	611U 第三单轴模块	20	611U 第一双轴模块	12
611U 第二单轴模块	11	611U 第四单轴模块	21	6llU 第二双轴模块	13

③设定电动机型号。

④设定电动机位置检测元件。

⑤设定直接位置测量系统。

⑥存储参数。

6）此时，611UE 的 R/F 红灯灭；状态显示为“A0831”，表示总线数据已经开始通信；总线接口模块上的绿灯亮。

7）完成以上调试后，若电源模块的端子 48、63、64 分别与端子 9 接通，电源模块的黄灯亮，表示电源模块已使能，驱动器进入正常工作状态。

（4）611U/Ue 数字式交流伺服驱动器的状态显示（见表 7—34）

表 7—34　　611U/Ue 数字式交流伺服驱动器的状态显示

<table>
<tr><td rowspan="8">电源模块的状态显示</td><td colspan="5">V1—○ ○—V2
V3—○ ○—V4
V5—○ ○—V6</td></tr>
<tr><td>指示灯</td><td colspan="4">说明</td></tr>
<tr><td>V1</td><td colspan="3">DC15 V 控制电源故障</td><td rowspan="6">电源模块（UE 或 I/R）设有 6 个状态指示灯（LED）</td></tr>
<tr><td>V2</td><td colspan="3">DC5 V 控制电源故障</td></tr>
<tr><td>V3</td><td colspan="3">电源模块未“使能”</td></tr>
<tr><td>V4</td><td colspan="3">电源模块已“使能”，直流母线已充电</td></tr>
<tr><td>V5</td><td colspan="3">进线电源故障</td></tr>
<tr><td>V6</td><td colspan="3">直流母线电压过高</td></tr>
<tr><td rowspan="8">标准进给驱动模块状态显示</td><td rowspan="8"></td><td>位数</td><td>显示</td><td colspan="2">说明</td></tr>
<tr><td>1</td><td>E</td><td>驱动器报警</td><td rowspan="7">611U/Ue 系列数字伺服驱动单元的状态显示，可以通过驱动控制板上的 6 只数码管进行，左边的标号是从左向右标的</td></tr>
<tr><td rowspan="2">2</td><td>一</td><td>驱动器有一个报警</td></tr>
<tr><td>三</td><td>驱动器有多个报警，通过按键“P”可以显示其余报警号</td></tr>
<tr><td rowspan="3">3</td><td>A</td><td>驱动器 A 报警</td></tr>
<tr><td>B</td><td>驱动器 B 报警</td></tr>
<tr><td>4/5/6</td><td>报警号显示</td></tr>
</table>

（5）611U/Ue 数字式交流伺服驱动器进给模块上的故障诊断（见表 7—35）

表 7—35　　611U/Ue 数字式交流伺服驱动器进给模块上的故障诊断

现象	原因
6 只数码管无任何显示	a）电源两相以上缺相 b）两相以上电源熔断器熔断 c）电源模块的辅助电源故障 d）电源模块与轴控制单元间的设备总线未连接 e）轴控制板不良
6 只数码管显示“……”	a）驱动器系统软件未安装 b）存储器模块中未带驱动器系统软件
驱动器“使能”后，电动机立即开始高速旋转	a）编码器脉冲数设定错误 b）选择了开环转矩控制方式 c）编码器故障 d）轴控制模块故障
驱动器“使能”后，电动机即开始旋转	a）驱动器参数设定错误 b）数控系统参数设定错误
电动机转速太低（小于 50 r/min）	a）编码器脉冲数设定错误 b）电动机相序错误 c）轴控制模块故障
驱动器“使能”后，电动机出现短时旋转	a）电源模块故障 b）电动机编码器连接错误 c）编码器故障

二、SIEMENS 进给伺服系统的故障维修实例

【例 7—8】　故障现象：某配套 SIEMENS 802D 的数控铣床，开机时不定期地出现伺服驱动器（611U）报警 B507、B508 等，机床停机后重新启动，通常可以恢复工作。

分析与处理过程：611U 伺服驱动报警 B507、B508 的含义分别是：

B507：电动机转子位置检测错误。

B508：脉冲编码器“零位”信号出错。

以上两个报警都与编码器检测信号有关，一般情况下应为编码器不良，通常应更换编码器解决。

但是，在本机床中，由于重新启动系统后，伺服故障能自动清除，而且只要启动完成，机床可以长时间正常工作，故可以认为故障的真正原因并非编码器存在故障，而是由其他原因引起的。

仔细观察发现，该机床的伺服驱动器在开机通电后，可以自动进入 RUN 状态，表明驱动器可以通过硬件的自检，进一步证明编码器无故障。

检查伺服驱动器的故障发生过程，发现故障每次都是在驱动器“驱动使能”信号加入的瞬间发生，若此时无故障，则机床就可以正常启动并工作。经分析，故障可能是由于伺服系统电动机励磁加入的瞬间干扰引起的。

进一步检查发现，该机床的第四轴（数控转台）电动机使用中间插头连接，电动机的电枢屏蔽线在插头处未连接；经重新连接后故障现象消失，机床恢复正常。

【例 7—9】 故障现象：某配套 SIEMENS 802D 系统的数控铣床，开机时出现 ALM380500 报警，驱动器显示报警号 B504。

分析与处理过程：611U 伺服驱动器出现 B504 报警的含义是“编码器的电压太低，编码器反馈监控生效”。

经检查，开机时伺服驱动器可以显示“RUN”，表明伺服驱动系统可以通过自诊断，驱动器的硬件应无故障。

经观察发现，故障过程与上例相同，即：每次报警都是在伺服驱动系统“使能”信号加入的瞬间出现，经分析，故障原因可能是由于伺服系统电动机励磁加入的瞬间干扰引起的。

重新连接伺服驱动的电动机编码器反馈线，进行正确的接地连接后，故障清除，机床恢复正常。

【例 7—10】 故障现象：一台配套 SIEMENS 802D 系统的四轴四联动的数控铣床，开机后有时会出现 380500ProfibUs - DP：驱动 A1（有时是 *X* 轴、*Y* 轴或 *Z* 轴）出错。但关机片刻后重新开机，机床又可以正常工作。

分析及处理过程：因为该报警时有时无，维修时经过数次开关机试验机床无异常，于是检查总线、总线插头，确认连接牢固、正确，接地可靠。但数日后，故障重新出现。仔细检查发现 611UE 驱动报警显示为“E - B280”，故障原因为电流检测错误，测量驱动器的输入电压，发现实际输入电压为 406 V。重新调节变压器的输出电压，机床恢复正常，报警从此不再出现。

【例 7—11】 故障现象：一台配套 SIEMENS 系统、611A 驱动的卧式加工中心机床，开机后，在机床手动回参考点或手动时，系统出现 ALM1120 报警。

分析与处理：SIEMENS 系统 ALM1120 的含义是“*X* 轴移动过程中的误差过大”，引起故障的原因较多，但其实质是 X 轴实际位置在运动过程中不能及时跟踪指令位置，使误差超过了系统允许的参数设置范围。

观察机床在 X 轴手动时，电动机未旋转，检查驱动器也无报警，且系统的位置显示值与位置跟随误差同时变化，初步判定系统与驱动器均无故障。

进一步检查位置控制板至 X 轴驱动器之间的连接，发现 X 轴驱动器上来自 CNC 的速度给定电压连接插头未完全插入。

测量确认在 X 轴手动时，CNC 速度给定有电压输出，因此可以判定故障是由于速度给定电压连接不良引起的；重新安装后，故障排除，机床恢复正常工作。

【例 7—12】 故障现象：一台配套 SIEMENS 及 611A 交流伺服驱动的立式加工中心，在调试时，出现 X 轴过电流报警。

分析与处理：由于机床为初次开机调试，可以认为驱动器、电动机均无故障，故障原因通常与伺服电动机与驱动器之间的连接有关。

对照 SIEMENS 611A 伺服驱动器说明书，仔细检查发现该机床 X 轴伺服电动机的三相电枢线相序接反；重新连接后，故障排除。

第四节 SIEMENS 数控系统的故障诊断与维修

一、SIEMENS 数控系统硬件的连接

以 SIEMENS 802D 为例来介绍 SIEMENS 数控系统的硬件。

1. SIEMENS 系统各部件的连接（见图 7—41）

2. PROFIBUS 总线的连接

SIEMENS 802D 是基于 PROFIBUS 总线的数控系统。输入/输出信号通过 PROFIBUS 传送，位置调节（速度给定和位置反馈信号）也通过 PROFIBUS 完成。

（1）PROFI BUS 电缆的准备

PROFIBUS 电缆应由机床制造商根据其电柜的布局连接。系统提供 PROFIBUS 的插头和电缆，插头应按照图 7—42 连接。

（2）PROFI BUS 电缆的准备

PCU 为 PROFIBUS 的主设备，每个 PROFIBUS 从设备（如 PP72/48、611UE）都具有自己的总线地址，因而从设备在 PROFIBUS 总线上的排列次序是任意的。PROFIBUS 的连接如图 7—43 所示。PROFIBUS 两个终端设备的终端电阻开关应拨至 ON 位置。P72/48 的总线地址由模块上的地址开关 S1 设定。第一块 PP72/48 的总线地址为“9”（出厂设定）。如果选配第二块 PP72/48，其总线地址应设定为“8”；611UE 的总线地址可利用工具软件 Simo Com U 设定，也可通过 611 UE 上的输入键设定。总线设备（PP72/48 和驱动器）在总线上的排列顺序不限。但总线设备的总线地址不能冲突，即总线上不允许出现两个或两个以上相同的地址。

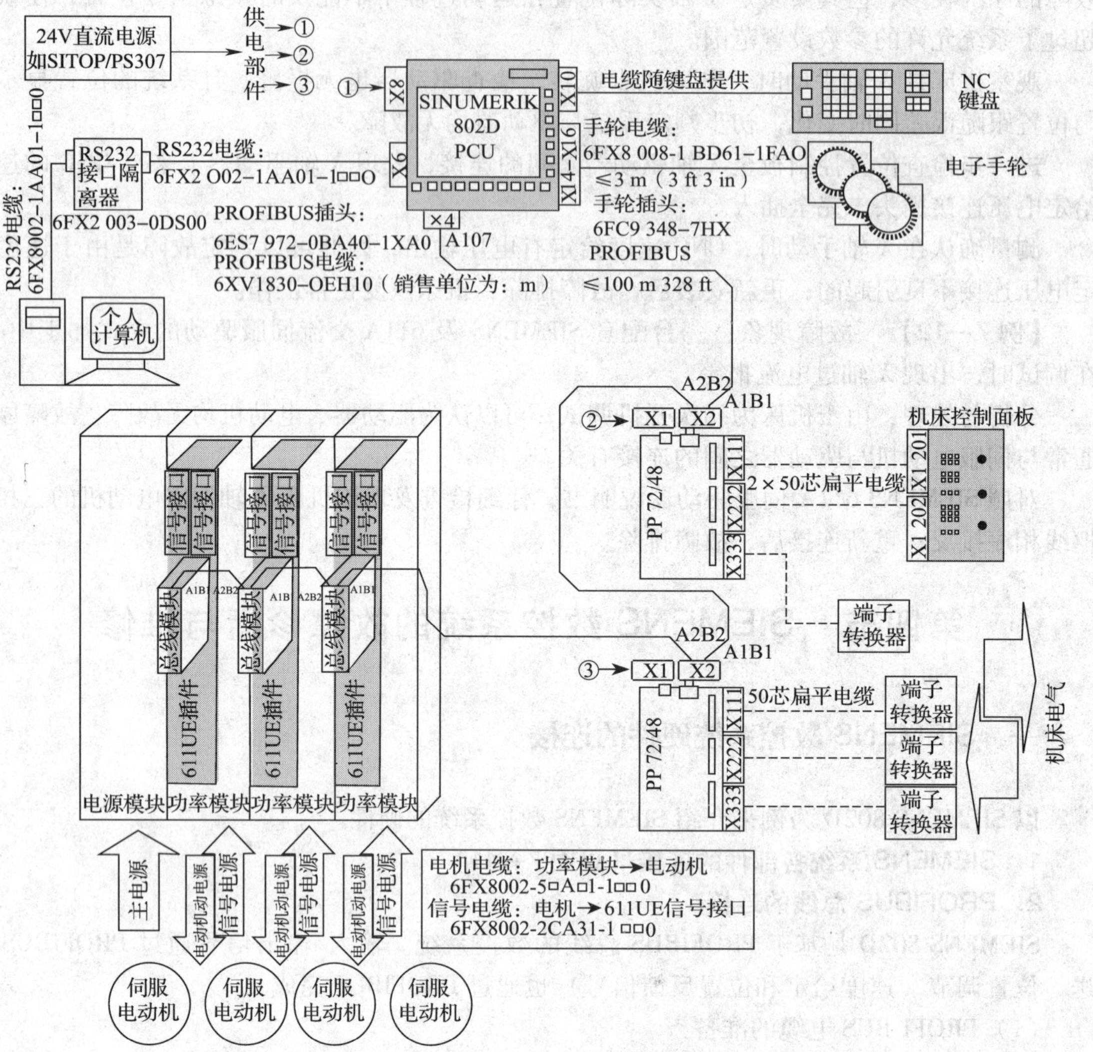

24V直流电源
如SITOP/PS307
供电部件 ①②③
RS232电缆：
6FX8002-1AA01-1□□0
RS232
接口隔
离器
6FX2 003-0DS00
RS232电缆：
6FX2 O02-1AA01-1□□O
个人
计算机
SINUMERIK
802D
PCU
X8 X6 X10 X14-X16 X4 A107
电缆随键盘提供
NC
键盘
手轮电缆：
6FX8 008-1 BD61-1FAO
≤3 m（3 ft 3 in）
电子手轮
手轮插头：
6FC9 348-7HX
PROFIBUS插头：
6ES7 972-0BA40-1XA0
PROFIBUS电缆：
6XV1830-OEH10（销售单位为：m）
PROFIBUS
≤100 m 328 ft
A2B2
A1B1
X1 X2
PP 72/48
X111 X222 X333
2×50芯扁平电缆
机床控制面板
X1 201 X1 202
端子
转换器
50芯扁平电缆
端子
转换器
机床电气
信号接口 信号接口
总线模块
611UE插件
电源模块 功率模块 功率模块 功率模块
主电源
电动机动电源 信号电源
电机电缆：功率模块→电动机
6FX8002-5□A□1-1□□0
信号电缆：电机→611UE信号接口
6FX8002-2CA31-1 □□0
伺服
电动机

图 7—41　SIEMENS 系统各部件的连接

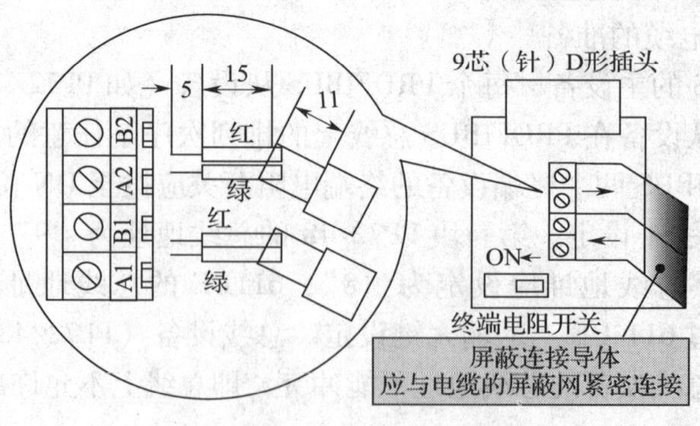

图 7—42　插头连接图

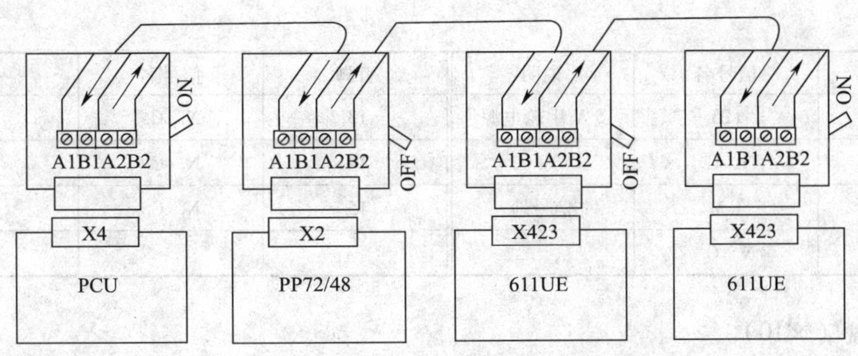

图 7—43　PROFIBUS 的连接图

3．硬件说明

（1）SIEMENS 802D PCU 部件（见图 7—44）

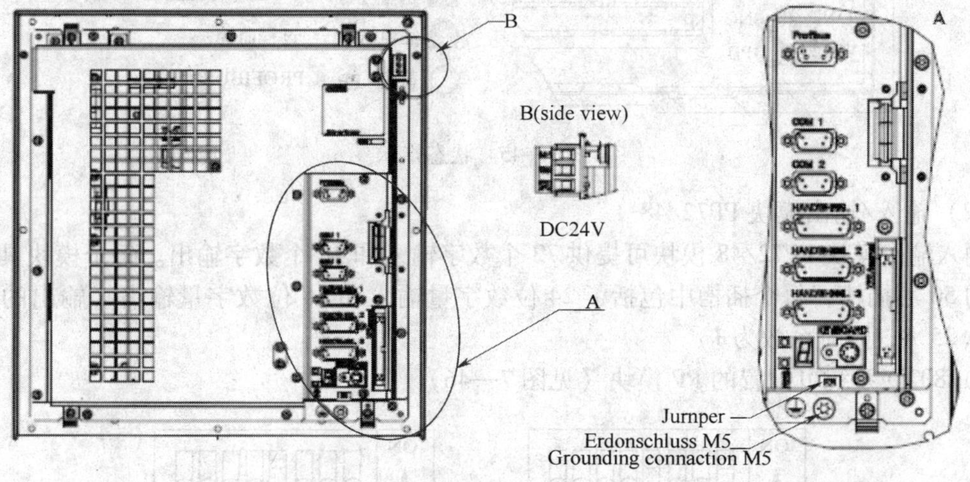

图 7—44　SIEMENS 802D PCU 部件

1）DC24 V 电源（×8）。3 芯端子式插座（插头上已标明 24 V，0 V 和 PE）。

2）PROFIBUS（×4）。9 芯孔式 D 型插座。

3）COM1（×6）。9 芯孔式 D 型插座。

4）手摇脉冲发生器 1 到 3（×14/×15/×16）15 芯孔式 D 型插座。手轮电缆插头（15 芯孔 D 型插头）布局（与接口×14/×15/×16 连接）见表 7—36。

表 7—36　　手摇脉冲发生器的连接

引脚	信号名	说明	引脚	信号名	说明
1	1P5	5 V 手轮电源	5	N. C.	
2	1 M	信号地	6	B_ HWx	B 相脉冲
3	A_ HWx	A 相脉冲	7	XB_ HWx	B 相脉冲负
4	XA_ HWx	A 相脉冲负	8	N. C.	

续表

引脚	信号名	说明	引脚	信号名	说明
9	1P5	5 V 手轮电源	13	N. C.	
10	N. C.		14	N. C.	
11	1 M	信号地	15	N. C.	
12	N. C.				

5）键盘（×10）。

6）状态指示。前端盖内有 4 个发光二极管用于状态指示（见图 7—45）。

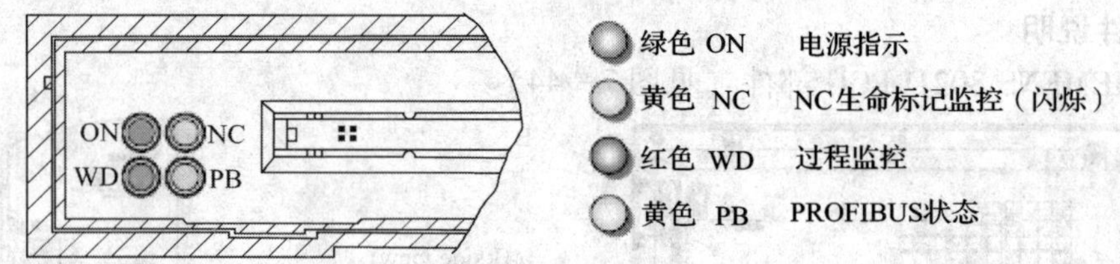

图 7—45 状态指示

（2）输入/输出模块 PP72/48

输入输出模块 PP72/48 模块可提供 72 个数字输入和 48 个数字输出。每个模块具有两个独立的 50 芯插槽，每个插槽中包括了 24 位数字量输入和 16 位数字量输出（输出的驱动能力为 0.25 A，同时系数为 1）。

1）802D 系统可配置的 PP 模块（见图 7—46）

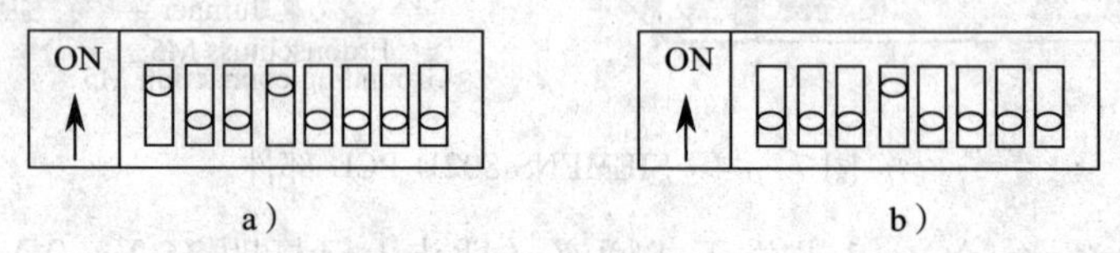

图 7—46 PP 模块

a）PP 72/48 模块 1 b）PP 72/48 模块 2

802D 系统最多可配置两块 PP 模块。

PP 72/48 模块 1（地址：9，见图 7—46a）

×111 对应 24 位输入（I0.0 – I2.7）和 16 位输出（Q0.0 – Q1.7）。

×222 对应 24 位输入（I3.0 – I5.7）和 16 位输出（Q2.0 – Q3.7）。

×333 对应 24 位输入（I6.0 – I8.7）和 16 位输出（Q4.0 – Q5.7）。

PP 72/48 模块 2（地址：8，见图 7—46b）

×111 对应 24 位输入（I9.0 – I11.7）和 16 位输出（Q6.0 – Q7.7）。

×222 对应 24 位输入（I12.0 – I14.7）和 16 位输出（Q8.0 – Q9.7）。

×333 对应 24 位输入（I15.0 – I17.7）和 16 位输出（Q10.0 – Q11.7）。

2）PP72/48 结构图（见图 7—47）

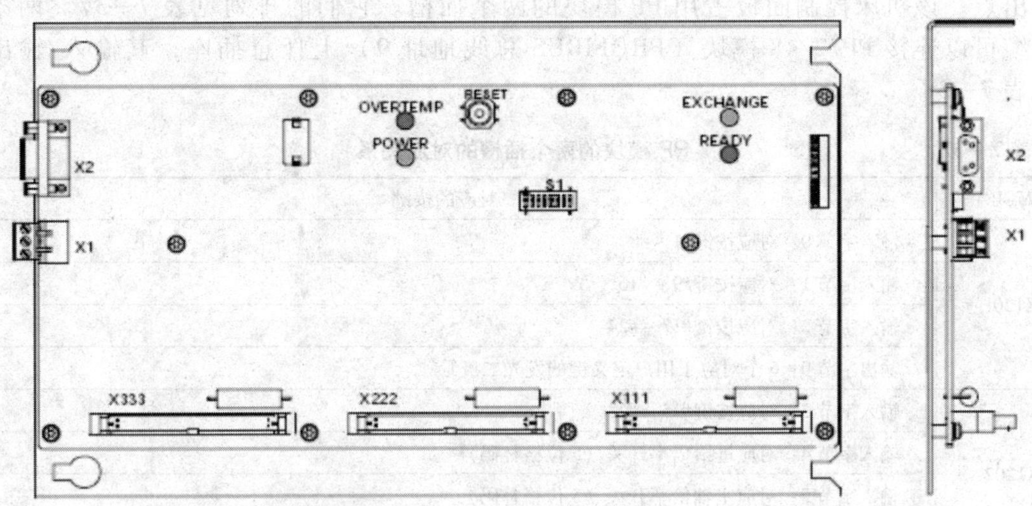

图 7—47　PP72/48 结构图

①DC24 V 电源。（×1）3 芯端子式插头（插头上已标明 24 V，0 V 和 PE）。

②PROFIBUS。（×2）9 芯孔式 D 型插头。

③X111，X222，X333。50 芯扁平电缆插头，用于数字量输入和输出，可与端子转换器连接。说明见表 7—38。

④S1。PROFIBUS 地址开关。

⑤4 个发光二极管 PP72/48 的状态显示（见图 7—48）。

绿色 POWER:	电源指示
红色READY:	PP 72/48 就绪：但无数据交换
绿色 EXCHANGE:	PP 72/48 就绪：PROFIBUS 数据交换
红色 OVTEMP:	超温指示

图 7—48　4 个发光二极管 PP72/48 的状态显示

3）PP72/48 模块的外部供电

①输入信号的公共端可由 PP72/48 任意接口的第 2 脚供电；也可由为系统供电的 DC24 V电源提供（该 24 V 电源的 0 V 应连接到 PP72/48 每个接口的第 1 脚）。

②输出信号的驱动电流由 PP72/48 各接口的公共端（×111/×222/×333 的端子 47/48/49/50）提供。输出公共端也可由为系统供电的 DC24 V 电源提供，也可采用单独的电源；如果采用独立电源为输出公共端供电，该电源的 0V 应与为系统 24V 电源的 0V 连接。

（3）机床控制面板（Machine Control Panel）的连接

机床控制面板背后的两个 50 芯扁平电缆插座可通过扁平电缆与 PP72/48 模块的插

座连接。即机床控制面板的所有按键输入信号和指示灯信号均使用 PP72/48 模块的输入输出点。该机床控制面板占用 PP 模块的两个插槽。它们的排列见表 7—37。两条扁平电缆可以连接 PP72/48 模块（PRQFIBUS 总线地址 9）上任意插座，其输入/输出字节见表 7—38。

表 7—37　　PP 模块的两个插槽的对应关系

MCP	对应的按键
X1201	输入字节 0：对应按键#1 ~ #8
	输入字节 1：对应按键#9 ~ #16
	输入字节 2：对应按键#17 ~ #24
	输出字节 0：6 个对应于用户定义键的发光二极管
X1202	输入字节 3：对应按键#25 ~ #27
	输入字节 4：对应进给倍率开关（5 位格林码）
	输入字节 5：对应主轴倍率开关（5 位格林码）
	输出字节 1：保留

表 7—38　　PP72/48 模块输入/输出字节

PP72/48	输入字节	输出字节
X111	IB0．IB1．IB2	QB0，QB1
X222	IB3，IB4，IB5	QB2，QB3
X333	IB6，IB7，IB8	QB4，QB5

4．供电

（1）802D 的供电

建议采用图 7—49 的方式给 802D 供电。

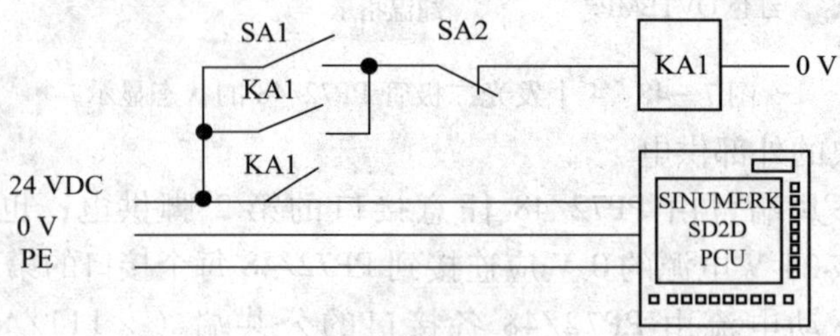

图 7—49　802D 的供电方式

（2）驱动器供电

三相交流电源通过主电源开关直接连接到电源模块。若配备电抗器，应连接在主电源与电源模块之间，且与电源模块的连线应尽可能短。断路器可串接在总电源和电抗器之间。电源模块进线电压的出厂设定为 AC400 V ×（1 ± 10%），如电压超出该范围，电源模块报警

(进线故障灯亮)，且“就绪”信号丢失（72 号端子与 73.1 号端子断开）。

5. 接地

(1) 接地标准及办法需遵守国标 GB/T 5226.1－2008“机械电气安全 机械电气设备第 1 部分：通用技术条件”。

(2) 中性线不能作为保护地使用。

(3) PE 接地只能集中在一点接地，接地线截面积必须小于等于 6mm^2，接地线严格禁止出现环绕（见图 7—50、图 7—51）。

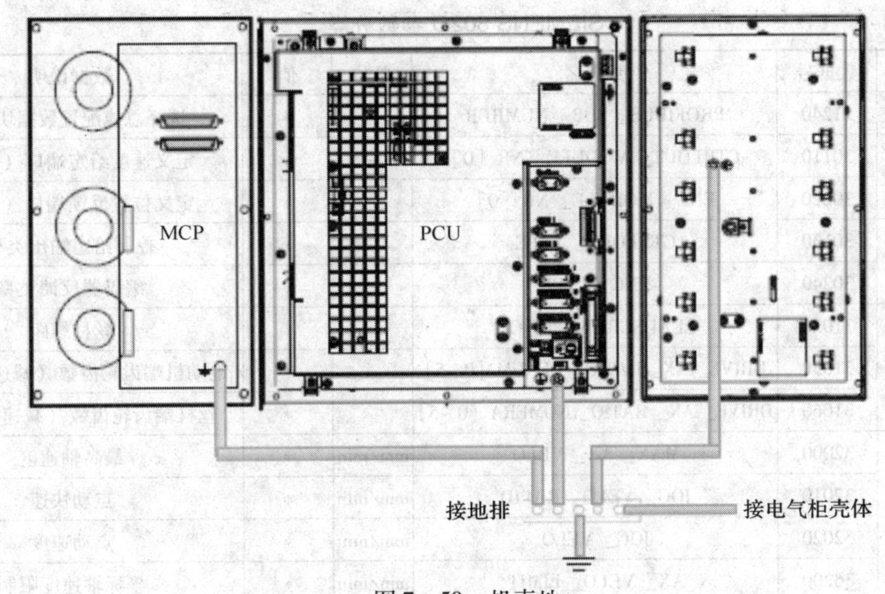

图 7—50　机壳地

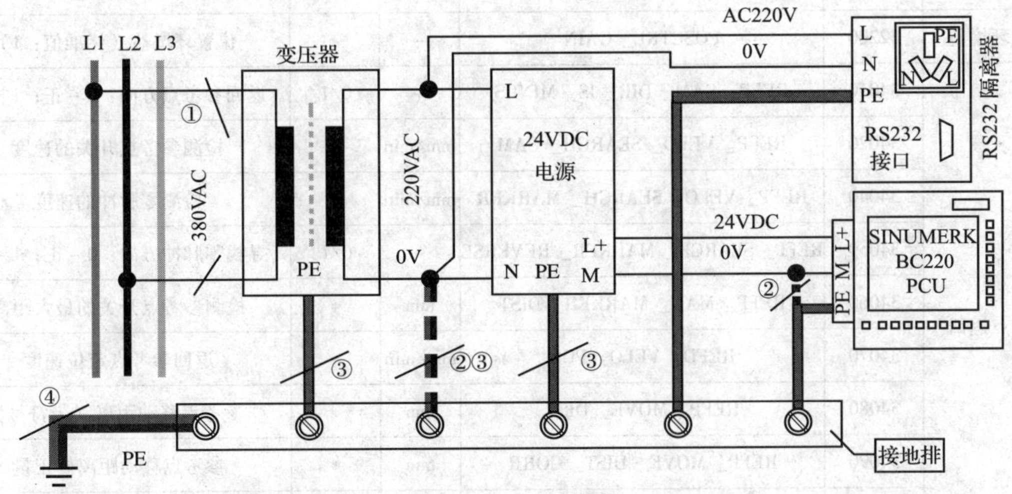

图 7—51　系统地

注：①只有 PE 接地良好时才能连接，如果不能确定 PE 是否良好，禁止连接。

②接地线截面积必须小于等于 10 mm^2，以确保接地效果。

二、SIEMENS 数控系统软件的调试

以 SIEMENS 802D 为例来介绍 SIEMENS 数控系统的调试。

1．参数设置

（1）参数分类

SIEMENS 802D 参数分类见表 7—39。

表 7—39　　SIEMENS 802D 参数分类

分类	数据号	数据名	单位	值	数据说明
总线配置	11240	PROFIBUS_ SDB_ NUMBER	–	*	选择总线配置数据块 SDB
驱动器模块定位	30110	CTRLOUT_ MODULE_ NR [0]	–	*	定义速度给定端口（轴号）
	30220	ENC_ MODULE_ NR [0]	–	*	定义位置反馈端口（轴号）
位置控制使能	30130	CTRLOUT_ TYPE	–	1	控制给定输出类型
	30240	ENC_ TYPE	–	1	编码器反馈类型
传动系统参数配比	31030	LEADSCREW_ PITCH	mm		丝杠螺距
	31050	DRIVE_ AX_ RATIO_ DENUM [0~5]	–	*	电动机端齿轮齿数（减速比分子）
	31060	DRIVE_ AX_ RATIO_ NOMERA [0~5]	–	*	丝杠端齿轮齿数（减速比分母）
坐标速度	32000	MAX_ AX_ VELO	mm/min	*	最高轴速度
	32010	JOG_ VELO_ RAPID	mm/min	*	点动快速
	32020	JOG_ VELO	mm/min	*	点动速度
	36200	AX_ VELO_ LIMIT	mm/min	*	坐标轴速度限制
加速度	32300	MA_ AX_ ACCEL	mm/s^2	*	最大加速度（标准值：1 $/s^2$）
位置环增益	32200	POSCTRL_ GAIN	–	*	位置环增益（标准值：1）
参考点返回	34010	REFP_ CAM_ DIR_ IS_ MINUS	–	0/1	返回参考点方向：0－正；1－负
	34020	REFP_ VELO_ SEARCH_ CAM	mm/min	*	检测参考点开关的速度
	34040	REFP_ VELO_ SEARCH_ MARKER	mm/min	*	检测零脉冲的速度
	34050	REFP_ SEARCH_ MARKER_ REVERSE	–	0/1	寻找零脉冲方向：0－正；1－负
	34060	REFP_ MAX_ MARKER_ DIST	mm	*	检测参考点开关的最大距离
	34070	REFD_ VELO_ POS	mm/min	*	返回参考点定位速度
	34080	REFP_ MOVE_ DIST	mm	*	参考点移动距离（带符号）
	34090	REFP_ MOVE_ DIST_ CORR	mm	*	参考点移动距离修正量
	34092	REFP_ CAM_ SHIFT	mm	*	参考点撞块电子偏移
	34100	REFP_ SET_ POS	mm	*	参考点（相对机床坐标系）位置

续表

分类	数据号	数据名	单位	值	数据说明
软限位	36100	POS_ LIMIT_ MINUS	mm	*	负向软限位
	36110	POS_ LIMIT_ PLUS	mm	*	正向软限位
反向间隙补偿	32450	BACKLASH	mm	*	反向间隙，回参考点后补偿生效
用户的数据保护级	207	USER_ CLASS_ READ_ TOA		3~7	保护级：刀具参数读
	208	USER_ CLASS_ WRITE_ TOA_ GEO		3~7	保护级：刀具几何参数写
	209	USER_ CLASS_ WRITE_ TOA_ WEAR		3~7	保护级：刀具磨损参数写
	210	USER_ CLASS_ WRITE_ ZOA		3~7	保护级：可设定零点偏移写
	212	USER_ CLASS_ WRITE_ SEA		3~7	保护级：设定数据写
	213	USER_ CLASS_ READ_ PROGRAM		3~7	保护级：零件程序读
	214	USER_ CLASS_ WRITE_ PROGRAM		3~7	保护级：零件程序写
	215	USER_ CLASS_ SELECT_ PROGRAM		3~7	保护级：零件程序选择
	218	USER_ CLASS_ WRITE_ RPA		3~7	保护级：R 参数写
	219	USER_ CLASS_ SET_ V24		3~7	保护级：RS-232 参数设定

（2）参数的设置

1）总线配置。SIEMENS 802D PROFI BUS 的配置是通过通用参数 MD11240 来确定的。总线配置见表 7—40。

表 7—40　　总线配置

参数设定（MD11240）	PP72/48 模块	驱动器
0	1+1	无（出厂设定）
3	1+1	双轴+单轴+单轴
4	1+1	双轴+双轴+单轴
5	1+1	单轴+双轴+单轴+单轴
6	1+1	单轴+单轴+单轴+单轴

该参数生效后，611 UE 液晶窗口显示的驱动报警应为：A832（总线无同步）；611 UE 总线接口插件上的指示灯变为绿色。

2）驱动器模块定位。数控系统与驱动器之间通过总线连接，系统根据具体参数与驱动器建立物理联系。参数的设定见表 7—41。

表 7—41　　驱动器模块定位参数设定

MD11240 = 3			MD11240 = 4			MD11240 = 5			MD11240 = 6		
611UE	地址	轴号	611UE	地址	轴号	611UE	地址	轴号	611UE	地址	轴号
双轴 A	12	1	双轴 A	12	1	单轴	20	1	单轴	20	1
双轴 B	12	2	双轴 B	12	2	单轴	21	2	单轴	21	2
单轴	10	5	双轴 A	13	3	双轴 A	13	3	单轴	22	3
单轴	11	6	双轴 B	13	4	双轴 8	13	4	单轴	10	5
			单轴	10	5	单轴	10	5			

3）位置控制使能

系统出厂设定各轴均为仿真轴，即系统不产生指令输出给驱动器，也不读电机的位置信号。按表 7—41 设定参数可激活该轴的位置控制器，使坐标轴进入正常工作状态。

参数生效后，611UE 液晶窗口显示："RUN"。这时通过点动可使伺服电动机运动；此时如果该坐标轴的运动方向与机床定义的运动方向不一致，则可通过表 7—42 修改参数。

表 7—42　　位置控制使能修改参数

数据号	数据名	单位	值	数据说明
32100	AX_ MOTION_ DIR	–	1 –1	电动机正转（出厂设定） 电动机反转

4）返回参考点的设置

①设置机床参数（见表 7—43）。

表 7—43　　设置机床参数

数据号	数据名	单位	值	数据说明
34200	ENC_ REFP_ MODE	–	0	绝对值编码器位置设定
34210	ENC_ REFP_ STATE	–	0	绝对值编码器状态：初始

②进入"手动"方式，将坐标移动到一个已知位的位置。

③输入已知坐标的位置值（见表 7—44）。

表 7—44　　输入已知坐标的位置值

数据号	数据名	单位	值	数据说明
34100	REFT_ SET_ POS	mm	*	机床坐标的位置

④激活绝对值编码器的调整功能（见表 7—45）。

表 7—45　激活绝对值编码器的调整功能

数据号	数据名	单位	值	数据说明
34210	ENC_ REFP_ STATE	mm	1	绝对值编码器状态：调整

⑤激活机床参数。按机床控制面板上的复位键，可激活表 7—43 至表 7—45 中设定的各项参数。

⑥返回参考点。通过机床控制面板进入返回参考点方式。

⑦设定完毕（见表 7—46）。

表 7—46　设定完毕的参数

数据号	数据名	单位	值	数据说明
34090	REFP_ MOVE_ DIST_ CORR	am	*	参考点偏移量
34210	ENC_ REFP_ STATE	–	2	绝对值编码器状态：设定完毕

2. 驱动器参数优化

对于伺服系统，首先要对速度环的动态特进行调试，然后才能对位置环进行调试。速度环动态特性通过 SimoComU 进行优化，其步骤如下。

（1）首先利用准备好的“驱动器调试电缆”将计算机与 611 UE 的 X471 连接起来；如果对带制动的电动机进行优化，需要设定 NC 通用参数 MDl4512［18］的第 1 位设为“1”（优化完毕后恢复“0”）。

（2）驱动器使能（电源模块端子 T48、T63 和 T64 与 T9 接通）；并将坐标移动到适中的位置（因为优化时电动机要转约两个转）：优化时驱动器的速度给定由 PC 机以数字量给出。

（3）然后进入工具软件 SimoComU：且选择联机方式；然后选择 PC 机控制，选择“OK”（见图 7—52）。

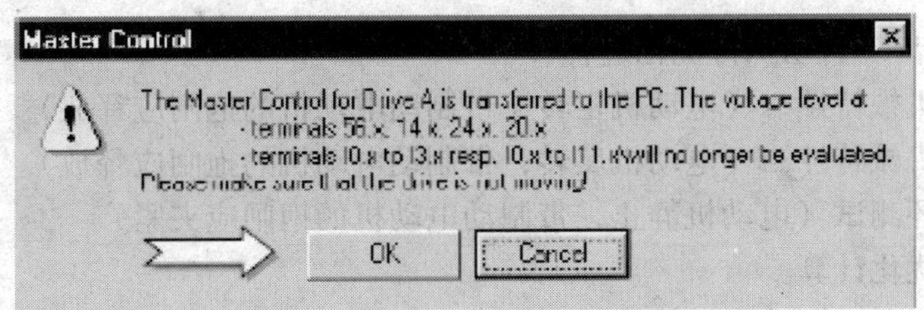

图 7—52　进入工具软件 SimoComU

（4）进入控制器目录（Controller），出现图 7—53 的画面。选择“None of these”将出现图 7—54 所示画面。选择运行自动速度控制器优化“Execute automatic speed controller seeing”。

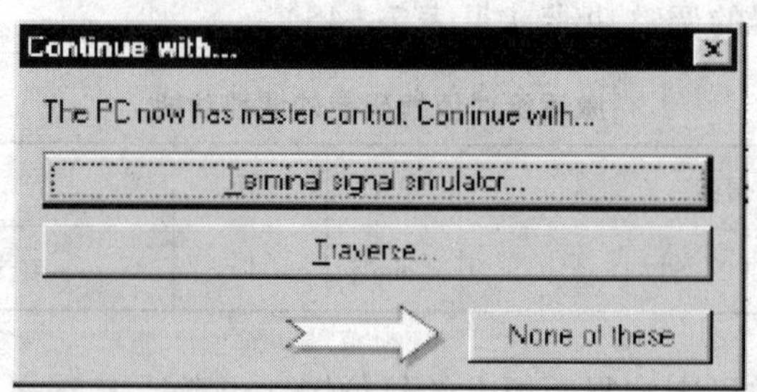

图 7—53　进入控制器目录

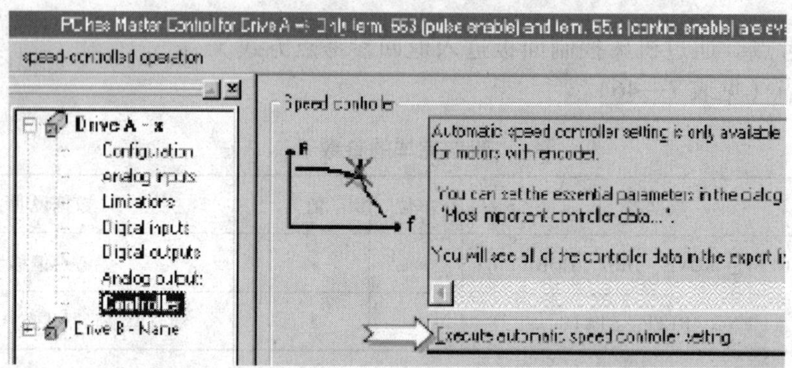

图 7—54　自动速度控制器优化选择画面

(5) 进入图 7—55 所示优化画面。

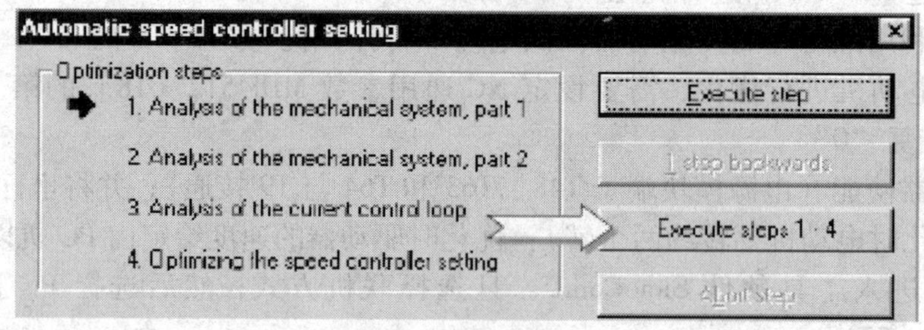

图 7—55　优化画面

选择“1～4 步”自动执行优化过程：

第一步分析机械特性一（电动机正转，带制动电动机的抱闸应释放）。

第二步分析机械特性二（电动机反转，带制动电动机的抱闸应释放）。

第三步电流环测试（电动机静止，带制动电动机的抱闸应夹紧）

第四步参数优化计算。

执行完第二步时，调试工具软件 SimoComU 会出现提示：

“电流环优化，垂直轴的电动机抱闸一定要夹紧，以防止坐标下滑”。此时对于带制动电动机的抱闸必须夹紧，否则坐标会下滑。对垂直轴的伺服参数优化时，特别是在该轴没有平衡装置时，一定要注意优化过程中对抱闸释放和加紧的时机，避免出现由于坐标轴滑落导致机械的损坏。

3．丝杠螺距误差补偿

（1）补偿数据（见表 7—47）。

表 7—47 补偿数据

数据号	数据名	单位	固定值	数据说明
38000	MM_ ENC_ COMP_ MAX_ POINTS	–	125	最大补偿点数

（2）补偿原理（见图 7—56）。

（3）补偿的方法

方法一：

1）首先利用准备好的“8020 调试电缆”将计算机和 802D 的 COM1 连接起来：从 Windows的“开始”中找到通信工具软件 WinPCin，并启动。

2）在 WinPCin 中选择“文本”通信方式 Text Format；然后选择接收数据 Receive Data。

3）进入系统的通信画面，设定相应的通信参数，然后用键盘的光标键选择“数据…”，并选择其中的“丝杠误差补偿”，按菜单键“读出”启动数据传输。

4）按照预定的最小位置、最大位置和测量间隔移动要进行补偿的坐标。

5）用激光干涉仪测试每一点的误差；并将误差值编辑到刚刚传出的补偿文件中。

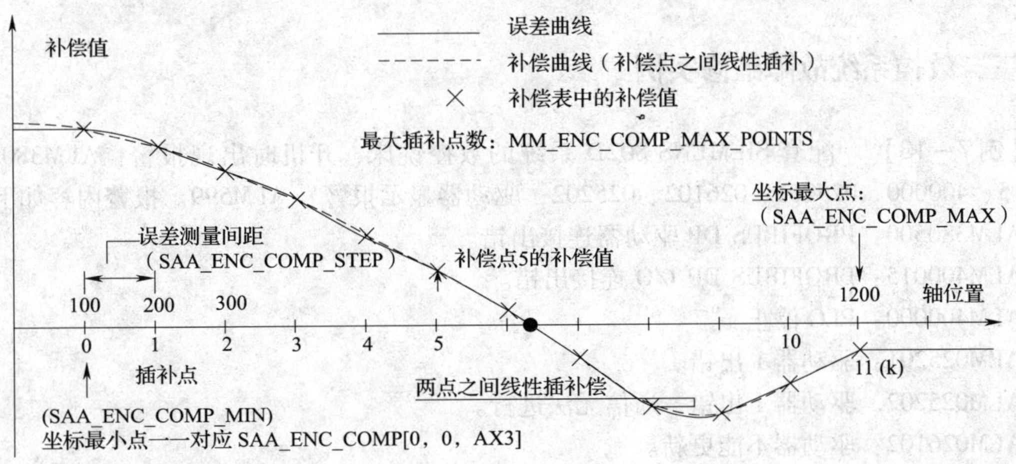

图 7—56 补偿原理

6）将编辑好的补偿文件传回 802D 系统中。

7）设定轴参数 MD32700＝1，然后返回参考点。补偿值生效。

方法二：

1）同方法一将补偿文件由 802D 传到计算机上。

2）编辑补偿文件，修改文件头和文件尾（见下面的例子）。

```
%_ N_ BUCHANG_ MPF
; $ PATH =/_ N_ MPF_ DIR
$ AA_ ENC_ COMP [0, 0, A×3] =0.0
$ AA_ ENC_ COMP [0, 0, A×3] =0.0
$ AA_ ENC_ COMP [0, 0, A×3] =0.0
……
$ AA_ ENC_ COMP_ STEP [0, AX3] =0.0
$ AA_ ENC_ COMP_ MIN [0, A×3] =0.0
$ AA_ ENC_ COMP_ MAX [0, A×3] =0. 0
$ AA_ ENC_ COMP_ IS_ MODULO [0, A×3] =0
M02
```

3）修改过的文件再传回 802D。这时在加工程序的目录中就可以看到名为 BUCHANG 的加工程序。

4）用激光干涉仪测试每一点的误差；将误差值编辑在加工程序“BUCHANG”中。

5）按软菜单键“执行”选择加工程序“BUCHANG”。802D 进入“自动方式”，然后按机床面板上的“NC 启动”键，执行加程序“BUCHANG”后补偿值存入 802D 系统中。

6）设定轴参数 MD32700 =1，返回参考点，补偿生效。

只有在机床参数：MD32700 =0 时，补偿文件才能写入 802D 系统；当 MD32700 =1 时，802D 内部的补偿数组进入写保护状态。

三、数控系统故障维修实例

【例 7—13】 配套 SIEMENS 802D 系统的数控铣床，开机时出现报警：ALM380500、400015、400000、025201、026102、025202；驱动器显示报警号 ALM599。报警内容如下。

ALM380500：PROFIBUS DP 驱动器连接出错。

ALM400015：PROFIBUS DP I/O 连接出错。

ALM400000：PLC 停止。

ALM025201：驱动器 1 出错。

ALM025202. 驱动器 1 出错，通信无法进行。

ALM026102：驱动器不能更新。

伺服驱动器 ALM599：802D 与驱动器之间的循环数据转换中断。分析方法如下。

（1）开机时，伺服驱动器可以显示“RUN”，表明伺服驱动系统可以通过自诊断，驱动器的硬件应无故障。

（2）系统初始化完成后，驱动器“使能”信号尚未输出，系统就出现报警，并且，驱动器也随之报警。

根据以上两点，可以暂时排除伺服驱动器的原因，而且由于伺服驱动的使能信号尚未加入，从而排除了电动机励磁干扰造成故障的可能，由此判定故障是由系统引起的。

（3）系统报警 ALM400015（PROFIBUS DP I/O 连接出错）与 ALM400000（PLC 停止）。

经分析，ALM400015（PROFIBUS DP I/O 连接出错）属于硬件故障报警，如果系统的 I/O 单元工作正常，即使是 ALM400000（PLC 停止），一般也不会引起系统产生硬件报警。

综合以上分析，报警的检查应重点针对 I/O 单元（PP72/48）进行。

经检查，该机床的 I/O 单元（PP72/48）指示灯“POWER”不亮，表明 I/O 单元无 DC24 V。测量外部供电 DC24 V 正常，I/O 单元内部全部熔断器都正常，由此初步判定故障原因在 DC24 V 的输入回路或外部 DC24 V 与 I/O 单元的连接上。

进一步检查 I/O 单元与外部 DC24 V 的连接，发现 I/O 单元电源连接端子的接触不良，重新连接后，I/O 单元的“POWER”“READY”指示灯亮，系统报警消失，机床恢复正常工作。

【例 7—14】 配套 SIEMENS 802D 系统的数控铣床，开机时出现报警：ALM380500、400015、400000、025201、026102、025202，驱动器显示报警号 ALM599。

分析与处理过程：同上例，经检查，该机床 I/O 单元（PP72/48）指示灯“POWER”不亮，表明 I/O 单元无 DC24 V。测量外部供电 DC24 V 正常，I/O 单元内部全部熔断器都正常，由此初步判定故障原因在 DC24 V 的输入回路或外部 DC24 V 与 I/O 单元的连接上。

检查 I/O 单元与外部 DC24 V 的连接，发现 I/O 单元线路板上的电源连接端子上有 DC24 V，但在经过了熔断器 F7 后，DC24 V 电压消失。因单独测量熔断器 F7 正常，由此判定故障原因是熔断器 F7 接触不良引起的；进一步检查发现，线路板上的熔断器 F7 虚焊，重新焊接后，I/O 单元的“POWER”“READY”指示灯亮，系统报警消失，机床恢复正常工作。

【例 7—15】 MCV50 立式加工中心，配西门子系统，屏幕全黑，进给失效，其他功能也全部失效。经调查发现，是操作人员在更换电池时关机引起的。重新安装机床参数及 PLC 用户程序盘，故障排除。

【例 7—16】 某配套 SIEMENS 的加工中心，系统电源接通后，显示器无显示，面板上的“报警”“未到位”“进给保持”“循环运行”指示灯同时亮。

系统面板上的“报警”“未到位”“进给保持”“循环运行”指示灯同时亮，代表系统自检出错，系统无法正常启动。其原因可能是系统 CPU 板或系统软件出错。

为了判断故障原因，可以对系统进行初始化处理。按住系统面板上的诊断键，接通电源启动系统；在系统启动时，面板上方的 4 个指示灯闪烁：然后系统显示初始化页面；结束系统初始化后，机床恢复正常。

【例 7—17】 某配套 SIEMENS 的加工中心，系统工作时，显示器无显示，面板上的“?”指示灯亮；关机后再次启动，系统无显示，面板上的“?”指示灯亮。

系统面板上的“?”指示灯亮，表明系统存在报警，但检查系统硬件无故障。从故障现象分析，原因应属于软件出错，但由于系统无显示，无法判断故障原因。对系统进行初始化处理，经系统初始化后，机床恢复正常。

【例 7—18】 配套 SIMENS PRIMO－S 的数控滚齿机，开机后系统显示（数码管）混乱，机床无法正常开机。

SIMENS PRIMO－S 的数控系统是 SIEMENS 公司早期生产的经济型系统，系统结构非常简单，可以控制 3 轴，系统 CPU 型号为 Intel 8085。

检查系统硬件无故障，根据故障现象分析，原因应属于软件出错。根据 SIMENS PRIMO－S 说明书，按住 M 键，同时接通数控系统电源，系统恢复正常显示，检查发现系统内部参数混乱。重新输入参数后，系统恢复正常。

【例 7—19】 某配置 SIEMENS 810 的卧式加工中心，机床启动后，发现 *X*、*Y*、*Z* 三轴按下手动方向键后，机床可以非常缓慢地向给定的方向运动，但运动速度、坐标位置均不正确。

故障分析与处理：根据机床故障现象分析，此类故障通常是机床的位置检测系统不良引起的。

在本机床上，通过系统跟随误差页面检查，发现在机床运动过程中，位置跟随误差也在随之变化，但其变化速度非常缓慢，明显与机床的实际运动距离不符。

维修时首先检查系统的位置控制系统参数设定，在 SIEMENS 810 系统中，位置控制系统有关的主要参数有：

MD5002 bit2、MD5002 bit1、MD5002 bit0 位置控制系统的控制分辨率。

MD5002 bit7、MD5002 bit 6、MD5002 bit 5 位置控制系统的输入分辨率。

MD3640：*X* 轴的电动机每转反馈脉冲数。

MD3641：*Y* 轴的电动机每转反馈脉冲数。

MD3642：*Z* 轴的电动机每转反馈脉冲数。

MD3680：*X* 轴的电动机每转指令脉冲数。

MD3681：*Y* 轴的电动机每转指令脉冲数。

MD3682：*Z* 轴的电动机每转指令脉冲数。

在本机床上，*X* 轴、*Y* 轴、*Z* 轴伺服电动机内装 2 500 脉冲的编码器，位置控制系统的控制分辨率为 0.5 μm，位置控制系统的指令分辨率为 1 μm，*X* 轴、*Y* 轴、Z 轴的丝杠螺距为 10 mm，丝杠与电动机为直接连接。因此，正确的参数设定应该为：

MD5002 bit2、MP5002 bit1、MP5002 bit 0＝100；

MD5002 bit7、MP5002 bit 6、MP5002 bit 5＝010；

MD3640、MD3641、MD3642＝10000；

MD3680、MD3681、MD3682：20000。

检查系统参数设定，发现系统中 MD3680、MD3681、MD3682 实际设定为 1，这显然与实际机床不符。更改参数后，机床恢复正常。

【例 7—20】 故障现象：在 PC 机上建立的零件加工程序不能传入 NC 存储器中。

故障原因：在 PC 机上建立的零件加工程序没有文件头：

%N_ FILENAME_ MPF

$ PATH＝/_ N_ MPF_ DIR

注意：在传输结束后，通过 NC 通信菜单下的［错误登记］软键检测通信状态，系统对此类文件的传送有提示。

排除方法：在 PC 机上对该零件程序进行编辑，增加文件头，然后再通过 WinPCin 将零件程序下载到 NC 的存储器中。

第五节　SIEMENS 数控系统参数的备份与恢复

一、通过 RS232 接口进行数据传输

通过控制系统的 RS232 接口可以将数据（如零件程序）输出到外部存储设备中，同样也可以从那里读入数据。RS232 接口和其数据存储设备必须相互匹配。

1. 操作步骤

（1）PROGRAM MANAGER：选择操作区 程序管理器，并进入已经创建好的 NC 程序主目录。使用光标或者［全部选中］选出所要传输的数据。

（2）Copy：将选中的内容复制到剪贴板中。

（3）RS232：选择软键［RS232］，并选定需要的传输模式。如图 7—57 所示。

（4）Send：使用［发送］启动数据传输，将所有复制到剪贴板的文件传送出去。

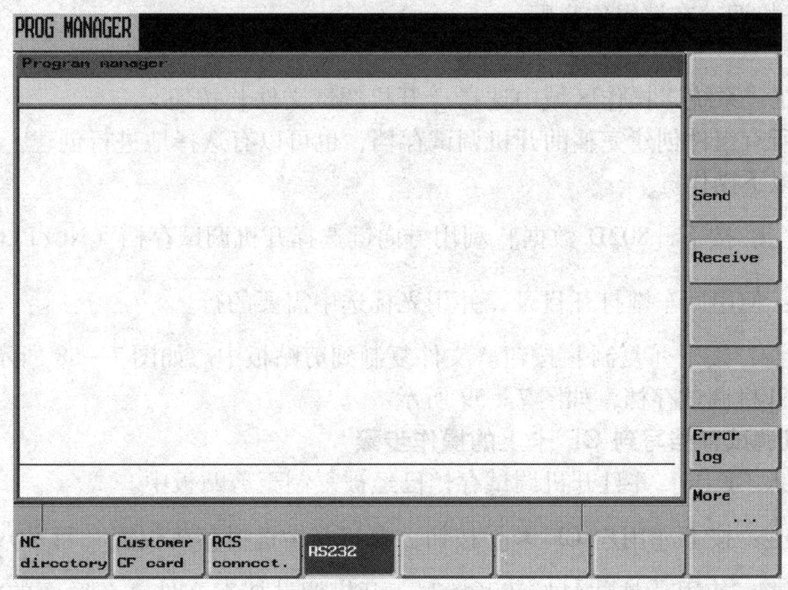

图 7—57　读出程序

2. 其他软键

（1）Receive：通过 RS232 接口装载文件。

（2）Error log：传输协议，所有被传输的文件按状态信息进行排列。对于将要输出的文

件有文件名称、故障应答等；对于将要输入的文件有文件名称与路径数据及故障应答。传输提示信息见表 7—48。

表 7—48　　传输提示信息

项目	说明
OK	传输正常结束
ERR EOF	接收文本结束符号，但存档文件不完整
Time Out	时间监控报警传输中断
User Abort	通过软键［停止］结束传输
Error Com	端口 COM 1 出错
NC / PLC Error	NC 故障报警
Error Data	数据错误 1）文件读入时带有/不带先导符 2）以穿孔带格式发送的文件没有文件名
Error File Name	文件名称不符合 NC 的命名规范

二、创建并读出或读入开机调试存档

1. 创建开机调试存档操作步骤

SHIFT SYSTEM ALARM Start-up files：在“系统”操作区域中选择［开机调试文件］按钮。

可以使用所有组件创建完整的开机调试存档，也可以有选择地进行创建。在进行有选择编制时要执行以下操作。

（1）802D data：按下［802D 数据］利用方向键选择开机调试存档（NC/PLC）行。

（2）INPUT：使用回车键打开目录，并用光标选中需要的行。

（3）Copy：按下［复制］按钮。文件复制到剪贴板中。如图 7—58 所示。

（4）编制开机调试存档，如图 7—59 所示。

2. 将开机调试存档写到 CF 卡上的操作步骤

（1）已插入 CF 卡，并且开机调试存档已经被复制至剪贴板中。

（2）Customer CF card：按下［用户 CF 卡］按钮。在目录中选择存放位置（目录）。

（3）Paste：使用［粘贴］按钮开始写入开机调试档案文件。在后面的对话框中确认提供的名称或者输入新名称。按下［Ok］按钮关闭对话框，如图 7—60 所示。

3. 从 CF 卡上读入开机调试存档

为了读入开机调试档案文件，必须执行以下操作步骤：

（1）插入 CF 卡。

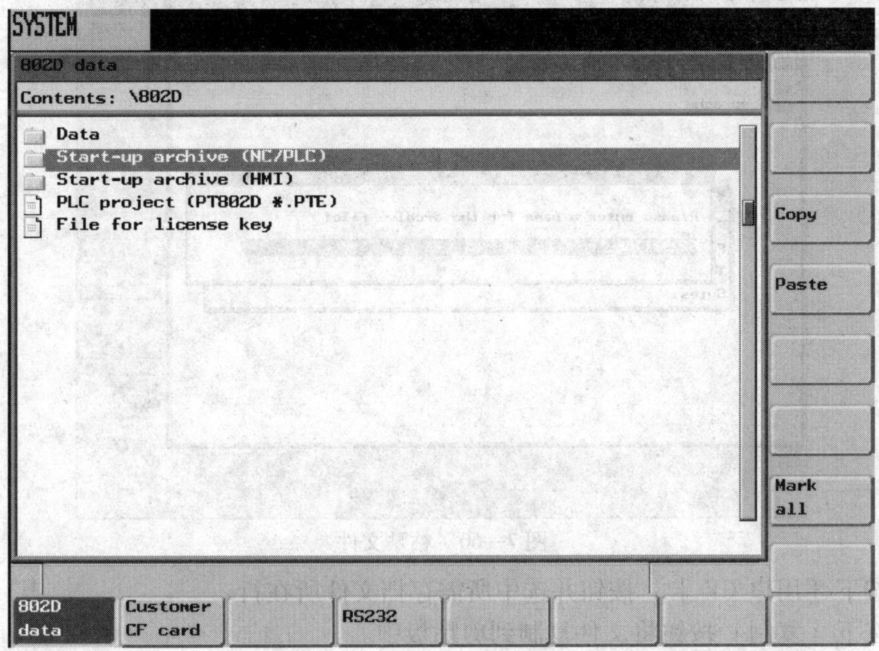

图 7—58　复制开机调试档案文件

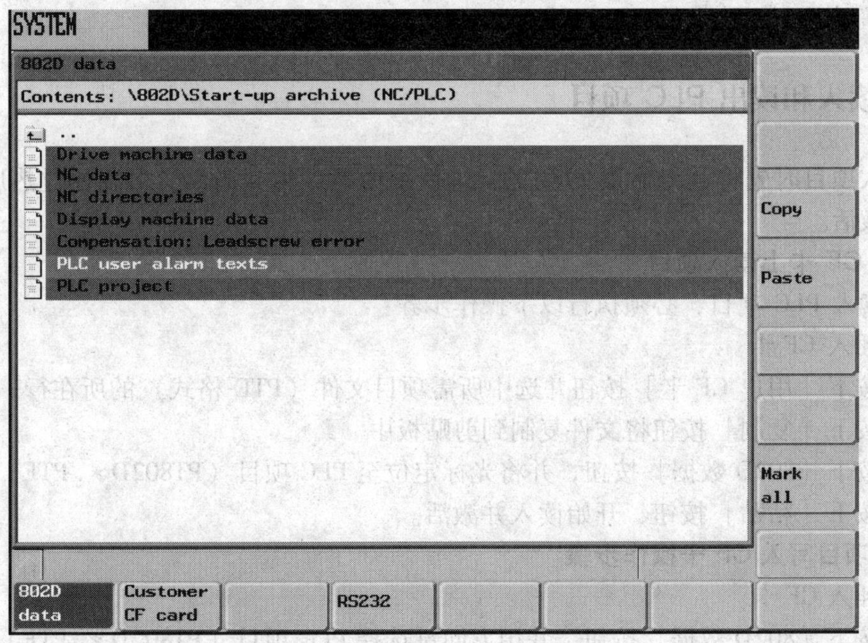

图 7—59　编制开机调试存档

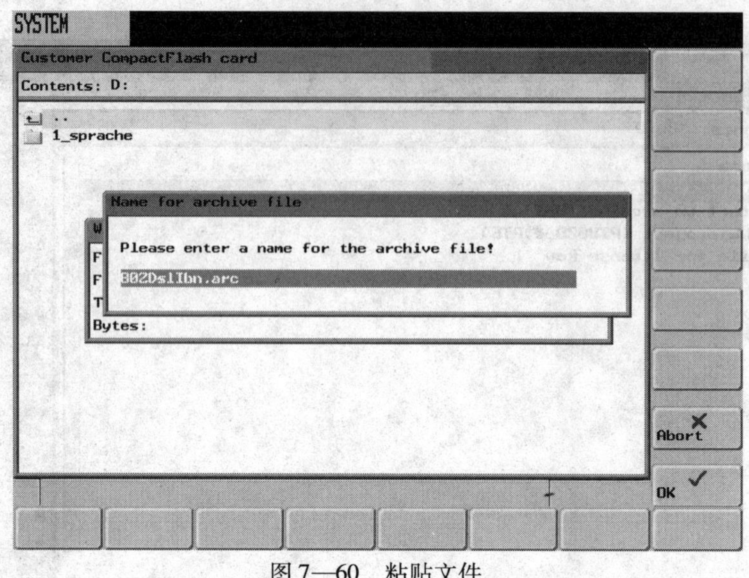

图7—60　粘贴文件

（2）按下［用户 CF 卡］按钮并选中所需存档文件所在行。

（3）按下［复制］按钮将文件复制到剪贴板中。

（4）按下［802D 数据］按钮，并将光标定位至开机调试存档（NC/PLC）所在行。

（5）按下［粘贴］按钮启动开机调试。

（6）确认控制系统上的启动对话。

三、读入和读出 PLC 项目

在读入项目时先将其传输至 PLC 的文件系统中然后将其激活。可以通过热启动控制系统来终止激活。

1. 从 CF 卡上读入项目

为了读入 PLC 项目，必须执行以下操作步骤：

（1）插入 CF 卡。

（2）按下［用户 CF 卡］按钮并选中所需项目文件（PTE 格式）的所在行。

（3）按下［复制］按钮将文件复制到剪贴板中。

（4）按下［802D 数据］按钮，并将光标定位至 PLC 项目（PT802D＊. PTE）所在行。

（5）按下［粘贴］按钮，开始读入并激活。

2. 将项目写入 CF 卡操作步骤

（1）插入 CF 卡。

（2）按下［802D 数据］按钮，并用方向键选择 PLC 项目（PT802D＊. PTE）所在行。

（3）按下［复制］按钮将文件复制到剪贴板中。

（4）按下［用户 CF 卡］按钮并选择文件的存放位置。

（5）按下［粘贴］按钮，开始写入过程。